高技能人才培养系列规划教材

数控加工技术一体化教程

主　编　庞恩泉
副主编　韩　刚　袁宗杰
段晶莹　史家迎

山东大学出版社

图书在版编目(CIP)数据

数控加工技术一体化教程/庞恩泉主编．—2版．
—济南：山东大学出版社，2009.9(2016.7重印)
ISBN 978-7-5607-3945-8

Ⅰ．数…
Ⅱ．庞…
Ⅲ．①数控机床－程序设计－高等学校－教材
②数控机床－加工－高等学校－教材
Ⅳ．TG659

中国版本图书馆CIP数据核字(2009)第156489号

山东大学出版社出版发行
(山东省济南市山大南路20-2号 邮政编码：250100)
山东省新华书店经销
济南华林彩印有限公司印刷
787×1092毫米 1/16 25印张 593千字
2011年1月第2版 2016年7月第4次印刷
定价：45.00元

前言

为贯彻落实科学发展观和全国职业教育会议精神，围绕我国新型工业化对技能人才的要求，进一步深化职业教育教学改革，以“任务驱动”教学法为教学目标，我们编写了《数控加工技术一体化教程》。本书以国家职业标准为依据，以综合职业能力培养为目标，以典型工作任务为载体，以学生为中心，根据典型工作任务和工作过程设计教材内容，按照工作过程的顺序和学生自主学习的要求编写教材内容顺序。

“以项目为引导，以任务为驱动”的教学方式对学生综合能力的提高起着十分重要的作用。积极倡导“在学中做，在做中学”的教育理念，以具体的任务为学习动力或动机，以完成任务的过程为学习过程，以展示任务成果的方式来体现教学的成就，以“任务驱动”为主要形式的教学方法，走出了传统教学方法中注重学习的循序渐进和知识积累的老路子，其优势在于培养学生的创新能力和独立分析问题和解决问题的能力，提高高技能人才培养质量，加快高技能人才培养。

本书主要介绍了数控机床基础以及数控加工工艺、数控编程基础知识，突出数控车床、数控铣床和加工中心的编程与加工操作，侧重于数控加工技术综合实例。根据具体生产实际情况，列举了大量典型零件编程实例，有利于学生分析和解决具体工程实际问题能力的培养和提高。并将多年从事数控加工的教学体会和实践经验贯穿在内容中。本书图文并茂，理论联系实际，深入浅出，易于理解和掌握。精心设计的数控手工编程和宏程序的编程综合训练课题，可使读者经历数控加工完整的训练过程。

本书由山东劳动职业技术学院庞恩泉任主编，韩刚、袁宗杰、段晶莹、史家迎任副主编，基础篇由段晶莹编写，数控车篇由庞恩泉、袁宗杰、史家迎、杨建波等编写，数控铣/加工中心篇由庞恩泉、韩刚、段晶莹、马国伟、陈晓晖、庄友斌等编写，全书由庞恩泉统稿和定稿。

由于编者水平有限，加之时间仓促，书中难免存在一些不妥之处，敬请广大读者指正。

编　者

2009 年 8 月

内容简介

本书为数控技术专业理论实训模块一体化规划教材。主要内容包括：数控机床编程与操作基础部分、数控车篇、数控铣/加工中心篇，其中数控车篇包括外轮廓加工、内轮廓加工、非圆曲线的加工、综合加工实例等4个模块8个任务；数控铣/加工中心篇包括零件轮廓的铣削加工、固定循环编程与加工、坐标变换编程、孔系零件的加工、复杂曲面零件加工、高级综合训练等6个模块18个任务，在每个模块后精心编写了思考与练习。

本书可作为高职高专机电类专业数控加工技术教材，可作为机械设计制造及其自动化专业机电方向、数控方向、材料成型与模具制造方向进行数控加工的教材，也可作为机电类专业课教师及从事数控加工的工程技术人员的参考书。还可作为各类成人教育院校、技师学院、高级技校的相关专业以及数控加工技术培训教材，或作为自学用书。

目录

基础篇

一、数控概念及数控机床的产生

(一)数控概念

数控(NC)是数字控制(Numerical Control)的简称,是指用数字、文字和符号组成的数字指令来实现一台或多台机械设备动作的控制方式。数控一般是采用通用或专用计算机实现数字程序控制,因此数控也称为计算机数控(Computer Numerical Control),简称"CNC",国外一般都称为"CNC",很少再用"NC"这个概念了。

数控机床是数字控制机床的简称,是一种装有程序控制系统的自动化机床。该控制系统能够逻辑地处理具有控制编码或其他符号指令规定的程序,并将其译码,从而使机床动作并加工零件。

(二)数控机床的产生

1. 数控机床的产生

随着社会生产和科学技术的不断进步,各类工业新产品层出不穷。机械制造产业作为国民工业的基础,其产品更是日趋精密复杂,特别是在航天、航海、军事等领域所需的机械零件,精度要求更高,形状更为复杂且往往批量较小,加工这类产品需要经常改装或调整设备;同时,随着市场竞争的日益加剧,企业生产也迫切需要进一步提高其生产效率,提高产品质量及降低生产成本。因此对加工机械产品的生产设备提出了三高(高性能、高精度和高自动化)的要求。

而通用机床是由人工操作,劳动强度大,而且难以提高生产效率和保证质量,实现这类产品生产的自动化成为了机械制造业中长期未能解决的难题。虽然仿形加工部分地解决了小批量、复杂零件的加工,但有两个缺点:一是必须制造相应的靠模或样件;二是靠模和样件的制造误差和磨损影响加工精度,很难达到高精度。解决高产优质的问题,也可采用专用机床、组合机床、专用自动化机床以及专用自动生产线和自动化车间进行生产。但是应用这些专用生产设备,生产周期长,产品改型不易,因而使新产品的开发周期增长,生产设备使用的柔性很差。精密复杂,加工批量小,改型频繁的零件,显然不能在专用机床或组合机床上加工。而借助靠模和仿形机床,或者借助划线和样板用手工操作的方法来加工,加工精度和生产效率受到很大的限制,特别是对空间的复杂曲线曲面,在普通机床上根本无法实现。

数控机床的产生,有效地解决了上述一系列矛盾,为单件、小批量生产,特别是复杂型面零件提供了自动化加工手段,使机械制造业的发展进入了一个新的阶段。

2. 数控机床的发展

为了解决零件复杂形状表面的加工问题，1952 年，美国帕森斯公司和麻省理工学院研制成功了世界上第一台数控机床。半个世纪以来，数控技术得到了迅猛的发展，加工精度和生产效率不断提高。数控机床的发展至今已经历了两个阶段和六个时代：

(1)数控(NC)阶段(1952～1970 年)　早期的计算机运算速度低，不能适应机床实时控制的要求，人们只好用数字逻辑电路“搭”成一台机床专用计算机作为数控系统，这就是硬件连接数控，简称数控(NC)。随着电子元器件的发展，这个阶段经历了三代，即 1952 年的第一代——电子管数控机床，1959 年的第二代——晶体管数控机床，1965 年的第三代——集成电路数控机床。

(2)计算机数控(CNC)阶段(1970 年～现在)　1970 年，通用小型计算机已出现并投入批量生产，人们将它移植过来作为数控系统的核心部件，从此进入计算机数控阶段。这个阶段也经历了三代，即 1970 年的第四代——小型计算机数控机床，1974 年的第五代——微型计算机数控系统，1990 年的第六代——基于 PC 的数控机床。

随着微电子技术和计算机技术的不断发展，数控技术也随之不断更新，发展非常迅速，几乎每 5 年更新换代一次，其在制造领域的加工优势逐渐体现出来。

(三)数控机床的组成

数控机床的基本组成包括加工程序载体、数控装置、伺服驱动装置、机床主体和其他辅助装置。下面分别对各组成部分的基本工作原理进行概要说明。

1. 加工程序载体

数控机床工作时，不需要工人直接去操作机床，要对数控机床进行控制，必须编制加工程序。零件加工程序中，包括机床上刀具和工件的相对运动轨迹、工艺参数(进给量主轴转速等)和辅助运动等。将零件加工程序用一定的格式和代码，存储在一种程序载体上，如穿孔纸带、盒式磁带、软磁盘等，通过数控机床的输入装置，将程序信息输入到 CNC 单元。

2. 数控装置

数控装置是数控机床的核心。现代数控装置均采用 CNC 形式，这种 CNC 装置一般使用多个微处理器，以程序化的软件形式实现数控功能，因此又称软件数控(Software NC)。CNC 系统是一种位置控制系统，它是根据输入数据插补出理想的运动轨迹，然后输出到执行部件加工出所需要的零件。因此，数控装置主要由输入、处理和输出三个基本部分构成。而所有这些工作都由计算机的系统程序进行合理地组织，使整个系统协调地进行工作。

(1)输入装置　将数控指令输入给数控装置，根据程序载体的不同，相应有不同的输入装置。目前主要有键盘输入、磁盘输入、CAD/CAM 系统直接通信方式输入和连接上级计算机的 DNC(直接数控)输入，现仍有不少系统还保留有光电阅读机的纸带输入形式。

①纸带输入方式　可用纸带光电阅读机读入零件程序，直接控制机床运动，也可以将纸带内容读入存储器，用存储器中储存的零件程序控制机床运动。

②MDI 手动数据输入方式　操作者可利用操作面板上的键盘输入加工程序的指令，它适用于比较短的程序。

在控制装置编辑状态(EDIT)下，用软件输入加工程序，并存入控制装置的存储器中，这种输入方法可重复使用程序。一般手工编程均采用这种方法。

在具有会话编程功能的数控装置上,可按照显示器上提示的问题,选择不同的菜单,用人机对话的方法,输入有关的尺寸数字,就可自动生成加工程序。

③采用 DNC 直接数控输入方式　把零件程序保存在上级计算机中,CNC 系统一边加工一边接收来自计算机的后续程序段。DNC 方式多用于采用 CAD/CAM 软件设计的复杂工件并直接生成零件程序的情况。

(2)信息处理　输入装置将加工信息传给 CNC 单元,编译成计算机能识别的信息,由信息处理部分按照控制程序的规定,逐步存储并进行处理后,通过输出单元发出位置和速度指令给伺服系统和主运动控制部分。CNC 系统的输入数据包括:零件的轮廓信息(起点、终点、直线、圆弧等)、加工速度及其他辅助加工信息(如换刀、变速、冷却液开关等),数据处理的目的是完成插补运算前的准备工作。数据处理程序还包括刀具半径补偿、速度计算及辅助功能的处理等。

(3)输出装置　输出装置与伺服机构相联。输出装置根据控制器的命令接受运算器的输出脉冲,并把它送到各坐标的伺服控制系统,经过功率放大,驱动伺服系统,从而控制机床按规定要求运动。

3. 伺服系统和测量反馈系统

伺服系统是数控机床的重要组成部分,用于实现数控机床的进给伺服控制和主轴伺服控制。伺服系统的作用是把来自数控装置的指令信息,经功率放大、整形处理后,转换成机床执行部件的直线位移或角位移运动。由于伺服系统是数控机床的最后环节,其性能将直接影响数控机床的精度和速度等技术指标,因此,对数控机床的伺服驱动装置,要求具有良好的快速反应性能,准确而灵敏地跟踪数控装置发出的数字指令信号,并能忠实地执行来自数控装置的指令,提高系统的动态跟随特性和静态跟踪精度。

伺服系统包括驱动装置和执行机构两大部分。驱动装置由主轴驱动单元、进给驱动单元和主轴伺服电动机、进给伺服电动机组成。步进电动机、直流伺服电动机和交流伺服电动机是常用的驱动装置。

测量元件将数控机床各坐标轴的实际位移值检测出来并经反馈系统输入到机床的数控装置中,数控装置对反馈回来的实际位移值与指令值进行比较,并向伺服系统输出达到设定值所需的位移量指令。

4. 机床主体

机床主机是数控机床的主体。它包括床身、底座、立柱、横梁、滑座、工作台、主轴箱、进给机构、刀架及自动换刀装置等机械部件。它是在数控机床上自动地完成各种切削加工的机械部分。与传统的机床相比,数控机床主体具有如下结构特点:

(1)采用具有高刚度、高抗振性及较小热变形的机床新结构。通常用提高结构系统的静刚度、增加阻尼、调整结构件质量和固有频率等方法来提高机床主机的刚度和抗振性,使机床主体能适应数控机床连续自动地进行切削加工的需要。采取改善机床结构布局、减少发热、控制温升及采用热位移补偿等措施,可减少热变形对机床主机的影响。

(2)广泛采用高性能的主轴伺服驱动和进给伺服驱动装置,使数控机床的传动链缩短,简化了机床机械传动系统的结构。

(3)采用高传动效率、高精度、无间隙的传动装置和运动部件,如滚珠丝杠螺母副、塑料滑动导轨、直线滚动导轨、静压导轨等。

5. 数控机床的辅助装置

辅助装置是保证充分发挥数控机床功能所必需的配套装置,常用的辅助装置包括:气动、液压装置,排屑装置,冷却、润滑装置,回转工作台和数控分度头,防护,照明等各种辅助装置。

二、数控机床的分类

(一)按加工方式分类

1. 普通数控机床

普通数控机床一般指在加工工艺过程中的一个工序上实现数字控制的自动化机床,如数控铣床、数控车床、数控钻床、数控磨床与数控齿轮加工机床等。普通数控机床在自动化程度上还不够完善,刀具的更换与零件的装夹仍需人工来完成。

2. 加工中心

这类机床是在一般数控机床的基础上发展起来的。它是在一般数控机床上加装一个刀库(可容纳 10～100 多把刀具)和自动换刀装置而构成的一种带自动换刀装置的数控机床(又称多工序数控机床或镗铣类加工中心,习惯上简称为加工中心——Machining Center),这使数控机床更进一步地向自动化和高效化方向发展。

数控加工中心和一般数控机床的区别是:工件经一次装夹后,数控装置就能控制机床自动地更换刀具,连续地对工件各加工面自动地完成铣(车)、镗、钻、铰及攻丝等多工序加工。这类机床大多是以镗铣为主的,主要用来加工箱体零件。它和一般的数控机床相比具有如下优点:

(1)减少机床台数,便于管理,对于多工序的零件只要一台机床就能完成全部加工,并可以减少半成品的库存量。

(2)由于工件只要一次装夹,因此减少了由于多次安装造成的定位误差,可以依靠机床精度来保证加工质量。

(3)工序集中,减少了辅助时间,提高了生产率。

(4)由于零件在一台机床上一次装夹就能完成多道工序加工,所以大大减少了专用工夹具的数量,进一步缩短了生产准备时间。

由于数控加工中心机床的优点很多,深受用户欢迎,因此在数控机床生产中占有很重要的地位。

另外还有一类加工中心,是在车床基础上发展起来的,以轴类零件为主要加工对象。除可进行车削、镗削外,还可以进行端面和周面上任意部位的钻削、铣削和攻丝加工。这类加工中心也设有刀库,可安装 4～12 把刀具,习惯上称此类机床为车削中心(TC:Turning Center,TC)。

(二)按工艺用途分类

1. 金属切削类数控机床

金属切削类数控机床有数控车床(NC Lathe)(见图 1-1)、数控铣床(NC Milling Machine)(见图 1-2)、加工中心(Machining Center)(见图 1-3)、数控钻床(NC Drilling Machine)、数控镗床(NC Boring Machine)、数控齿轮加工机床(NC Gear Holling Machine)、数控平面磨床(NC Surface Grinding Machine)等。加工中心 MC 是带有刀库和自动换刀装置的数控

机床。

2. 金属成形类数控机床

金属成形类数控机床有数控折弯机(见图 1-4)、数控弯管机和数控压力机等。

3. 数控特种加工机床

数控特种加工机床有数控线切割机床(见图 1-5)、数控电火花加工机床(见图 1-6)、数控激光加工机床等。

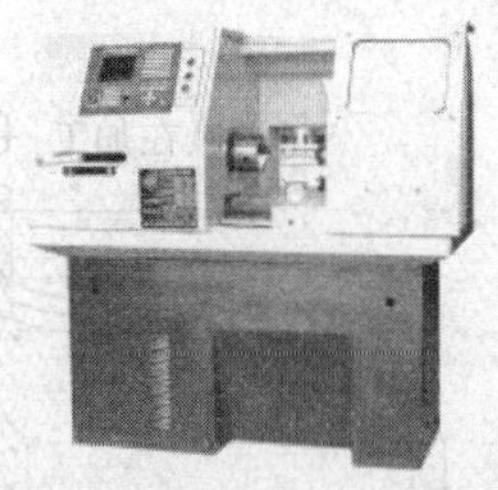

图 1-1 数控车床

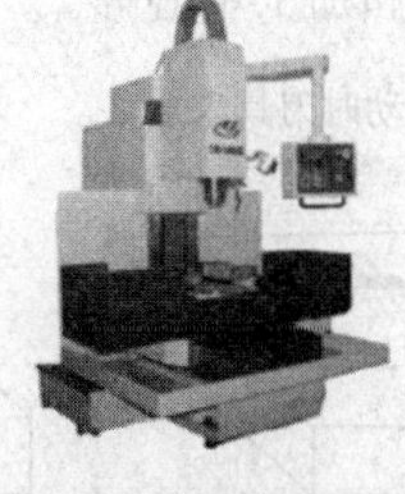

图 1-2 数控铣床

图 1-3 立式加工中心

图 1-4 数控折弯机图

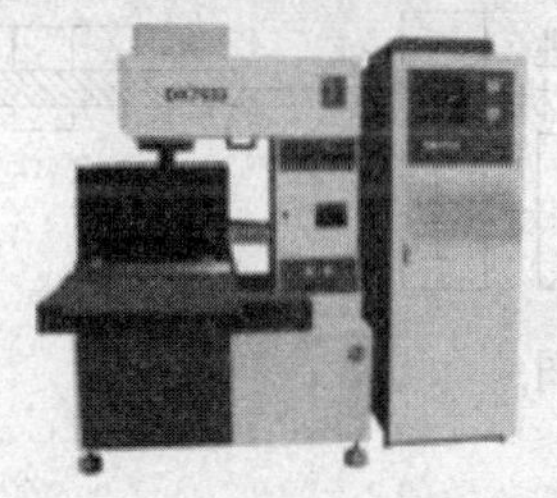

图 1-5 数控线切割机床

图 1-6 数控电火花加工机床

(三)按运动方式分类

1. 点位控制(Positioning Control)数控机床

点位控制数控机床是指数控系统只控制刀具或机床工作台,从一点准确地移动到另一点,而点与点之间运动的轨迹不需要严格控制的系统,如图 1-7 所示。为了减少移动部件的运动与定位时间,一般先快速移动到终点附近位置,然后以低速准确移动到终点定位位置,以保证良好的定位精度。移动过程中刀具不进行切削。采用这类控制的有数控钻床、数控冲床和数控坐标镗床等。

2. 点位直线(Straight-Line Control)控制数控机床

点位直线控制是指数控系统除控制直线轨迹的起点和终点的准确定位外,还要控制在这两点之间以指定的进给速度进行直线切削,如图 1-8 所示。采用这类控制的有数控铣床、数控车床和数控磨床等。

3. 轮廓控制(Contour Control)数控机床

轮廓控制亦称连续轨迹控制，能够连续控制两个或两个以上坐标方向的联合运动。如图 1-9 所示。为了使刀具按规定的轨迹加工工件的曲线轮廓，数控装置具有插补运算的功能，使刀具的运动轨迹以最小的误差逼近规定的轮廓曲线，并协调各坐标方向的运动速度，以便在切削过程中始终保持规定的进给速度。采用这类控制的有数控铣床、数控车床、数控磨床和加工中心等。

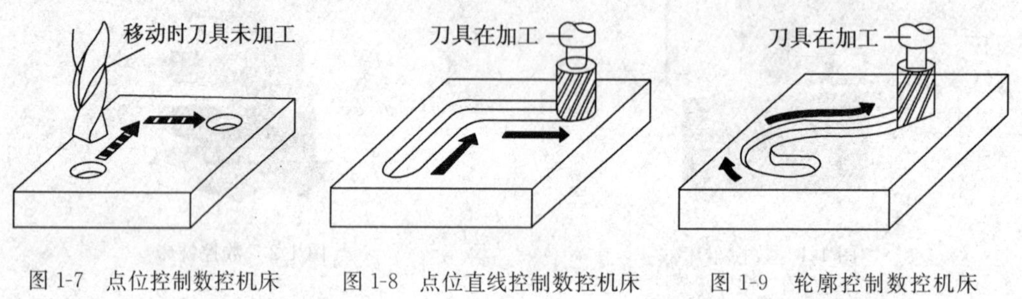

图 1-7　点位控制数控机床　　图 1-8　点位直线控制数控机床　　图 1-9　轮廓控制数控机床

(四)按控制方式分类

1. 开环控制系统

开环控制系统是指不带反馈装置的控制系统，由步进电动机驱动线路和步进电动机组成，如图 1-10 所示。数控装置经过控制运算发出脉冲信号，每一脉冲信号使步进电动机转动一定的角度，通过滚珠丝杠推动工作台移动一定的距离。这种伺服机构比较简单，工作稳定，容易掌握使用，但精度和速度的提高受到限制。

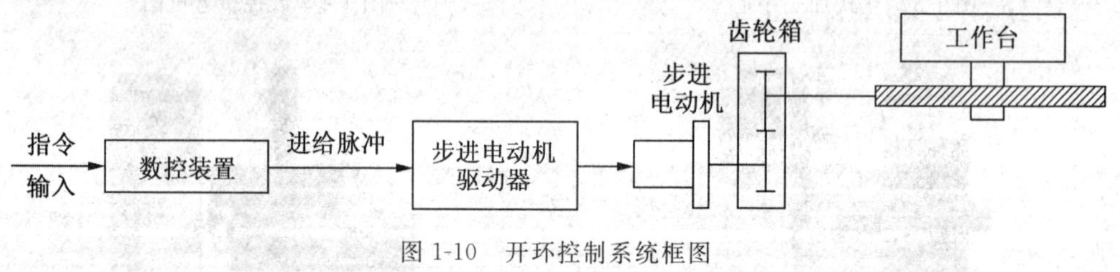

图 1-10　开环控制系统框图

2. 闭环控制系统

闭环控制系统是在机床移动部件位置上直接装有直线位置检测装置，将检测到的实际位移反馈到数控装置的比较器中，与输入的原指令位移值进行比较，用比较后的差值控制移动部件作补充位移，直到差值消除时才停止移动，达到精确定位的控制系统，如图 1-11 所示。闭环控制系统的定位精度高于半闭环控制，但结构比较复杂，调试维修的难度较大，常用于高精度和大型数控机床。

3. 半闭环控制系统

半闭环控制系统是在开环控制系统的伺服机构中装有角位移检测装置，通过检测伺服机构的滚珠丝杠转角间接检测移动部件的位移，然后反馈到数控装置的比较器中，与输入原指令位移值进行比较，用比较后的差值进行控制，使移动部件补充位移，直到差值消除为止的控制系统，如图 1-12 所示。这种伺服机构所能达到的精度、速度和动态特性优于开环伺服机构，为大多数中小型数控机床所采用。

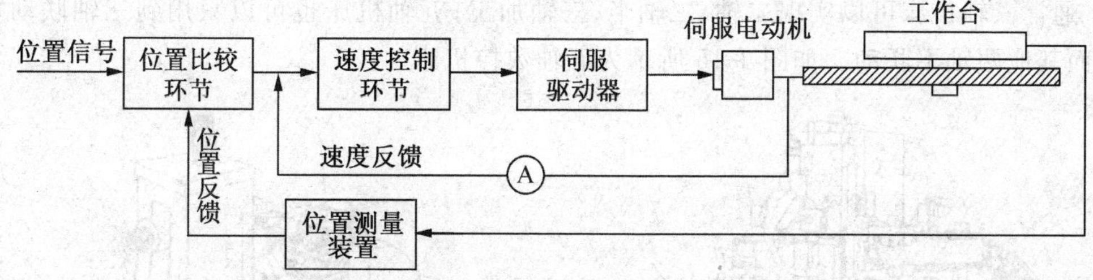

图 1-11 闭环控制系统框图

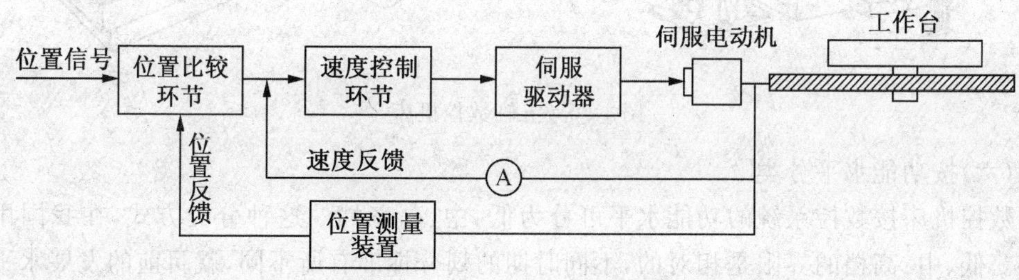

图 1-12 半闭环控制系统框图

(五)按联动轴数分类

数控系统控制几个坐标轴按需要的函数关系同时协调运动,称为坐标联动,按照联动轴数可以分为:

1. 两轴联动

能同时控制两个坐标轴联动,适于数控车床加工旋转曲面或数控铣床铣削平面轮廓。

2. 两轴半联动

如图 1-13 所示,在两轴的基础上增加了 Z 轴的移动,当机床坐标系的 X 轴和 Y 轴固定时,Z 轴可以作周期性进给。两轴半联动加工可以实现分层加工。

3. 三轴联动

能同时控制三个坐标轴的联动,用于一般曲面的加工,一般的型腔模具均可以用三轴加工完成,如图 1-14 所示。

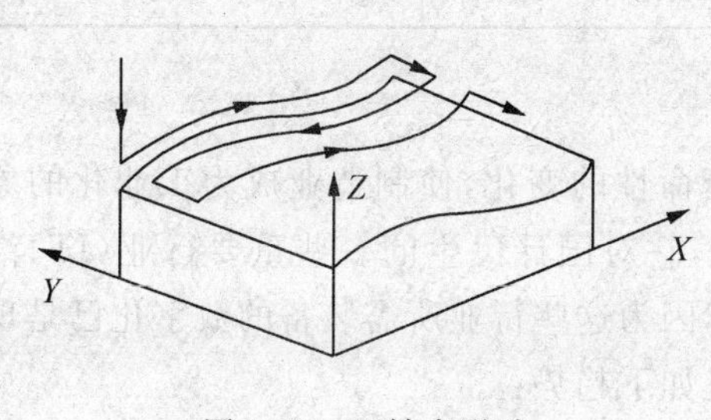

图 1-13 两轴半联动

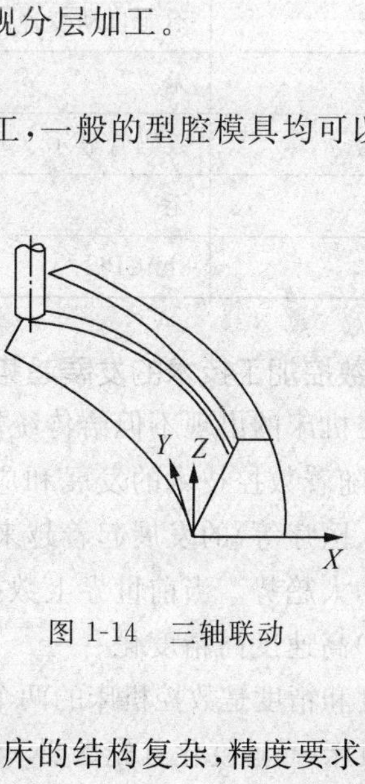

图 1-14 三轴联动

4. 多坐标联动

能同时控制四个以上坐标轴的联动。多坐标数控机床的结构复杂,精度要求高、程序编制复杂,适于加工形状复杂的零件,如叶轮叶片类零件。

通常三轴机床可以实现二轴、二轴半、三轴加工；五轴机床也可以只用到三轴联动加工，而其他两轴不联动。如图 1-15 所示为五轴数控机床。

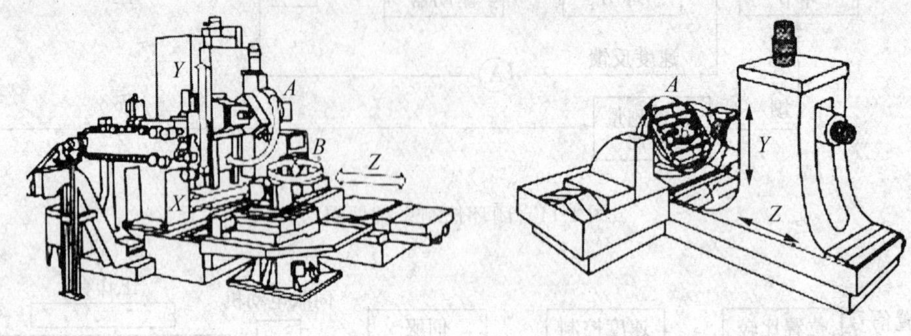

图 1-15　五轴数控机床

(六)按功能水平分类

数控机床按数控系统的功能水平可分为低、中、高三档。这种分类方式，在我国用的很多。低、中、高档的界限是相对的，不同时期的划分标准有所不同，就目前的发展水平来看，大体可以从以下几个方面区分，如表 1-1 所示。

表 1-1　　数控系统功能水平分类

项　目	低　档	中　档	高　档
分辨率和进给速度	10μm，8～15m/min	1μm，15～24m/min	0.1μm，15～100m/min
伺服进给类型	开环、步进电动机系统	半闭环、直流或交流伺服系统	闭环、直流或交流伺服系统
联动轴数	2 轴	3～5 轴	3～5 轴
主轴功能	不能自动变速	自动无级变速	自动无级变速、C 轴功能
通信能力	无	RS-232C 或 DNC 接口	MAP 通信接口、联网功能
显示功能	数码管显示、CRT 字符	CRT 显示字符、图形	三维图形显示、图形编程
内装 PLC	无	有	有
主 CPU	8bitCPU	16 或 32bitCPU	64bitCPU

三、数控加工技术的发展趋势

数控机床的出现不但给传统制造业带来了革命性的变化，使制造业成为工业化的象征，而且随着数控技术的发展和应用领域的扩大，它对国计民生的一些重要行业(IT、汽车、轻工、医疗等)的发展起着越来越重要的作用，因为这些行业所需装备的数字化已是现代发展的大趋势。当前世界上数控机床的发展呈如下趋势：

(一)高速度高精度化

速度和精度是数控机床的两个重要技术指标，它直接关系到加工效率和产品质量。对于数控机床，高速度化首先是要求计算机数控系统在读入加工指令数据后，能高速度处理并计算出伺服电机的位移量，并要求伺服电机高速度地作出反应。现代数控系统已经逐步由

16位CPU过渡到32位CPU。日本产的FANUC15系统开发出64位CPU系统，能达到最小移动单位0.1μm时，最大进给速度为100m/min。FANUC16和FANUC18采用简化与减少控制基本指令的RISC(Reduced Instruction Set Computer)精简指令计算机，能进行更高速度的数据处理，使一个程序段的处理时间缩短到0.5ms，连续1mm移动指令的最大进给速度可达到120m/min。此外，要实现生产系统的高速度化，还必须谋求主轴转速、进给率、刀具交换、托盘交换等各种关键部件也要实现高速度化。

提高数控机床的加工精度，一般是通过减少数控系统的误差和采用补偿技术来达到。在减少数控系统误差方面，一般采取三种方法：①提高数控系统的分辨率，以微小程序段实现连续进给；②提高位置检测精度。日本交流伺服电动机已装上每转可产生100万个脉冲的内藏位置检测器，其位置检测精度可达到0.01mm/脉冲；③位置伺服系统采用前馈控制与非线性控制。在采用补偿技术方面，除采用间隙补偿、丝杠螺距补偿和刀具补偿等技术外，还采用了热变形补偿技术。

(二)多功能化

一机多能的数控机床，可以最大限度地提高设备的利用率。如数控加工中心(Machining Center，MC)配有机械手和刀具库，工件一经装夹，数控系统就能控制机床自动地更换刀具，连续对工件的各个加工面自动地完成铣削、镗削、铰孔、扩孔及攻螺纹等多工序加工，从而避免多次装夹所造成的定位误差。这样减少了设备台数、工夹具和操作人员，节省了占地面积和辅助时间。为了提高效率，新型数控机床在控制系统和机床结构上也有所改革。例如，采取多系统混合控制方式，用不同的切削方式(车、钻、铣、攻螺纹等)同时加工零件的不同部位等。现代数控系统控制轴数多达15轴，同时联动的轴数已达到6轴。

(三)智能化

数控机床应用高技术的重要目标是智能化。所谓智能化数控系统，是指具有拟人智能特征，智能数控系统通过对影响加工精度和效率的物理量进行检测、建模、提取特征、自动感知加工系统的内部状态及外部环境，快速作出实现最佳目标的智能决策，对进给速度、切削深度、坐标移动、主轴转速等工艺参数进行实时控制，使机床的加工过程处于最佳状态。智能化技术主要体现在以下几个方面：

1. 引进自适应控制技术

自适应控制技术(Adaptive Control，AC)的目的是要求在随机的加工过程中，通过自动调节加工过程中所测得的工作状态、特性，按照给定的评价指标自动校正自身的工作参数，以达到或接近最佳工作状态。通常数控机床是按照预先编好的程序进行控制，但随机因素，如毛坯余量和硬度的不均匀、刀具的磨损等难以预测。为了确保质量，势必在编程时采用较保守的切削用量，从而降低了加工效率。AC系统可对机床主轴转矩、切削力、切削温度、刀具磨损等参数值进行自动测量，并由CPU进行比较运算后发出修改主轴转速和进给量大小的信号，确保AC处于最佳的切削用量状态，从而在保证质量条件下使加工成本最低或生产率最高。AC系统主要在宇航等工业部门用于特种材料的加工。

2. 附加人机会话自动编程功能

可以把自动编程机具有的功能，装入数控系统，使零件的程序编制工作可以在数控系统上在线进行，用人机对话方式，通过CRT彩色显示和手动操作键盘的配合，实现程序的输入、编辑和修改,并在数控系统中建立切削用量专家系统,从而达到提高编程效率和降低操作人员技术水平的要求。

3. 具有设备故障自诊断功能

数控系统出了故障,控制系统能够进行自诊断,并自动采取排除故障的措施,以适应长时间无人操作环境的要求。

4. 应用图像识别和声控技术

由机床自己辨别图样,并自动地进行数控加工的智能化技术和根据人的语言声音对数控机床进行自动控制的智能化技术。

(四)小型化

蓬勃发展的机电一体化设备,对数控系统提出了小型化的要求,体积小型化便于将机、电装置揉合为一体。日本新开发的 FS16 和 FS18 都采用了三维安装方法,使电子元器件得以高密度地安装,大大地缩小了系统的占有空间。此外,他们还采用了新型 TFT 彩色液晶薄型显示器,使数控系统进一步小型化,这样可更方便地将他们装到机械设备上。

(五)高可靠性

数控系统比较贵重,用户期望发挥投资效益,因此要求设备具有高可靠性。特别是对在长时间无人操作环境下运行的数控系统,可靠性成为人们最为关注的问题。提高可靠性,通常可采取如下一些措施:

1. 提高线路集成度

采用大规模或超大规模的集成电路、专用芯片及混合式集成电路,以减少元器件的数量,精简外部连线和减低功耗。

2. 建立由设计、试制到生产的一整套质量保证体系

例如,采取防电源干扰,输入/输出光电隔离;使数控系统模块化、通用化及标准化,以便于组织批量生产及维修;在安装制造时注意严格筛选元器件;对系统可靠性进行全面的检查考核等。通过这些手段,保证产品质量。

3. 增强故障自诊断功能和保护功能

由于元器件失效、编程及人为操作错误等原因,数控机床完全可能出现故障。数控机床一般具有故障自诊断功能,能够对硬件和软件进行故障诊断,自动显示出故障的部位及类型,以便快速排除故障。新型数控机床还具有故障预报、自恢复功能、监控与保护功能。例如,有的系统设有刀具破损检测、行程范围保护和断电保护等功能,以避免损坏机床及报废工件。由于采取了各种有效的可靠性措施,现代数控机床的平均无故障时间(MTBF)可达到 10000~36000h。

(六)制造系统自动化

1. 柔性制造单元(Flexible Manufacturing Cell)

FMC 在早期是作为简单和初级的柔性制造技术而发展起来的。它在 MC 的基础上增加了托盘自动交换装置或机器人、刀具和工件的自动测量装置、加工过程的监控功能等,它和 MC 相比具有更高的制造柔性和生产效率。图 1-16 为配有托盘交换系统构成的 FMC。托盘上装夹有工件,在加工过程中,它与工件一起流动,类似通常的随行夹具。环形工作台用于工件的输送与中间存储,托盘座在环形导轨上由内侧的环链拖动而回转,每个托盘座上有地址识别码。当一个工件加工完毕,数控机床发出信号,由托盘交换装置将

加工完的工件(包括托盘)拖至回转台的空位处，然后转至装卸工位，同时待加工工件推至机床工作台并定位加工。在车削 FMC 中一般不使用托盘交换工件，而是直接由机械手将工件安装在卡盘中，装卸料由机械手或机器人实现，如图 1-17 所示。

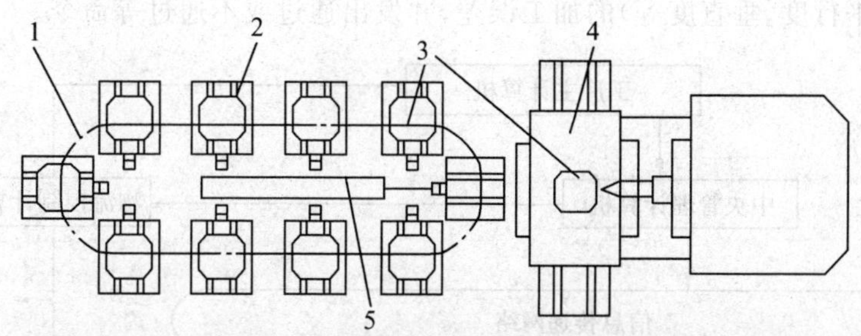

图 1-16　带有托盘交换系统的 FMC

1—环形交换工作台　2—托盘座　3—托盘　4—加工中心　5—托盘交换装置

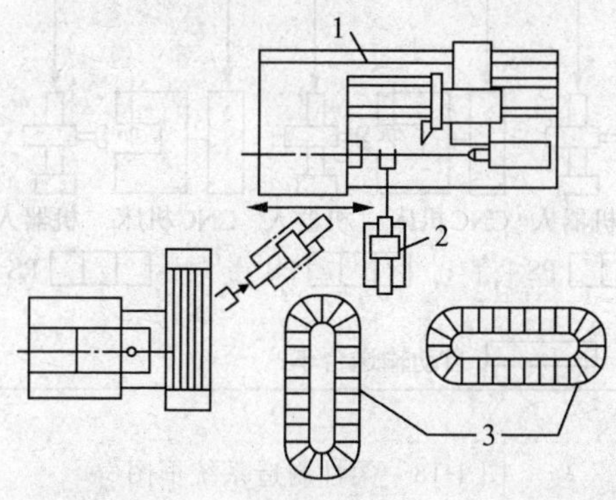

图 1-17　机器人搬运式 FMC

1—车削中心　2—机器人　3—物料传送装置

FMC 是在加工中心(MC)、车削中心(TC)的基础上发展起来的，又是 FMS 和 CIMS 的主要功能模块。FMC 具有规模小，成本低(相对 FMS)，便于扩展等优点，它可在单元计算机的控制下，配以简单的物料传送装置，扩展成小型的柔性制造系统，适用于中小企业。

2. 柔性制造系统(Flexible Manufacturing System)

FMS 是集自动化加工设备、物流和信息流自动处理为一体的智能化加工系统。FMS 由一组 CNC 机床组成，它能随机地加工一组具有不同加工顺序及加工循环的零件。实行自动运送材料及计算机控制，以便动态地平衡资源的供应，从而使系统自动地适应零件生产混合的变化及生产量的变化。

图 1-18 为一柔性制造系统框图。由图可见，柔性制造系统由加工系统、物料输送系统和信息系统组成。

(1)加工系统　该系统由自动化加工设备、检验站、清洗站、装配站等组成，是 FMS 的基础部分。加工系统中的自动化加工设备通常由 5～10 台 CNC 机床、加工中心及其附属设备(例如工件装卸系统、冷却系统、切屑处理系统和刀具交换系统等)组成，可以以任意顺序自动加工各种工件、自动换工件和刀具。

FMS 中常需在适当位置设置检验工件尺寸精度的检验站，由计算机控制的坐标测量机担任检验工作。其外形类似三坐标数控铣床，在通常安装刀具的位置上装置检测触头，触头随夹持主轴按程序相对工件移动，检测工件上一些预定点的坐标位置。计算机读入这些预定点的坐标值之后，经过运算和比较，可算出各种几何尺寸（如外圆内孔的直径、平面的平面度、平行度、垂直度等）的加工误差，并发出通过或不通过等命令。

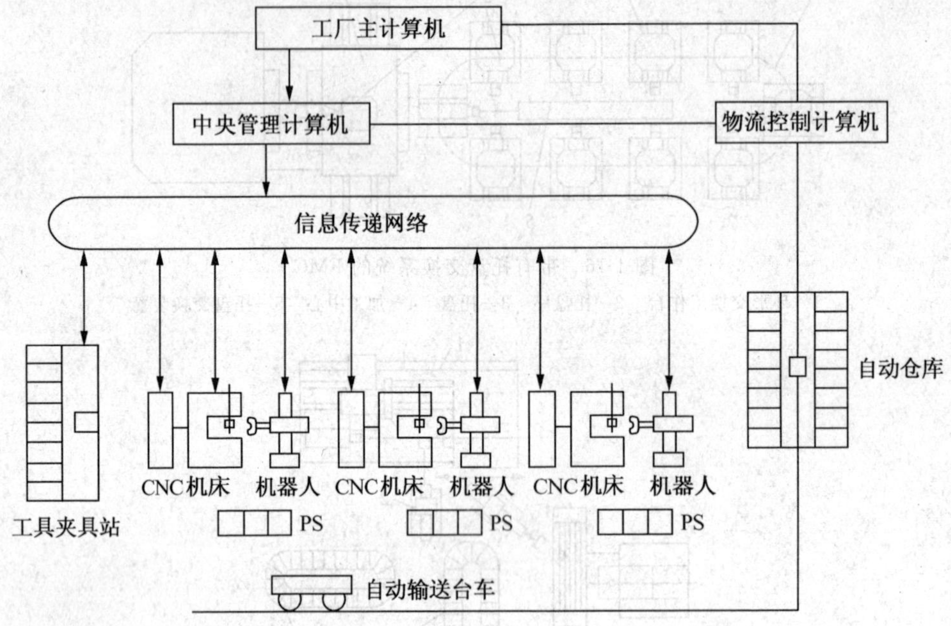

图 1-18　柔性制造系统框图

清洗站的任务是清除工件夹具和装载平板上的切屑和油污。

工件装卸站设在物料处理系统中靠近自动化仓库和 FMS 的入口处。由于装卸操作系统较复杂，大多数 FMS 均采用人力装卸。

（2）物料运贮系统　物料运贮系统在计算机控制下主要实现工件和刀具的输送及入库存放，它由自动化仓库、自动输送小车、机器人等组成。

在 FMS 中，工件一般通过专用夹具安装在托盘上，工件输送时连同整个托盘一起由自动输送小车进行输送。在计算机的控制下，根据作业调度计划自动从工件存贮区将工件取出送到指定的机床上加工，或者从机床上取出完成该工序加工的工件送到另一机床上加工。

自动输送小车在自动化仓库和各个制造单元之间完成工件输送任务。

自动化仓库由仓库多层货架、出入库装卸站、堆装起重机、传动齿轮和导轨等组成，它能通过物料运贮工作站的指令实现毛坯、加工成品的自动入库及出库。

刀具输送是利用机器人实现刀具进出系统以及系统中央刀库和各加工设备刀库之间的刀具输送。

（3）信息系统　信息系统由主计算机、分级计算机及其接口、外围设备和各种控制装置的硬件和软件组成。其主要功能是实现各系统之间的信息联系，确保系统的正常工作。对 FMS，计算机系统一般分为三级。第一级为主计算机，又称为管理计算机，其任务是：一是用来向下一级计算机实时发布命令和分配数据；二是用来实时采集现场工况；三是用来观察系统的运行情况。第二级为过程控制计算机，包括计算机群控（DNC）、刀具管理计算机和工件管理计算机，其作用是接受主计算机的指令，根据指令对下属设备实施具体管理。第三级由各设备的控制计算机构成，执行各种操作任务。

在柔性制造系统中，加工零件被装夹在随行夹具或托盘上，自动地按加工顺序在机床间逐个输送，工序间输送的工件一般不再重新装夹。专用刀具和夹具也能在计算机控制下自动调度和更换。如果在系统中设置有测量工作站，则加工零件的质量也能在测量工作站上检查，甚至进一步实现加工质量的反馈控制。系统只需要最低限度的操作人员，并能实现夜班无人作业，操作人员只负责启停系统和装卸工件。由于 FMS 是一种具有很高柔性的自动化制造系统，因此它最适合于多品种、中小批量的零件生产。

3. DNC

DNC 是 Direct Numerical Control 或 Distributed Numerical Control 的简称，意为直接数字控制或分布数字控制。DNC 最早的含义是直接数字控制，其研究开始于 20 世纪 60 年代。它指的是将若干台数控设备直接连接在一台中央计算机上，由中央计算机负责 NC 程序的管理和传送。当时的研究目的主要是为了解决早期数控设备(NC)因使用纸带输入数控加工程序而引起的一系列问题和早期数控设备的高计算成本等问题。DNC 的基本功能是下传 NC 程序。随着技术的发展，现代 DNC 还具有制造数据传送(NC 程序上传、NC 程序校正文件下传、刀具指令下传、托盘零点值下传、机器人程序下传、工作站操作指令下传等)、状态数据采集(机床状态、刀具信息和托盘信息等)、刀具管理、生产调度、生产监控、单元控制和 CAD/CAPP/CAM 接口等功能。

4. 计算机集成制造系统(Computer Integrated Manufacturing System)简介

CIMS 是用于制造业工厂的综合自动化大系统。它在计算机网络和分布式数据库的支持下，把各种局部的自动化子系统集成起来，实现信息集成和功能集成，走向全面自动化，从而缩短产品开发周期、提高质量、降低成本。它是工厂自动化的发展方向，未来制造业工厂的模式。

(1)CIMS 的概念　计算机集成制造系统是在信息技术、自动化技术、计算机技术及制造技术的基础上，通过计算机及其软件，将制造工厂的全部生产活动——设计、制造及经营管理(包括市场调研、生产决策、生产计划、生产管理、产品开发、产品设计、加工制造以及销售经营)等与整个生产过程有关的物料流与信息流实现计算机高度统一的综合化管理，把各种分散的自动化系统有机地集成起来，构成一个优化的完整的生产系统，从而获得更高的整体效益，缩短产品开发制造周期，提高产品质量，提高生产率，提高企业的应变能力，以赢得竞争。

(2)CIMS 的构成　CIMS 包括制造工厂的生产、经营的全部活动，应具有经营管理、工程设计和加工制造等主要功能。它是在 CIMS 数据库的支持下，由信息管理模块、设计和工艺模块及制造模块组成。

设计和工艺模块主要包括：计算机辅助设计(CAD)、计算机辅助工程(CAE)、成组技术(GT)、计算机辅助工艺规程设计(CAPP)、计算机辅助数控编程技术等，目的是使产品的开发更高效、优质，并自动化地进行。

柔性制造系统是制造模块的主体，主要包括：零件的数控加工、生产调度、刀具管理、质量检测和控制、装配、物料储运等。

信息管理模块主要包括：市场预测、经营决策、各级生产计划、生产技术准备、销售及售后跟踪服务、成本核算、人力资源管理等，通过信息的集成，达到缩短产品生产周期、减少占用的流动资金、提高企业的应变能力。

公用数据库是 CIMS 的核心，对信息资源进行存储与管理，并对各个计算机系统进行通信，实现企业数据的共享和信息集成。

由上述可知，CIMS 是建立在多项先进制造技术基础上的高技术制造系统，为赶上工业先进国家的机械制造水平，我国"863"计划将 CIMS 作为自动化领域中的一个主题项目进行研究，开展了关键技术的攻关工作，确定了若干试点工厂，取得了一批重要的研究成果。CIMS 的实施过程中要实现工程设计、制造过程、信息管理、工厂生产等技术和功能的集成，这种集成不是现有生产系统的计算机化，而原有的生产系统集成很困难，独立的自动化系统异构同化非常复杂，所以要考虑在实施 CIMS 计划时的收益和支出。

四、数控机床坐标系

规定数控机床坐标轴及运动方向，是为了准确地描述机床的运动，简化程序的编制方法，并使所编程序有互换性。目前国际标准化组织已经统一了标准坐标系。我国机械工业部也颁布了 JB3051-82《数字控制机床坐标和运动方向的命名》的标准，对数控机床的坐标和运动方向作了明文规定。

(一)坐标和运动方向命名的原则

数控机床的进给运动是相对的，有的是刀具相对于工件的运动(如车床)，有的是工件相对于刀具的运动(如铣床)。为了使编程人员能在不知道是刀具移向工件，还是工件移向刀具的情况下，可以根据图样确定机床的加工过程，特规定：永远假定刀具相对于静止的工件坐标系而运动。

(二)标准坐标系的规定

在数控机床上加工零件，机床的动作是由数控系统发出的指令来控制的。为了确定机床的运动方向和移动的距离，就要在机床上建立一个坐标系，这个坐标系就叫标准坐标系，也叫机床坐标系。在编制程序时，就可以以该坐标系来规定运动方向和距离。

数控机床上的坐标系是采用右手笛卡儿直角坐标系，如图 1-19 所示。在图中，大拇指的方向为 X 轴的正方向，食指为 Y 轴的正方向，中指为 Z 轴的正方向。

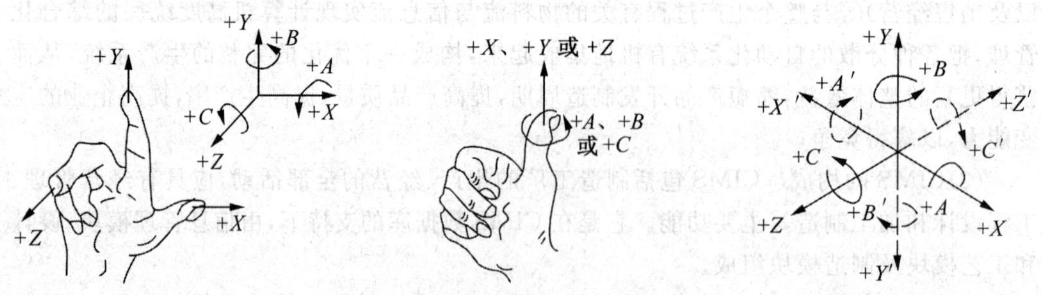

图 1-19　右手笛卡儿直角坐标系

(三)运动方向的确定

JB3051-82 中规定：机床某一部件运动的正方向，是增大工件和刀具之间距离的方向。

1. Z 坐标的运动

Z 坐标的运动，是由传递切削力的主轴所决定，与主轴轴线平行的坐标轴即为 Z 坐标。对于工件旋转的机床，如车床、外圆磨床等，平行于工件轴线的坐标为 Z 坐标。而对于刀具旋转的机床，如铣床、钻床、镗床等，则平行于旋转刀具轴线的坐标为 Z 坐标。如图 1-20、图 1-21、图 1-22 所示。如果机床没有主轴（如牛头刨床），Z 轴垂直于工件装卡面。如图 1-23 所示。

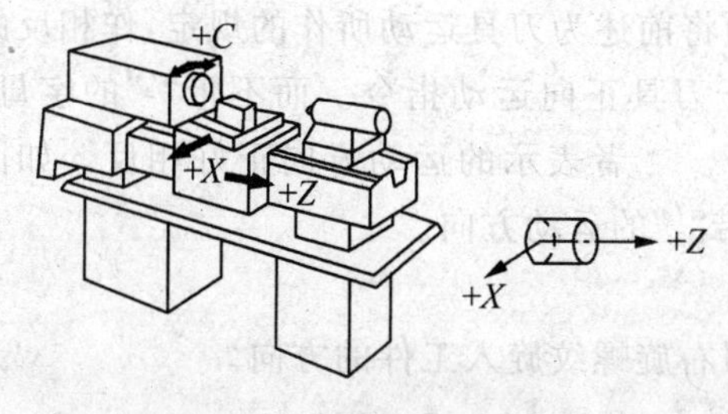

图 1-20 卧式车床坐标系

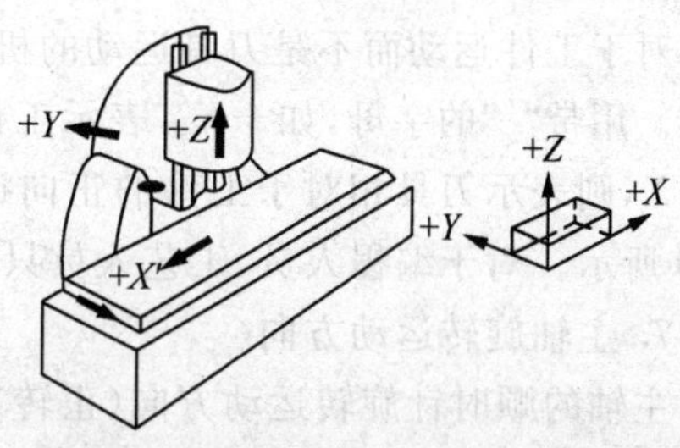

图 1-21 立式升降台铣床坐标系

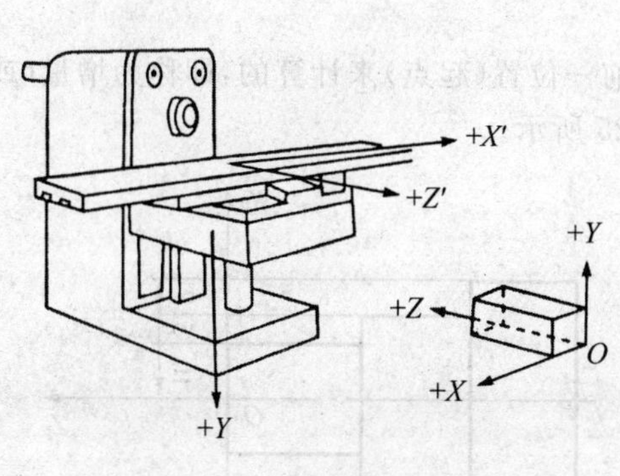

图 1-22 卧式升降台铣床坐标系

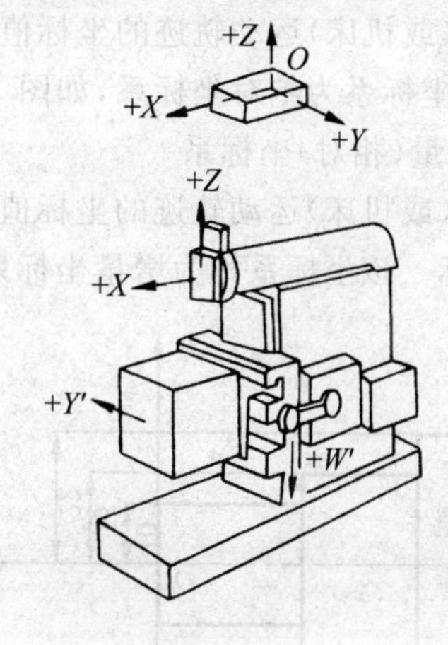

图 1-23 数控刨床坐标系

Z 坐标的正方向为增大工件与刀具之间距离的方向。如在钻镗加工中，钻入和镗入工件的方向为 Z 坐标的负方向，而退出为正方向。

2. X 坐标的运动

规定 X 坐标为水平方向，且垂直于 Z 轴并平行于工件的装夹面。X 坐标是在刀具或工件定位平面内运动的主要坐标。对于工件旋转的机床（如车床、磨床等），X 坐标的方向是在工件的径向上，且平行于横滑座。刀具离开工件旋转中心的方向为 X 轴正方向，如图 1-20 所示。对于刀具旋转的机床（如铣床、镗床、钻床等），如 Z 轴是垂直的，当从刀具主轴向立柱看时，X 运动的正方向指向右方，如图 1-21 所示。如 Z 轴（主轴）是水平的，当从主轴向工件方向看时，X 运动的正方向指向右方，如图 1-22 所示。

3. Y 坐标的运动

Y 坐标轴垂直于 X、Z 坐标轴，其运动的正方向根据 X 和 Z 坐标的正方向，按照右手笛卡儿直角坐标系来判断。

4. 旋转运动 A、B、C

如图 1-19 所示，A、B、C 相应地表示其轴线平行于 X、Y、Z 的旋转运动。A、B、C 正方向，相应地表示在 X、Y 和 Z 坐标正方向上，通过右手螺旋定则判断。

5. 附加坐标

如果在 X、Y、Z 主要坐标以外，还有平行于它们的坐标，可分别指定为 U、V、W。如还有第三组运动，则分别指定为 P、Q、R。

6. 对于工件运动的相反方向

对于工件运动而不是刀具运动的机床，必须将前述为刀具运动所作的规定，作相反的安排。用带“′”的字母，如 $+X'$，表示工件相对于刀具正向运动指令。而不带“′”的字母，如 $+X$，则表示刀具相对于工件的正向运动指令。二者表示的运动方向正好相反。如图 1-19 所示。对于编程人员、工艺人员只考虑不带“′”的运动方向。

7. 主轴旋转运动方向

主轴的顺时针旋转运动方向（正转），是按照右旋螺纹旋入工件的方向。

（四）绝对坐标系与增量（相对）坐标系

1. 绝对坐标系

刀具（或机床）运动轨迹的坐标值是以相对于固定的坐标原点 O 给出的，即称为绝对坐标。该坐标系为绝对坐标系，如图 1-24 所示。

2. 增量（相对）坐标系

刀具（或机床）运动轨迹的坐标值是相对于前一位置（起点）来计算的，即称为增量（或相对）坐标。该坐标系称为增量坐标系，如图 1-25 所示。

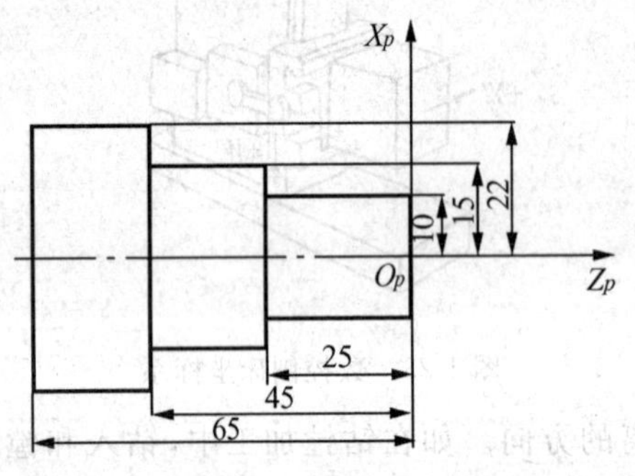

图 1-24　绝对坐标系

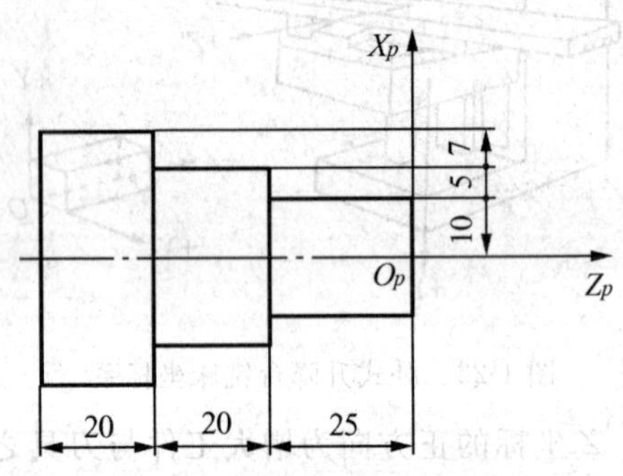

图 1-25　增量坐标系

（五）机床坐标系与工件坐标系

1. 机床坐标系与机床原点、机床参考点

（1）机床坐标系　机床坐标系是机床上固有的坐标系，是用来确定工件坐标系的基本坐标系，是确定刀具（刀架）或工件（工作台）位置的参考系，并建立在机床原点上。

（2）机床原点　现代数控机床都有一个基准位置，称为机床原点，是机床制造商设置在机床上的一个物理位置，其作用是使机床与控制系统同步，建立测量机床运动坐标的起始点。

机床坐标系原点是指在机床上设置的一个固定点，即机床原点。它在机床装配、调试时就已确定下来，是数控机床进行加工运动的基准参考点。一般取在机床运动方向的最远点。

在数控车床上，机床原点一般取在卡盘后端面与主轴中心线的交点处（图 1-26），同时，通过设置参数的方法，也可将机床原点设定在 X、Z 坐标的正方向极限位置上。在数控铣床上，机床原点一般取在 X、Y、Z 坐标的正方向极限位置上，如图 1-27 所示。

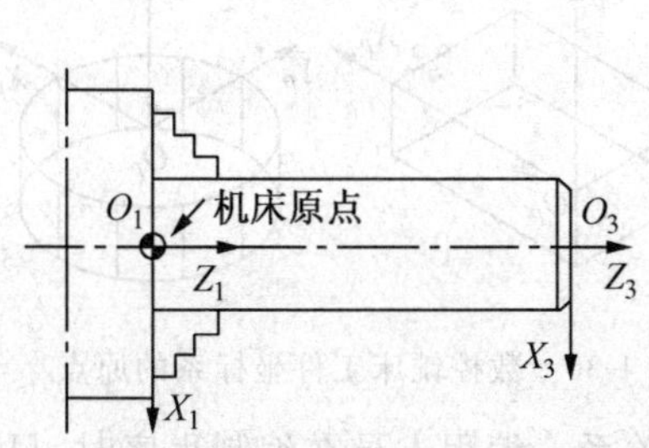

图 1-26　数控车床机床原点

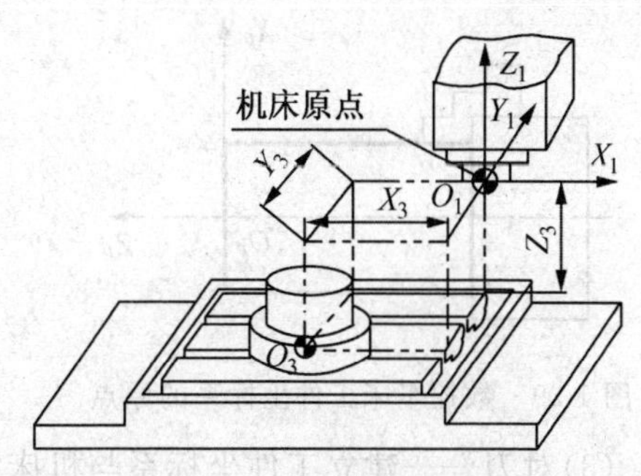

图 1-27　数控铣床机床原点

(3)机床参考点　用于对机床运动进行检测和控制的固定位置点。其位置是由机床制造厂家在每个进给轴上用限位开关精确调整好的，坐标值已输入数控系统中。因此参考点对机床原点的坐标是一个已知数。

通常在数控车床上机床参考点是离机床原点最远的极限点，如图 1-28 所示。而数控铣床上机床原点和机床参考点是重合的。

数控机床开机时，必须先确定机床原点，而确定机床原点的运动就是回参考点的操作，这样通过确认参考点，就确定了机床原点。只有机床参考点被确认后，机床原点才被确认，刀具(或工作台)移动才有基准。

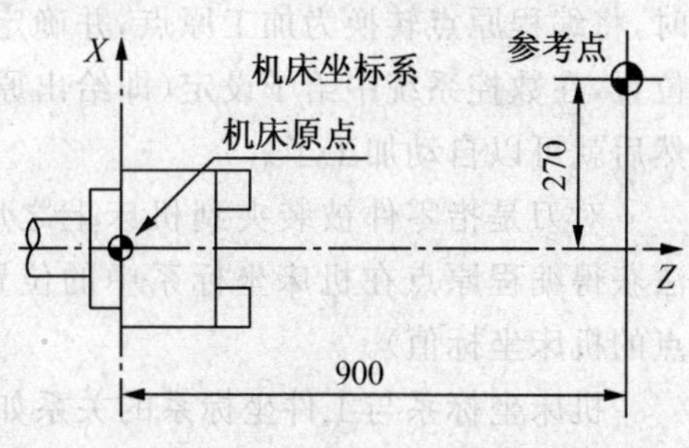

图 1-28　数控机床参考点

机床原点的建立：用回零(或回参考点)方式建立，刀架带动挡铁压下行程开关 2、4 时，相应机床坐标清零，指示灯亮。回零(或回参考点)的实质是建立机床坐标系。

2. 工件坐标系、工件坐标系原点和对刀点

(1)工件坐标系　工件坐标系是编程人员在编程时设定的坐标系，也称为编程坐标系。通常编程人员选择工件上的某一已知点为原点，建立一个新的坐标系，称为工件坐标系。该坐标系的原点称为程序原点或编程原点。工件坐标系一旦建立便一直有效，直到被新的工件坐标系所取代。

(2)工件坐标系原点　工件坐标系的原点，它是零件图上最重要的基准点，一般用 G92 或 G54～G59 指定。其选择原则：

①应尽量选择在零件的设计基准或工艺基准上；

②尽可能选在尺寸精度高、粗糙度低的表面上；

③最好选择在对称中心上。

工件坐标系的坐标轴方向与机床坐标系的坐标轴方向保持一致。在数控车床中，如图 1-29 所示，原点 O_p 点一般设定在工件的右端面与主轴轴线的交点上。在数控铣床中，如图 1-30 所示，Z 轴的原点一般设定在工件的上表面，对于非对称工件，X、Y 轴的原点一般设定在工件的左前角上；对于对称工件，X、Y 轴的原点一般设定在工件对称轴的交点上。

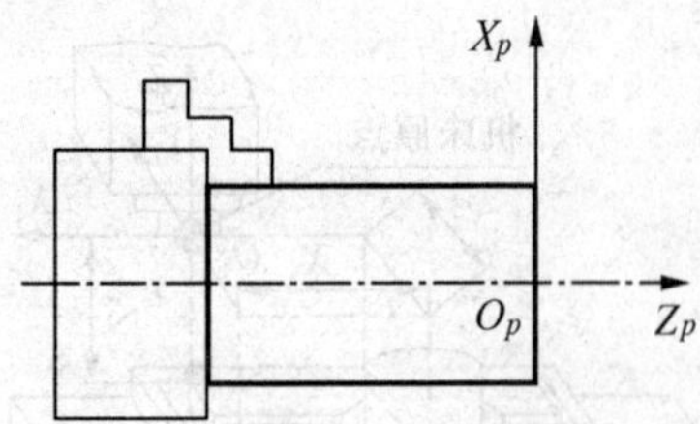

图 1-29 数控车床工件坐标系的原点

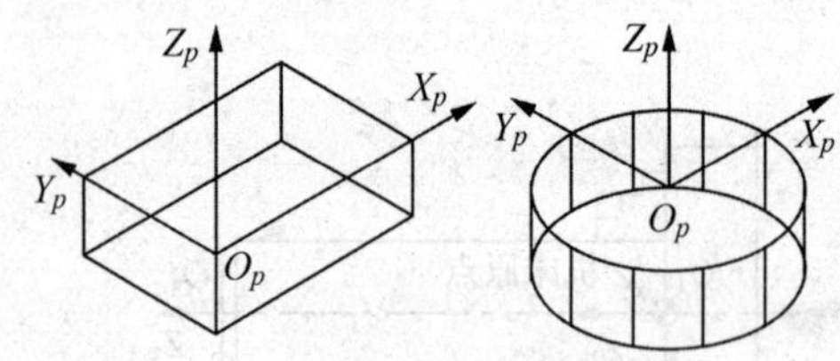

图 1-30 数控铣床工件坐标系的原点

(3)对刀——建立工件坐标系与机床坐标系的关系 编程人员在编制程序时，只要根据零件图样就可以选定编程原点、建立编程坐标系、计算坐标数值，而不必考虑工件毛坯装夹的实际位置。

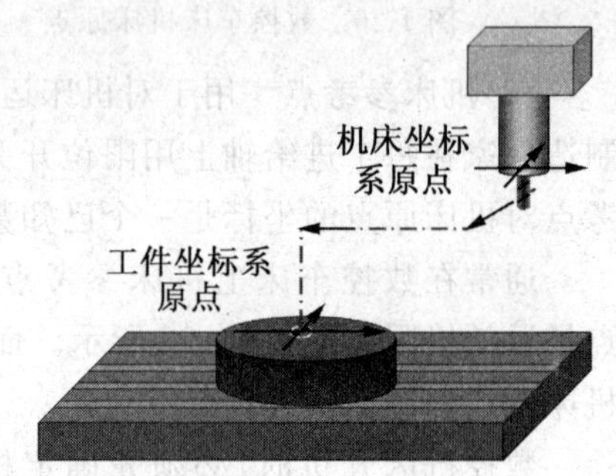

图 1-31 机床坐标系与工件坐标系的关系

对于加工人员来说，则应在装夹工件、调试程序时，将编程原点转换为加工原点，并确定加工原点的位置，在数控系统中给予设定(即给出原点设定值)，然后就可以自动加工了。

对刀是指零件被装夹到机床上之后，用某种方法获得编程原点在机床坐标系中的位置(即编程原点的机床坐标值)。

机床坐标系与工件坐标系的关系如图 1-31 所示。

五、数控编程的步骤

(一)数控编程的概念

我们都知道，在普通机床上加工零件时，一般是由工艺人员按照设计图样事先制定好零件的加工工艺规程。在工艺规程中给出零件的加工路线、切削参数、机床的规格及刀具、卡具、量具等内容。操作人员按工艺规程的各个步骤手工操作机床，加工出图样给定的零件。也就是说零件的加工过程是由工人手工操作的。

数控机床却不一样，它是按照事先编制好的加工程序，自动地对被加工零件进行加工。我们把零件的加工工艺路线、工艺参数、刀具的运动轨迹、位移量、切削参数(主轴转数、进给量、吃刀量等)以及辅助功能(换刀、主轴正转、反转、切削液开、关等)，按照数控机床规定的指令代码及程序格式编写成加工程序单，再把这一程序单中的内容记录在控制介质上(如穿孔纸带、磁带、磁盘、磁泡存储器)，然后输入到数控机床的数控装置中，从而指挥机床加工零件。这种从零件图的分析到制成控制介质的全部过程叫数控程序的编制。

从以上分析可以看出，数控机床与普通机床加工零件的区别在于数控机床是按照程序自动进行零件加工，而普通机床要由人来操作，我们只要改变控制机床动作的程序就可以达到加工不同零件的目的。因此，数控机床特别适用于加工小批量且形状复杂精度要求高的零件。

由于数控机床要按照预先编制好的程序自动加工零件，因此，程序编制的好坏直接影响数控机床的正确使用和数控加工特点的发挥。这就要求编程员具有比较高的素质。编程员应通晓机械加工工艺以及机床、刀夹具、数控系统的性能，熟悉工厂的生产特点和生产习惯。在工作中，编程员不但要责任心强、细心，而且还能和操作人员配合默契，不断吸取别人的编程经验、积累编程经验和编程技巧，并逐步实现编程自动化，以提高编程效率。

（二）数控编程的内容和步骤

1. 数控编程的内容

数控编程的主要内容包括：分析零件图样，确定加工工艺过程；确定走刀轨迹，计算刀位数据；编写零件加工程序；制作控制介质；校对程序及首件试加工。

2. 数控编程的步骤

数控编程的一般步骤如图 1-32 所示。

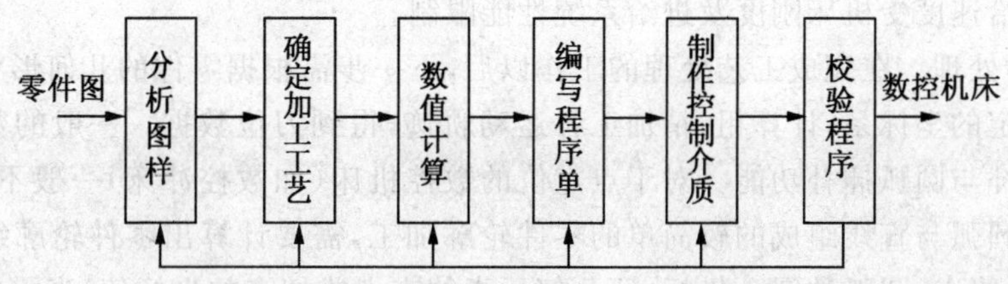

图 1-32 数控编程过程

（1）分析零件图样和工艺处理　这一步骤的内容包括：对零件图样进行分析以明确加工的内容及要求，选择加工方案、确定加工顺序、走刀路线、选择合适的数控机床、设计夹具、选择刀具、确定合理的切削用量等。工艺处理涉及的问题很多，编程人员需要注意以下几点：

①工艺方案及工艺路线　应考虑数控机床使用的合理性及经济性，充分发挥数控机床的功能；尽量缩短加工路线，减少空行程时间和换刀次数，以提高生产率；尽量使数值计算方便，程序段少，以减少编程工作量；合理选取起刀点、切入点和切入方式，保证切入过程平稳，没有冲击；在连续铣削平面内外轮廓时，应安排好刀具的切入、切出路线。尽量沿轮廓曲线的延长线切入、切出，以免交接处出现刀痕，如图 1-33 所示。

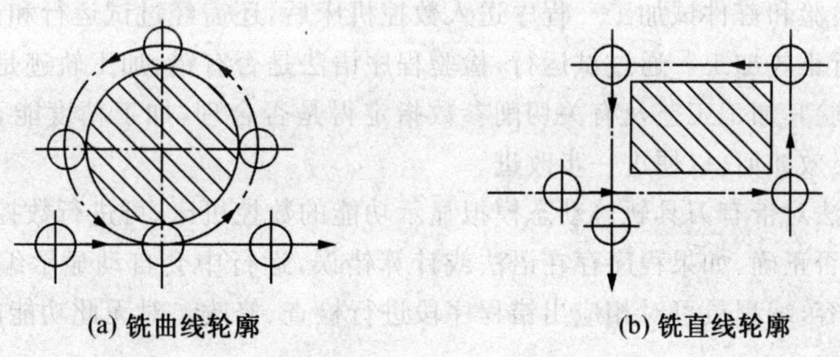

(a) 铣曲线轮廓　　(b) 铣直线轮廓

图 1-33 刀具的切入切出路线

②零件安装与夹具选择　尽量选择通用、组合夹具，一次安装中把零件的所有加工面都加工出来，零件的定位基准与设计基准重合，以减少定位误差；应特别注意要迅速完成工件的定位和夹紧过程，以减少辅助时间，必要时可以考虑采用专用夹具。

③编程原点和编程坐标系　编程坐标系是指在数控编程时，在工件上确定的基准坐标系，其原点也是数控加工的对刀点。要求所选择的编程原点及编程坐标系应使程序编制简单；编程原点应尽量选择在零件的工艺基准或设计基准上，并在加工过程中便于检查的位置；引起的加工误差要小。

④刀具和切削用量　应根据工件材料的性能，机床的加工能力，加工工序的类型，切削用量以及其他与加工有关的因素来选择刀具。对刀具总的要求是：安装调整方便，刚性好，精度高，使用寿命长等。

切削用量包括：主轴转速、进给速度、切削深度等。切削深度由机床、刀具、工件的刚度确定，在刚度允许的条件下，粗加工取较大切削深度，以减少走刀次数，提高生产率；精加工取较小切削深度，以获得表面质量。主轴转速由机床允许的切削速度及工件直径选取。进给速度则按零件加工精度、表面粗糙度要求选取，粗加工取较大值，精加工取较小值。最大进给速度受机床刚度及进给系统性能限制。

(2)数学处理　在完成工艺处理的工作以后，下一步需根据零件的几何形状、尺寸、走刀路线及设定的坐标系，计算粗、精加工各运动轨迹，得到刀位数据。一般的数控系统均具有直线插补与圆弧插补功能。对于点定位的数控机床（如数控冲床）一般不需要计算；对于加工由圆弧与直线组成的较简单的零件轮廓加工，需要计算出零件轮廓线上各几何元素的起点、终点、圆弧的圆心坐标、两几何元素的交点或切点的坐标值；当零件图样所标尺寸的坐标系与所编程序的坐标系不一致时，需要进行相应的换算；若数控机床无刀补功能，则应计算刀心轨迹；对于形状比较复杂的非圆曲线（如渐开线、双曲线等）的加工，需要用小直线段或圆弧段逼近，按精度要求计算出其节点坐标值；自由曲线、曲面及组合曲面的数学处理更为复杂，需利用计算机进行辅助设计。

(3)编写程序单　在加工顺序、工艺参数以及刀位数据确定后，就可按数控系统的指令代码和程序段格式，逐段编写零件加工程序单。编程人员应对数控机床的性能、指令功能、代码书写格式等非常熟悉，才能编写出正确的零件加工程序。对于形状复杂（如空间自由曲线、曲面）、工序很长、计算烦琐的零件采用计算机辅助数控编程。

(4)输入数控系统　程序编写好之后，可通过键盘直接将程序输入数控系统，较老一些的数控机床需要制作控制介质（穿孔带），再将控制介质上的程序输入数控系统。

(5)程序检验和首件试加工　程序送入数控机床后，还需经过试运行和试加工两步检验后，才能进行正式加工。通过试运行，检验程序语法是否有错，加工轨迹是否正确；通过试加工可以检验其加工工艺及有关切削参数指定得是否合理，加工精度能否满足零件图样要求，加工工效如何，以便进一步改进。

试运行方法对带有刀具轨迹动态模拟显示功能的数控机床，可进行数控模拟加工，检查刀具轨迹是否正确，如果程序存在语法或计算错误，运行中会自动显示编程出错报警，根据报警号内容，编程员可对相应出错程序段进行检查、修改。对无此功能的数控机床可进行空运转检验。

试加工一般采用逐段运行加工的方法进行，即每按一次自动循环键，系统只执行一段程序，执行完一段停一下，通过一段一段的运行来检查机床的每次动作。不过，这里要提醒注意的是，当执行某些程序段，比如螺纹切削时，如果每一段螺纹切削程序中本身不带退刀功能时，螺纹刀尖在该段程序结束时会停在工件中，因此，应避免由此损坏刀具。对于较复杂的零件，也先可采用石蜡、塑料或铝等易切削材料进行试切。

3. 数控机床加工的特点

数控加工与普通机床加工相比，具有加工精度高、产品质量一致性好、生产效率高、加工范围广和有利于实现计算机辅助制造的优点；缺点是初始投资大，加工成本高，首件加工编程、调试程序和试加工时间长。

4. 数控加工零件的选择要求

(1)适合类　根据数控加工的特点并综合考虑数控加工的经济效益,数控机床通常比较适宜加工具有以下特点的零件:

①多品种,小批量生产的零件或新产品试制的零件。

②轮廓形状复杂,对加工精度要求较高的零件。

③用普通机床加工时,需要有昂贵的工艺装备(工具、夹具和模具)的零件。

④需要多次改型的零件。

⑤价格昂贵,加工中不允许报废的关键零件。

⑥需要最短生产周期的急需零件。

(2)不适合类　采用数控机床加工以下几类零件,其生产率和经济性无明显改善,甚至可能得不偿失。因此,此类零件不适宜在数控机床上进行加工。

①装夹困难或完全靠找正定位来保证加工精度的零件。

②加工余量极不稳定的零件,主要针对无在线检测系统可自动调整零件坐标位置的数控机床。

③必须用特定的工艺装备协调加工的零件。

(三)数控编程的方法

数控编程一般分为手工编程和自动编程。

1. 手工编程

从零件图样分析、工艺处理、数值计算、编写程序单、程序输入至程序校验等各步骤均由人工完成,称为手工编程。对于加工形状简单的零件,计算比较简单,程序不多,采用手工编程较容易完成,而且经济、及时,因此在点定位加工及由直线与圆弧组成的轮廓加工中,手工编程仍广泛应用。但对于形状复杂的零件,特别是具有非圆曲线、列表曲线及曲面的零件,用手工编程就有一定的困难,出错的机率增大,有的甚至无法编出程序,必须采用自动编程的方法编制程序。

2. 自动编程

自动编程是利用计算机专用软件编制数控加工程序的过程。它包括数控语言编程和图形交互式编程。

数控语言编程,编程人员只需根据图样的要求,使用数控语言编写出零件加工源程序,送入计算机,由计算机自动地进行编译、数值计算、后置处理,编写出零件加工程序单,直至自动穿出数控加工纸带,或将加工程序通过直接通信的方式送入数控机床,指挥机床工作。

数控语言编程为解决多坐标数控机床加工曲面、曲线提供了有效方法。但这种编程方法直观性差,编程过程比较复杂不易掌握,并且不便于进行阶段性检查。随着计算机技术的发展,计算机图形处理功能已有了极大的增强,“图形交互式自动编程”也应运而生。

图形交互式自动编程是利用计算机辅助设计(CAD)软件的图形编程功能,将零件的几何图形绘制到计算机上,形成零件的图形文件,或者直接调用由CAD系统完成的产品设计文件中的零件图形文件,然后再直接调用计算机内相应的数控编程模块,进行刀具轨迹处理,由计算机自动对零件加工轨迹的每一个节点进行运算和数学处理,从而生成刀位文件。之后,再经相应的后置处理(Postprocessing),自动生成数控加工程序,并同时在计算机上动态地显示其刀具的加工轨迹图形。

图形交互式自动编程极大地提高了数控编程效率，它使从设计到编程的信息流成为连续，可实现CAD/CAM集成，为实现计算机辅助设计(CAD)和计算机辅助制造(CAM)一体化建立了必要的桥梁作用。因此，它也习惯地被称为CAD/CAM自动编程。

(四)程序的结构与格式

每种数控系统，根据系统本身的特点及编程的需要，都有一定的程序格式。对于不同的机床，其程序格式也不尽相同。因此，编程人员必须严格按照机床说明书的规定格式进行编程。

1. 程序结构

一个完整的程序由程序号、程序内容和程序结束三部分组成。例如：

```
O0001;                                程序号
N10 G90 G94G17 G21 G54;  ┐
N20 G91 G28 Z0;          │
N30 G90 G00 X26.0 Y100.0;│
N40 Z50.0;               ├ 程序内容
N50 M03 S600 M08;        │
……                       │
N100 G00 Z100.0 M09;     ┘
N110 M30;                             程序结束
```

(1)程序号　在程序的开头要有程序号，以便进行程序检索。程序号就是给零件加工程序一个编号，并说明该零件加工程序开始。如FANUC数控系统中，一般采用英文字母O及其后4位十进制数表示("O××××")，4位数中若前面为0，则可以省略，如"O0101"等效于"O101"。而其他系统有时也采用符号"%"或"P"及其后4位十进制数表示程序号。

(2)程序内容　程序内容部分是整个程序的核心，它有许多程序段组成，每个程序段由一个或多个指令构成，它表示数控机床要完成的全部动作。

(3)程序结束　程序结束是以程序结束指令M02、M30或M99(子程序结束)，作为程序结束的符号，用来结束零件加工。

2. 程序段格式

零件的加工程序是由许多程序段组成的，每个程序段由程序段号、若干个数据字和程序段结束字符组成，每个数据字是控制系统的具体指令，它是由地址符、特殊文字和数字集合而成，它代表机床的一个位置或一个动作。

程序段格式是指一个程序段中字、字符和数据的书写规则。目前国内外广泛采用字—地址可变程序段格式。

所谓字—地址可变程序段格式，就是在一个程序段内数据字的数目以及字的长度(位数)都是可以变化的格式。不需要的字以及与上一程序段相同的续效字可以不写。一般的书写顺序按表1-2所示从左往右进行书写，对其中不用的功能应省略。

该格式的优点是程序简短、直观以及容易检验、修改。

表 1-2 程序段书写顺序格式

1	2	3	4	5	6	7	8	9	10	11
N—	G—	X— U— P— A— D—	Y— V— Q— B— E—	Z— W— R— C—	I—J—K— R—	F—	S—	T—	M—	LF (或 CR)
程序段序号	准备功能	坐 标 字				进给功能	主轴功能	刀具功能	辅助功能	结束符号
	数 据 字									

例如：N20 G01 X25 Z-36 F100 S300 T02 M03；

程序段内各字的说明：

(1)程序段序号(简称顺序号) 用以识别程序段的编号。用地址码 N 和后面的若干位数字来表示。如 N20 表示该语句的语句号为 20。

(2)准备功能 G 指令 是使数控机床作某种动作的指令，用地址 G 和两位数字所组成，从 G00～G99 共 100 种。G 功能的代号已标准化。

(3)坐标字 由坐标地址符(如 X、Y 等)、"＋"、"－"符号及绝对值(或增量)的数值组成，且按一定的顺序进行排列。坐标字的"＋"可省略。

其中坐标字的地址符含义如表 1-3 所示。

表 1-3 地址符含义

地 址 码	意 义
X— Y— Z—	基本直线坐标轴尺寸
U— V— W—	第一组附加直线坐标轴尺寸
P— Q— R—	第二组附加直线坐标轴尺寸
A— B— C—	绕 X、Y、Z 旋转坐标轴尺寸
I— J— K—	圆弧圆心的坐标尺寸
D— E—	附加旋转坐标轴尺寸
R—	圆弧半径值

各坐标轴的地址符按下列顺序排列：

$$X、Y、Z、U、V、W、P、Q、R、A、B、C、D、E$$

(4)进给功能 F 指令 用来指定各运动坐标轴及其任意组合的进给量或螺纹导程。该指令是续效代码，有两种表示方法：

①代码法，即 F 后跟两位数字，这些数字不直接表示进给速度的大小，而是机床进给速度数列的序号，进给速度数列可以是算术级数，也可以是几何级数。从 F00～F99 共 100 个等级。

②直接指定法,即F后面跟的数字就是进给速度的大小。按数控机床的进给功能,它也有两种速度表示法:一是以每分钟进给距离的形式指定刀具切削进给速度(每分钟进给量),用F字母和它后继的数值表示,单位为"mm/min",如F100表示进给速度为100mm/min。对于回转轴如F12表示每分钟进给速度为12°。二是以主轴每转进给量规定的速度(每转进给量),单位为"mm/r"。直接指定方法较为直观,因此现在大多数机床均采用这一指定方法。

(5)主轴转速功能字S指令　用来指定主轴的转速,由地址码S和在其后的若干位数字组成。有恒转速(单位:r/min)和表面恒线速(单位:m/min)两种运转方式。如S800表示主轴转速为800r/min;对于有恒线速度控制功能的机床,还要用G96或G97指令配合S代码来指定主轴的速度。如G96S200表示切削速度为200m/min,G96为恒线速控制指令;G97S2000表示注销G96,主轴转速为2000r/min。

(6)刀具功能字T指令　主要用来选择刀具,也可用来选择刀具偏置和补偿,由地址码T和若干位数字组成。如T18表示换刀时选择18号刀具,如用作刀具补偿时,T18是指按18号刀具事先所设定的数据进行补偿。若用四位数码指令时,例如T0102,则前两位数字表示刀号,后两位数字表示刀补号。由于不同的数控系统有不同的指定方法和含义,具体应用时应参照所用数控机床说明书中的有关规定进行。

(7)辅助功能字M指令　辅助功能表示一些机床辅助动作及状态的指令。由地址码M和后面的两位数字表示。从M00～M99共100种。

(8)程序段结束　写在每个程序段之后,表示程序结束。当用EIA标准代码时,结束符为"CR",用ISO标准代码时为"NL"或"LF"。有的用符号";"或"*"表示。

六、数控编程指令

(一)准备功能指令

准备功能字G代码,用来规定刀具和工件的相对运动轨迹(即指令插补功能)、机床坐标系、坐标平面、刀具补偿、坐标偏置等多种加工操作。我国机械工业部根据ISO标准制定了JB3208-83标准,规定G代码由字母G及其后面的二位数字组成,从G00到G99共有100种代码,如表1-4所示。

(1)模态代码　又称续效代码,一经程序段指定,便一直有效。代码表中按代码的功能进行了分组,标有相同字母(或数字)的为一组,其中00组的G代码为非模态代码,其余为模态代码。模态代码可在连续多个程序段中有效,直到被同组其他指令取代才失效。

(2)非模态代码　又称非续效代码,其功能仅在其出现的程序段中有效。

(二)辅助功能指令

辅助功能M指令是用于指定主轴的旋转方向、启动、停止、冷却液的开关、工件或刀具的夹紧或松开等功能。辅助功能指令由地址符M和其后的两位数字组成。JB/T3028-1999标准中规定如表1-5所示。M指令常因生产厂家及机床的结构和规格不同而各异。下面对一些常用的M功能指令作一说明。

表 1-4　　FANUC 0i 系统准备功能 G 代码

G 功能字	组别	功　能	G 功能字	组别	功　能
G00		点定位	G52	00	局部坐标系设定
G01	01	直线插补	G53		选择机床坐标系
G02		顺圆弧插补/螺旋插补 CW	G54		选择工件坐标系 1
G03		逆圆弧插补/螺旋插补 CCW	G54.1		选择附加工件坐标系
G04		暂停、准确停止	G55		选择工件坐标系 2
G05.1		预读控制(超前读程序)	G56	14	选择工件坐标系 3
G07.1		圆柱插补	G57		选择工件坐标系 4
G08	00	预读控制	G58		选择工件坐标系 5
G09		准确停止	G59		选择工件坐标系 6
G10		可编程数据输入	G60	00/01	单方向定位
G11		可编程数据输入方式取消	G61		准确停止方式
G15	17	极坐标指令消除	G62	15	自动拐角方式
G16		极坐标指令	G63		攻丝方式
G17		选择 XY 平面	G64		切削方式
G18	02	选择 XZ 平面	G65		宏程序调用
G19		选择 YZ 平面	G66	12	宏程序模态调用
G20	06	英寸输入	G67		宏程序模态调用取消
G22		存储行程检测功能接通	G68	16	坐标旋转有效
G23	04	存储行程检测功能断开	G69		坐标旋转取消
G27		返回参考点检测	G73		深孔钻循环
G28		返回参考点	G74		左旋攻丝循环
G29	00	从参考点返回	G76		精镗循环
G30		返回第 2、3、4 参考点	G80		固循环取消/外操作功能取消
G31		跳转功能	G81		钻孔
G33	01	螺纹切削	G82		钻孔
G37	00	自动刀具长度检测	G83	09	深孔钻循环
G39		拐角偏置圆弧插补	G84		攻丝循环
G40		刀具半径补偿取消	G85		镗孔循环
G41	07	刀具半径补偿,左侧	G86		镗孔循环
G42		刀具半径补偿,右侧	G87		背镗循环
G40.1		法线方向控制取消方式	G88		镗孔循环
G41.1	18	法线方向控制左侧接通	G89		镗孔循环
G42.1		法线方向控制右侧接通	G90	03	绝对值编程
G43	08	正向刀具长度补偿	G91		增量值编程
G44		负向刀具长度补偿	G92	00	设坐标系最大主轴速度控制
G45		刀具位置偏置加	G92.1		工件坐标系预置
G46	00	刀具位置偏置减	G94	05	每分钟进给
G470		刀具位置偏置加 2 倍	G95		主轴每转进给
G480		刀具位置偏置减 2 倍	G96	13	恒周速控制(切削速度)
G49	08	刀具长度补偿取消	G97		恒周速控制取消
G50	11	比例缩放取消	G98	10	固定循环返回到初始点
G51		比例缩放有效	G99		固定循环返回到 R 点
G50.1	22	可编程镜像取消			
G51.1		可编程镜像有效			

表 1-5　　辅助功能 M 代码(JB/T3208-1999)

代码	功能开始时间		功能保持到被注销或被代替	功能仅在程序段内有用	功能	代码	功能开始时间		功能保持到被注销或被代替	功能仅在程序段内有用	功能
	与指令运动同时	在指令运动完成后					与指令运动同时	在指令运动完成后			
M00		*		*	程序停止	M36			*		进给范围 1
M01		*		*	计划停止	M37	*		*		进给范围 2
M02		*		*	程序结束	M38	*		*		主轴速度范围 1
M03	*		*		主轴顺时针转动	M39	*		*		主轴速度范围 2
M04	*		*		主轴逆时针转动	M40～M45	#	#	#	#	齿轮换挡
M05		*	*		主轴停止	M46～M47	#	#	#	#	不指定
M06	#	#		*	换刀	M48		*	*		注销 M49
M07	*		*		2 号冷却液开	M49	*		*		进给率修正旁路
M08	*		*		1 号冷却液开	M50	*		*		3 号冷却液开
M09		*	*		冷却液关	M51	*		*		4 号冷却液开
M10	#	#	*		夹紧	M52～M54	#	#	#	#	不指定
M11	#	#	*		松开	M55	*		*		刀具直线位移,位置 1
M12	#	#	#	#	不指定	M56	*		*		刀具直线位移,位置 2
M13	*		*		主轴顺时针转,冷却液开	M57～M59	#	#	#	#	不指定
M14	*		*		主轴逆时针转,冷却液开	M60		*		*	更换工件
M15	*			*	正运动	M61	*		*		工件直线位移,位置 1
M16	*			*	负运动	M62	*		*		工件直线位移,位置 2
M17～M18	#	#	#	#	不指定	M63～M70	#	#	#	#	不指定
M19		*	*		主轴定向停止	M71	*		*		工件角度位移,位置 1
M20～M29	#	#	#	#	永不指定	M72	*		*		工件角度位移,位置 2
M30		*		*	纸带结束	M73～M89	#	#	#	#	不指定
M31	#	#		*	互锁旁路	M90～M99	#	#	#	#	永不指定
M32～M35	#	#	#	#	不指定						

注:1. “#”号表示如选作特殊用途,必须在程序说明中说明。

2. M90～M99 可指定为特殊用途。

1. 程序停止指令(M00)

M00 实际上是一个暂停指令。当执行有 M00 指令的程序段后,主轴停转、进给停止、切削液关、程序停止。程序运行停止后,模态(续效)信息全部被保存,利用机床的“启动”键,便可继续执行后续的程序。该指令经常用于加工过程中测量工件的尺寸、工件调头、手动变速等操作。

2. 计划(选择)停止指令(M01)

该指令的作用与 M00 相似,但它必须是在预先按下操作面板上的“选择停止”按钮并执行到 M01 指令的情况下,才会停止执行程序。如果不按下“选择停止”按钮,M01 指令无效,程序继续执行。该指令常用于工件关键性尺寸的停机抽样检查等,当检查完毕后,按“启动”键可继续执行以后的程序。

3. 程序结束指令(M02、M30)

该指令用在程序的最后一个程序段中。当全部程序结束后,用此指令可使主轴、进给及切削液全部停止,并使机床复位。M30 与 M02 基本相同,但 M30 能自动返回程序起始位置,为加工下一个工件作好准备。而用 M02 执行程序光标停在程序末尾。

4. 与主轴有关的指令(M03、M04、M05)

M03 表示主轴正转,M04 表示主轴反转。所谓正转,是从主轴向 Z 轴正向看,主轴顺时针转动;而主轴反转时,观察到的转向则相反。M05 为主轴停止,它是在该程序段其他指令执行完以后才执行的。

5. 换刀指令(M06)

M06 是手动或自动换刀指令,它不包括刀具选择功能,但兼有主轴停转和关闭切削液的功能,常用于加工中心换刀前的准备工作。

6. 与切削液有关的指令(M07、M08、M09)

M07 为 2 号切削液(雾状)开或切屑收集器开,M08 为 1 号切削液(液状)开或切屑收集器开,M09 为切削液关。

7. 与主轴、切削液有关的复合指令(M13、M14)

M13 为主轴正转,切削液开;M14 为主轴反转,切削液开。

8. 运动部件的夹紧及松开指令(M10、M11)

M10 为运动部件的夹紧;M11 为运动部件的松开。

9. 主轴定向停止指令(M19)

M19 使主轴准确地停止在预定的角度位置上。这个指令主要用于点位控制的数控机床和自动换刀的数控机床,如数控坐标镗床、加工中心等。

10. 与子程序有关的指令(M98、M99)

M98 为调用子程序指令,M99 为子程序结束并返回到主程序的指令。

思考与练习

1. 什么是数控机床?数控机床由哪几部分组成?
2. 数控机床的核心是哪部分?在数控机床中的作用是什么?
3. 数控机床按运动方式可分为哪几种?有何区别和联系?
4. 数控机床按控制方式可分为哪几种?有何区别和联系?

5. 简述数控机床的发展趋势。
6. 数控机床坐标系是怎样的规定的？
7. 绝对坐标系与增量坐标系的区别是什么？
8. 数控编程的内容有哪些？
9. 数控程序由哪几部分组成？

数控车篇

模块一 外轮廓加工

任务一 外圆、台阶及锥体的加工

相关知识

◎ 轴类零件的加工工艺编制

◎ 加工轴类零件刀具的选择

◎ G90、G70、G71 代码的含义

技能要点

◎ 数控车床刀具的安装

◎ 简单轴类零件的加工方法

◎ 数控程序的输入及自动运行

任务描述

试在数控车床上加工如图 2-1 所示的轴类零件，建议毛坯尺寸为ø50×105mm，并为任务二的加工留有余量。

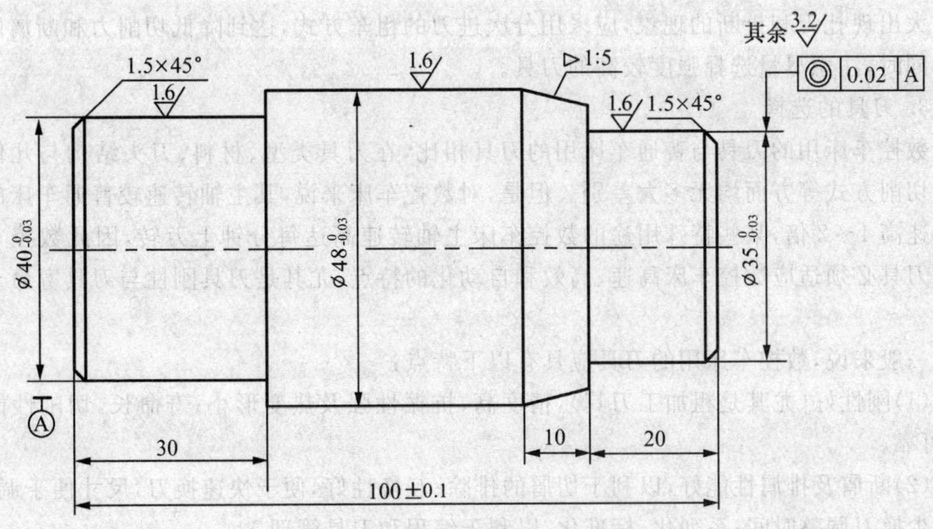

图 2-1 外圆、台阶及锥体轴

任务分析

轴类零件是回转体零件,在机器中应用最为广泛。在数控车床上经常加工类似图 2-1 所示的回转体类零件,其外表面多为外圆和端面,是零件加工的基本步骤和前期工步。在加工该轴类零件过程中,数控车床必须有主轴旋转、刀具进给、冷却液开关等动作,因此要实现数控车床的自动加工,编程中一个标准自动加工程序必须含有刀具运动指令 G、刀具指令 T、主轴转速指令 S、进给速度指令 F、主轴转停和程序结束等辅助指令 M。

本任务是数控车床编程的重要环节,必须了解数控车床的编程特点,掌握 F、S、T 功能,熟练掌握直线移动指令及固定循环指令的应用,能够编制轴类零件的数控加工程序。

一、加工工艺的确定

1. 零件的装夹

工件的正确安装可使工件在整个切削过程中始终保持正确的位置,保证工件的加工质量和生产效率。外圆加工时,由于所有加工表面都位于零件的外表面上,加工中将产生较大的切削力。车外圆时主切削力的方向与工件轴线不重合,也将影响到工件的稳定性。在数控车床上进行外圆加工一般可采用下面几种装夹方式:

(1)使用普通三爪卡盘安装,工件安装后一般不需要找正,只控制长度即可。

(2)利用软卡爪,并适当增加夹持面的长度,以保证定位准确,装夹稳固。

(3)利用尾座及顶尖作辅助,采用一夹一顶方式装夹,最大限度地保护零件的稳固性。

2. 加工路线的确定

加工路线主要是根据零件的形状来确定。当零件精度较低且余量较小时,可不分粗、精车加工一刀车出,加工效率较高;当零件余量较大时,不分粗、精车加工会使刀具前面压力过大出现扎刀和折断的现象,应采用分次进刀的粗车方式,达到降低切削力和断屑的目的。同时,注意尽量选择强度较高的刀具。

3. 刀具的选择

数控车床用的刀具与普通车床用的刀具相比,在刀具类型、材料、刀头结构与几何参数及切削方式等方面均无多大差别。但是,对数控车床来说,其主轴转速较普通车床的主轴转速高 1～2 倍,某些特殊用途的数控车床主轴转速高达每分钟上万转,因此数控车床用的刀具必须适应数控车床高速、高效和自动化的特点,尤其是刀具刚性与刀具寿命至关重要。

一般来说,数控车床用的刀具应具有以下特点:

(1)刚性好(尤其是粗加工刀具),精度高,抗振性强及热变形小;寿命长,切削性能稳定、可靠。

(2)断屑及排屑性能好,以利于切屑的排除;互换性好,便于快速换刀,尺寸便于调整,以减少换刀调整时间;系列化、标准化,以利于编程和刀具管理。

本任务加工的零件材料为 45 钢,粗车时选择 YT5 硬质合金 45°端面车刀[如图 2-2(a)所示]和 90°外圆粗车刀[如图 2-2(b)所示];精车时选择 YT15 硬质合金 90°外圆精车刀。

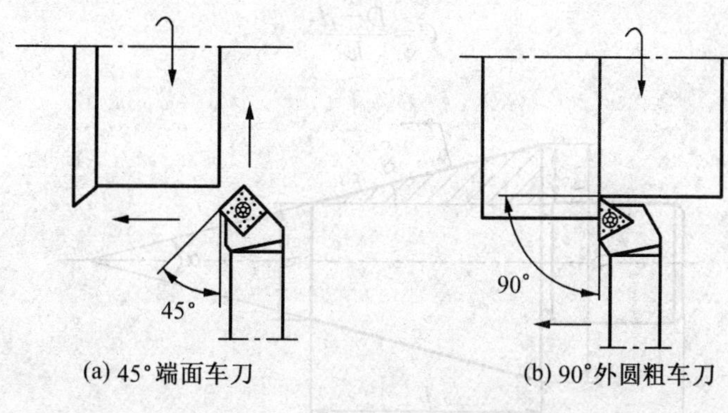

(a) 45°端面车刀　　(b) 90°外圆粗车刀

图 2-2　端面及外圆车刀

4. 切削用量的选择　合理选择切削用量，是指在车刀角度确定以后，合理确定背吃刀量、进给量和切削速度三个参数值，以便在车削时充分发挥车床、车刀的效能，在保证工件质量的前提下，尽可能提高生产效率。

(1)粗车时切削用量的选择　粗车时选择切削用量主要是考虑提高生产效率，同时兼顾刀具寿命。加大背吃刀量 a_p、进给量 f 和提高切削速度 v_c 都能提高生产效率。但是对刀具寿命都有不利影响，其中影响最小的是 a_p，其次是 f，最大是 v_c。所以粗车时选择切削用量，首先应选择一个尽可能大的背吃刀量 a_p，其次选择一个较大的进给量 f，最后根据已选定的 a_p 值和 f 值，在工艺系统刚度、刀具寿命和机床功率许可的条件下选择一个合理的切削速度 v_c。

(2)半精车、精车时切削用量的选择　半精车、精车时选择切削用量应首先考虑保证加工质量，并注意兼顾生产效率和刀具寿命。

①背吃刀量　半精车、精车时的背吃刀量是根据加工精度和表面粗糙度要求由粗车后留下的余量确定的。一般情况下，在数控车床上所留的精车余量比在卧式车床上的要小。

半精车、精车时的背吃刀量为：半精车时，选取 $a_p=0.5\sim2.0$mm；精车时，选取 $a_p=0.05\sim0.8$mm。在数控车床上进行精车时，选取 $a_p=0.1\sim0.5$mm。

②进给量　半精车、精车的背吃刀量较小，产生的切削力不大，所以加大进给量对工艺系统的强度和刚度的影响较小。半精车、精车时，进给量的选择主要受表面粗糙度的限制。要求表面粗糙度越小，进给量可选择小些。

③切削速度　为了提高工件表面质量，用硬质合金车刀精车时，一般采用较高的切削速度($v_c>80$m/min)；用高速钢车刀精车时，选用较低的切削速度($v_c<5$m/min)。

二、圆锥的基本参数及其尺寸计算

圆锥的基本参数(如图 2-3 所示)有：

1. 最大圆锥直径 D　简称大端直径。

2. 最小圆锥直径 d　简称小端直径。

3. 圆锥长度 L　最大圆锥直径与最小圆锥直径之间的轴向距离。工件全长一般用 L_o 表示。

4. 锥度 C　圆锥的最大圆锥直径和最小圆锥直径之差与圆锥长度之比，即：

$$C=\frac{D-d}{L}$$

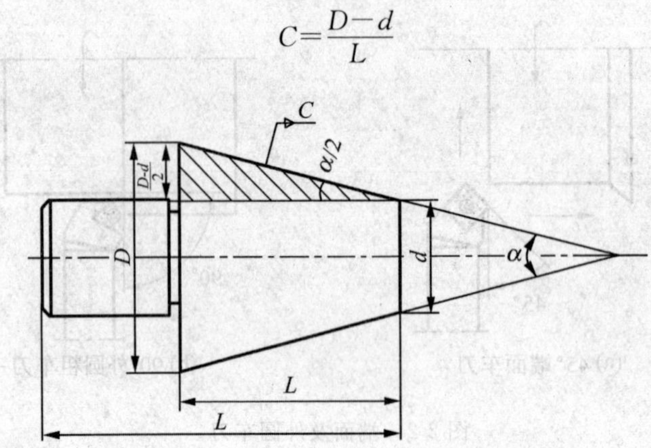

图 2-3　圆锥的基本参数

锥度一般用比例或分数形式表示，如 1∶7 或 1/7。

5. 圆锥半角 $\alpha/2$　圆锥角 α 是在通过圆锥轴线的截面内两条素线之间的夹角。车削圆锥面时，小滑板转过的角度是圆锥角的一半—圆锥半角($\alpha/2$)。其计算公式为：

$$\tan\frac{\alpha}{2}=\frac{D-d}{2L}=\frac{C}{2}$$

不难看出，锥度确定后，圆锥半角可以由锥度直接计算出来。

三、编程指令

1. 单一形状固定循环指令 G90

(1)圆柱面切削循环，如图 2-4 所示。

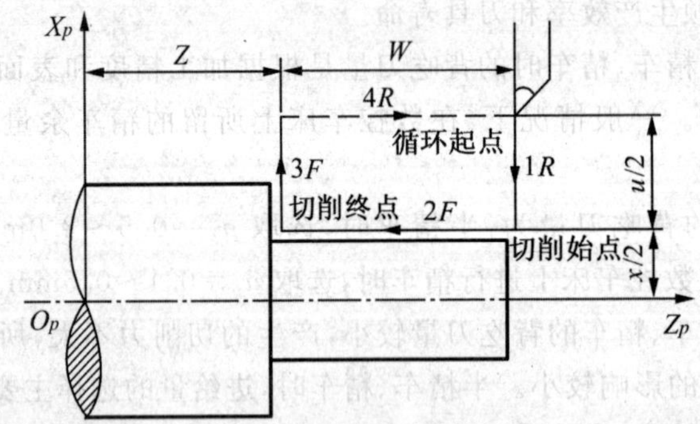

图 2-4　圆柱面切削循环

指令格式：

G90 X(U)_Z(W)_F_

其中：$X\_Z\_$：指切削终点的绝对坐标；

$U\_W\_$：指切削终点相对于循环起点的增量坐标；

$F\_$：进给速度。

指令应用 1：应用 G90 切削循环功能编写图 2-5 所示零件的加工程序。

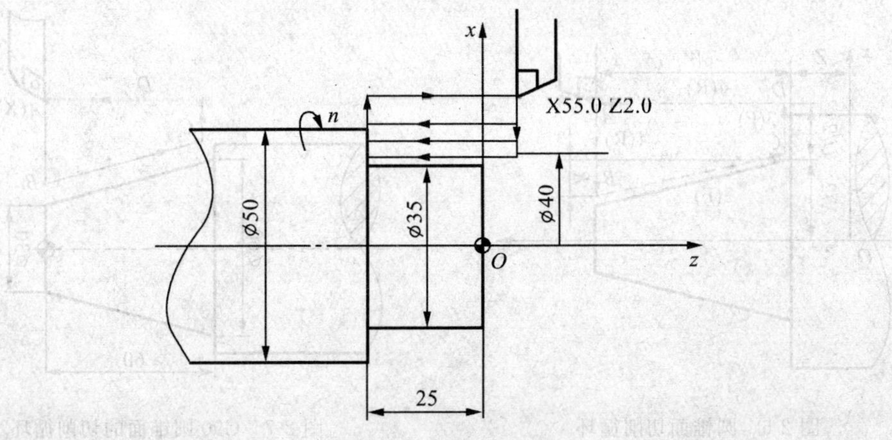

图 2-5　G90 圆柱面的切削循环

加工程序：O0001；

N10 T0101；

N20 M03 S800；

N30 G00 X55.0 Z2.0 M08；（刀具定位到循环点）

N40 G90 G01 X45.0 Z-25.0 F0.2；

N50 X40.0；

N60 X35.0；

N70 G00 X100.0 Z100.0；

N80 M30；

(2)圆锥面切削循环，如图 2-6 所示。

指令格式：

G90 X(U)_Z(W)_R_F_

其中：*X_Z_*：表示切削终点坐标值；

*U_W_*：表示切削终点相对循环起点的坐标分量；

F：进给速度；

R：锥面的起点和终点在轴方向上的增量值。

指令应用 2：用 G90 指令车削图 2-7 所示的圆锥面，指令中的 *R* 应为：*R*＝(30－60)/2＝－15。

加工程序：……；

G00 X70.0 Z0；

G90 G01 X60.0 Z-60.0 R-15.0 F0.25；

……；

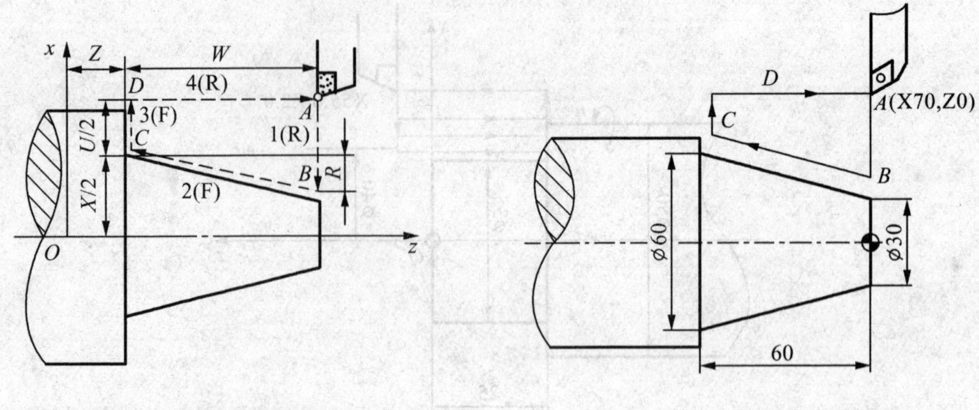

图 2-6　圆锥面切削循环　　　　图 2-7　G90 圆锥面的切削循环

2. 粗车复合循环指令 G71，如图 2-8 所示。

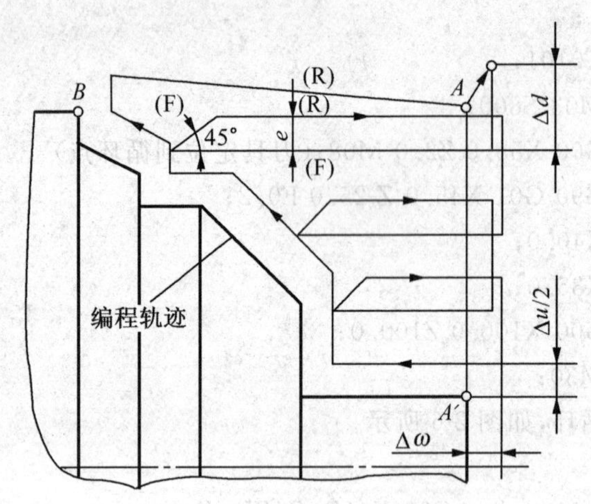

图 2-8　G71 指令加工路线及参数

指令格式：

G71U(Δd)R(e)；

G71P(ns)Q(nf)U(Δu)W(Δw)F(f)S(s)T(t)；

N(ns)……；

N(nf)……；

……；

其中：Δd：X 向每次切削深度；

e：退刀量；

ns：零件轮廓精加工程序的第一程序段的段号；

nf：零件轮廓精加工程序的最后一程序段的段号；

Δu：X 方向上的精加工余量；

Δw：Z 方向上的精加工余量；

f，s，t：G71 指令粗加工的 F、S、T 功能，在 G71 循环中 ns 到 nf 程序段有效。

3. 精加工循环指令 G70

指令格式：

G70P(ns)Q(nf)

其中：*ns*：精加工轮廓程序的第一程序段的段号；

nf：精加工轮廓程序的最后一程序段的段号。

指令应用：用外径粗车循环指令，编制如图 2-9 所示零件的加工程序，毛坯为Ø60 棒料。

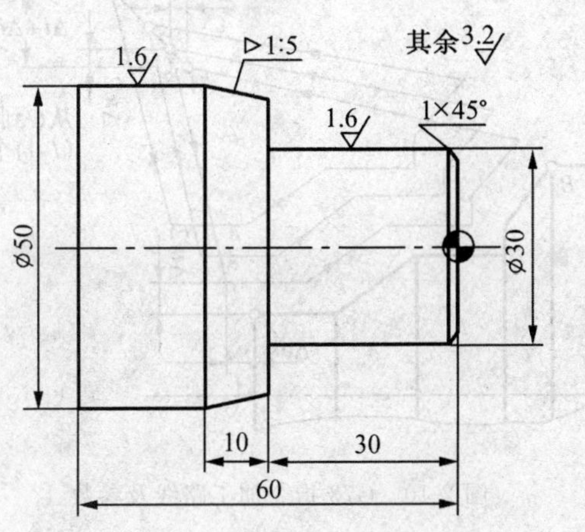

图 2-9 G71/G70 应用示例

加工程序：

```
O0001;                                  N90 X48.0;N100 X50.0 Z-40.0;
N10 T0101;                              N110 Z-62.0;
N15 M03 S600;;                          N120 G00 X100.0 Z100.0;
N20 G00 X62.0 Z2.0;                     N130 M05;
N30 G71 U1.5 R0.5;                      N140 T0202;
N40 G71 P50 Q110 U0.2 W0 F0.3;          N150 M03 S1000;
N50 G00 X28.0;                          N160 G00 X62.0 Z2.0;
N60 G01 Z0 F0.1;                        N170 G70 P50 Q100;
N70 X30.0 Z-1.0;                        N180 G00 X100.0 Z100.0;
N80 Z-30.0;                             N190 M30;
```

4. 复合形状粗车循环指令 G73，如图 2-10 所示。

指令格式：

```
G73U(Δi)W(Δk)R(d);
G73P(ns)Q(nf)U(Δu)W(Δw)F(f)S(s)T(t);
N(ns)……;
N(nf)……;
……;
```

其中：Δi：X 向毛坯切除余量；

Δk：Z 方向毛坯切除余量；

d：粗切循环的次数；

ns：零件轮廓精加工程序的第一程序段的段号；

nf：零件轮廓精加工程序的最后一程序段的段号；

Δu：X 方向上的精加工预留量的距离及方向；

Δw：Z 方向上的精加工预留量的距离及方向。

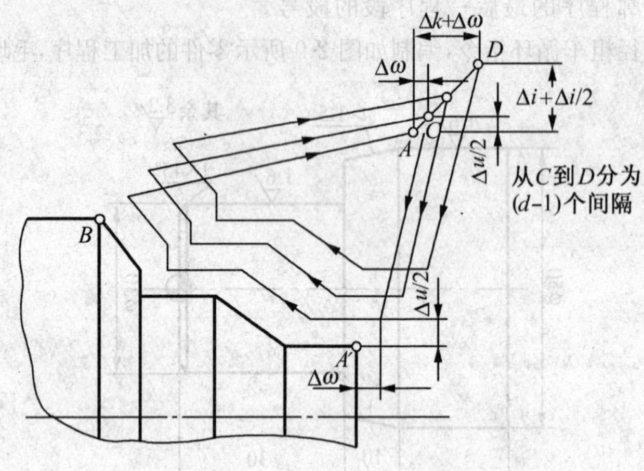

图 2-10　G73 指令加工路线及参数

指令应用：用复合形状粗车循环指令，编写如图 2-11 所示零件的加工程序，毛坯为 ⌀65棒料，起刀点(100,100)。

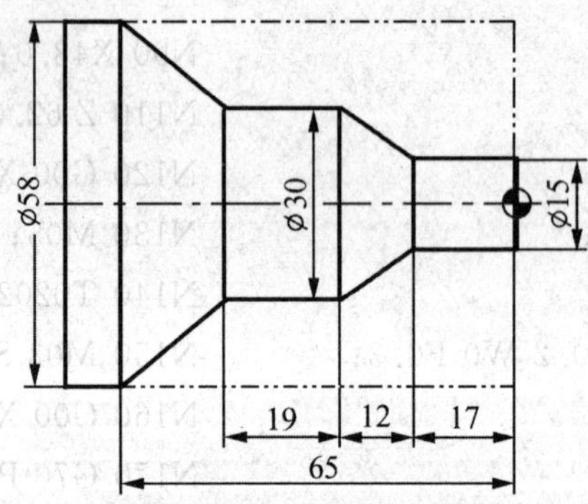

图 2-11　G73 应用示例

加工程序：

```
O0002;
N10 T0101;
N20 M03 S500;
N30 G00 X67.0 Z2.0;
N40 G73 U26.0 W3.0 R8;
N50 G73 P60 Q100 U0.2 W0.1 F0.2;
N60 G00 X15.0 Z1.0;
N70 G01 X15.0 Z-17.0 F0.1;
N80 X38.0 Z-29.0;
N90 Z-48.0;
N100 X58.0 Z-65.0;
N110 G00 X100.0 Z100.0;
N120 M05;
N130 T0202;
N140 M03 S1000;
N150 G00 X67.0 Z2.0;
N160 G70 P60 Q100;
N170 G00 X100.0 Z100.0;
N180 M30;
```

5. 刀具功能 T

编程格式：T_ _ _ _

T 功能指令用于指定加工所用刀具和刀具参数。T 后面通常有两位数表示所选的刀具号码。但也有 T 后面用 4 为数字的，前两位是刀具号，后两位是刀具长度补偿号，又是刀尖圆弧半径补偿号。例如，T0303 表示选用 3 号刀及 3 号刀具长度补偿值和刀尖圆弧半径补偿值。T0300 表示取消刀具补偿。

四、刀具长度补偿

数控装置控制的是刀架参考点的位置，实际切削时是利用刀尖来完成，刀具长度补偿是用来实现刀尖轨迹与刀架参考点之间的转换。如图 2-12 所示，P 为刀尖，Q 为刀架参考点，假设刀尖圆弧半径为零。利用刀具长度测量装置测出刀尖点相对于刀架参考点的坐标（x_{pq}，z_{pq}），存入刀补内存表中。

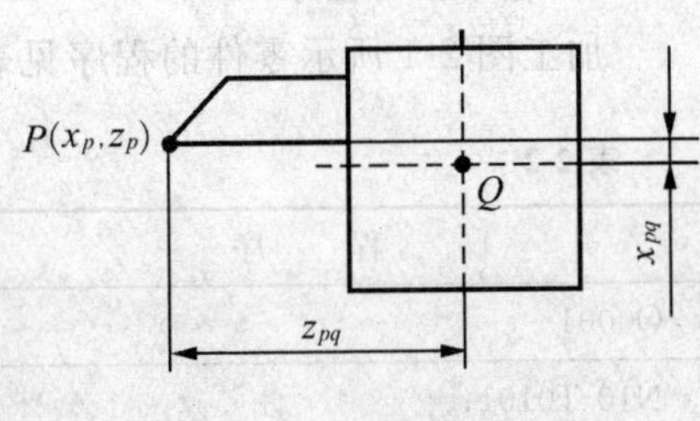

图 2-12　刀具长度补偿

五、刀位点

刀位点是指在加工程序编制中，用以表示刀具特征的点，也是对刀和加工的基准点。编程时用该点的运动来描述刀具的运动，运动所形成的轨迹成为编程轨迹。对于数控车床使用的刀具，由于刀具的结构特点，所以刀位点的选择比较复杂。常用各类车刀的刀位点如图 2-13 所示。目前常用的机夹可转位刀片的刀尖都有过渡圆弧，所以数控编程时应考虑刀尖圆弧半径对工件加工尺寸的影响。还有切槽刀，实际存在两个刀尖位置，确定刀位点时应主要考虑是否便于对刀和测量。

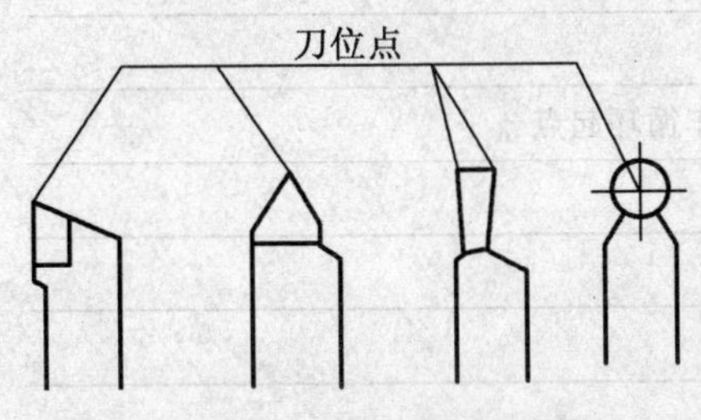

图 2-13　各类车刀的刀位点

六、确定换刀点

换刀点是零件程序开始加工或是加工过程中相对于机床固定原点而设置的一个自动更换刀具的相关点，设立换刀点的目的是在更换刀具时让刀具处于一个比较安全的区域。换刀点可选在远离工件和尾座并便于换刀的任何地方，但该点与程序原点之间必须有确定的坐标关系。

任务实施

试加工如图 2-1 所示的轴类零件，分析加工艺，编制加工程序。

一、工艺分析

1. 分析图样要求，按先粗后精、先主后次的加工原则，确定加工路线。

(1)此零件为回转类工件，工件的两端有同轴度的要求，因此，选用软爪装夹，以工件外圆定位，在保证形位公差的前提下加工此工件。

(2)选取工件右端面中心为工件坐标系原点。

(3)粗车Ø40 的外圆，反头粗车Ø35 外圆、Ø48 外圆及锥体，用软爪装夹，精车各部分。

2. 刀具及切削用量，见表 2-1 所示。

表 2-1 刀具及切削用量的选择

刀具号	刀具规格名称	加工内容	刀尖半径	n(r/min)	a_p(mm)	f(mm/r)
T0101	93°外圆机夹车刀,80°菱形刀片	粗车	0.4	600	2	0.2
T0202	93°外圆机夹车刀,80°菱形刀片	精车	0.2	1000	0.4	0.1

3. 编写加工程序

加工图 2-1 所示零件的程序见表 2-2 所示。

表 2-2 程序编制

程　序	注　释
O0001	程序名
N10 T0101;	选用 1 号外圆刀
N20 M03 S800;	主轴正转,转速 800r/min
N30 G00 X55 Z5;	快进到外径粗车循环起始点
N40 G71 U2 R1;	U:每次切深单边 2mm,R:退刀量单边 1mm
N50 G71 P60 Q140 U0.5 W0.1 F0.3;	粗车循环
N60 G01 X0;	进到外径粗车循环起点
N70 Z0;	
N80 X32;	
N90 X35 Z-1.5;	倒角
N100 Z-20;	
N110 X46;	
N120 X48 Z-30;	
N130 Z-72;	
N140 X51;	N60-N140 外循环轮廓程序
N150 G00 X100 Z50;	退刀
N155 M05;	
N160 M03 S1200 T0101;	精车转速 1200r/min, 1 号外圆刀
N170 G00 X55 Z5;	快进到外径精车循环起始点
N180 G70 P60 Q140 F0.1;	精车循环
N190 G00 X100 Z50;	快速返回换刀点
N200 M05;	主轴停转
N201 M30;	程序结束
零件左端加工程序	
O0002	程序名
N10 T0101;	选用 1 号外圆刀

续表

N20 M03 S800；	主轴正转，转速 800r/min
N30 G00 X55 Z5；	快进到外径粗车循环起始点
N40 G71 U2 R1；	U：每次切深单边 2mm，R：退刀量单边 1mm
N50 G71 P60 Q120 U0.5 W0.1 F0.3；	粗车循环
N60 G01 X0；	进到外径粗车循环起点
N70 Z0；	
N80 X37；	
N90 X40 Z-1.5；	倒角
N100 Z-30；	
N120 X51；	N60-N120 外循环轮廓程序
N130 G00 X100 Z50；	退刀
N135 M05；	
N140 M03 S1200 T0101；	精车转速 1200r/min，1 号外圆刀
N150 G00 X55 Z5	快进到外径精车循环起始点
N150 G70 P60 Q120 F0.1；	精车循环
N160 G00 X100 Z50；	快速返回换刀点
N170 M05；	主轴停转
N180 M30；	程序结束

二、数控车床仿真操作

1. 首先选择好“控制系统”、“机床类型”和“厂家及型号”后，点击“确定”按钮进入操作状态。如图 2-14 所示。本例选择了 FANUC 0i 系统标准型（平床身前置刀架）数控车床，如图 2-15 所示。

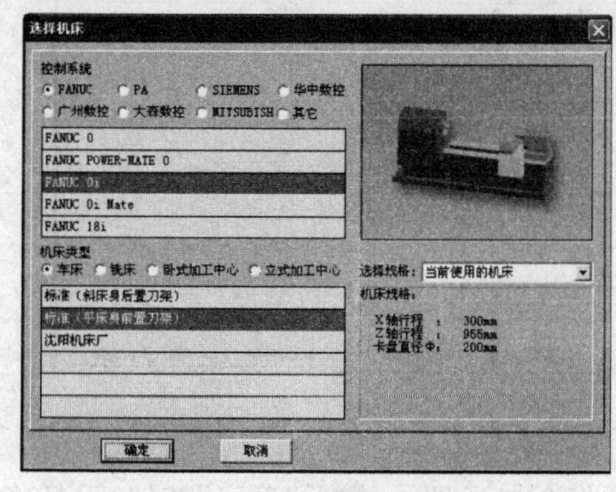

图 2-14 机床选择对话框

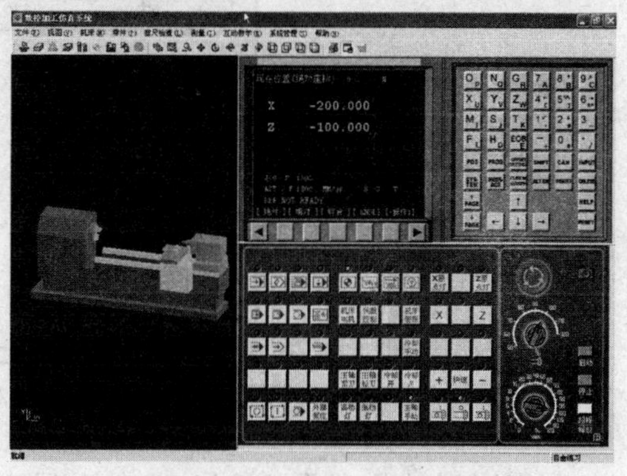

图 2-15 操作界面

2. 激活机床：检查急停按钮是否松开至状态，若未松开，点击急停按钮，将其松开。点击启动电源。

3. 回参考点：选择“回参考点”模式，选择 X 轴，点击正向移动键，使 X 轴返回参考点，回到参考点后 X 轴回参考点灯会变亮，表示 X 轴参考点返回完成，再选择 Z 轴，点击正向移动键，使 Z 轴返回参考点，回到参考点后 Z 轴回参考点灯会变亮，表示 Z 轴参考点返回完成。

注意：(1)数控机床启动电源后，首先要返回机床参考点，建立机床坐标系。

(2)机床返回参考点时，必须先回 X 轴，再回 Z 轴，这样可以防止刀架与尾座发生碰撞。

4. 选择和安装毛坯：

(1)选择毛坯　依次点击菜单栏中的“零件/定义毛坯”或在工具条上选择“”，系统将弹出如图 2-16 所示的对话框：选择毛坯尺寸为Ø55×105mm。

保存退出：按 确定 按钮，退出本操作，所设置的毛坯信息将被保存。

(2)安装毛坯　依次点击菜单栏中的“零件/放置零件”或者在工具栏中点击图标“”系统将弹出“选择零件”对话框，如图 2-17 所示。

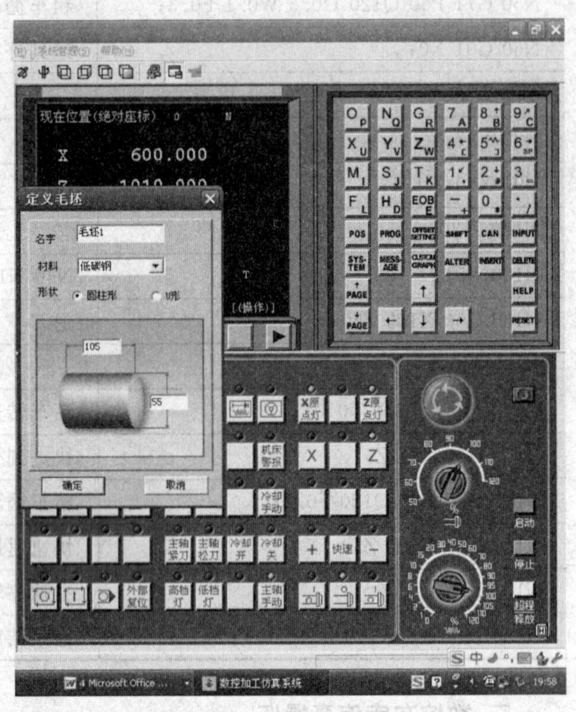

图 2-16　定义毛坯对话框

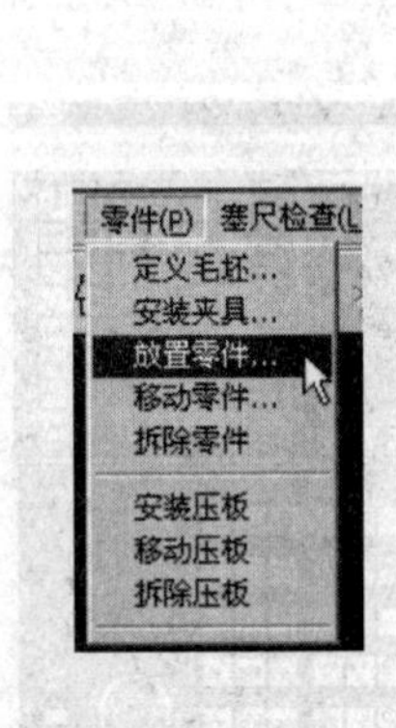

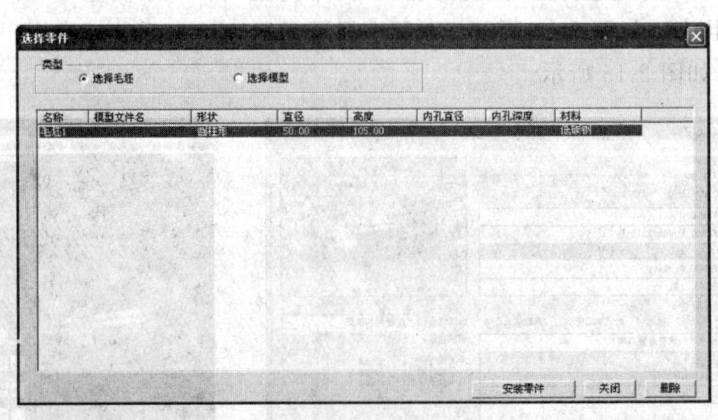

图 2-17　“选择零件”对话框

在列表中点击所需的毛坯，选中的毛坯信息将会加亮显示，按下“确定”按钮，毛坯将被放到机床上，如图 2-18 所示。

(3)调整毛坯位置　通过移动零件对话框如图 2-19 移动毛坯的位置，每点击一次按键工件伸缩长度为 10mm，使工件伸出卡爪的长度约为 80mm。点击 退出 ，工件将被夹紧。

图 2-18　安装毛坯

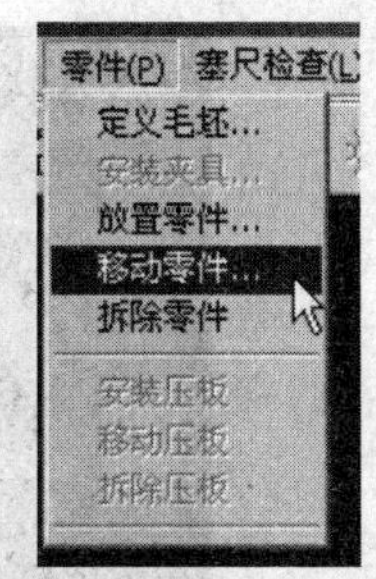

图 2-19　调整毛坯

5. 刀具选择

通过工艺分析，在 1 号刀位上安装外轮廓车刀、选择刀具的刀片型号为 VBMT160402，刀尖角度为 35°，刃长为 16mm，刀尖圆弧半径为 0.2mm，刀柄型号为外圆左向横柄，主偏角为 93°。

（1）在主菜单栏里点击图标“ ”，系统将弹出“车刀选择”对话框，首先选择安装 T01 号外圆车刀，单击刀具列表中单击选择“第一把刀”，如图 2-20 所示。

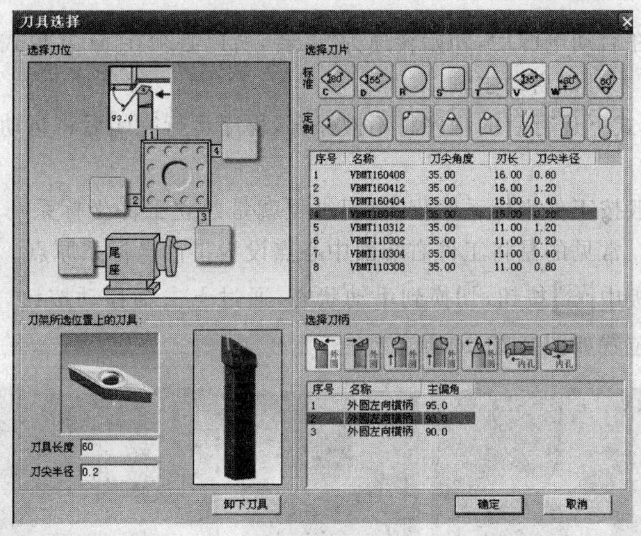

图 2-20　车刀选择对话框

（2）选择刀具类型　外圆车刀，界面显示外圆车刀的具体参数。

（3）根据加工工艺设定参数，完成设置后，按“完成编辑”键。刀具列表中出现了新建立的第一把刀具。

（4）单击刀具库对话框下方的“确定”按钮，对话框自动关闭。同时车床的刀架上出现新建立的 1 号刀具，如图 2-21 所示。

6. 程序输入与修改

MDI 操作：利用 MDI 方式改变主轴转速及换刀。

（1）按下控制面板上 模式选择键，机床切换到 MDI 运行方式，再点击系统面板上的 PROG 程序显示键，则 CRT 上显示出如图 2-22 所示，图中右上角显示当前操作模式“MDI”。

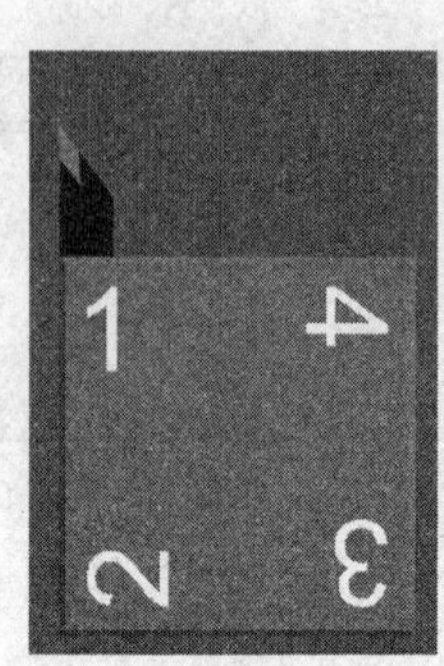

图 2-21　建立 1 号刀

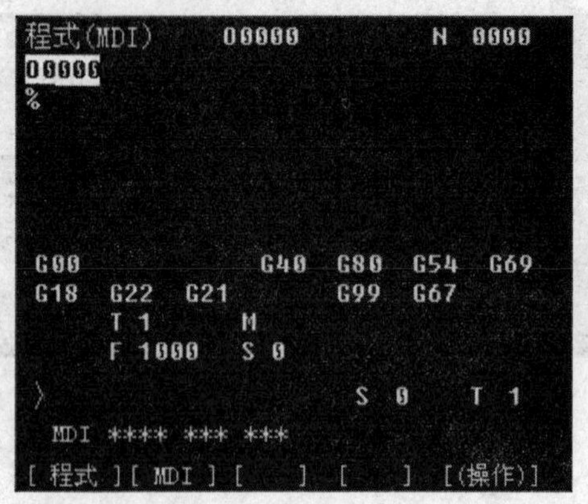

图 2-22　MDI 界面

(2)用系统面板输入指令“M3 S600;”。

(3)输入完一段程序后,点击INSERT,光标自动定位到程序头,点击操作面板上的“循环启动”按钮,运行程序。程序执行完自动结束,或按停止按键中止程序运行。

注意:

①数控机床在启动电源后,初始转速为“0”转,所以必须在 MDI 模式下设定主轴转速后,在手动模式下才可以启动主轴。

②在 MDI 模式下运行后的程序将不被保存,程序运行完闭后将自动删除。

7. 对刀操作

数控程序一般按工件坐标系编程,对刀过程就是建立工件坐标系与机床坐标系之间对应关系的过程。常见的是将工件右端面中心点设为工件坐标系原点。

选择操作面板中按钮,切换到手动状态,通过点击轴移动按钮,使刀具移动到可切削零件的大致位置如图 2-23(a)所示。

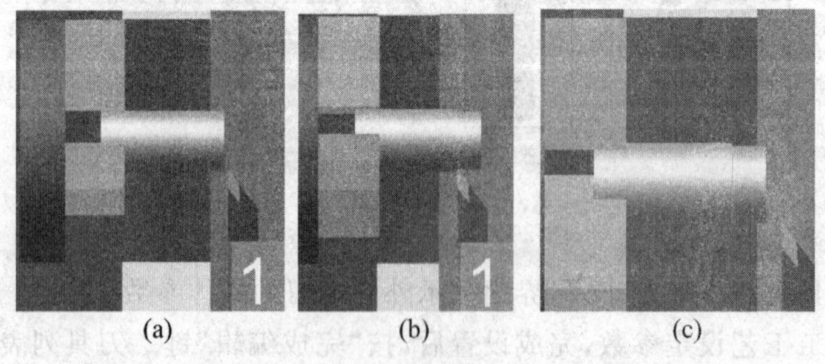
(a)　(b)　(c)

图 2-23　对刀操作

X 方向对刀:

点击轴移动按钮,用所选刀具沿 Z 方向试切工件外圆,如图 2-23(b)所示,X 轴不移动,将刀具沿 Z 正方向退至工件外部,点击操作面板上的主轴停转按钮,使主轴停止转动,如图 2-23(c)所示。

依次点击菜单中的“测量”/“剖面图测量”,弹出“选择是否保留小于 1 的圆弧”对话框,点选“否”,进入测量对话框,点击刀具试切外圆时所切线段(选中的线段由红色变为黄色)。如图 2-24 所示,记下下面对话框中对应的 *X* 的值,记为 X52.080(此数据根据试切直径不同而发生变化)。

点击 OFFSET SETTING,进入参数显示画面,再点击[形状],进入如图 2 25 所示界面,将光标移动至 01 号刀补位置,然后输入“X52.080”。

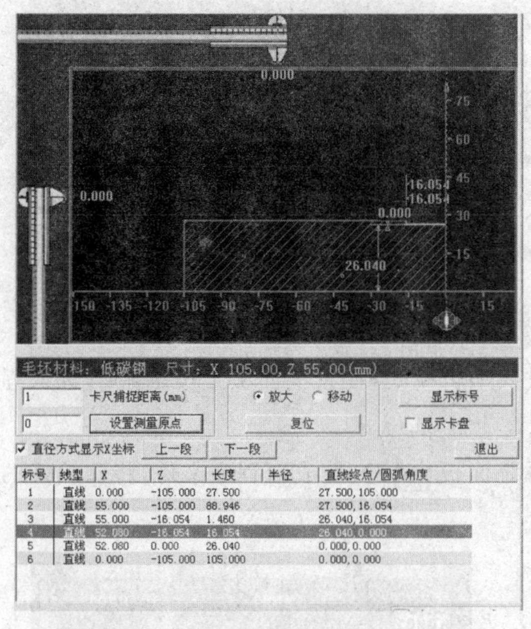

图 2-24 工件测量界面

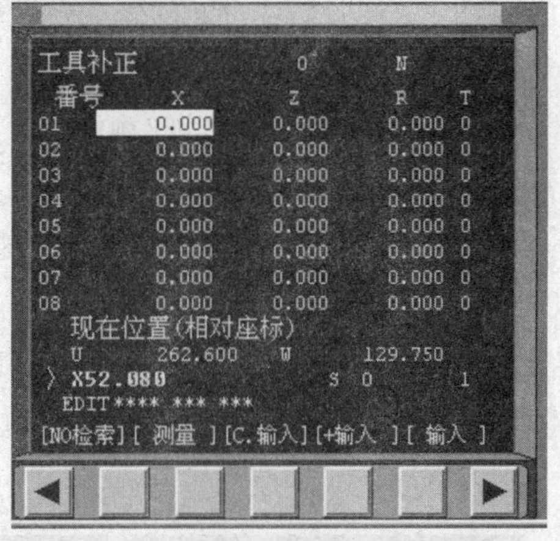

图 2-25 刀具补正页面

点击[测量]软体菜单键,系统将自动计算,并将计算结果自动输入在 *X* 偏置栏中;如图 2-26 所示。

Z 方向对刀:

使刀具移动到可切削零件的大致如图 2-27(a)所示位置,点击轴移动按钮 *X* 方向试切工件端面,如图 2-27(b)所示,然后点击轴移动按钮沿 *X* 方向将刀具退出到工件外部,*Z* 轴不移动;点击操作面板上的主轴停转按钮,使主轴停止转动;点击 OFFSET SETTING,再点击[形状],进入刀补显示画面,将光标移动至 01 号刀补位置,然后输入“Z0”,点击[测量]软体菜单键,系统将自动计算,并将计算结果自动输入在 *Z* 偏置栏中。

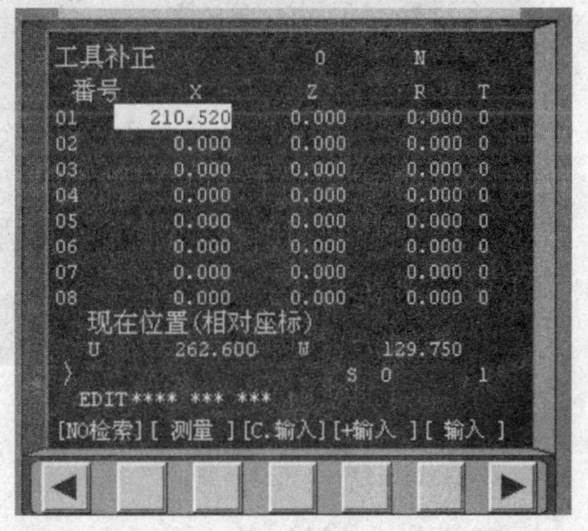

图 2-26 刀具补正画面

输入 01# 刀具的刀尖圆弧:将光标移动至 01 号刀补刀尖圆弧 *R* 处,输入“0.4”,点击系统面板 INPUT 键。

输入 01# 刀具的刀尖方位号:将光标移动至 01 号刀补刀尖方位号 *T* 处,输入“3”,点击系统面板 INPUT 键。如图 2-28 所示。

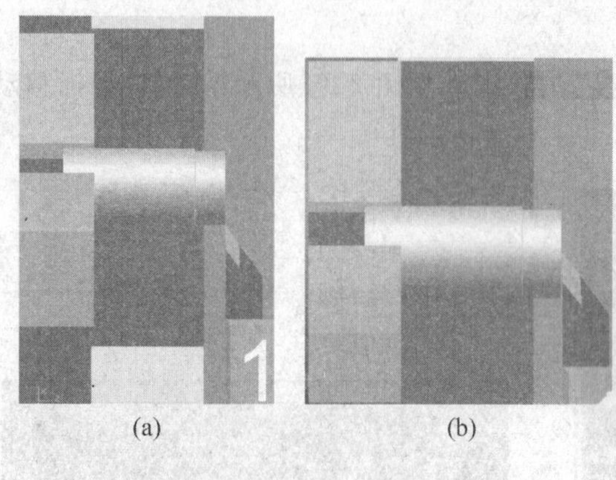

(a)　　(b)

图 2-27　1#刀具 Z 轴对刀

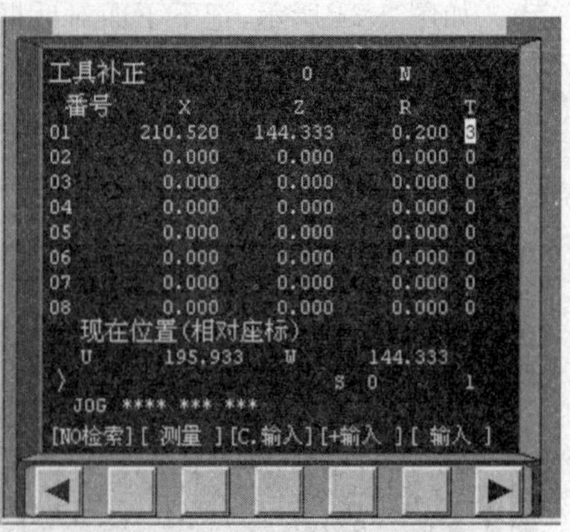

图 2-28　刀具补正画面

8. 输入程序的操作

(1)选择操作面板上模式选择键，进入编辑模式，在系统面板上按下PROG，进入程序显示画面，程序编辑画面如图 2-29 所示。

(2)输入新建程序号码“O0001”，点击系统面板INSERT键，生成新程序文件，将已编好的程序 O0001 输入到系统中，如图 2-30 所示。

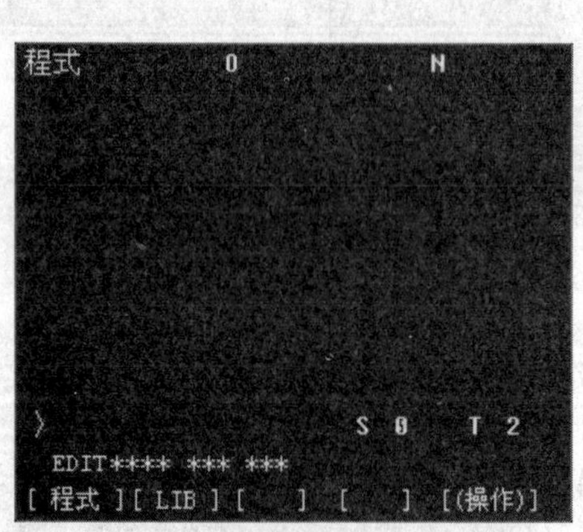

图 2-29　程序编辑界面

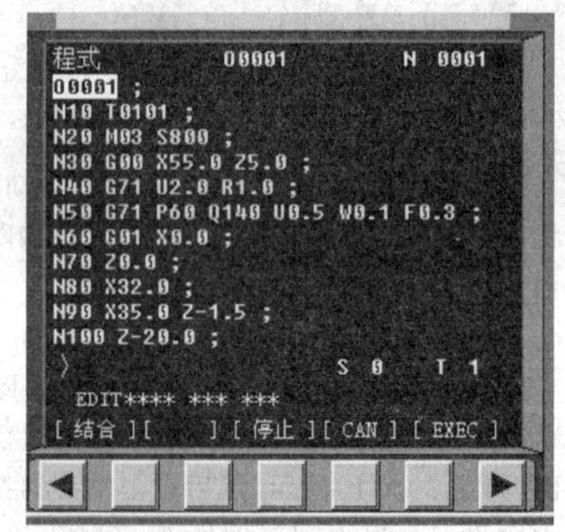

图 2-30　输入程序

注意：

程序输入时假如尺寸字后为整数时，必须加小数点，如输入“X50”时输入为“X50.”。如不输入小数点，“X50”被当作“X0.05”。

9. 搜索并调出程序有两种方法

第一种：方式选择开关置“程序编辑”或“自动运行”。按“PROGRAM PROG”键。键入地址 *O*(按 *O* 键)。键入程序号(数字)。按向下光标键(标有 CURSOR 的↓键)，搜索完毕后，被搜索程序的程序号会出现在屏幕的右上角。如果没有找到指定的程序号，会出现报警。

第二种方法：方式选择开关置“程序编辑”位。按“PROGRAM PROG”键。键入地址 O(按 O 键)。按向下光标键(标有 CURSOR 的↓键),所有注册的程序会依次被显示在屏幕上。

10. 插入一段程序

该功能用于输入或编辑程序,方法如下:

调出需要编辑或输入的程序。使用翻页键(标有 PAGE 的↑↓键)和上下光标键(标有 CURSOR 的↑↓键)将光标移动到插入位置的前一个词下。键入需要插入的内容。此时键入的内容会出现在屏幕下方,该位置被称为输入缓存区。按 INSERT 键,输入缓存区的内容被插入到光标所在的词的后面,光标则移动到被插入的词下。

当输入内容在输入缓存区时,使用“CAN”键可以从光标所在位置起一个一个地向前删除字符。程序段结束符“;”使用 EOB 键输入。

11. 删除一段程序

调出需要编辑或输入的程序。使用翻页键(标有 PAGE 的↑↓键)和上下光标键(标有 CURSOR 的↑↓键)将光标移动到需要删除内容的第一个词下。键入需要删除内容的最后一个词。按”DELETE”键,从光标所在位置开始到被键入的词为止的内容全部被删除。

不键入任何内容直接按“DELETE”键将删除光标所在位置的内容。如果被键入的词在程序中不只一个,被删除的内容到距离光标最近的一个词为止。如果键入的是一个顺序号,则从当前光标所在位置开始到指定顺序号的程序段都被删除。键入一个程序号后按“DELETE”键的话,指定程序号的程序将被删除。

12. 轨迹检查

(1)选择操作面板模式选择键,切换到自动方式下,点击系统面板上的 CUSTOM GRAPH 键,系统进入轨迹检查画面。

(2)按循环启动键开始模拟执行程序。执行后,则可看到加工的轨迹并可以通过工具栏上的来调整观看的角度及画面的大小,结果如图 2-31 所示。

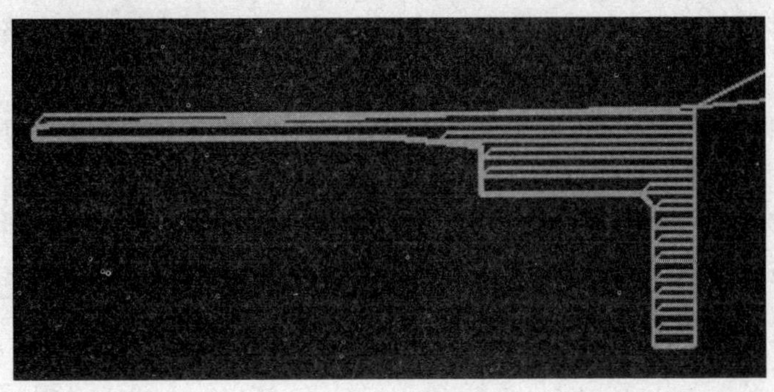

图 2-31 加工轨迹

注意：

利用轨迹检查功能，可以检查程序编写的正确性，在自动运行之前，执行此功能，可及时发现程序中的错误，减少毛坯的更换次数。

13. 自动加工

(1)检查机床是否回参考点。若未回参考点，先将机床回参考点。

(2)按下操作面板模式选择键，进入自动加工模式，点选控制面板PROG，进入“程序检视”画面，如图 2-32 所示。

(3)选择要加工的程序。输入要执行的程序号“O0001”，点击↓或[O检索]，调出要执行的程序，如进入程序检视画面后，检视画面已显示为要执行的程序号，则可直接执行下一步。

(4)点击循环启动键开始执行程序。

(5)程序执行完毕，或按RESET复位键中断加工程序，再按启动键则从头开始。

注意：自动加工时，注意将光标位置置于程序开始处才可开始自动运行。

零件右端仿真加工如图 2-33 所示。

```
程式检视        O0001        N 0190
O0001 ;
N10 T0101 ;
N20 M03 S800 ;
N30 G00 X55.0 Z5.0 ;
 (绝对座标)      (余移动量)
 X    195.933  X      0.000
 Z    144.333  Z      0.000

 F 1800       S 0
 M            T 1

 >
  MEM **** *** ***          S 0     T 1
[ 绝对 ][ 相对 ][    ] [    ] [(操作)]
```

图 2-32　程式检视画面

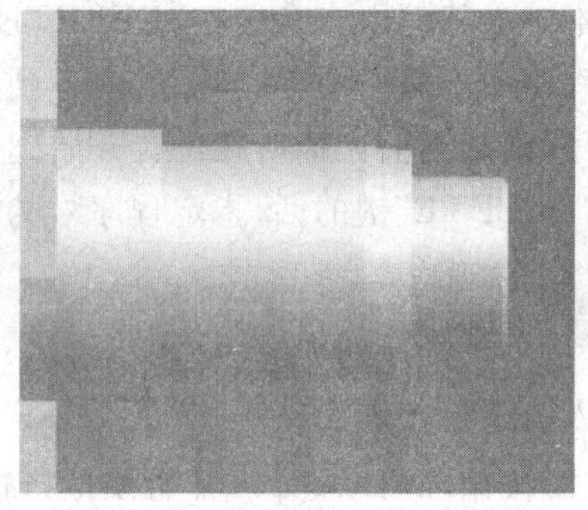

图 2-33　仿真加工图

14. 调头加工零件左端

打开移动零件对话框，点击将零件调头，并通过调整零件伸出长度95mm，如图 2-34 所示。

(1)对刀操作：零件调头后，因工件零点 Z 轴发生偏移，Z 轴方向必须重新进行对刀操作。01# 刀具对刀操作步骤如下：

①将刀具移动到可切削零件的大致位置，点击轴移动按钮 X 方向试切工件端面，然后点击轴移动按钮沿 X 正方向将刀具退出到工件外部，Z 轴不移动；点击操作面板上的主轴停转按钮，使主轴停止转动，如图 2-35 所示。

图 2-34 调头安装

图 2-35 试切断面

②打开剖面图测量画面，如图 2-36 所示，测量工件总长为 102.496mm，图纸要求总长为 100mm，刀具当前点在工件坐标系 Z2.496mm 位置。

③点击 OFFSET SETTING，再点击 [形状]，进入刀补显示画面，将光标移动至 01 号刀补位置，然后输入“Z2.496”，点击 [测量] 软体菜单键，系统将自动计算，并将计算结果自动输入在 Z 偏置栏中，如图 2-37 所示。

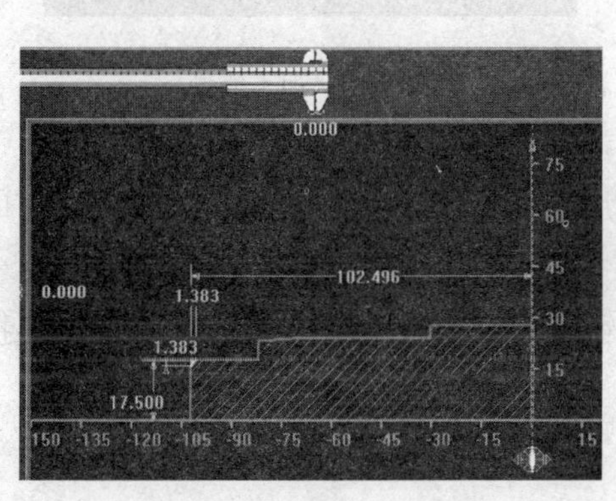

图 2-36 测量界面

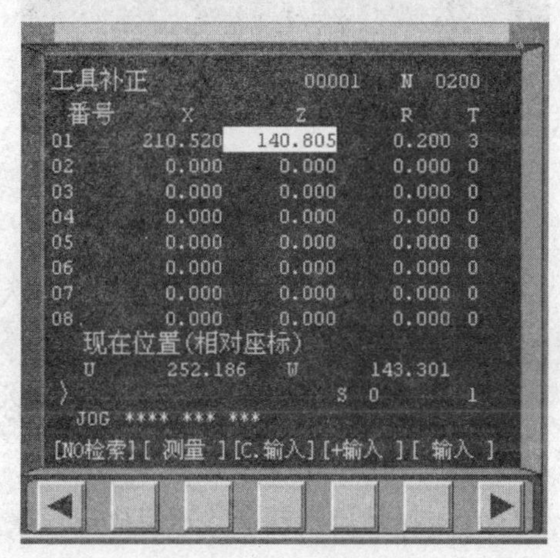

图 2-37

注意：

①为防止更换毛坯重新加工，调头重新对刀时，最好保留原有刀补，将调头后的新刀补值输入到其他刀补号里，程序里的刀补号也作相应更改。

②因数控车床的工件坐标系 *X* 轴零点一般设在主轴旋转中心处，故调头后 *X* 轴不需要重新对刀。

(2)输入左端加工程序：

①选择操作面板上 [编辑] 模式选择键，进入编辑模式，在系统面板上按下 PROG，进入程序显示画面。

②输入新建程序号码“O0002”，点击系统面板 INSERT 键，生成新程序文件，将已编好的程序 O0002 输入到系统中。如图 2-38 所示。

(3)轨迹检查

①选择操作面板模式选择键，切换到自动方式下，点击系统面板上的 CUSTOM GRAPH 键，系统进入轨迹检查画面。

②按循环启动键开始模拟执行程序。执行后，则可看到加工的轨迹并可以通过工具栏上的来调整观看的角度及画面的大小。结果如图 2-39 所示。

```
程式          O0002          N 0200
O0002 ;
N10 T0101 ;
N20 M03 S800 ;
N30 G00 X55.0 Z5.0 ;
N40 G71 U2.0 R1.0 ;
N50 G71 P60 Q120 U0.5 W0.1 F0.3 ;
N60 G01 X0.0 ;
N70 Z0.0 ;
N80 X37.0 ;
N90 X40.0 Z-1.5 ;
N100 Z-30.0 ;
>                        S 0    T 1
 EDIT**** *** ***
[ 结合 ][     ][ 停止 ][ CAN ][ EXEC ]
```

图 2-38

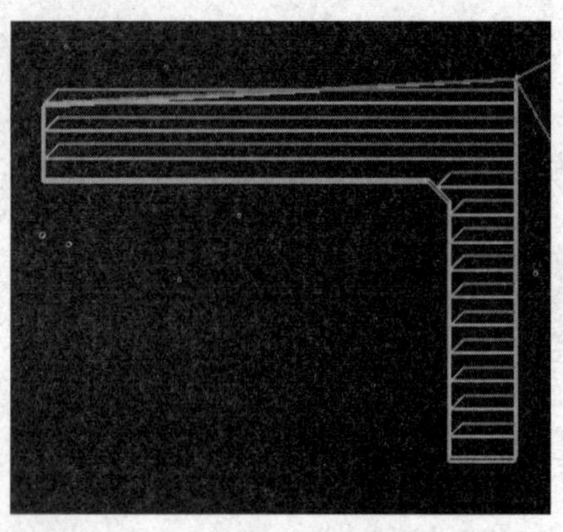

图 2-39　加工轨迹

(4)自动加工

①按下操作面板模式选择键，进入自动加工模式，点选控制面板 PROG，进入“程序检视”画面。

②选择要加工的程序。输入要执行的程序号“O0002”，点击 ↓ 或 [O检索]，调出要执行的程序。

③点击循环启动键开始执行程序。

④程序执行完毕，或按 RESET 复位键中断加工程序，再按启动键则从头开始。

零件仿真加工如图 2-40 所示。

图 2-40　仿真加工图

(5)零件的仿真检测

零件加工完成后，依次点击菜单中的"测量"/"剖面图测量"，弹出"选择是否保留小于1的圆弧"对话框，点选"是"，进入测量对话框，如图2-41所示。

图2-41

依次点击各形状尺寸，仔细检测各尺寸是否附合图纸要求，如出现形状不对或尺寸超差，请重新检测程序、对刀等是否正确，如有需要，更换毛坯，修正错误后重新加工，如图2-42所示。仿真结果如图2-43所示。

注意：因在测量时，"选择是否保留小于1的圆弧"对话框，点选为"是"，测量画面将保量产生的刀尖圆弧，注意刀尖圆弧对长度尺寸方向的影响，如图2-42所示。

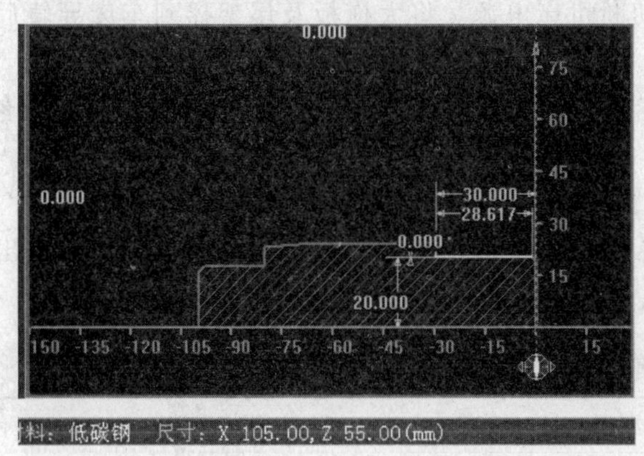

图2-42

图2-43 仿真加工结果图

三、实操训练

1. 外圆车刀的安装

(1)刀尖应与工件轴线等高。

(2)车刀刀杆应与工件轴线垂直。

(3)刀杆伸出刀架不宜过长，一般为刀杆厚度的1.5～2倍。

(4)刀杆垫片应平整，尽量用厚垫片，以减少垫片数量。

(5)车刀位置调整好后应固紧。

2. 工件的安装

(1)工件在卡爪间放正，轻轻夹紧。

(2)开机，使主轴低速旋转，检查工件有无偏摆。若有偏摆，应停车后，轻敲工件纠正，然后拧紧三个卡爪，固紧后，须随即取下板手，以保证安全。

(3)移动车刀至车削行程的最左端，用手转动卡盘，检查是否与刀架相撞。

3. 切削用量的选择

(1)合理选用切削用量。选用较小的切削深度 a_p 和进给量 f,可减小残留面积,使 Ra 值减小。

(2)适当减小副偏角 Kr',或刀尖磨有小圆弧,以减小残留面积,使 Ra 值减小。

(3)适当加大前角 γ_0,将刀刃磨得更为锋利。

(4)用油后加机油打磨车刀的前、后刀面,使其 Ra 值达到 0.2～0.1μm,可有效减小工件表面的 Ra 值。

(5)合理使用切削液,也有助于减小加工表面粗糙度 Ra 值。低速精车使用乳化液或机油;若用低速精车铸铁应使用煤油,高速精车钢件和较高切削速度精车铸铁件,一般不使用切削液。

4. 注意事项

(1)开车前必须检查车床各手柄及运转部分是否正常。

(2)工件要卡正、夹紧、装卸工件后卡盘板手必须随手取下。

(3)车床导轨上严禁放工、刀、量具及工件。

(4)开车后不许离开机床,要精神集中操作。

(5)下班时,擦净机床,整理场地,切断机床电源。将大拖板及尾架摇到车床导轨后端,在导轨表面加油润滑。

(6)加工过程中,如发现车床运转声音不正常或发生故障时,应立即切断电源,报告老师听从指导。

四、误差分析及排除

数控车床在加工外圆过程中产生各种各样的加工误差,表 2-3 对外圆加工中较常出现的问题、产生的原因、预防及解决方法进行了分析。

表 2-3　外圆加工误差分析

问题现象	产生原因	预防和消除
工件外圆尺寸超差	1. 刀具数据不准确 2. 切削用量选择不当产生让刀 3. 程序错误 4. 工件尺寸计算错误	1. 调整或重新设定刀具数据 2. 合理选择切削用量 3. 检查、修改加工程序 4. 正确计算工件尺寸
外圆表面粗糙度太差	1. 切削速度过低 2. 刀具中心过高 3. 切屑控制过差 4. 刀尖产生积屑瘤 5. 切削液选择不合理	1. 调高主轴转速 2. 调整刀具中心高度 3. 选择合理的进刀方式及背吃刀量 4. 选择合理的切削速度及进给量 5. 选择正确的切削液,并充分喷注
台阶处不清根或呈圆角	1. 程序错误 2. 刀具选择错误 3. 刀具损坏	1. 检查、修改加工程序 2. 正确选择加工刀具 3. 及时更换刀片

续表

加工过程中出现扎刀，引起工件报废	1. 进给量过大 2. 切屑堵塞 3. 工件安装不合理 4. 刀具角度选择不合理	1. 降低进给速度 2. 采用断、退屑方式切入 3. 检查工件安装，增加安装刚性 4. 正确选择刀具
台阶端面出现倾斜	1. 程序错误 2. 刀具安装不正确	1. 检查、修改加工程序 2. 正确安装刀具
工件圆度超差或产生锥度	1. 车床主轴间隙过大 2. 程序错误 3. 工件安装不合理	1. 调整车床主轴间隙 2. 检查、修改加工程序 3. 检查工件安装，增加安装刚性

配分权重

加工如图 2-1 所示的零件，成绩评分标准见表 2-4、表 2-5、表 2-6 及表 2-7。

表 2-4　操作技能考核总成绩表

序号	项目名称	配分	得分	备　注
1	现场操作规范	10		
2	工序制定及编程	40		
3	工件质量	50		
合　计		100		

表 2-5　现场操作规范评分表

序号	项目	考核内容	配分	考场表现	得分
1	现场操作规范	工具的正确使用	2		
2		量具的正确使用	2		
3		刃具的合理使用	2		
4		设备正确操作和维护保养	4		
合　计			10		

表 2-6　工序制定及编程评分表

序号	项目	考核内容	配分	考场表现	得分
1	工序制定	工序制定合理，选择刀具正确	10		
2	指令应用	指令应用合理、得当、正确	15		
3	程序格式	程序格式正确，符合工艺要求	15		
合　计			40		

表 2-7 工件质量评分表

序号	项 目	考核内容		配分 IT	配分 Ra	检测结果	得分
1	外圆	$\varnothing 48^{0}_{-0.03}$		5			
2	外圆	$\varnothing 40^{0}_{-0.03}$		5			
3	外圆	$\varnothing 35^{0}_{-0.03}$		5			
4	锥面	小端 Ø46		4			
5	锥面	长度 10		4			
6	长度	10±0.1		5			
7	长度	10		3			
8	长度	20		3			
9	长度	30		3			
10	位置公差	同轴度		5			
11	倒角	1×45°两处		4			
12	表面粗糙度	1.6μm 3.2μm		4			
合计							

任务二 端面与切槽(断)加工

相关知识

◎ 沟槽类零件的加工工艺编制

◎ 加工沟槽类零件刀具的选择

◎ G01、G72、G75、M98、M99 指令应用

技能要点

◎ 数控车床刀具的安装

◎ 沟槽类零件的加工方法

◎ 数控程序的输入及自动运行

任务描述

任务引入:(材料来之任务一,右端车端面 5mm,并为下一个课题留有余量)如图 2-44 所示。

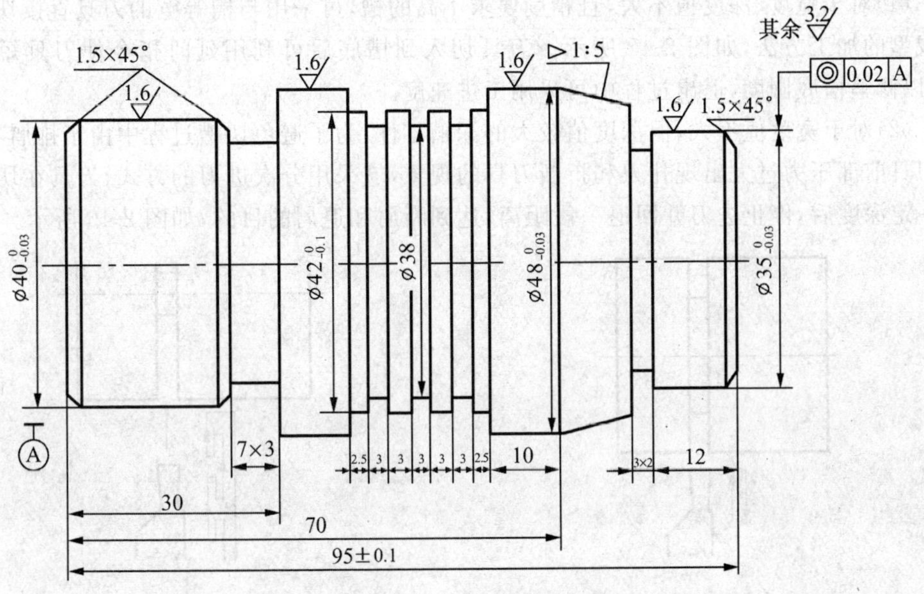

图 2-44　沟槽轴

任务分析

在机械零件上，由于工作情况和结构工艺性的需要，有各种不同断面形状的沟槽，如退刀槽、砂轮越程槽、轴肩槽及 V 型槽、单槽及多槽等。根据沟槽的工作要求，要求部分槽底及沟槽两侧有较高的尺寸精度、形位精度和表面加工质量，因此沟槽类零件的加工是数控车床加工过程中非常重要的环节。

本任务是能正确使用加工沟槽类零件的指令和熟练掌握各种沟槽的加工方法，并能编制单槽及多槽加工的程序，合理设定数控车床 F、S、T 的加工参数。

知识链接

一、加工工艺的确定

1. 零件的装夹

根据槽的宽度等条件，对于宽度比较窄的工件，经常采用直接成型法，槽的宽度就是切槽刀的宽度，也就等于背吃刀量 a_p。对于宽度比较长的工件，一般采用多次接刀法（左右车削法）。直接成型法车槽时会产生较大的切削力，另外，大多数槽是位于零件的外表面上的，切槽时主切削力的方向与工件的轴线垂直，会影响到工件的装夹稳定性。在任务一中，零件的外圆已精加工完毕，加工槽时，不能破坏零件外圆的精加工表面。因此，在数控车床上进行槽加工一般可采用下面两种装夹方式：

（1）利用软爪，并适当增加夹持面的长度，以保证定位准确、装夹稳固。

（2）利用尾座及顶尖做辅助支撑，采用一夹一顶方式装夹，最大限度的保证零件装夹稳定。

2. 加工路线的确定

(1)对于宽度、深度值不大,且精度要求不高的槽,可采用与槽等宽的刀具直接切入一次成型的加工方法,如图 2-45 所示。刀具切入到槽底后可利用延时指令使刀具短暂停留,以修整槽底圆度,退出过程中可采用工进速度。

(2)对于宽度值不大,但深度值较大的深槽零件,为了避免切槽过程中由于排屑不畅,使刀具前部压力过大出现扎刀和折断刀具的现象,应采用分次进刀的方式,刀具在切入工件一定深度后,停止进刀并回退一段距离,达到断屑和退屑的目的,如图 2-46 所示。

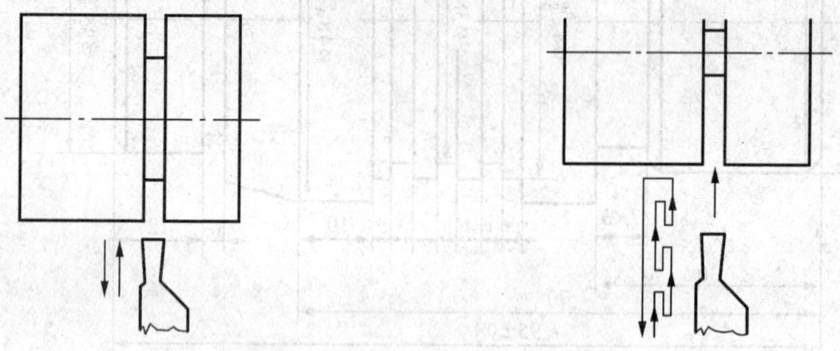

图 2-45　简单槽类零件加工方式　　图 2-46　深槽零件加工方式

(3)宽槽的切削。在切削宽槽时常采用接刀的方式进行粗切,然后用精切槽刀沿槽的一侧切至槽底,精加工槽底至槽的另一侧,再沿侧面退出,切削方式如图 2-47 所示。

3. 刀具的选择

(1)切槽刀的选用

①切槽刀的几何形状和角度　切槽刀车削时是以横向进给为主。前端的切削刃是主切削刃,两侧的切削刃是副切削刃,一般切槽刀的主切削刃较窄,刀头较长,刀头强度比其他车刀差,所以在选择几何参数和切削用量时应特别注意。

切槽刀的几何形状和角度如图 2-48 所示。

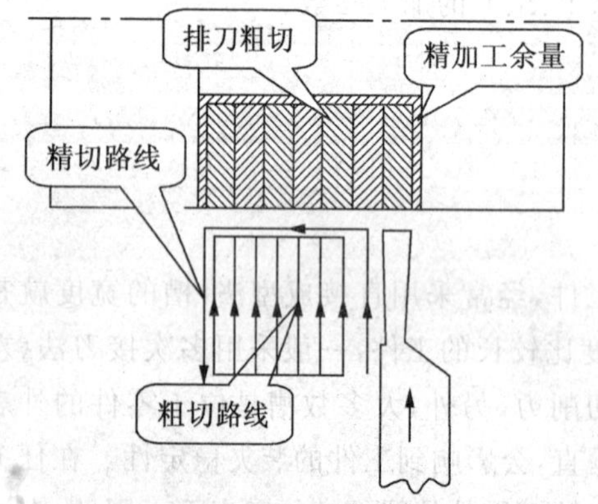

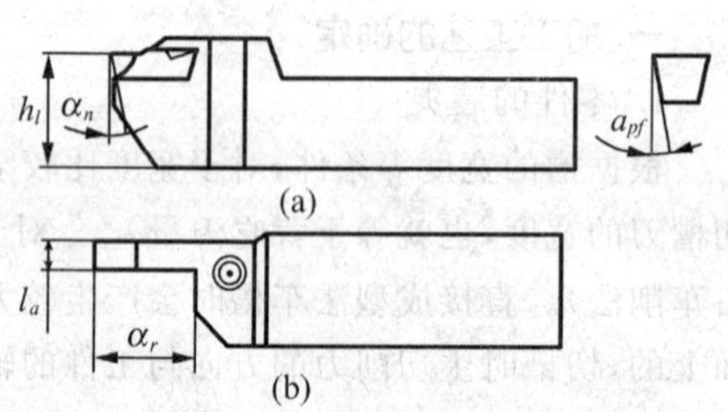

图 2-47　宽槽切削方式示意图　　图 2-48　切刀的几何形状和角度

②选用切槽刀主要从两方面考虑:

a. 切槽刀的宽度 a 要适宜,要根据沟槽的宽度和机床的刚性选择。

b. 切削刃的长度 L 要大于槽深,以防止撞刀,一般采用经验公式计算:

$$a \approx (0.5 \sim 0.6)\sqrt{d}$$

式中：d——工件直径(mm)

(2)切槽刀的装夹　切槽刀装夹时应注意：

①切槽刀伸出刀架不宜过长，刀头中心线必须装得与工件轴线垂直，以保证两副偏角相等、主切削刃与工件轴线平行。

②切断实心工件时，切刀刀尖必须装得与工件轴线等高，否则不能切到中心，而且容易使刀刃崩断。

(3)机夹可转位切槽刀　机夹可转位切槽刀有许多种规格，如图 2-49 所示。

4. 切削用量及切削液的选择

在数控车床上切槽时，为了避免出现扎刀现象，增加切削稳定性，提高切削效率，必须选择合理的切削用量参数

(1)切削深度 a_p 确定　切槽时，切削深度 a_p 等于切槽刀的主切削刃宽度。

(2)进给量 f 的确定　用硬质合金刀具加工普通钢料或铸铁，粗车时，一般取 $f=0.1\sim0.3$mm/r；精车时，常取 $f=0.05\sim0.15$mm/r；加工淬硬钢料时根据硬度不同而选取不同的进给量，一般取 $f=0.05\sim0.2$mm/r。

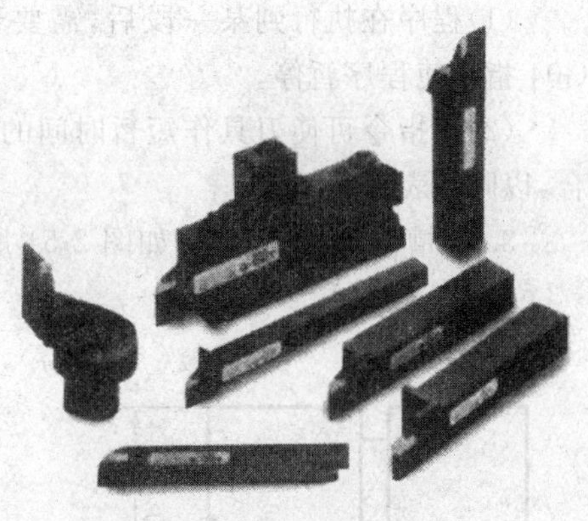

图 2-49　机夹可转位车刀

(3)主轴转速 S 的确定　切槽时，主轴转速选取的过高，机床容易产生振动现象，选取的过低，影响生产加工效率。数控车床的刚性及抗振性远高于普通车床。因此，在切削用量的选取上可以选择相对较高的速度，切削速度可以选择外圆切削的 60%～80%。

切槽过程中，为了解决切槽刀刀头面积小、散热条件差、易产生高温而降低刀片切削性能等问题，可以选择冷却性能较好的乳化类切削液进行喷注，使刀具充分冷却。

二、编程指令

1. 直线插补指令 G01

指令格式：

G01 X(U)_Z(W)_F_

其中：X_Z_是指切削终点的绝对坐标；

U_W_是指切削终点相对于切削起点的增量坐标；

F_进给速度。

指令应用：用 G01 指令编写如图 2-50 所示零件的加工槽程序，切槽刀的宽度为 3mm。

加工程序：

```
……；
G00 X32.0 Z-22.0；
G01 X22.0 F0.15；
    X32.0 F0.3；
G00 X100.0 Z100.0；
……；
```

2. 暂停指令 G04

指令格式：

G04 X(U)_

或 G04 P_

其中：$X(U)$_暂停时间(单位为秒)

P_暂停时间(单位为毫秒)

说明：

(1)程序在执行到某一段后，需要暂停一段时间，进行某些人为的调整，这时就可用G04 指令使程序暂停。

(2)该指令可使刀具作短暂时间的无进给光整加工，常用于车槽、镗平面及锪孔等场合，以降低表面粗糙度。

3. 切槽循环指令 G75，如图 2-51 所示。

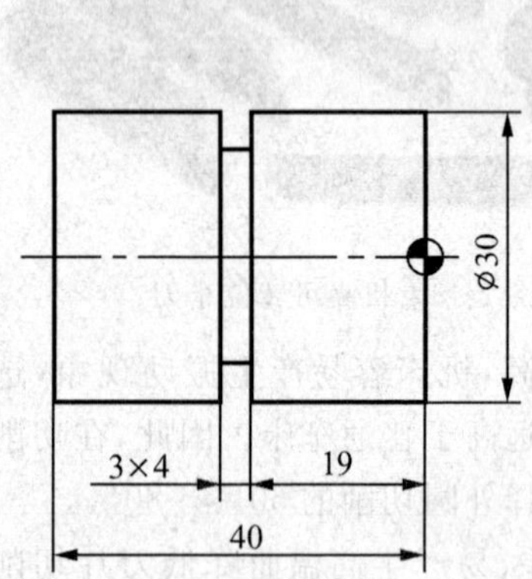

图 2-50　G01 指令加工槽示例

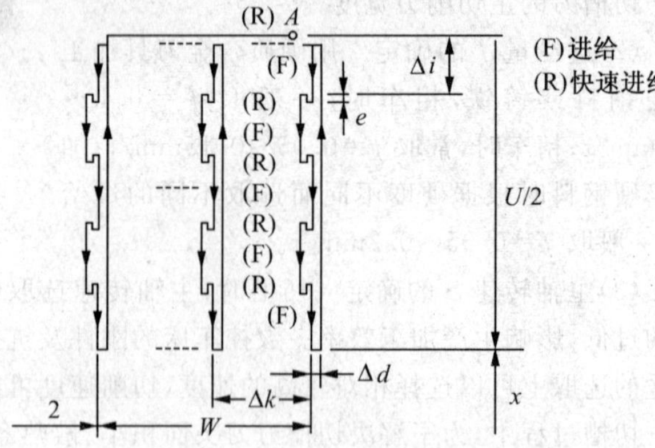

图 2-51　G75 指令加工路线及参数

指令格式：

G75R(e)

G75X(U)_Z(W)_P(Δi)Q(Δk)R(Δd)F(f)

其中：e：每次沿 X 方向切削后的退刀量；

$X(U)$_$Z(W)$_：X、Z 方向槽总宽和槽深的绝对坐标值，U、W 为增量坐标；

Δi：X 方向的每次切入深度，单位微米(μm)(半径量)；

Δk：Z 方向的每次 Z 向移动间距，单位微米(μm)；

Δd：切削到终点时 Z 方向的退刀量，通常不指定；

f：进给速度。

指令应用：用 G75 指令编写如图 2-52 所示零件的加工程序，切槽刀的宽度为 3mm。在图示零件中，五个沟槽的间隔、槽宽和槽深都相等。

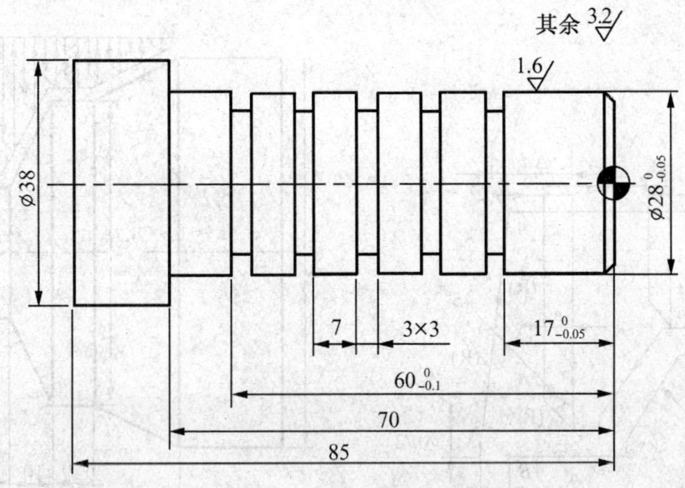

图 2-52 G75 指令加工槽示例

加工程序：

```
……；
M03 S500；
G00 X32.0 Z-20.0；
G75 R0.5；
G75 X22.0 Z-60.0 P5000 Q10000 F0.1；
G00 X100.0 Z100.0；
……。
```

4. 端面复合循环指令 G72，如图 2-53 所示。

指令格式：

```
G72W(Δd)R(e)
G72P(ns)Q(nf)U(Δu)W(Δw)F(f)S(s)T(t)；
N(ns)……；
N(nf)……；
……；
```

其中：Δd：每次循环 Z 向的吃刀深度；

e：退刀量；

ns：零件轮廓精加工程序的第一程序段的段号；

nf：零件轮廓精加工程序的最后一程序段的段号；

Δu：X 方向上的精加工余量；

Δw：Z 方向上的精加工余量；

f，s，t：G72 指令粗加工的 F、S、T 功能，在 G72 循环中 ns 到 nf 程序段有效。

指令应用：零件如图 2-54 所示，应用 G72 循环指令编程实现其加工，毛坯为Ø90×100mm 棒料。

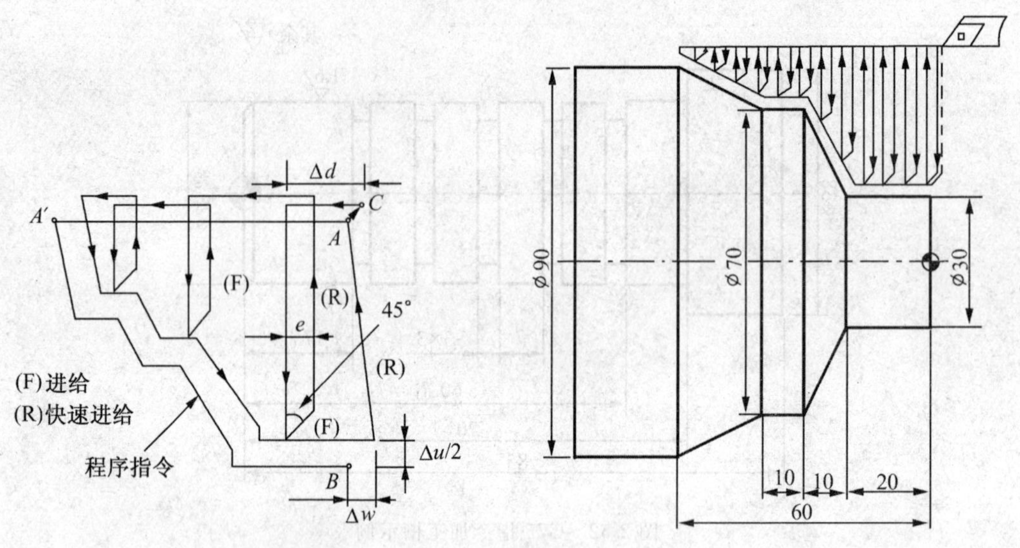

图 2-53　G72 指令加工路线及参数　　　　图 2-54　G72 端面循环示例

加工程序：

```
O0001；
N10 T0101；
N20 M03 S500；
N30 G00 X92.0 Z3.0；
N40 G72 W2.0 R0.5；
N50 G72 P60 Q110 U0.2 W0.2 F0.2；
N60 G00 Z-60.0；
N70 G01 X90.0 F0.1；
N80 X70.0 Z-40.0；
N90 Z-30.0；
N100 X30.0 Z-20.0；
N110 Z0；
N120 M05；
N130 M03 S1000；
N140 G00 X92.0 Z3.0；
N150 G70 P60 Q110；
N160 G00 X100.0 Z100.0；
N170 M30；
```

5. 在主程序中调用子程序指令 M98

(1)指令格式

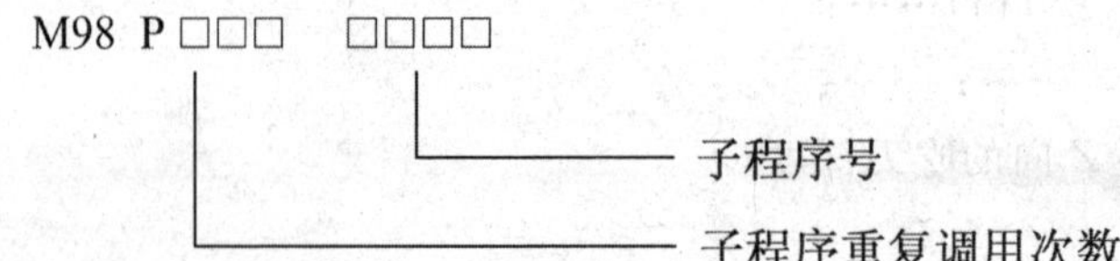

(2)子程序的格式

O □□□□；　　　　子程序号

……；

……；

M99；　　　　子程序结束，返回主程序

说明：

①P 后面的前 3 位数为子程序被重复调用的次数，当不指定重复次数时，子程序只调用一次，后 4 位数为子程序号。

②M99 子程序结束，并返回主程序。

③M98 程序段中，不得有其他指令出现。

④主程序调用同一子程序执行加工，最多可执行 999 次。在子程序中也可以调用另一子程序加工。

任务实施

试加工如图 2-44 所示的沟槽零件，分析加工艺，编制加工程序。

一、工艺分析

(1)分析图样要求，按先粗后精、先主后次的加工原则，确定加工路线。

①此零件为回转类工件，工件的两端有同轴度的要求，因此，选用软爪装夹，以工件外圆定位，在保证形位公差的前提下加工此工件。利用尾座及顶尖做辅助支撑，采用一夹一顶方式装夹，保证装夹的稳定性。

②选取工件右端面中心为工件坐标系原点。

③用软爪夹持工件的左端，顶尖顶持工件的右端，依次车削各部分沟槽。

(2)刀具及切削用量，见表 2-8。

表 2-8　　刀具及切削用量的选择

刀具号	刀具规格名称	加工内容	刀尖半径(mm)	n(r/min)	a_p(mm)	f(mm/r)
T0303	刀宽 3mm 切槽刀	粗车槽	0.2	300		0.15
T0404	刀宽 3mm 切槽刀	精车槽(根据图纸要求)	0.2	600		0.1

二、编写加工程序

加工图 2-44 所示零件的程序见表 2-9。

表 2-9　　程序编制

程　序	注　释
O0001;	程序名
N10 T0202;	选用 2 号刀切槽刀(3mm)，左侧刀尖对刀
N20 M03 S400;	主轴正转，转速 400 r/min
N30 G00 X48 Z-15;	快速点定位，到槽 3×2 的位置
N40 G01 X31 F0.2;	切削 3×2 的槽
N50 X50;	退刀
N60 G00 X50 Z-38.2;	快速定位，槽侧面留余量 0.2mm
N70 G75 R2	R2:退刀量单边 2mm
N80 G75 X42.2 Z-54.8 P6 Q2.9 F0.1;	循环加工槽
N90 G01 X50 Z-38 F0.3;	
N100 X42 F0.1;	右侧面精加工

续表

N110 Z-55；	槽底精加工
N120 X50；	左侧面精加工
N130 G00 X50 Z-34.5；	退刀
N140 M98 P30002；	调用切槽子程序(O0002)三次
N150 G00 X100 Z50	快速返回换刀点
N160 M05；	主轴停转
N170 M30；	程序结束
O0002；	子程序号
N10 G01W-6 F0.3；	
N20 X43；	
N30 X38 F0.1；	切削槽
N40 X43；	回退断屑
N50 X50 F0.3；	
N60 M99；	子程序结束
加工左端槽的加工程序	
O0003；	程序名
N10 T0202；	选用2号刀切槽刀(3mm),左侧刀尖对刀
N20 M03 S400；	主轴正转,转速400r/min
N30 G00 X50 Z-26.2；	快速进到加工起点,侧面留余量0.2mm
N40 G01 X34.2 F0.1；	切槽,槽底留余量0.2mm
N50 X50；	退刀
N60 W-2；	位移2mm
N70 X34.2 F0.1；	切槽,槽底留余量0.2mm
N80 X50；	退刀
N90 W-1.6；	位移1.6mm
N100 X34.2；	切槽,槽底留余量0.2mm
N110 X50；	退刀
N120 W-0.2；	位移0.2mm
N130 X34；	精车槽侧面
N140 Z-26；	精车槽底
N170 X50；	退刀精车槽侧面
N180 G00 X100 Z50；	快速返回换刀点
N190 M05；	主轴停转
N200 M30；	程序结束

三、仿真操作

1. 安装刀具

通过工艺分析，在 2# 刀位安装外切槽刀，依次点击菜单栏中的“机床/选择刀具”或者在工具栏中点击图标“ ”，系统将弹出“车刀选择”对话框。选择刀具的刀片型号为方头切槽刀片、宽度 3mm、刀尖半径 0.2mm、切槽深度 8mm、外圆切槽柄，如图 2-55 所示。

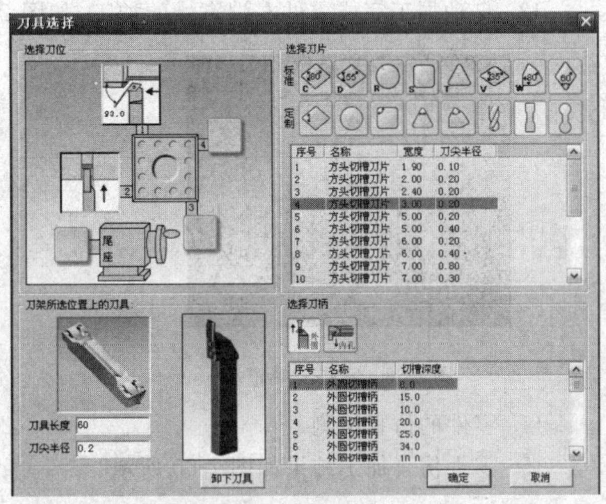

图 2-55 刀具对话框

2. 对刀方法

(1)将刀架退回至换刀点，切换至 MDI 模式，输入程序“T0202;”，将 2# 刀切换为当前刀具。

(2)参照上述中的操作完成 X 方向的对刀操作。

(3)注意：Z 方向对刀时应该用刀具的左刀尖进行对刀。参照上述中的操作完成 Z 方向的对刀操作，如图 2-56 所示。

3. 对刀后，停主轴，测量 X 方向、Z 方向的对刀数值。

4. 进入刀具补偿参数页面，将测得的 x 数值，z 数值输入到刀具补正画面，如图 2-57 所示。

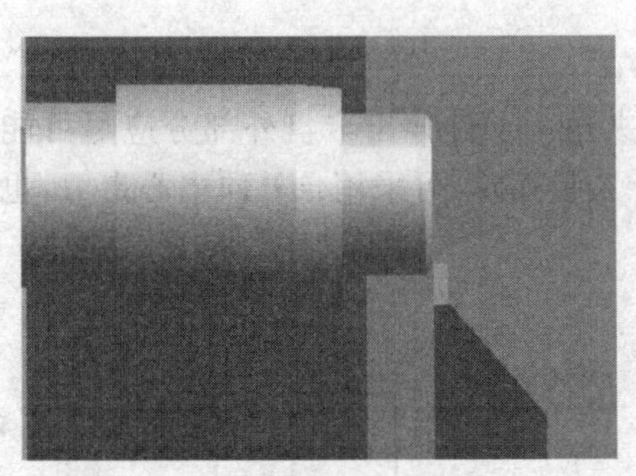

图 2-56

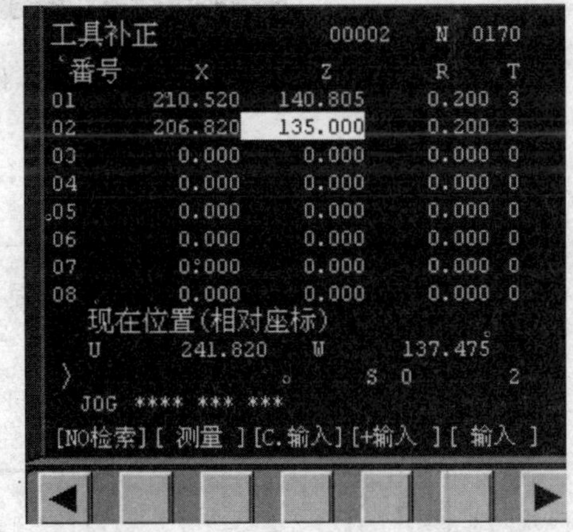

图 2-57

5. 参照上述操作输入切槽主程序 O0001 和子程序 O0002。

6. 轨迹校验(参照上节课题操作步骤)。

7. 自动加工完成零件右端槽的加工，如图 2-58 所示。

8. 掉头加工零件左端宽槽。

9. 对刀：零件调头后，因工件零点 Z 轴发生偏移，Z 轴方向必须重新进行对刀操作。

10. 进入刀具补偿参数页面，将测量得出的 X 数值，Z 数值输入到刀具补正画面。

11. 输入“O0003”工件左端程序。

12. 轨迹校验(参照上节课题操作步骤)

13. 自动加工完成零件左端宽槽的加工,如图 2-59 所示。

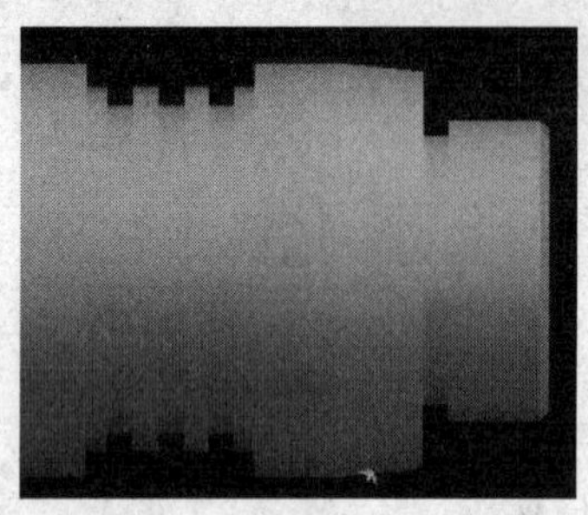

图 2-58 零件右端槽

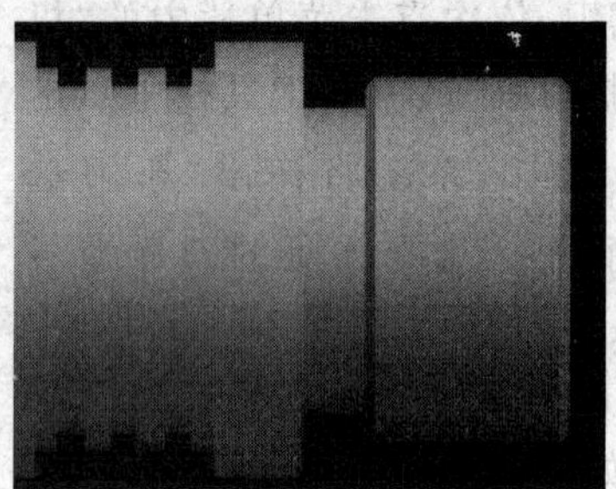

图 2-59 零件左端宽槽

14. 零件的仿真检测。

15. 零件仿真加工结果如图 2-60 所示。

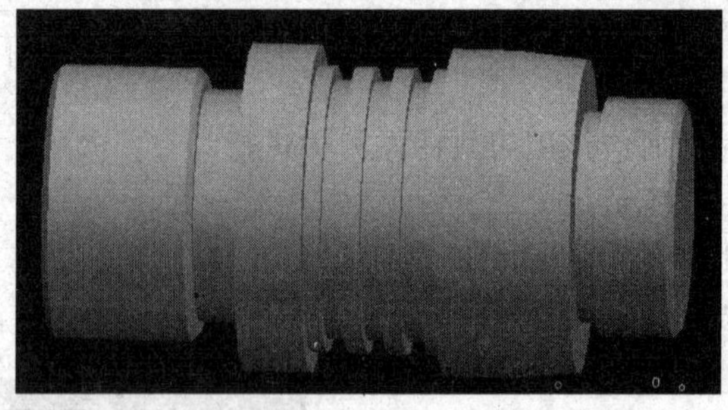

图 2-60 零件仿真加工结果图

四、实操训练

1. 端面的车削方法

车端面时,刀具的主刀刃要与端面有一定的夹角。工件伸出卡盘外部分应尽可能短些,车削时用中拖板横向走刀,走刀次数根据加工余量而定,可采用自外向中心走刀,也可以采用自圆中心向外走刀的方法。

常用端面车削时的几种情况如图 2-61 所示。

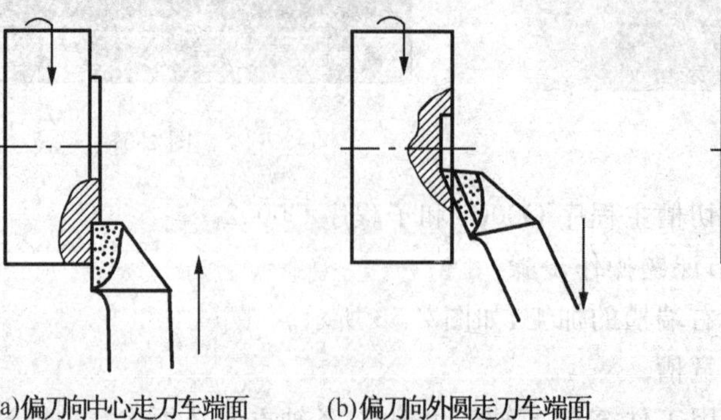

(a)偏刀向中心走刀车端面 (b)偏刀向外圆走刀车端面 (c) 45°车刀车端面

图 2-61 车端面的常用车刀

车端面时应注意以下几点：

(1)车刀的刀尖应对准工件中心，以免车出的端面中心留有凸台。

(2)偏刀车端面，当背吃刀量较大时，容易扎刀。背吃刀量 a_p 的选择：粗车时 $a_p=0.2\sim1mm$，精车时 $a_p=0.05\sim0.2mm$。

(3)端面的直径从外到中心是变化的，切削速度也在改变，在计算切削速度时必须按端面的最大直径计算。

(4)车直径较大的端面，若出现凹心或凸肚时，应检查车刀和方刀架，以及大拖板是否锁紧。

2. 车沟槽

车削精度不高的和宽度较窄的矩形沟槽，可以用刀宽等于槽宽的切槽刀，采用直进法一次车出。精度要求较高的，一般分二次车成。车削较宽的沟槽，可用多次直进法切削，并在槽的两侧留一定的精车余量，然后根据槽深、槽宽精车至尺寸。

(1)切槽刀伸出刀架的长度不要过长，进给要缓慢均匀。

(2)加工钢件时需要加切削液进行冷却润滑，切铸铁时一般不加切削液，但必要时可用煤油进行冷却润滑。

(3)两顶尖工件切槽时，注意顶紧力要适当，防止工件变形。

四、误差分析及排除

数控车床在加工沟槽过程中产生各种各样的加工误差，表 2-10 对沟槽加工中较常出现的问题、产生的原因、预防及解决方法进行了分析。

表 2-10　沟槽加工误差分析

问题现象	产生原因	预防和消除
槽的一侧或两个侧面出现小台阶	程序错误	检查、修改加工程序
槽底出现倾斜	刀具主切削刃与机床主轴轴线不平行	正确安装刀具
槽的侧面呈现凹凸面	1. 刀具刃磨角度不对称 2. 刀具安装角度不对称 3. 刀具两刀尖刃磨不对称	1. 更换刀片 2. 重新刃磨刀具 3. 正确安装刀具
槽的两个侧面倾斜	刀具磨损	重新刃磨刀具或更换刀片
槽底出现振动现象，留有振纹	1. 工件刚性不足 2. 刀具安装不正确 3. 切削参数不正确 4. 程序延时时间太长	1. 增加工件安装刚性 2. 调整刀具安装位置 3. 提高或降低切削速度 4. 缩短程序延时时间
切槽过程中出现扎刀现象，造成刀具断裂	1. 进给量过大 2. 切屑堵塞	1. 降低进给速度 2. 采用断、退屑方式进入

续表

切槽过程中出现较强的振动，表现为工件刀具出现谐振现象，严重者车床也会一同产生谐振，切削不能继续	1. 刀具装夹不正确 2. 刀具安装不正确 3. 进给速度过低	1. 检查工件安装，增加安装刚性 2. 调整刀具安装位置 3. 提高进给速度

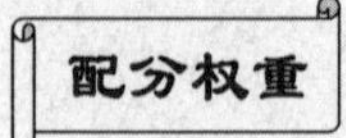

加工如图 2-44 所示的零件，成绩评分标准见表 2-11、表 2-12、表 2-13 及表 2-14。

表 2-11　　操作技能考核总成绩表

序号	项目名称	配分	得分	备　注
1	现场操作规范	10		
2	工序制定及编程	40		
3	工件质量	50		
合　计		100		

表 2-12　　现场操作规范评分表

序号	项目	考核内容	配分	考场表现	得分
1	现场操作规范	工具的正确使用	2		
2		量具的正确使用	2		
3		刃具的合理使用	2		
4		设备正确操作和维护保养	4		
合　计			10		

表 2-13　　工序制定及编程评分表

序号	项目	考核内容	配分	实际情况	得分
1	工序制定	工序制定合理，选择刀具正确	10		
2	指令应用	指令应用合理、得当、正确	15		
3	程序格式	程序格式正确，符合工艺要求	15		
合　计			40		

表 2-14 工件质量评分表

序号	项 目	考核内容		配分 IT	配分 Ra	检测结果	得分
1	外圆	$\varnothing 48^{0}_{-0.03}$		4			
2		$\varnothing 40^{0}_{-0.03}$		4			
3		$\varnothing 35^{0}_{-0.03}$		4			
4		$\varnothing 42^{0}_{-0.03}$		5			
5	锥面	小端 ∅46		4			
6		长度 10		3			
7	长度	95±0.1		5			
8		12		3			
9		30		3			
10		70		3			
11	沟槽	∅34		2			
12		∅27		2			
13		∅38 三处		6			
14	位置公差	同轴度		5			
15	倒角	1×45°三处		4			
16	表面粗糙度	1.6μm,3.2μm		4			
合计							

任务三 螺纹加工

相关知识

◎ 螺纹加工指令 G32、G92、G76 的格式及应用

◎ 螺纹加工的数控加工工艺

◎ 螺纹加工刀具的选择

◎ 螺纹加工的误差分析

技能要点

◎ 应用 G32、G92、G76 指令加工螺纹

◎ 螺纹加工刀具的的安装

◎ 螺纹的加工方法

◎ 数控程序的输入及自动运行

任务描述

任务引入:(材料来自任务二,并为下一个课题留有余量)如图 2-62 所示。

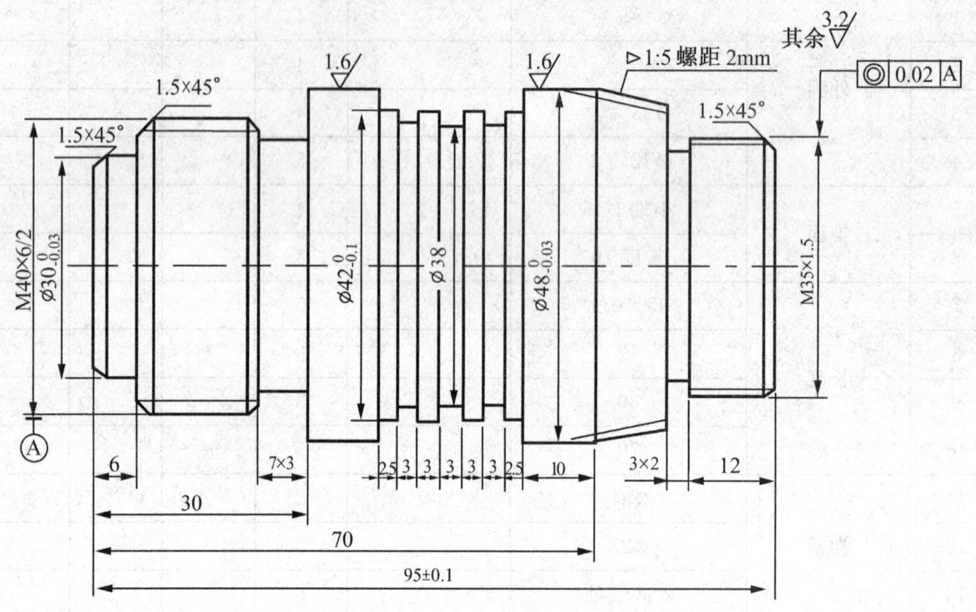

图 2-62　螺纹加工轴

螺纹是一种常见的零件结构,它主要应用在连接件和传动件上,在机器设备中用途十分广泛。常用的螺纹都有相应的国家标准,标准螺纹具有互换性和通用性。

本任务以典型零件为载体,分析螺纹结构的数控加工工艺设计与程序编制,使学习者具备使用螺纹加工指令,编制零件的数控车削程序的能力。

知识链接

螺纹加工的类型包括:内外圆柱螺纹和圆锥螺纹、单头螺纹和多头螺纹、恒螺距螺纹和变螺距螺纹。数控系统提供的螺纹指令包括:单一螺纹指令和螺纹固定循环指令。前提条件是在轴上有位移测量系统。不同的数控系统,螺纹加工指令有差异,实际应用时按所使用数控机床的要求编程。

一、加工工艺的确定

1. 零件的装夹

在螺纹切削过程中,无论采用何种进刀方式,螺纹切削刀具经常是由两个或两个以上的切削刃同时参与切削,会产生较大的径向切削力,容易使工件产生松动现象和变形。因此,在装夹方式上,最好采用软爪且增大夹持面或者一夹一顶的装夹方式,以保证在螺纹切削过程中不会出现因工件松动导致螺纹乱牙,从而使工件报废的现象。

2. 螺纹车削的加工方法

螺纹数控车削加工的常用方法有三种,如图 2-63 所示。

(1)直进法　在每次螺纹切削往复行程后,车刀沿横向(X 向)进给,这样反复多次切削行程，完成螺纹加工，这种方法称直进法，如图 2-63(a)所示。直进法车螺纹可以得到比较准确的牙型，但是车刀刀尖全部参加切削，切削力较大，而且排屑困难，因此在切削时，两侧切削刃容易磨损，螺纹不易车光，并且容易产生“扎刀”现象。在切削螺距较大的螺纹时，由于切削深度较大，刀刃磨损较快，从而造成螺纹中经产生误差。因此，直进法一般多用于小螺纹螺距加工。

(2)左右切削法　在每次螺纹切削往复行程后，车刀除了沿横向(X 向)进给外，还要纵向(Z 向)作微量左、右两个方向进给(借刀)，这样反复多次切削行程，完成螺纹加工，这种方法称为左右车削法，如图 2-63(b)所示。左右切削法精车螺纹可以使螺纹的两侧都获得较小的表面粗糙度。采用左右切削法时，车刀左、右进刀量不能过大。

(3)斜进法　在粗车螺纹时，为了操作方便，在每次切削往复行程后，车刀除了沿横向(X 向)进给外，还要纵向(Z 向)只沿一个方向作微量进给，这种方法称为斜进法，如图 2-63(c)所示。由于斜进法为单侧刃加工，加工刀刃容易损伤和磨损，使加工的螺纹面不直，刀尖角发生变化，而造成牙型精度较差。但由于其为单侧刃工作，刀具负载较小，排屑容易，并且切削深度为递减式，故此加工方法一般适用于大螺纹螺距加工。斜进法粗车螺纹后，必须用左右切削法精车螺纹才能使螺纹的两侧都获得较小的表面粗糙度。

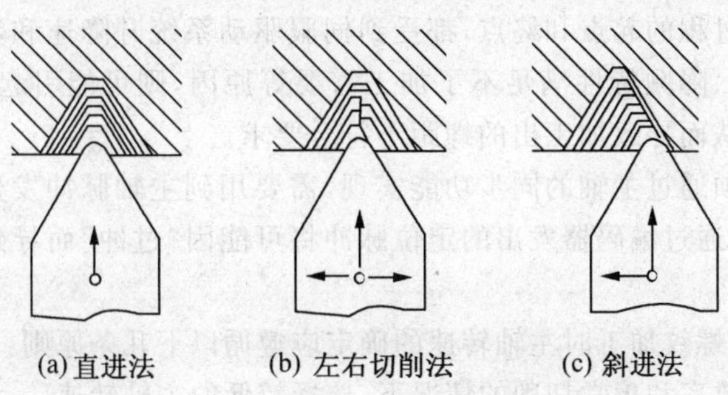

图 2-63　螺纹车削的加工方法

3. 刀具的选择

通常螺纹刀具切削部分的材料为硬质合金和高速钢两类。刀具类型有整体式、焊接式和机械夹固式三种。

在数控车床上车削普通三角螺纹一般选用精密级机夹可转位不重磨螺纹车刀，使用时要根据螺纹的螺距选择刀片的型号，每种规格的刀片只能加工一个固定的螺距。如图 2-64 所示为数控螺纹车刀的实物图。

图 2-64　数控螺纹车刀实物

对于其他牙型的螺纹刀具，可根据需要到刀具生产厂家订做或自制，刀具材料和几何角度应满足粗、精加工，工件材料，切削环境等方面的要求。对于工件材料加工性能一般、牙型截面尺寸较大的螺纹粗加工，可采用硬质合金刀具；在工件加工性能良好、螺纹精加工及断续切削条件下可采用高速钢刀具。刀具的几何形状与角度要考虑牙型和螺旋升角的影响。

4. 切削用量及切削液的选择

(1)切削用量的选择　在螺纹加工中，背吃刀量 a_p 等于螺纹车刀切入工件表面的深度，如果其他刀刃同时参与切削，应为各刀刃切入深度之和。由此可以看出随着螺纹车刀的每次切入，背吃刀量在逐步的增加。受螺纹牙型截面大小和深度的影响，螺纹切削的背吃刀量可能是非常大的。而这一点不是操作者和编程人员能够轻易改变的。要使螺纹加工切削用量的选择比较合理，必须合理地选择切削速度和进给量。

螺纹切削的进给量相当于加工中的每次切深，要根据工件材料、工件刚性、刀具材料和刀具强度等诸多因素，并依靠经验，通过试切来确定。每次切深过小会增加走刀次数，影响切削效率，同时加剧刀具磨损；过大又容易出现扎刀、崩尖及螺纹掉牙现象。为避免上述现象发生，螺纹加工的每次切深一般都是选择递减方式，即随着螺纹深度的加深，要相应的减小进给量。在螺纹切削复合循环指令当中，同样也是经常采用递减方式，如第一刀的切深为1，那么第二刀的切深则为 $1/\sqrt{2}$，第三刀为 $1/\sqrt{3}$，…，第 n 刀为 $1/\sqrt{n}$。这一点可以在螺纹加工程序编制中灵活运用。

在螺纹车削过程中，主轴转速的选择受到下面几个因素的影响：

①螺纹加工程序段中指令的螺距值，相当于以 f(mm/r)进给量表示的进给速度 F，如果主轴转速选择的过高，其换算后的进给速度(mm/min)必定大大超过正常值。

②刀具在位移过程的起点和终点，都受到伺服驱动系统升降速和数控装置插补运算速度的约束，由于升、降频特性满足不了加工需要等原因，则可能引起进给运动产生“超前”和“滞后”现象，从而导致加工出的螺距不符合要求。

③螺纹车削必须通过主轴的同步功能实现，需要用到主轴脉冲发生器(编码器)。当主轴速度选择过高，通过编码器发出的定位脉冲将可能因“过冲”而导致工件螺纹产生乱牙现象。

根据上述现象，螺纹加工时主轴转速的确定应遵循以下几条原则：

①在保证生产效率和正常切削的情况下，选择较低的主轴转速。

②当螺纹加工程序段中的升速进刀段(L_1)和降速退刀段(L_2)的长度值较大时，可选择适当高一些的主轴转速。

③当编码器所规定的允许工作转速超过车床所规定的主轴最大转速时，可选择较高一些的主轴转速。

④通常情况下，螺纹车削的主轴转速($n_{螺}$)可按车床或数控系统说明书中规定的计算式确定，其计算公式为：

$$n_{螺} \leqslant n_{允}/P$$

式中：$n_{允}$——编码器允许的最高工件转速(r/min)；

P——加工螺纹的螺距(或导程，mm)。

(2)切削液的选择　螺纹加工多为粗精加工同时完成，要求精度较高，因此，选用合适的切削液能够进一步提高加工质量，对于一些特殊材料的加工尤为如此。根据不同的工件材料，切削液的选用见表2-15。

表 2-15 螺纹加工切削液选用参考表

	工件材料					
	碳钢	合金钢	不锈钢及耐热钢	铸铁与黄铜	青铜	铝及铝合金
切削液的选用	1. 硫化乳化液 2. 氧化煤油 3. 煤油 75%,油酸或植物油 25% 4. 压器油 70%,氧化石蜡 30%		1. 氧化煤油 2. 硫化切削油 3. 煤油 60%,松节油 20%,油酸 20% 4. 硫化油 60%,煤油 25%,油酸 15% 5. 四氯化碳 90%,猪油或菜油等	1. 一般不用 2. 煤油(用于铸铁)或菜油(用于黄铜)	1. 一般不用 2. 菜油	1. 硫化油 30%,2 号或 3 号锭子油 55% 2. 硫化油 30%,煤油 15%,硫酸 30%,2 号或 3 号锭子油 25%

二、编程指令

1. 单一螺纹指令 G32,如图 2-65 所示。

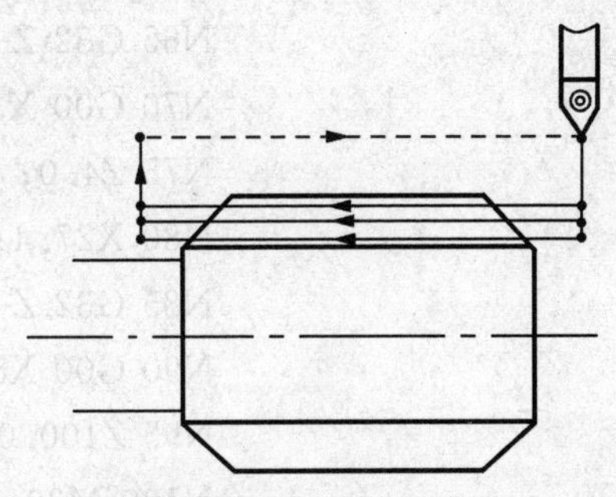

图 2-65 G32 指令加工圆柱螺纹走刀路线

指令格式:

G00X_Z_;　　　　快速定位到切削起点

G32X(U)_Z(W)_F_;

其中:*F*_:螺纹的导程;

X(*U*)_*Z*(*W*)_:螺纹切削的终点坐标值。

说明:

(1)螺纹切削的终点坐标值 *X* 与切削起点 *X* 坐标值相同时为圆柱螺纹切削,*X* 可以省略。

(2)螺纹切削的终点坐标值 *Z* 与切削起点 *Z* 坐标值相同时为端面螺纹切削,*Z* 可以省略。

(3)螺纹切削的终点坐标值 *X*、*Z* 均与切削起点不同时为锥螺纹。

G32 编程时,一般采用直进式切削方法。

指令应用:如图 2-66 所示零件,用 G32 指令编制 M30×2 螺纹的加工程序。

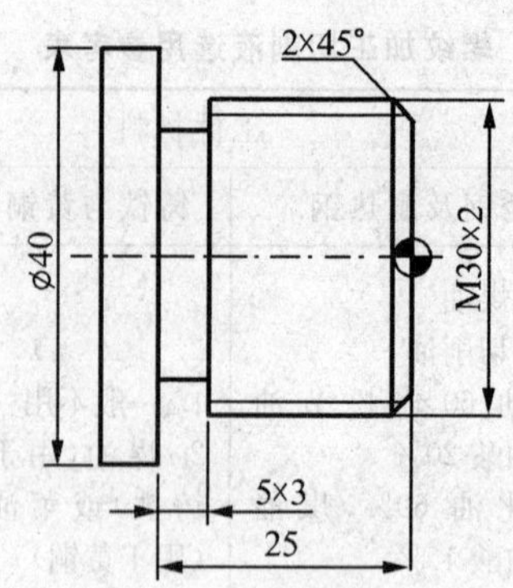

图 2-66　G32 螺纹加工

加工程序：

```
O1100;                          N55 Z4.0;
N10 T0303;                      N60 X27.9;
N15 M03 S300;                   N65 G32 Z-22.0 F2.0;
N20 G00 X29.1 Z4.0;             N70 G00 X32.0;
N25 G32 Z-22.0 F2.0;            N75 Z4.0;
N30 G00 X32.0;                  N80 X27.4;
N35 Z4.0;                       N85 G32 Z-22.0 F2.0;
N40 X28.5;                      N90 G00 X80.0;
N45 G32 Z-22.0 F2.0;            N95 Z100.0;
N50 G00 X32.0;                  N100 M30;
```

2. 螺纹车削单一循环指令 G92，如图 2-67 所示。

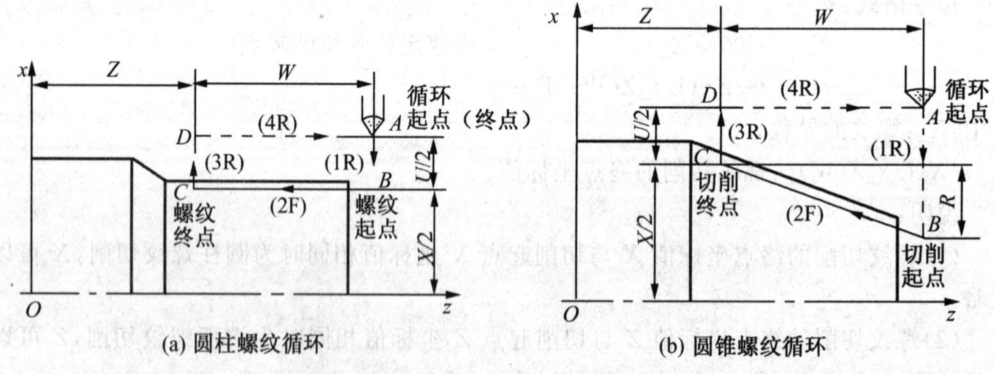

图 2-67　G92 指令加工路线及参数

指令格式：

G00X_Z_;　　　　（循环起点）

圆柱螺纹：G92X(U)_Z(W)_F_Q_;

圆锥螺纹：G92X(U)_Z(W)_R_F_;

其中：*F*_：螺纹导程；

*X*_*Z*_：螺纹加工循环起点坐标；

$X(U)\_Z(W)\_$:螺纹切削循环中螺纹切削段终点的坐标;

$R\_$:螺纹的锥度,其值为圆锥螺纹的切削起点与切削终点的半径之差,R 值有正负号,其判断方法与 G90 相同;

$Q\_$:螺纹分度度数。

指令应用 1:如图 2-66 所示零件,用 G92 指令编制 M30×2 螺纹的加工程序。

加工程序:

```
……;
G00 X32.0 Z4.0;
G92 X29.1 Z-22.0 F2.0;
    X28.5;
    X27.9;
    X27.4;
G00 X100.0 Z100.0;
……;
```

指令应用 2:如图 2-68 所示零件,编制圆锥螺纹的加工程序。

加工程序:

```
……;
G00 X25.0 Z4.0;
G92 X19.2 Z-20.0 R-0.875 F1.5;
    X18.6;
    X18.3;
    X18.1;
    X18.0;
G00 X100.0 Z100.0;
……;
```

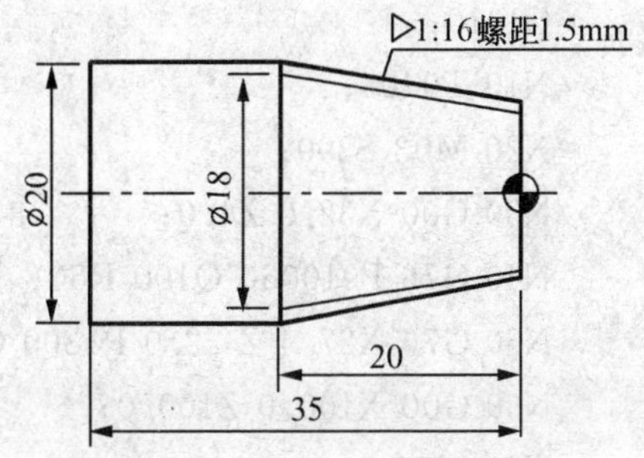

图 2-68 圆锥螺纹切削示例

3. 螺纹车削复合循环指令 G76,如图 2-69 所示。

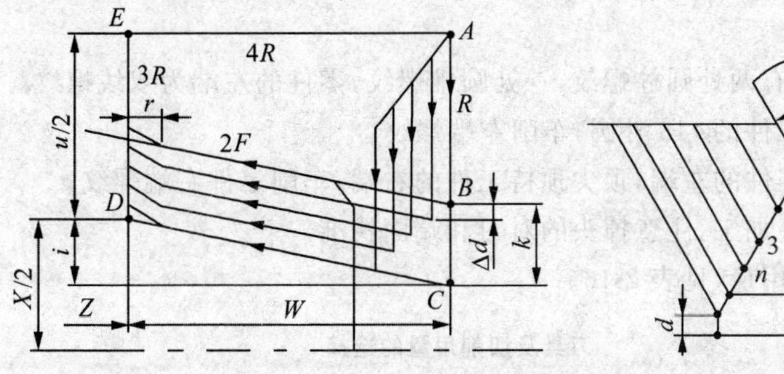

图 2-69 G76 指令加工路线及参数

指令格式:

G76P(m)(r)(a)Q(Δdmin)R(d);

G76X(U)_Z(W)_R(i)P(k)Q(Δd)F(L);

其中：m：精车重复次数，从01～99，用两位数表示，该参数为模态量；

r：螺纹尾端倒角值，改值的大小可设置在(0.0～9.9)L之间，系数应为0.1的整倍数，用00～99之间的两位整数来表示，其中L为导程，该参数为模态量；

α：刀尖角，可在80°、60°、55°、30°、29°、0°六个角度中选择，用两位整数来表示，该参数为模态量；

m、r、α用地址P同时指定，例如，$m=2$，$r=1.2L$，$\alpha=60°$，表示为P021260；

Δdmin：最小切削深度，用半径编程指定，通常使用单位微米(μm)。该参数为模态量；

d：精车余量，用半径编程指定，通常使用单位微米(μm)。该参数为模态量；

$X(U)$_$Z(W)$_：螺纹终点绝对坐标或增量坐标；

i：螺纹锥度值，用半径编程指定。如果$i=0$则为直螺纹，可省略；

k：螺纹高度，用半径编程指定，通常使用单位微米(μm)；

Δd：第一次车削深度，用半径编程指定，通常使用单位微米(μm)；

L：螺纹的导程。

指令应用：如图2-64所示零件，用G76指令编制M30×2螺纹的加工程序。

加工程序：

```
O1010;
N10 T0404;
N20 M03 S300;
N30 G00 X32.0 Z4.0;
N40 G76 P010060 Q100 R50;
N50 G76 X27.4 Z-22.0 P1300 Q500 F2.0
N60 G00 X100.0 Z100.0;
N70 M30;
```

任务实施

试加工如图2-62所示的螺纹轴零件，分析加工艺，编制加工程序。

一、工艺分析

(1)该零件表面有两处圆柱螺纹，一处圆锥螺纹，零件的左端为双线螺纹。

①用软爪夹持工件的ø48外圆，车削左端螺纹。

②用软爪夹持工件的左端，顶尖顶持工件的右端，车削工件右端螺纹。

③零件需要掉头加工，注意掉头的对刀和端面找准。

(2)刀具及切削用量，见表2-16。

表2-16　　刀具及切削用量的选择

刀具号	刀具规格名称	加工内容	刀尖半径(mm)	n (r/min)	a_p (mm)	f (mm/r)
T0404	60°外螺纹机夹车刀	粗车		400		
T0505	60°外螺纹机夹车刀	精车(一般精度螺纹不需要)		900		

二、编写加工程序

加工图 2-62 所示零件的程序见表 2-17。

表 2-17 程序编制

程　　序	注　　释
O0001；	程序名(右端加工程序)
N10 T0303；	选用 3 号 60°外螺纹刀
N20 M03 S300；	主轴正转，转速 300r/min
N30 G00 X36 Z5；	快速接近工件
N40 X34；	第一次切入 1mm
N50 G32 X34 Z-12.05 F1.5；	螺纹车削
N60 G00 X36；	X 向快速退刀
N70 Z5；	快速返回 Z 向起点
N80 X33.5；	第二次切入 0.5mm
N90 G32 X33.5 Z-12.05 F1.5；	螺纹切削
N100 G00 X36；	X 向快速退刀
N110 Z5；	快速返回 Z 向起点
N120 X33.05；	第三次切入 0.45mm
N130 G32 X33.05 Z-12.05 F1.5；	螺纹切削
N140 G00 X36；	X 向快速退刀
N150 Z5；	快速返回 Z 向起点
N160 X100 Z50；	快速返回换刀点
N170 M05；	主轴停转
N180 M30；	程序结束
加工锥螺纹程序	
O0002；	程序名
N10 T0303；	选用 3 号 60°外螺纹刀
N20 M03 S300；	主轴正转，转速 300r/min
N30 G00 X55 Z-10；	快速进到螺纹切削固定循环起点
N40 G92 X49 Z-25 R-1 F2；	螺纹车削第一刀
N50 X47.0 R-1；	第二次切入 0.8mm
N60 X46.6 R-1；	第三次切入 0.6mm
N70 X46.1 R-1；	第三次切入 0.5mm
N80 X45.6 R-1	第四次切入 0.4mm
N90 X45.4 R-1；	第四次切入 0.2mm
N100 G00 X100 Z50；	快速返回换刀点

续表

N110 M05；	主轴停转
N120 M30；	程序结束
左端 M40X6/2 螺纹加工程序	
O0003；	程序名
N10 T0303；	换 3 号 60°外螺纹刀
N20 M03 S300；	主轴正转，转速 S300 r/min
N30 G00 X45 Z5；	外螺纹复合循环起到点
N40 G76 P10160 Q80 R0.1；	外螺纹复合循环 G76，切削第一条螺纹
N50 G76 X36.1 Z-26 R0 P1950 Q350 F6；	循环加工螺纹
N60 G01 W3 F0.3；	轴向分头，螺距＝3mm
N70 G76 P10160 Q80 R0.1；	外螺纹复合循环 G76，切削第二条螺纹
N80 G76 X36.1 Z-26 R0 P1950 Q350 F6；	循环加工螺纹
N90 G00 X100 Z50；	快速返回换刀点
N100 M05；	主轴停止
N110 M30；	程序结束

注：外圆Ø30×6mm 加工程序同模块一外圆加工部分相同。

三、仿真操作

1. 安装刀具

通过工艺分析，在 3# 刀位安装外切槽刀，依次点击菜单栏中的“机床/选择刀具”或者在工具栏中点击图标“ ”，系统将弹出“车刀选择”对话框，如图 2-70 所示。3# 刀位选择刀具的刀片型号为 60°外螺纹刀、刀尖角 60.00、刃长 11.00、刀尖半径 0.0、外螺纹刀柄，如图 2-70 所示。

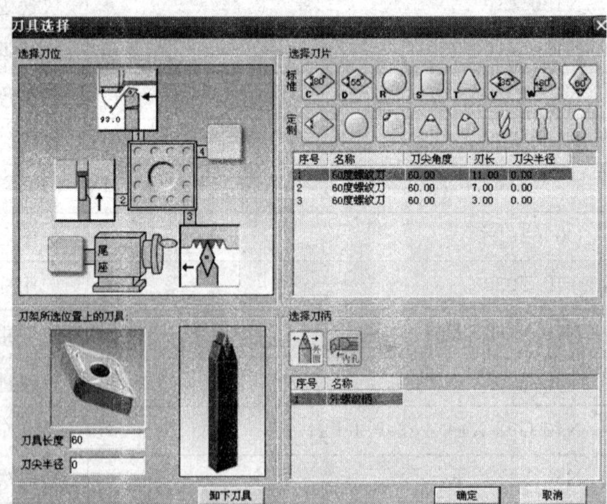

图 2-70　刀具对话框

2. 对刀方法

(1)将刀架退回至换刀点，切换至 MDI 模式，输入程序“T0303；”，将 3 号刀切换为当前刀具。

(2)选择操作面板中 按钮，切换到手动状态，通过点击轴移动按钮，使刀具移动到可切削零件的大致位置。

点击轴移动按钮，用所选刀具沿 *Z* 方向试切工件外圆，如图 2-71 所示，车出一台阶后，Z 轴不移动，将刀具沿 *X* 正方向退至工件外部，点击操作面板上的 主轴停转按钮。

依次点击菜单中的“测量”/“剖面图测量”，弹出“选择是否保留小于1的圆弧”对话框，点选“否”，进入测量对话框，点击刀具试切外圆时所切线段（选中的线段由红色变为黄色）。如图2-72所示，记下下面对话框中对应的Z的值，记为－18.925，因工件总长已经为95mm，所以刀具当前点在工件坐标系Z＝－18.925的位置。

图2-71　2# 刀具Z轴对刀

点击 OFFSET SETTING ，进入参数显示画面，再点击 [形状] ，进入如图2-73所示界面，将光标移动至03号刀补位置，然后输入“Z-18.925”，点击 [测量] 软体菜单键，系统将自动计算，并将计算结果自动输入在Z偏置栏中；如图2-73所示。

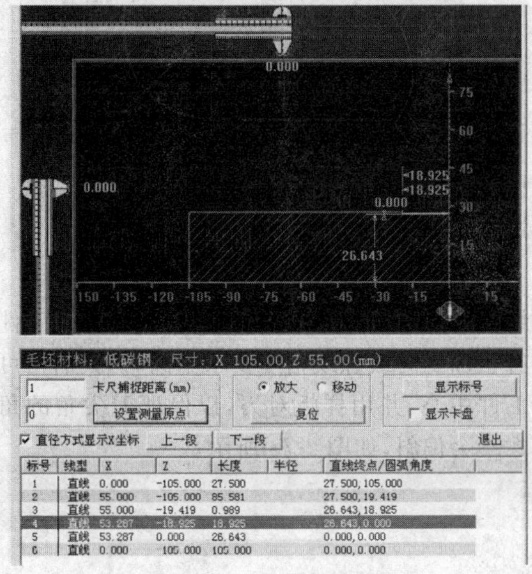

图2-72　测量对话框

图2-73　刀具补正画面

3. 输入程序“O0001”加工零件右端普通三角螺纹。
4. 轨迹校验（参照上节课题操作步骤）。
5. 自动加工完成零件右端的普通三角螺纹加工，如图2-74所示。
6. 输入程序“O0002”加工零件右端锥螺纹。
7. 轨迹校验（参照上节课题操作步骤）。
8. 自动加工完成零件右端的锥螺纹加工。如图2-75所示。

图2-74　右端的普通三角螺纹

图2-75　右端的锥螺纹

9. 掉头加工零件左端宽槽。

10. 对刀：零件调头后，因工件零点 Z 轴发生偏移，Z 轴方向必须重新进行对刀操作。

11. 进入刀具补偿参数页面，将测量得出的 X 数值，Z 数值输入到刀具补正画面。

12. 输入“O0003”工件左端螺纹程序。

13. 轨迹校验(参照上节课题操作步骤)。

14. 自动加工完成零件左端螺纹的加工，如图 2-76 所示。

15. 零件的仿真检测。

16. 零件仿真加工结果如图 2-77 所示。

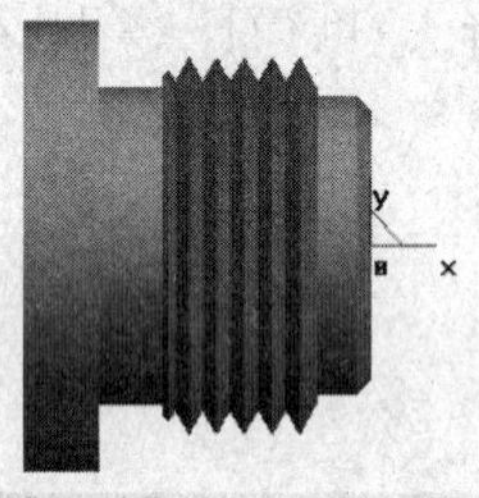

图 2-76　左端螺纹

图 2-77　仿真加工结果图

四、实操训练

1. 车刀安装

安装螺纹车刀时，车刀的刀尖角等于螺纹牙型角 $\alpha=60°$，其前角 $\gamma_o=0°$才能保证工件螺纹的牙型角，否则牙型角将产生误差。只有粗加工时或螺纹精度要求不高时，其前角可取 $\gamma_o=5°\sim20°$。安装螺纹车刀时刀尖对准工件中心，并用样板对刀，以保证刀尖角的角平分线与工件的轴线相垂直，车出的牙型角才不会偏斜，如图 2-78 所示。

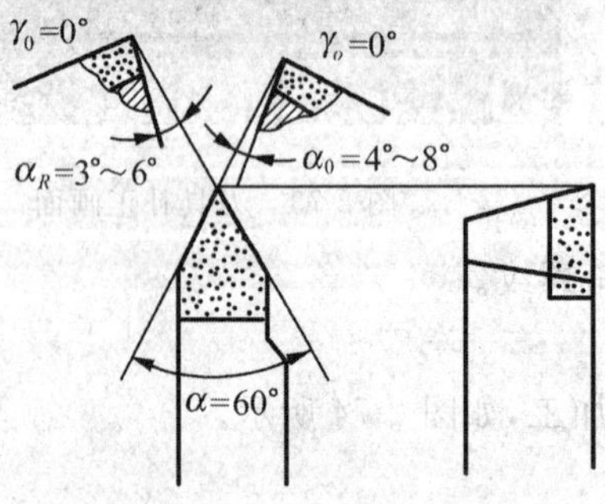

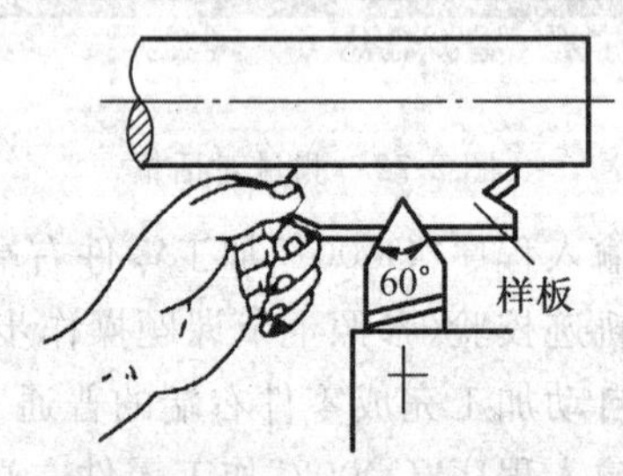

图 2-78　螺纹车刀几何角度与用样板对刀

2. 加工注意事项

(1)车削多线螺纹时，可以采用轴向分头法(改变螺纹起点数值)，也可以采用圆周分头法(改变主轴转角)。

(2)从粗车到精车，主轴的转速必须是一定的。当主轴速度变化时，螺纹切削会出现乱牙现象。

五、误差分析及排除

数控车床在加工螺纹过程中产生各种各样的加工误差，表 2-18 对螺纹加工中较常出现的问题、产生的原因、预防及解决方法进行了分析。

表 2-18 螺纹加工误差分析

问题现象	产生原因	预防和消除
螺纹牙型角超差	1. 车刀刀尖角刃磨不准确 2. 车刀安装不正确 3. 车刀磨损严重	1. 重新刃磨车刀 2. 车刀刀尖对准工件轴线,使车刀刀尖角角平分线与工件轴线垂直 3. 及时换刀,用耐磨材料制造车刀,提高刃磨质量,降低切削用量
螺距误差	计算和编程错误	仔细检查计算,更正错误
螺距周期性误差超差	1. 机床主轴或机床丝杠轴向窜动太大 2. 主轴、丝杠径向园跳动太大 3. 中心孔圆度超差、孔深太浅或与顶尖接触不良 4. 工件弯曲变形	1. 调整机床主轴和丝杠,消除轴向窜动 2. 按技术要求调整主轴、丝杠径向圆跳动 3. 中心孔锥面和标准顶尖接触面积不少于 85%,机床顶尖不要太尖,以免和中心孔底部相碰 4. 合理安排工艺路线,降低切削用量,充分冷却
螺距累积误差超差	1. 机床导轨对工件轴线的平行度超差、或导轨的直线度超差 2. 工件轴线对机床丝杠轴线的平行度超差 3. 丝杠副磨损超差 4. 环境温度变化太大 5. 切削热、摩擦热使工件伸长,而冷却后测量时工件缩短 6. 刀具磨损太严重 7. 顶尖顶力太大,使工件变形	1. 调整尾座使工件轴线和导轨平行,或刮研机床导轨,使直线度合格 2. 调整丝杠或机床尾座使工件和丝杠平行 3. 更换新的丝杠副 4. 工作地点要保持温度在规定范围内变化 5. 合理选用切削用量和切削液,切削时加大切削液流量和压力 6. 选用耐磨性强的刀具材料,提高刃磨质量 7. 车削过程中经常调整尾座顶尖压力
螺纹中径几何形状超差	1. 中心孔质量低 2. 机床主轴圆柱度超差 3. 刀具磨损大	1. 提高中心孔质量,研或磨削中心孔,保证圆度和接触精度 2. 调整主轴,使其符合要求 3. 提高刀具耐磨性,降低切削用量,充分冷却

续表

螺纹牙型表面粗糙度参数值超差	1. 刀具刃口质量差 2. 精车时进给太小产生刮挤现象 3. 切削速度选择不当 4. 切削液的润滑性不佳 5. 机床振动大 6. 刀具前、后角太小 7. 工件切削性能差 8. 切屑刮伤已加工面	1. 降低各刃磨面的粗糙度参数值，减小刀尖圆弧半径 2. 使切屑厚度大于刀尖圆弧半径 3. 合理选择切削速度，避免加工时积屑瘤产生 4. 选用有极性添加剂的切削液或采用动(植)物油极化处理，以提高油膜的抗压强度 5. 调整机床各部位间隙，采用弹性刀杆，硬质合金车刀刀尖适当装高 6. 适当增加前、后角 7. 车螺纹前增加调质工序 8. 改为径向进刀
扎刀和打刀	1. 刀杆刚性差 2. 车刀安装高度不当 3. 进给量太大 4. 进刀方式不当 5. 机床各部间隙太大 6. 车刀前角太大，径向切削分力将车刀推向切削面 7. 工件刚性差	1. 刀头伸出刀架的长度应不大于 1.5 倍的刀杆高度，采用弹性刀杆，内螺纹车刀刀杆选较硬的材料，并淬火至 35～45HRC 2. 车刀刀尖应对准工件的轴线，硬质合金车刀高速车螺纹时，刀尖应略高于轴线，高速钢车刀低速车螺纹时，刀尖应略低于工件轴线 3. 降低进给量 4. 改径向进刀为斜向或轴向进刀 5. 调整车床各部间隙、特别是减少车床主轴和拖板间隙 6. 减小车刀前角 7. 改进工件装夹方式
螺纹乱扣	1. 螺纹起刀位置或终点位置不对 2. 程序中的螺距 F 值不是相同的值 3. 数控系统故障	1. 仔细校验程序，将程序中的起刀点和终点坐标设定正确 2. 校验程序，将螺距值设定正确 3. 排除数控系统故障

配分权重

加工如图 2-62 所示的零件，成绩评分标准见表 2-19、表 2-20、表 2-21 及表 2-22。

表 2-19 操作技能考核总成绩表

序号	项目名称	配分	得分	备 注
1	现场操作规范	10		
2	工序制定及编程	40		
3	工件质量	50		
合 计		100		

表 2-20　现场操作规范评分表

序号	项目	考核内容	配分	考场表现	得分
1	现场操作规范	工具的正确使用	2		
2		量具的正确使用	2		
3		刃具的合理使用	2		
4		设备正确操作和维护保养	4		
合　计			10		

表 2-21　工序制定及编程评分表

序号	项目	考核内容	配分	实际情况	得分
1	工序制定	工序制定合理，选择刀具正确	10		
2	指令应用	指令应用合理、得当、正确	15		
3	程序格式	程序格式正确，符合工艺要求	15		
合　计			40		

表 2-22　工件质量评分表

序号	项　目	考核内容		配　分		检测结果	得分
				IT	Ra		
1	外圆	$\varnothing 48^{0}_{-0.03}$		3			
2		$\varnothing 35^{0}_{-0.03}$		3			
3		$\varnothing 42^{0}_{-0.03}$		3			
4	螺纹	M35×1.5		3			
5		M40×6/2		4			
6		锥螺纹		3			
7	长度	95±0.1		3			
8		6		2			
9		12		2			
10		30		2			
11		70		2			
12	沟槽	Ø34		2			
13		Ø27		2			
14		Ø38 三处		6			
15	位置公差	同轴度		4			
16	倒角	1×45°四处		4			
17	表面粗糙度	1.6μm，3.2μm		4			
合计							

任务四　圆弧加工

相关知识

◎ 圆弧加工指令 G02/G03 的应用

◎ 圆弧加工工艺及编程方法

◎ 圆弧加工刀具的选择

◎ 设定刀具半径补偿的方法

技能要点

◎ 应用 G02/G03 指令加工圆弧

◎ 圆弧加工刀具的的安装

◎ 正确选择圆弧加工的切削用量

◎ 数控程序的输入及自动运行

任务描述

任务引入：(材料来之任务三，并为制作实用工具留有余量)如图 2-79 所示。

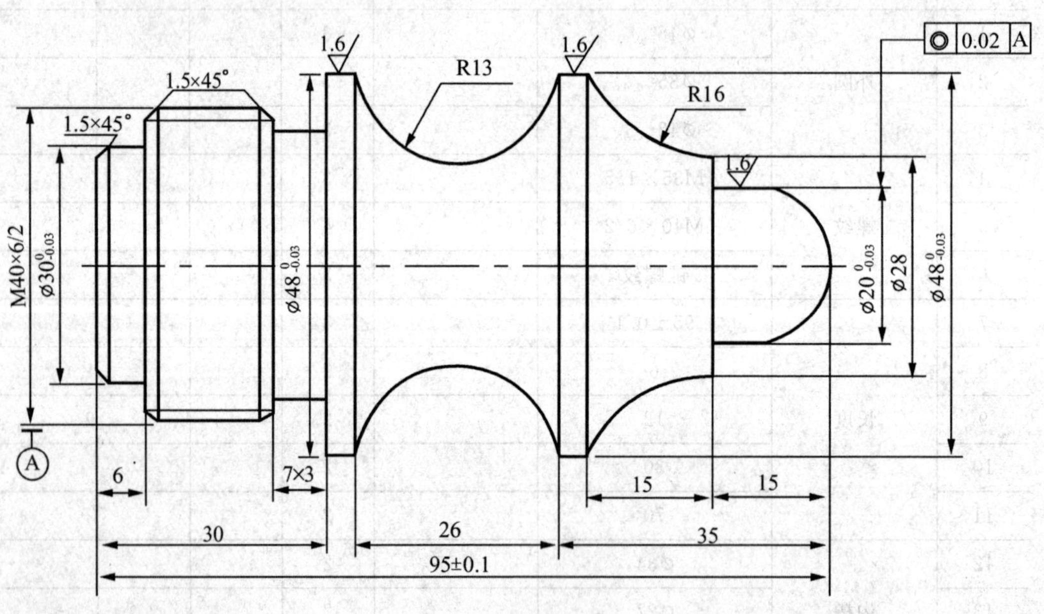

图 2-79　圆弧加工轴

任务分析

在机器中，有些零件的表面轮廓形状不是直线，而是曲线，如手柄、圆球等，这些带曲线的表面在普通车床上加工，效率低，劳动强度大，加工精度不高。若在数控车床上加工，用圆弧插补指令(G02/G03)编程进行切削，加工出圆弧轮廓形状、精度要比在普通车床上加工更高，生产率也大大提高。

本任务主要涉及圆弧的加工的相关内容。通过本任务的学习，会使用工件在三爪卡盘和后顶尖的装夹与找正、圆弧加工指令，圆弧加工刀具与切削用量的选择，圆弧的加工方法等相关内容。

一、加工工艺的确定

1. 工件定位基准的选取

(1)工件定位基准的概念　在加工过程中用于确定工件在机床或夹具中的正确位置所依据的点、线、面，称为定位基准。实际上定位基准就是一些与夹具定位元件相接触的点、线、面。工件的定位基准一经确定，工件上其他表面的位置关系也随之确定。

(2)定位基准的分类　定位基准有粗基准和精基准两种。毛坯在开始加工时，都是以未加工的表面定位，这种基准面称为粗基准；用已加工的表面作为定位基准面称为精基准。

(3)粗基准的选择　选择粗基准时，必须考虑以下两点：其一，应保证所有加工表面都有足够的加工余量；其二，应保证工件加工表面和不加工表面间具有一定的位置精度。粗基准的选择原则如下：

①当加工表面与不加工表面有位置精度要求时，应选择不加工表面为粗基准。

②对所有表面都需要加工的工件，应该根据加工余量最小的表面找正，这样不会因位置的偏移而造成余量太少的部位加工不出来。

③应选用工件上强度、刚性好的表面为粗基准，否则会将工件夹坏或松动。

④粗基准应选择平整光滑的表面，铸件装夹时应让开浇冒口部分。

⑤粗基准不能重复使用。

(4)精基准的选择　精基准的选择原则如下：

①尽可能采用设计基准或装配基准作为定位基准。

②尽可能使定位基准和测量基准重合。

③尽可能使定位基准统一。除第一道工序外，其余加工表面尽量采用同一个精基准，因为基准统一后，可减少定位误差，提高加工精度，使装夹方便。当本原则与上一原则相抵触而不能保证加工精度时，就必须放弃这个原则。

④选择精度较高、形状简单和尺寸较大的表面作为精基准，这样可以减少等位误差，使定位稳固，还可使工件减少变形。

2. 加工路线的确定

在数控车床上加工圆弧，是利用圆弧插补指令 G02(或 G03)完成的，一般根据需要经粗车先将大部分余量切除，最后才精车得到所需圆弧。对有轮廓粗车循环的系统，粗车比较方便。但对无轮廓粗车循环的系统，需要确定其粗车加工路线。常用的圆弧加工路线主要以下几种：

(1)同心车圆法　用不同半径圆来车削，最后将所需圆弧加工出来，如图 2-80 所示。此方法在确定了每次切削深度 a_p 后，对 90°圆弧的起点、终点坐标较易确定。图 2-80(a)的走刀路线较短，但图 2-80(b)加工的空行程时间较长。当用 90°尖形车刀车削时加工余量不均，易打刀，而用圆弧刀时余量较均匀。此方法数值计算简单，编程方便，常采用，可适合于较复杂的圆弧。

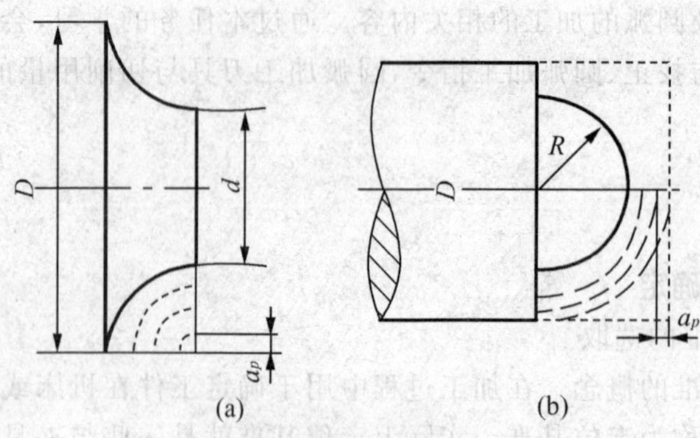

图 2-80 同心车圆法粗车圆弧

(2)车锥法 此法是先粗车一个圆锥，再车圆弧的方法，如图 2-81 所示。

车锥时的起点和终点的确定：$AB=BC=\sqrt{2}BD=0.586R$。当 R 不太大时，可取 $AB=BC=0.5R$。此方法数值计算较繁，加工余量不均匀，但其刀具切削路线较短、加工效率较高，常采用。

(2)等径移圆法 此方法数值计算简单，编程方便，用尖形刀车削时余量均匀，但加工的空行程时间较长。适于循环车削较大的圆弧，如图 2-82 所示。

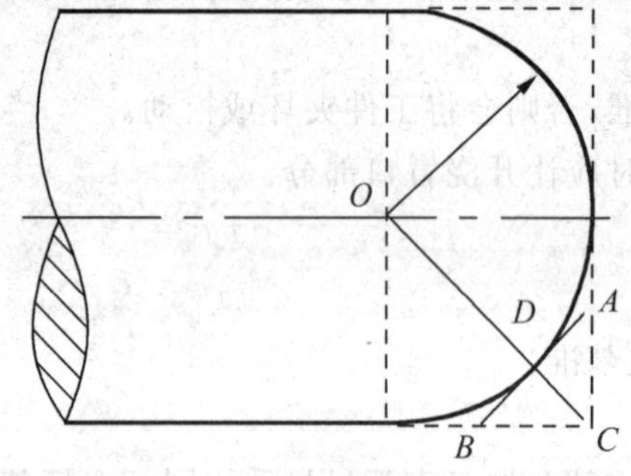

图 2-81 车锥法粗车圆弧

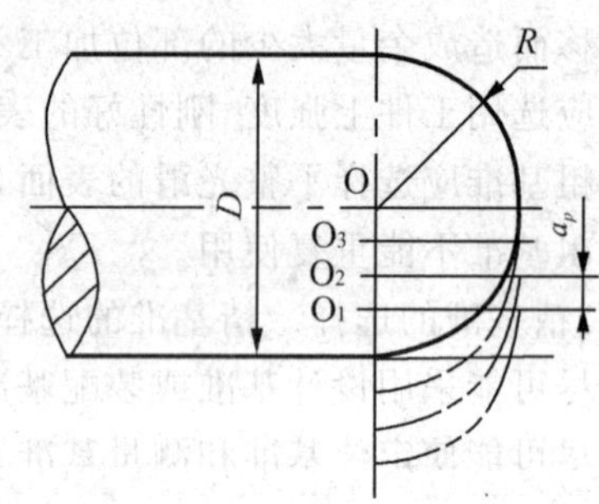

图 2-82 等径法粗车圆弧

(3)加工圆弧直径较小的零件 可以用圆弧车刀直进法加工，此时刀具圆弧半径即为工件圆弧半径，使用的指令为 G01 直线插补指令，如图 2-83 所示。

对于较小圆弧的圆角($R\leqslant 3$)，可在精车时直接加工而成。

以上几种方法主要针对不具备轮廓粗车循环的简易型车床使用 G00、G01、G02、G03 等指令完成。对具有轮廓粗车循环功能的数控车床，可直接使用轮廓粗车循环功能完成，程序较为简洁且不易出错。

3. 刀具的选择

圆弧加工时常用的刀具可以分成外圆弧尖刀和圆弧形车刀两大类。对于大多数精度要求不高的零件，一般都用图 2-84(a)中的外圆弧尖刀进行加工。选择外圆弧尖刀时要考虑以下两个原则：

(1)要保证刀具有足够的强度。

(2)要合理选择车刀的副偏角，避免车刀的副切削刃与工件已加工圆弧面相接触而破坏工件形状。

对于某些精度要求较高的曲面车削或较大手轮圆弧面的批量车削则应该采用图 2-84(b)中的圆弧形车刀。

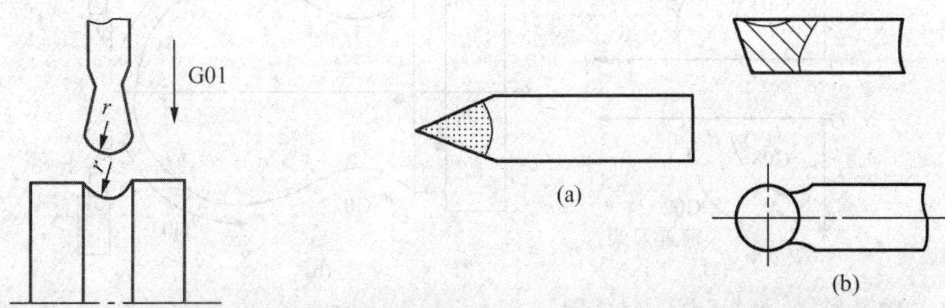

图 2-83 用直进法车圆弧　　图 2-84 圆弧加工刀具

4. 切削用量的选择　切削用量选择合理与否对加工质量、加工效率、生产成本等有着非常重要的影响。所谓"合理的"切削用量是指充分利用刀具切削性能和机床动力性能(功率、扭矩),在保证质量的前提下,获得生产率和低的加工成本的切削用量。

(1)切削深度 a_p 确定　一般用硬质合金刀具粗加工钢料和铸铁时,切削深度 a_p 取 1.5～5mm;精加工时取 $a_p<0.5$mm;加工淬硬钢料时,一般都为半精加工或精加工,余量和切削深度较小。当零件精度要求较高时,应考虑留出精加工余量,其所留的精加工余量一般比普通车削时所留余量小,通常取 0.1～0.5mm。

(2)进给量 f 的确定　用硬质合金刀具加工普通钢料或铸铁,粗车时,一般取 $f=0.3$～0.8mm/r;精车时,常取 $f=0.05$～0.25mm/r;加工淬硬钢料时根据硬度不同而选取不同的进给量,一般取 $f=0.1$～0.3mm/r。

(3)主轴转速 S 的确定　车外圆时,主轴转速应根据零件上被加工部位的直径,并按零件和刀具材料及加工性质等条件所允许的切削速度来确定。

切削速度 V_c 确定后,用下列公式计算主轴转速 S:

$$S=1000V_c/d(\text{r/min})$$

式中:d——待加工工件直径(mm);

V_c——切削速度(m/min)。

二、编程指令

1. 圆弧插补指令 G02/G03

用 G02/G03 指令可以加工如图 2-85(a)所示的凹凸圆弧面。G02 表示顺时针圆弧插补,G03 表示逆时针圆弧插补,如图 2-85(b)所示。圆弧插补方向的规定为:沿垂直于加工圆弧所在平面的坐标轴,由正方向向负方向看,刀具相对于工件的移动方向为顺时针方向的圆弧插补为 G02,逆时针方向的圆弧插补为 G03。

指令格式:

格式一:G02/G03X(U)_Z(W)_R_F_;

格式二:G02/G03X(U)_Z(W)_I_K_F_;

其中:*X*(*U*)_*Z*(*W*)_:表示圆弧终点在工件坐标系中的坐标;

*R*_:表示圆弧半径;

$I\_K\_$:表示圆心在 X、Z 轴方向上相对于圆弧起点的增量坐标值。

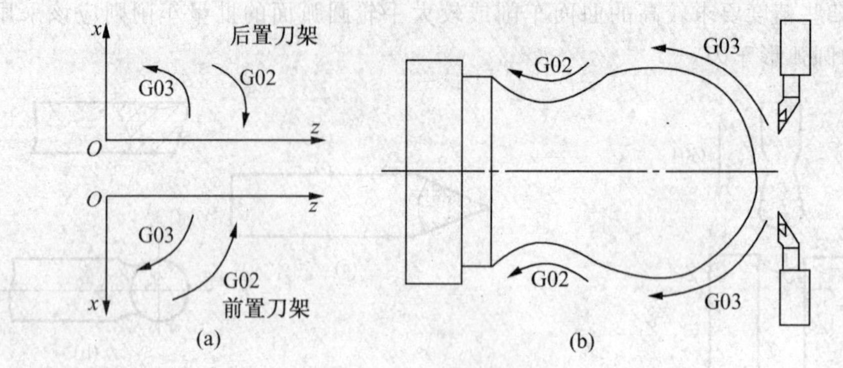

图 2-85 顺、逆圆弧判断

一般加工中多用格式一,即半径 R 方式编程。

指令应用:零件如图 2-86 所示,用圆弧插补指令编制加工程序。

加工程序:

```
……;
G02 X30.0 Z-15.0 R15.0 F0.2;
G03 X40.0 Z-35.0 R20.0;
G01 Z-50.0;
……
```

2. 刀尖圆弧半径补偿指令 G41/G42/G40

(1)刀尖圆弧半径补偿功能的定义　数控车床是按车刀刀尖对刀的,在实际加工中,由于刀具产生磨损及精加工时车刀刀尖磨成半径不大的圆弧,因此车刀的刀尖不可能绝对尖,总有一个小圆弧,所以对刀尖的位置是一个假想刀尖 O,如图 2-87 所示。

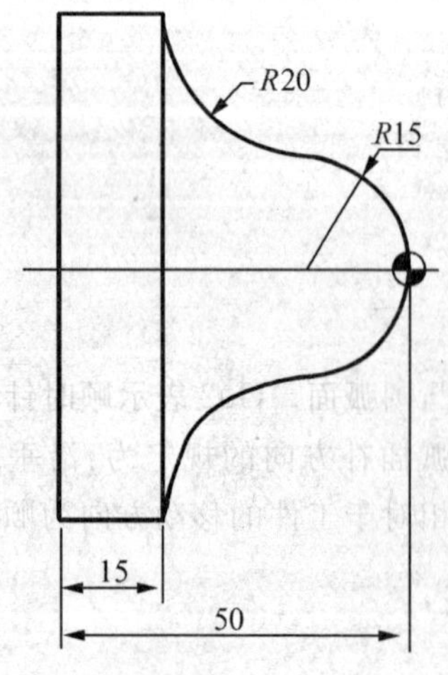

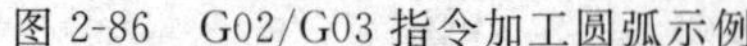

图 2-86 G02/G03 指令加工圆弧示例

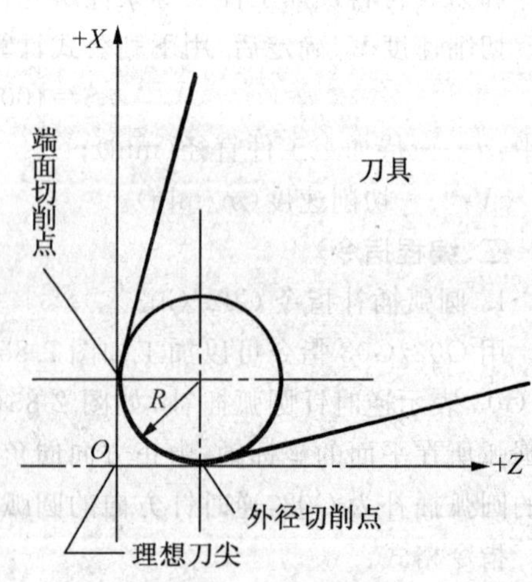

图 2-87 刀尖圆弧半径

编程时实际起作用的切削刃却是圆弧各切点,这样就引起加工表面形状误差,如图 2-88 所示。

在车削内外圆柱、端面时，实际切削刃的轨迹与假想轨迹一致，因此，刀尖圆弧对轮廓精度无影响。车削锥面及内、外圆弧面时，实际切削刃的轨迹与假想轨迹不一致，产生欠切或过切，工件轮廓(即编程轨迹)与实际形状(实际切削刃)产生误差，如图 2-88 所示。若工件要求不高或留有精加工余量，可忽略此误差，否则应考虑刀尖圆弧半径对工件形状的影响。

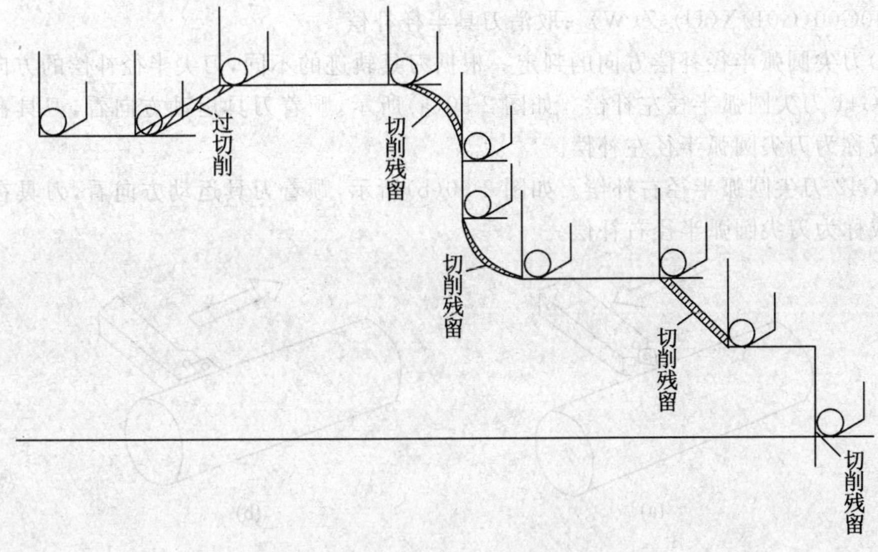

图 2-88　加工表面形状误差

(2)假想刀尖的方位　数控车床采用刀尖圆弧补偿进行加工时，如果刀具的刀尖形状和切削时所处的位置不同，刀具的补偿量与补偿方向也不同。因此，假想刀尖的方位必须同偏置值一起提前设定。根据各种刀尖形状及刀尖位置不同，数控车刀的假想刀尖的方位共有 9 种，如图 2-89 所示。

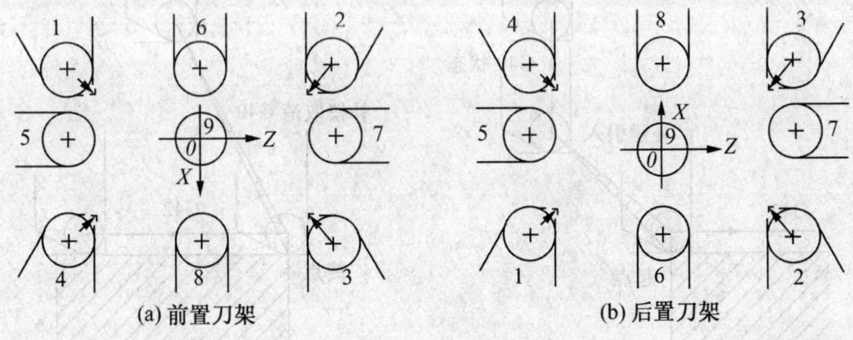

图 2-89　常用车刀的位置和参数

(3)刀尖圆弧半径补偿指令 G41/G42/G40

①指令功能：在加工圆弧和锥面时，用来补偿由于刀尖圆弧半径引起的工件尺寸和形状误差。

②指令含义：

G41：表示刀尖半径左补偿；

G42：表示刀尖半径右补偿；

G40：表示取消刀尖半径补偿。

③指令格式：

G41G00(G01)X(U)_Z(W)_；刀具半径左补偿

G42G00(G01)X(U)_Z(W)_；刀具半径右补偿

G40G00(G01)X(U)_Z(W)_；取消刀具半径补偿

(4)刀尖圆弧半径补偿方向的判定　根据刀具轨迹的不同，刀尖半径补偿的方向为：

①G41 刀尖圆弧半径左补偿。如图 2-90(a)所示，顺着刀具运动方向看，刀具在工件左侧，成称为刀尖圆弧半径左补偿。

②G42 刀尖圆弧半径右补偿。如图 2-90(b)所示，顺着刀具运动方向看，刀具在工件右侧，成称为刀尖圆弧半径右补偿。

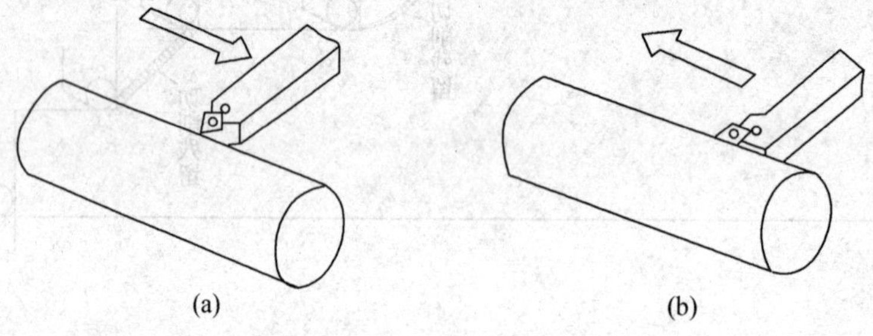

图 2-90　刀尖圆弧半径补偿方向的判定

(5)刀尖圆弧半径补偿过程　刀尖圆弧半径补偿的过程分三步，即刀补的建立、刀补的执行和刀补的取消，如图 2-91 所示。

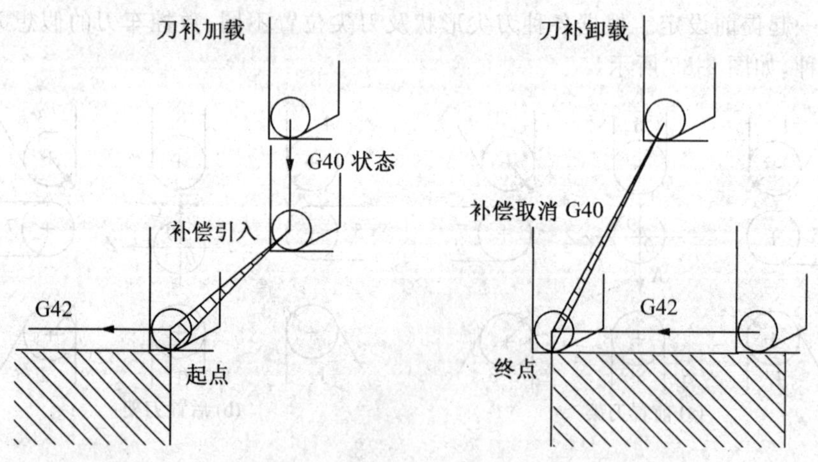

图 2-91　刀尖圆弧半径补偿过程

①刀补的建立

刀补的建立指刀具从起点接近工件时，刀具中心从与编程轨迹重合过渡到与编程轨迹偏离一个偏置量的过程，该过程也称起刀。刀补建立的实现必须有 G00 或 G01 的功能才有效。

②刀补的执行

在 G41 指令或 G42 指令程序段后，程序进入补偿模式，此时刀尖圆弧中心与编程轨迹始终相距一个偏置量，直到刀具半径补偿取消。

在补偿模式下，机床同样要预读两段程序，找出当前程序段刀具轨迹与以下程序段偏置刀具轨迹的交点，以确保机床把下一个工件轮廓向外补偿一个偏置量。

③刀补的取消

刀具离开工件，刀具中心轨迹过渡到与编程轨迹重合的过程称为刀补取消。刀补的取消用 G40 指令来执行，要特别注意的是，G40 指令必须与 G41 指令或 G42 指令成对使用。

(6)刀具补偿量的确定　对应每一个刀具补偿号，都有一组偏置量 x、z 刀尖半径补偿量 R 和刀尖方位号 T。根据装刀位置、刀具形状确定刀尖方位号，通过机床面板上的功能键 OFFSET 分别设定、修改这些参数。数控加工中，根据相应的指令进行调用，以提高零件的加工精度。图 2-92 为控制面板上的刀具偏置与刀具方位画面。

```
OFFSET   01                    O0005   N0040
NO.      X          Z          R          T
01    025.036    002.006    000.400    1
02    024.052    003.500    000.800    2
03    015.036    004.082    001.000    0
04    010.030    -002.006   000.602    4
05    002.030    002.400    000.350    3
06    012.450    000.220    001.008    5
07    004.000    000.506    000.300    6

ACTUAL  POSITION(RELATIVE)
U      22.400          W      -10.000
W                LSK
```

图 2-92　机床中的刀具参数偏置量设置表

任务实施

试加工如图 2-79 所示的圆弧轴零件，分析加工工艺，编制加工程序。

一、工艺分析

1. 分析图样要求，按先粗后精、先右后左的加工原则，确定加工路线。

(1)用软爪夹持工件的Ø48 外圆，车削右端的圆弧。

(2)用软爪夹持工件的右端，顶尖顶持工件的左端，车削工件中间圆弧。

(3)零件需要掉头加工，注意掉头的对刀和端面找准。

2. 刀具及切削用量，见表 2-23。

表 2-23　刀具及切削用量的选择

刀具号	刀具规格名称	加工内容	刀尖半径(mm)	n(r/min)	a_p(mm)	f(mm/r)
T0101	93°外圆机夹车刀，35°菱形刀片	粗车	0.4	400	2	0.2
T0202	93°外圆机夹车刀，35°菱形刀片	精车	0.4	900	0.4	0.1

二、编写加工程序

加工图 2-79 所示零件的程序见表 2-24。

表 2-24　程序编制

程　　序	注　　释
O0001；	程序号(右端加工程序)
N10 T0101；	选用 1 号外圆刀
N20 M03 S800；	主轴正转，转速 S800 r/min

续表

N30 G00 X55 Z5；	快速进到外圆固定形状粗车循环起点
N40 G73 U12 R8；	X 轴方向总退刀量 12mm，R：切削次数 8 次
N50 G73 P60 Q130 U0.5 W0.1 F0.3；	循环粗加工
N60 G01 X0；	进到外圆固定形状粗车循环起点
N70 Z0；	
N80 G03 X20 Z-10 R10；	加工半径为 R10 圆弧
N90 G01 Z-15；	
N100 X28；	
N110 G02 X48 Z-30 R16；	加工半径为 R16 圆弧
N120 G01 Z-35；	
N130 X50；	N60-N130 外圆固定形状粗车循环程序
N140 G00 X100 Z50；	快速返回换刀点
N150 T0101；	选用 1 号外圆刀
N160 M03 S1200；	主轴正转，转速 S1200 r/min
N170 G00 X50 Z5；	快速进刀
N180 G70 P60 Q130 F0.1；	精加工
N190 G00 X100 Z50；	快速返回换刀点
N200 M05；	主轴停转
N210 M30；	程序结束
中间圆弧加工程序	
O0002	程序名
N10 T0202；	选用 2 号圆头刀
N20 M03 S500；	主轴正转，转速 S500 r/min
N30 G00 X55 Z-35；	快速进到外圆固定形状粗车循环起点
N40 G73 U10 R8；	X 轴方向总退刀量 10mm，R：切削次数 8 次
N50 G73 P60 Q90 U0.5 W0.1 F0.3；	循环粗加工
N55 G00 G42 X50	
N60 G01 X48；	进到外圆固定形状粗车循环起点
N70 Z-35；	
N80 G02 X48 Z-61 R13；	
N90 G01 X50	N60-N90 外圆固定形状粗车循环程序
N100 G00 G40 X55 Z-35；	退刀
N110 M03 S1200 T0202；	主轴正转，转速 S1200 r/min，选用 2 号刀
N130 G00 X55 Z-35；	快速进刀
N140 G70 P60 Q90 F0.1；	精车

续表

N150 G00 G40 X100 Z50；	快速返回换刀点
N160 M05；	主轴停转
N170 M30；	程序结束

三、仿真操作

1. 安装刀具。通过工艺分析，在 1 号刀位上安装外轮廓车刀、选择刀具的刀片型号为 VBMT160402，刀尖角度为 35°，刃长为 16mm，刀尖圆弧半径为 0.2mm，刀柄型号为外圆左向横柄，主偏角为 93°。

在主菜单栏里点击图标“ ”，系统将弹出“车刀选择”对话框，首先选择安装 T01 号外圆车刀，单击刀具列表中单击选择“第一把刀”，如图 2-93 所示。

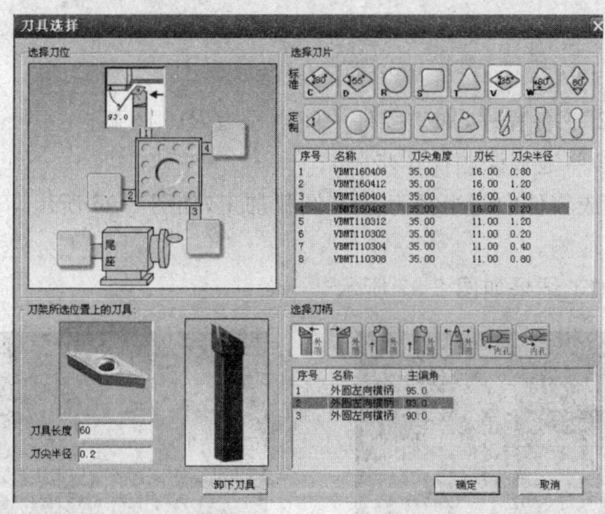

图 2-93 刀具对话框

2. 参照上述操作输入程序 O0001。

3. 轨迹校验(参照上节课题操作步骤)。

4. 自动加工完成零件右端圆弧的加工。如图 2-94 所示。

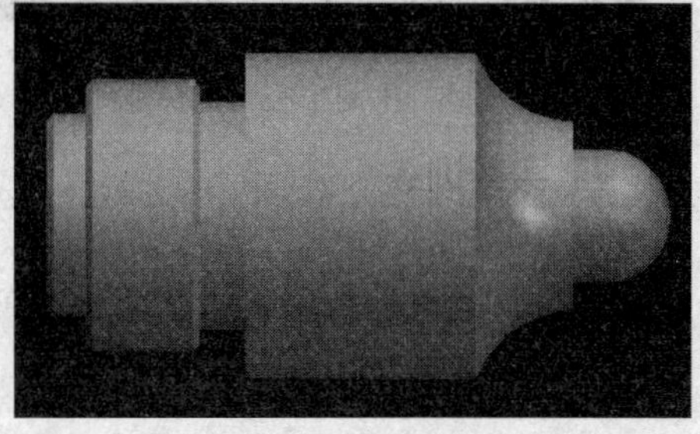
图 2-94 零件右端圆弧

5. 通过工艺分析，在 2 号刀位安装圆头刀，依次点击菜单栏中的“机床/选择刀具”或者在工具栏中点击图标“ ”，系统将弹出“车刀选择”对话框，如图 2-95 所示。2# 刀位选择刀具的刀片型号圆形刀片、直径 5mm、选外圆双向横柄。

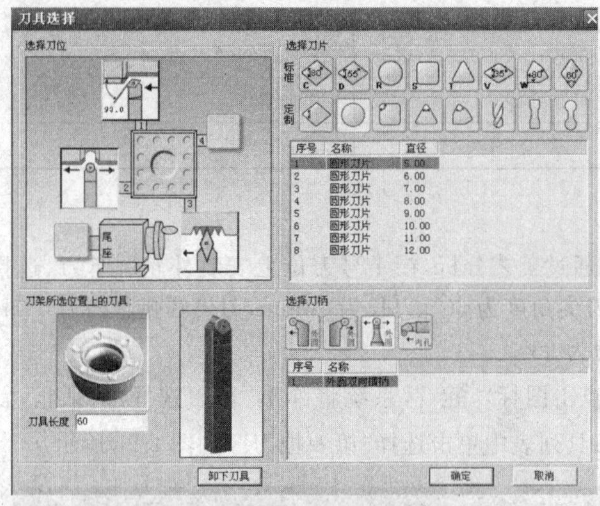

图 2-95 刀具对话框

6. 输入“O0002”工件程序,加工零件中间半径为 $R16$ 圆弧。

7. 轨迹校验(参照上节课题操作步骤)。

8. 自动加工完成零件中间半径为 $R16$ 圆弧加工,如图 2-96 所示。

9. 零件的仿真检测。

10. 零件仿真加工结果如图 2-97 所示。

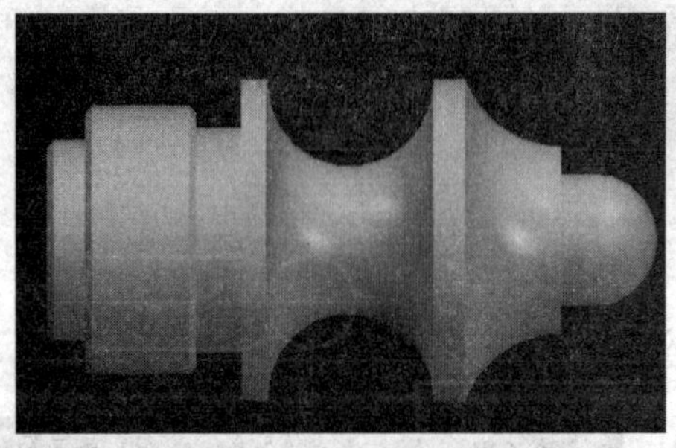

图 2-96 中间半径为 $R16$ 圆弧

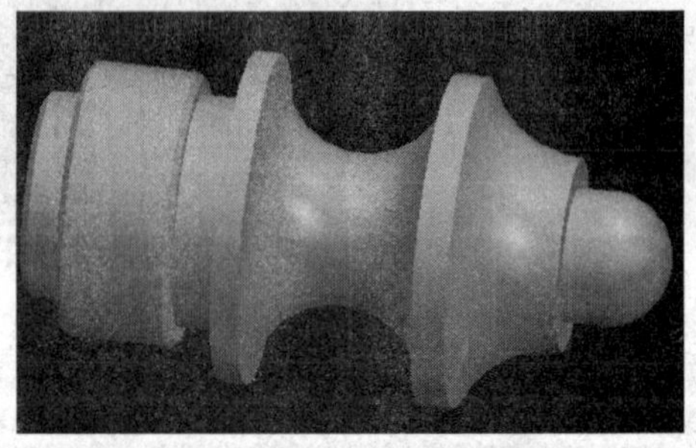

图 2-97 仿真加工结果图

四、实操训练

1. 车床加工第一、二象限的圆弧型面时,刀尖圆弧半径偏置的应用合理,圆弧的精度就容易达到。但是跨象限的型面就有可能在第一象限内受到刀具后角的干涉(如图 2-98 所示)。

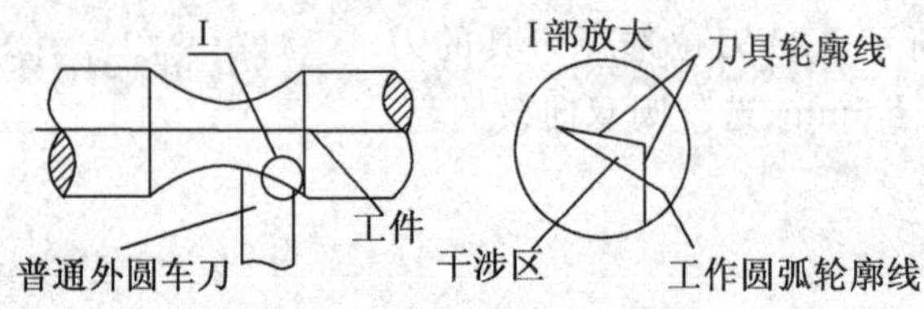

图 2-98 刀具后角的干涉图

2. 如图 2-99 所示，假设所加工的圆弧半径为 R，圆弧刀具半径为 r，因为刀位点(这里指刀具的顶点)总是在刀具圆弧中心轨迹的垂直方向上增大一个 r，故在 O 点的垂直方向上取一点 O'，且 OO' 距离为 r。以 O' 为圆心，$R-r$ 为半径作一圆弧，我们假设此圆弧就是刀位点的走刀轨迹。可以证明，刀位点按此圆弧走刀后，切削出来的零件轮廓就是半径为 R 的圆弧型面。证明如下：

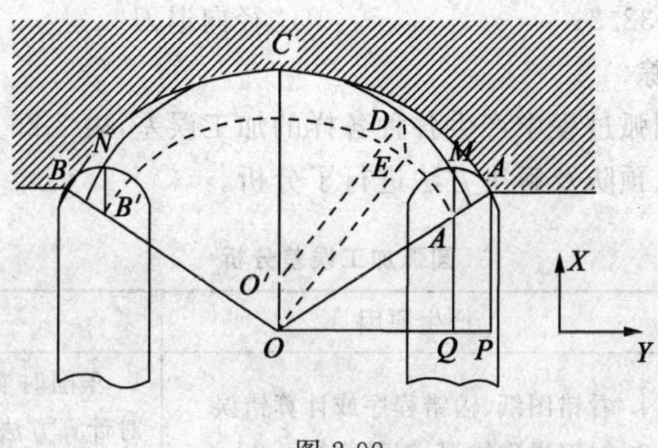

图 2-99

取刀位点轨迹上的任意一点 D，对应的刀具圆弧中心点为 E。

因为 DE、OO' 均为垂直于 Z 轴的直线，所以 $DE//OO'$。

又 $DE=OO'=r$，所示四边形 $OEDO'$ 为平行四边形，

所以 $DO'//EO$。

$DO'=EO$(平行四边形对应边平行且相等)，

所以 $DO'=EO=R-r$。

故我们假设的圆弧完全正确。

所以，弧 ACB 与弧 $A'B'$ 所对应的中心角完全相同，半径分别为 R 和 $R-r$。弧 ACB 就是所需要加工的圆弧型面。

3. 起点与终点的确定

从图 2-99 中可以看出，刀具圆心起始点在 A' 点，终点在 B' 点，故刀具的刀位点的起始点、终点分别为 M、N。只要计算出它们分别与 A、B 的位置关系以及 O' 点的坐标就可以编程了。在图 2-99 中有：

$\sin\angle AOP=AP/AO=|X_a-X_O|/R$($X_a$、$X_O$ 为 A 点和 O 点的 X 轴坐标)

$A'Q=A'O\sin\angle AOP=(R-r)\sin\angle AOP=(R-r)|X_a-X_O|/R$

$X'_O=X_OA'Q=X_O(R-r)|X_a-X_O|/R$

$X_m=X_a-r=X_O(R-r)[|X_a-X_O|/R]-r$

$\cos\angle AOP=OP/AO=|Z_a-Z_O|/R$($Z_a$、$Z_O$ 为 A 点和 O 点的 Z 轴坐标)

$PQ=AA'\cos\angle AOP=|Z_a-Z_O|/R$

由此 M 点的 Z 轴坐标可以通过 A 点的坐标与 PQ 的值计算得到。同理可计算出 N 点的坐标值。

根据以上的计算结果，就可以编写数控加工程序。以图 2-99 所示零件为例，重新计算。选取圆弧刀具半径为＝3，根据半径 $R=15$ 及跨距为 18，可得 $X_a=44$。

所以 $X_m=18.8Z$，$Z_m=-17.8$；$X_n=18.8$；$Z_n=-32.2$

程序如下：

N100 M06 T0202；	02 号刀具为所选圆弧刀具
N110 GOO G90 X21 Z-17.8 M03；	快速进给到指定位置
N120 GO1 X18.8 Z-17.8 F100；	径向进给圆弧起始点
N130 G02 X18.8 Z-32.2 R12；	加工圆弧
N140 GO1 X21 Z-32.2；	径向退刀

五、误差分析及排除

数控车床在加工圆弧过程中产生各种各样的加工误差，表 2-25 对圆弧加工中较常出现的问题、产生的原因、预防及解决方法进行了分析。

表 2-25 圆弧加工误差分析

问题现象	产生原因	预防和消除
尺寸精度达不到要求	1. 看错图纸、输错程序或计算错误 2. 对刀操作错误、刀具磨损 3. 编程错误或坐标系设置错误 4. 没有进行试切削 5. 量具有误差或测量不正确 6. 由于切削热的影响，使工件尺寸发生变化	1. 车削时看清图纸，检查程序，核对计算方法和结果 2. 正确操作机床 3. 正确编程，认真校验程序和进行试切削 4. 检查量具有效期，正确掌握测量操作 5. 不能在工件温度较高时测量
表面粗糙度达不到要求	1. 机床的刚性不足产生振动 2. 车刀刚性不足或伸出刀架太长引起振动 3. 工件刚性不足引起振动 4. 车刀几何角度参数选用不正确 5. 低速车削时没有加切削液 6. 切削用量选择不当	1. 调整机床，消除机床各部分的间隙 2. 选择适当的刀具，正确装夹车刀 3. 增加工件的装夹刚性 4. 选择合理的车刀角度，如适当增大前角，选择合理的后角 5. 低速切削时应加切削液 6. 进给量不宜太大，精车余量和切削速度应选择适当
切削过程出现干涉现象	1. 刀具参数不正确 2. 刀具安装不正确	1. 正确编制程序 2. 正确安装刀具
圆弧凸凹方向不对	程序不正确	正确编制程序
圆弧尺寸不符合要求	1. 程序不正确 2. 刀具磨损 3. 没有考虑刀尖圆弧半径补偿	1. 正确编制程序 2. 及时更换刀具 3. 考虑刀尖圆弧半径补偿

配分权重

加工如图 2-79 所示的零件，成绩评分标准见表 2-26、表 2-27、表 2-28 及表 2-29。

表 2-26 操作技能考核总成绩表

序号	项目名称	配分	得分	备　注
1	现场操作规范	10		
2	工序制定及编程	40		
3	工件质量	50		
合　计		100		

表 2-27 现场操作规范评分表

序号	项目	考核内容	配分	考场表现	得分
1	现场操作规范	工具的正确使用	2		
2		量具的正确使用	2		
3		刃具的合理使用	2		
4		设备正确操作和维护保养	4		
合　计			10		

表 2-28 工序制定及编程评分表

序号	项目	考核内容	配分	考场表现	得分
1	工序制定	工序制定合理，选择刀具正确	10		
2	指令应用	指令应用合理、得当、正确	15		
3	程序格式	程序格式正确，符合工艺要求	15		
合　计			40		

表 2-29 工件质量评分表

序号	项　目	考核内容		配　分		检测结果	得分
				IT	Ra		
1	外圆	$\varnothing 48^{0}_{-0.03}$		4			
2		$\varnothing 30^{0}_{-0.03}$		4			
3		$\varnothing 20^{0}_{-0.03}$		4			
4		$\varnothing 28$		2			
5	圆弧面	R10		3			
6		R15.71		3			
7		R13.14		3			

续表

8		95±0.1		3			
9		15		2			
10		15.47		2			
11	长度	35		2			
12		26		2			
13		30		2			
14		6		2			
15	螺纹	M40×6/2		5			
16	沟槽	⌀34		3			
17	位置公差	同轴度		5			
18	倒角	1×45°三处		4			
19	表面粗糙度	1.6μm 3.2μm		5			
合计							

思考与练习

1. 思考题

(1)叙述螺纹车削指令 G32、G92、G76 的编程格式及使用方法。

(2)车削螺纹时为什么要分多次走刀?

(3)数控车床加工螺纹时如何保证不乱扣?

2. 分析下图所示轴的加工工艺,编写程序进行加工,其材料为 45 钢,毛坯为⌀35×100mm。

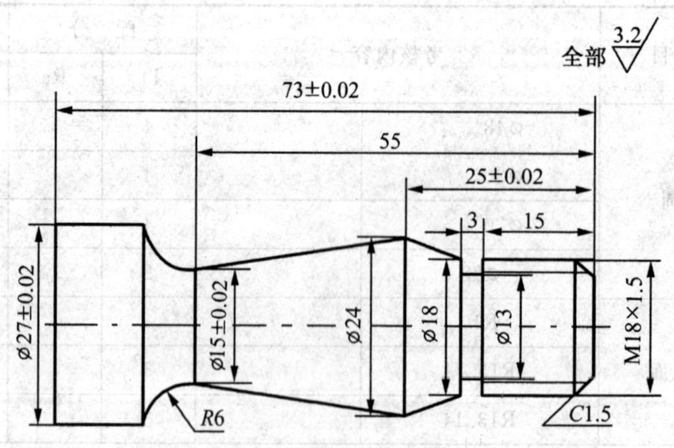

第 2 题图 轴零件

3. 如下图所示零件,分析加工工艺,编写加工程序,其材料为 45 钢,毛坯为⌀35×100mm。

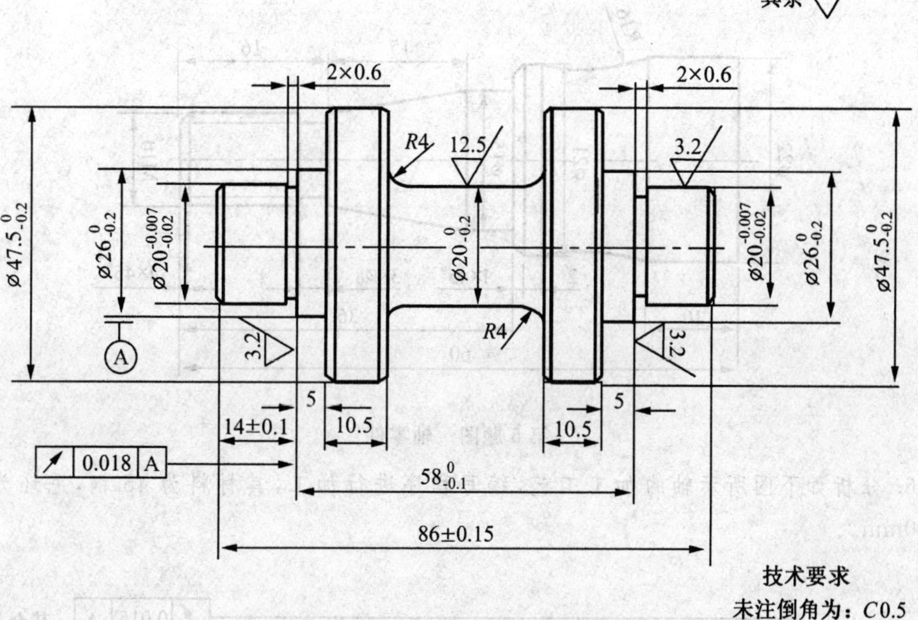

第 3 题图　对称轴零件

4. 编制如下图所示零件的加工程序。

选择刀具，写出完整的加工工序和程序，毛坯为铝棒，要求循环起始点在 $A(46,3)$，X 方向精加工余量为 0.4mm，Z 方向精加工余量为 0.1mm，最后切断。

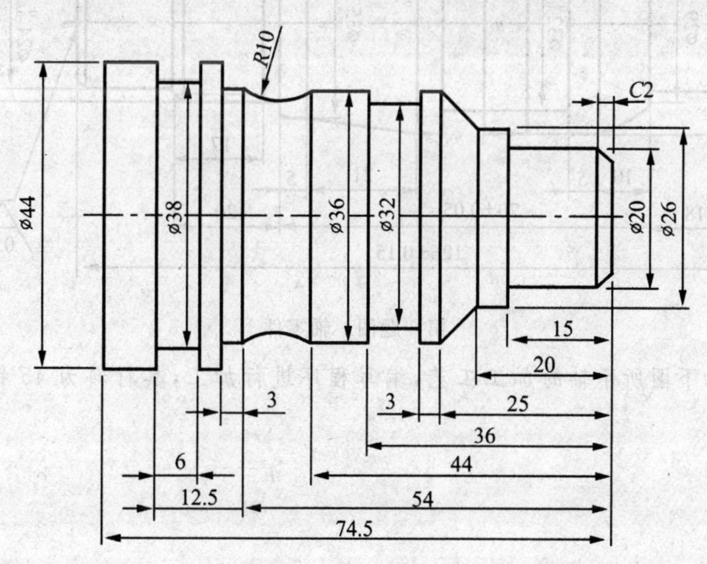

第 4 题图　轴零件

5. 编制如下图所示零件的加工程序。

选择刀具，写出完整的加工工序和程序，毛坯为铝棒，要求循环起始点在 $A(30,3)$，X

方向精加工余量为 0.4mm，Z 方向精加工余量为 0.1mm，最后切断。

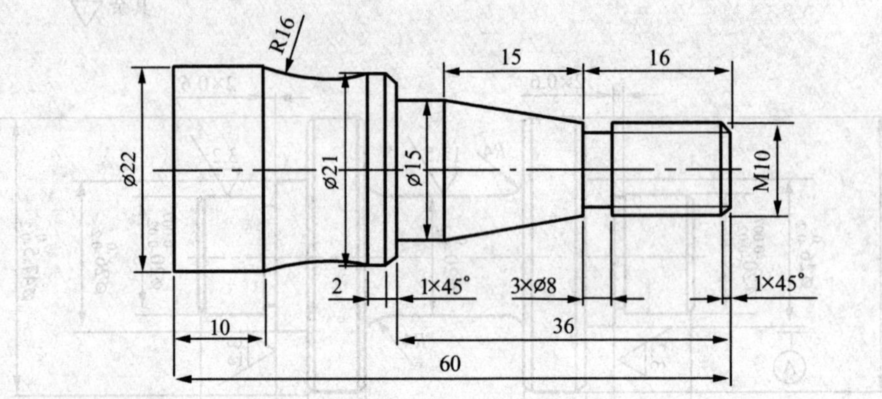

第 5 题图　轴零件

6. 分析如下图所示轴的加工工艺，编写程序进行加工，其材料为 45 钢，毛坯为Ø45×130mm。

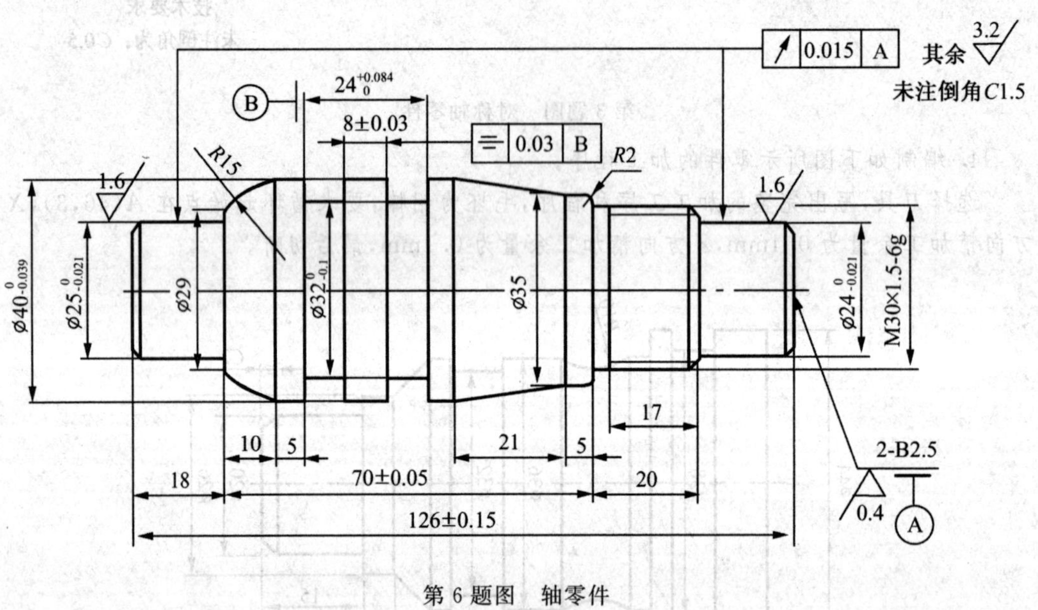

第 6 题图　轴零件

7. 分析如下图所示轴的加工工艺，编写程序进行加工，其材料为 45 钢，毛坯为Ø40×130mm。

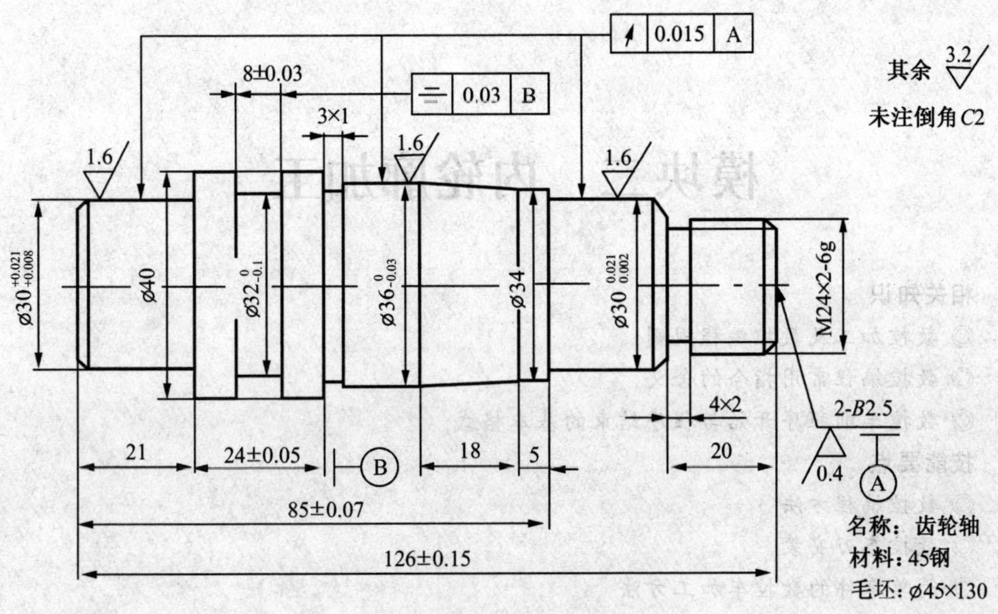

0.015
A
8±0.03
0.03
B
3×1
1.6
1.6
1.6
其余 3.2
未注倒角C2
ø30$^{+0.021}_{+0.008}$
ø40
ø32$^{0}_{-0.1}$
ø36$^{0}_{-0.03}$
ø34
ø30$^{0.021}_{0.002}$
M24×2-6g
4×2
2-B2.5
0.4
A
21
24±0.05
B
18
5
20
85±0.07
126±0.15
名称：齿轮轴
材料：45钢
毛坯：ø45×130

第 7 题图　轴零件

模块二　内轮廓加工

相关知识

◎ 数控加工及数控编程规则

◎ 数控编程常用指令的含义

◎ 数控车削程序开始与程序结束的基本格式

技能要点

◎ 数控编程方法

◎ 数控车刀安装

◎ 简单零件的数控车加工方法

◎ 数控机床的自动运行操作

任务描述

试在数控机床上加工如图(2-100)所示通孔工件，毛坯Ø50×75mm。

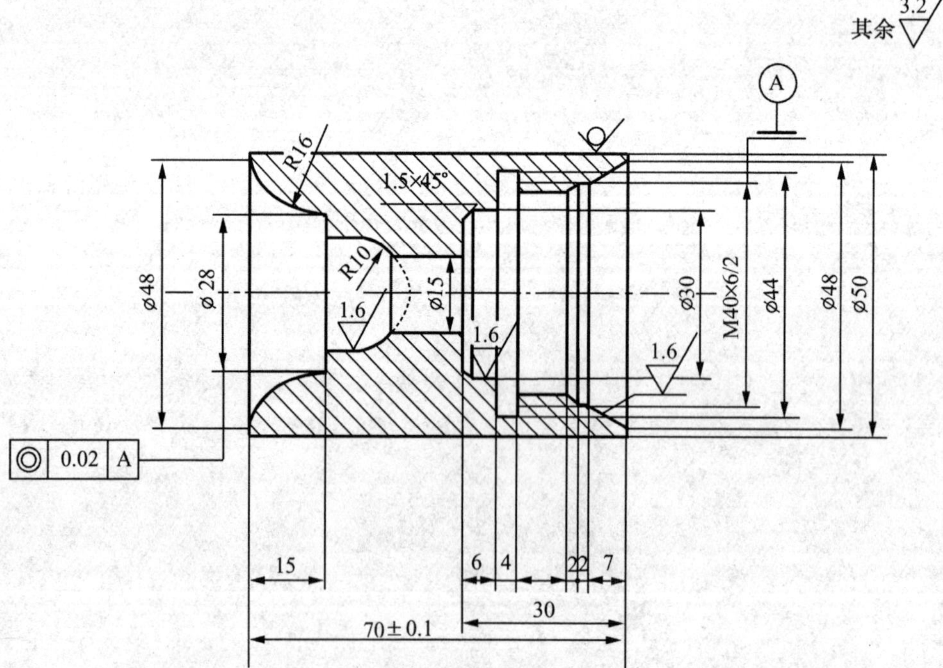

图 2-100　内轮廓零件

本任务的完成需要掌握内孔、内沟槽及内螺纹的加工方法，刀具的选择，编程方法及切削参数的设定。

一、车平底孔与内沟槽的刀具

1. 车平底孔的刀具

车削平底孔所用的刀具与加工阶台的刀具相类似，但是为了将孔底平面车平，所以刀尖到刀杆的最大径向距离应小于孔的半径 R，使刀具有足够的横向移动量将底面车平（见图 2-101）。否则切削时，刀尖还未车至中心，刀杆外侧已与工件孔壁相碰。

2. 车内沟槽刀具

车削内沟槽时，要使用内沟槽车刀。内沟槽车刀的刀杆与内孔车刀一样，其切削部分又类似于外圆切槽刀，只是刀具的后刀面呈圆弧状，目的是为了避免与孔壁相碰。

内沟槽的主切削刃宽度不能太宽，否则易产生振动（内孔车刀本身刚性较差）。刀头长度应略大于槽的深度，并且主切削刃到刀杆侧面距离 a 应小于工件孔径 D（见图 2-102）。

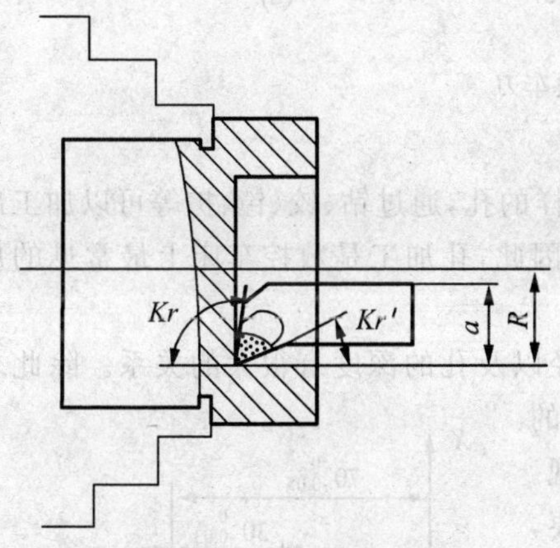

图 2-101　平底孔加工的刀具

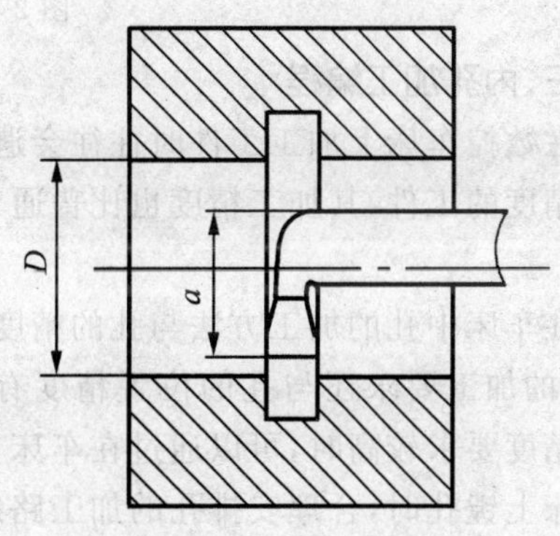

图 2-102　车内沟槽刀具

二、车削内螺纹的方法及刀具选择

1. 车削内螺纹的方法

车削内螺纹的方法和车削外螺纹的方法基本相同，但进刀、退刀方向正好与车外螺纹相反。车内螺纹时（尤其是直径较小的螺纹），由于刀柄细长、刚性差、切屑不易排出、切削液不易注入及不便于观察等原因，因此比车削外螺纹要困难得多。内螺纹工件形状常见的有通孔，不通孔（盲孔）和阶台孔三种，如图 2-103 所示。由于工件形状不同，因此车削方法及所用的螺纹车刀也不同，这里主要介绍通孔内螺纹的车削方法。

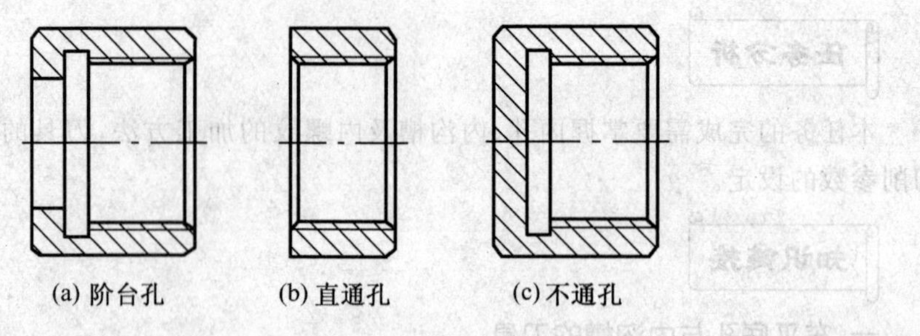

图 2-103　内螺纹工件形状

2. 车刀的选择

根据所加工内螺纹面的三种形状来选择内螺纹车刀。车削通孔内螺纹时可选图 2-104(a)、(b)所示形状的车刀，车削盲孔或阶台孔内螺纹时可选图(c)、(d)所示形状的车刀(其左侧刀刃短些)。

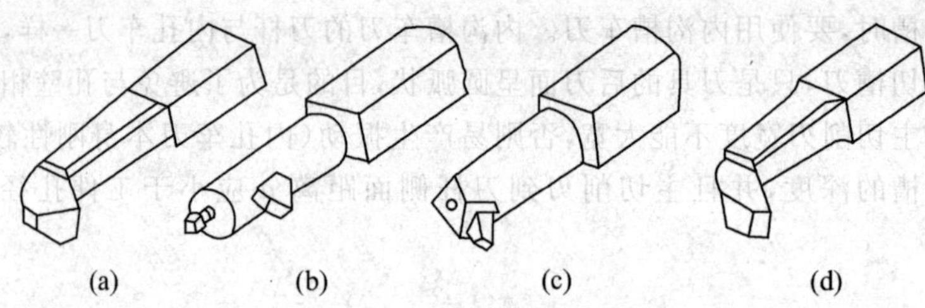

图 2-104　内螺纹车刀

三、内孔加工编程

在数控车床上加工工件时往往会遇到各种各样的孔，通过钻、铰、镗、扩等可以加工出不同精度的工件，其加工精度也比普通车床要高，因此，孔加工是数控车床上最常见的加工之一。

在车床中孔的加工方法与孔的精度要求、孔径以及孔的深度有很大的关系。除此之外，孔的加工要求还与孔的位置精度有关。当孔的位置精度要求较高时，可以通过在车床上镗孔实现。在车床上镗孔时，合理安排孔的加工路线比较重要，安排不当就可能把坐标轴的反向间隙带入到加工中，从而直接影响孔的位置精度。

1. 通孔的加工

(1)编程实例　图 2-105 所示为梯形通孔工件，用 G01 指令编制加工梯形通孔的程序。

(2)任务分析　在数控车床上加工孔，无论是钻孔还是镗孔，都可以采用 G01 指令来直接实现。对于较深的孔，最好采用深孔钻削循环指令 G74 来进行加工。

(3)程序编制　加工程序见表 2-30，完成加工后的零件实物如图 2-106 所示。

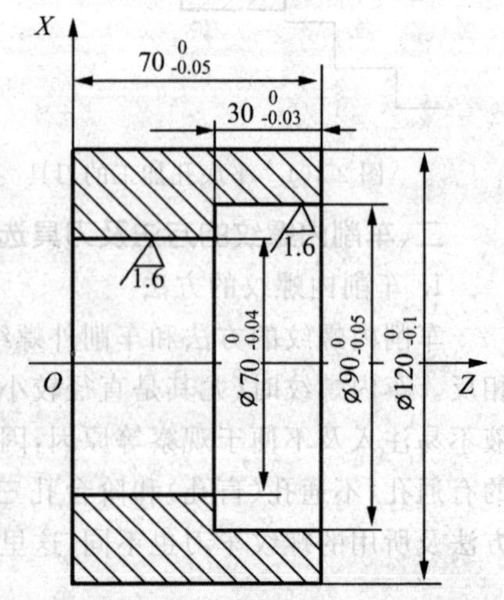

图 2-105　梯形通孔工件

表 2-30 梯形、通孔工件加工程序

程　序	注　释
O0001；	程序名
N10 T0101；	选用 1 号内镗孔刀
N20 M03 S500；	主轴正转，转速 S500 r/min
N30 G00 X89.98 Z73.；	快速进刀
N40 G01 Z39.99 F0.15；	镗∅90 孔
N50 X69.98 ；	镗内孔端面
N60 Z-3.0；	镗∅70 孔
N70 G00 X60.0；	让刀
N80 Z80.；	退刀
N90 X160. Z100. ；	回换刀点
N100 M05；	主轴停
N110 M30；	程序结束

2. 盲孔加工

(1)编程实例　图 2-107 所示为盲孔加工零件。使用 G01 指令编制孔加工程序。

图 2-106　梯形通孔实物图

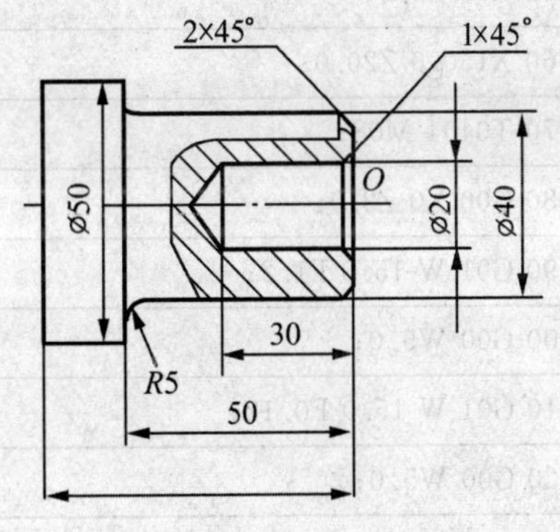

图 2-107　盲孔加工件

(2)任务分析　设 1 号刀为外圆刀，2 号刀为∅3mm 钻头，3 号刀为切断刀，4 号刀为∅16mm钻头，6 号刀为镗刀。毛坯为∅53×100mm 的棒料。选取工件轴线与工件右端面的交点 O 为工件坐标原点。

(3)程序编制　加工程序见表 2-31。完成后的零件实物如图 2-108 所示。

表 2-31

程　序	说　明
O0002；	
N10 T0101；	建立工件坐标系
N20 M03 S800；	选 1 号刀，建立 1 号刀补
N30 G00 X50.0 Z2.0；	快速移到起刀点
N40 G01 Z-73.0 F0.15；	切削Ø50 外圆
N50 G00 X52.0 Z2.0；	
N60 X40.0；	
N70 G01 Z-45.0；	切削Ø40 外圆
N80 G02 X50.0 Z-50.0 R5.0；	切削半径为 5mm 的圆弧
N90 G00 X55.0 Z1.0；	
N100 X34.0；	
N110 G01 X42.0 Z-3.0；	车削倒角
N120 G00 X150.0 Z20.0；	退刀，取消 1 号刀补
N130 G00 X0 Z2.0 T0202；	换 2 号刀
N140 G01 Z-4.0 F0.12；	钻Ø3 孔
N150 G00 Z2.0；	
N160 X150.0 Z20.0；	取消 2 号刀补
N170 T0404 M08；	换 4 号刀具，开切削液
N180 G00 X0 Z2.0；	
N190 G01 W-15.0 F1.2；	第一次钻Ø16 孔，深 15mm
N200 G00 W5.0；	刀具抬出，排小屑
N210 G01 W-15.0 F0.12；	第二次钻Ø16 孔，深 10mm
N220 G00 W5.0；	
N230 G01 W-15.0 F0.12；	第三次钻Ø16 孔，深 10mm
N240 G00 W5.0；	
N250 G01 W-10.0 F0.12；	第四次钻Ø16 孔，深 10mm
N260 G00 W40.0；	
N270 M09；	关切削液
N280 G00 X150.0 Z20.0；	退刀，取消 4 号刀补
N290 X18.0 Z2.0 T0606 M08；	换 6 号刀，开切削液
N300 G01 Z-30.0 S1000 F0.1；	镗Ø20 孔至Ø18，深 28mm

续表

N310 G00 X16.0；	
N320 Z2.0；	
N330 X20.0；	
N340 G01 Z-30.0 F0.1；	镗ø20 孔
N350 G00 X18.0；	
N360 Z2.0；	
N370 X22.0；	
N380 G01 Z0 F0.3；	
N390 X20.0 Z-1.0；	倒内孔 1×45°的倒角
N400 G00 Z2.0；	
N410 X150.0 Z20.0；	取消 6 号刀补
N420 G00 X52.0 Z-70.0 S500 T0303；	换 3 号刀
N430 G01 G98 X-1.0 F0.1；	切断
N440 G00 X55.0；	
N450 X150.0 Z20.0；	取消 3 号刀补
N460 M05；	
N470 M09；	
N480 M30；	程序结束并返回

3. 深孔加工

(1)编程实例　加工如图 2-109 所示的深孔，用深孔钻削循环加工指令(G74)编写加工程序，其中：$e=1$，$\Delta k=20$，$F=0.1$。

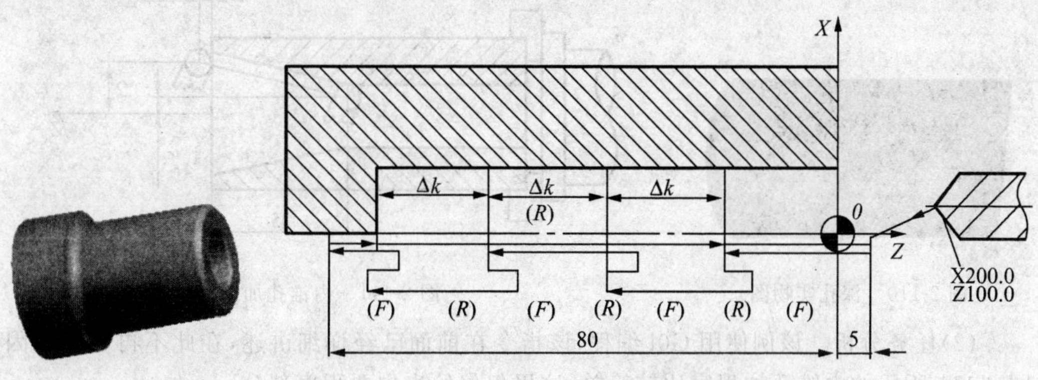

图 2-108　盲孔实物图　　图 2-109　深孔钻削循环加工

(2)任务分析　本例的孔为一个较深的孔，如果采用一次钻削将会缩短刀具的寿命，降低工件的加工精度。因此，我们在编程时选用 FANUC 0 系统的深孔钻削循环功能(G74)。

深孔钻循环功能 G74 格式：

G74 R e

G74 Z(W)_Q Δk；

Re——退刀量

Z(W)——钻削深度；

Δk——每次钻削深度(不加符号)。

(3)程序编制　加工程序见表 2-32。完成后的零件实物如图 2-110 所示。

表 2-32

程　　序	说　　明
O0003；	
N10 T0202；	建立工件坐标系，选择 2 号刀和 2 号刀补
N20 M03 S600；	
N30 G00 X0 Z1.0；	快速移到起刀点
N40 G74 R1；	
N50 G74 Z-80.0 Q20.0 F0.1；	钻孔，深 80mm，每次钻 20mm，进给速度 0.1mm/r
N60 G00 X200.0 Z100.0；	快速退刀，取消 2 号刀补
N70 M05；	
N80 M30；	程序结束并返回

4. 锥孔加工

(1)编程实例　加工如图 2-111 所示的内锥孔，编写加工程序。

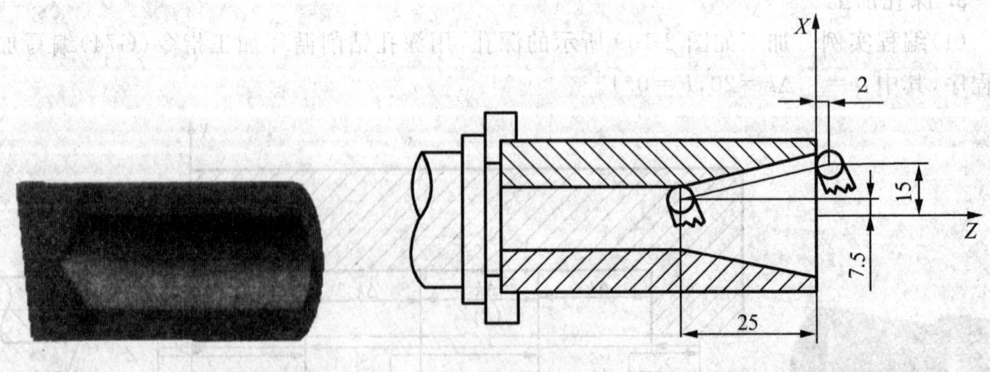

图 2-110　深孔实物图　　图 2-111　内锥孔加工

(2)任务分析　该例使用 G01 编程，该指令在前面已经详细讲述，在此不再赘述。因图 2-111 所示的内锥孔加程序比较简单，这里仅仅给出主要程序部分。

(3)程序编制

①绝对坐标编程

N60 G01 X30.0 Z2.0 F0.1；

N70 G01 X15.0 Z-25.0；

②相对坐标编程

N60 G00 X30.0 Z2.0 F0.1；

N70 G01 U-15.0W-27.0；

加工后的零件实物如图 2-112 所示(半剖)。

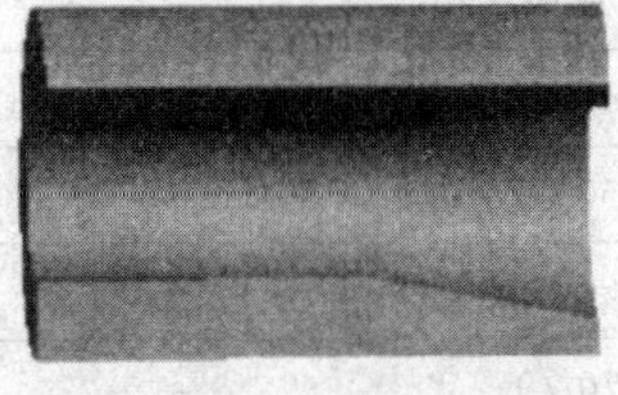

图 2-112 锥孔实例

任务实施

一、分析零件图样

该零件需要加工的有两端面、直孔、锥孔、台阶、圆弧、内沟槽和螺纹，结构较复杂，但精度要求不高，加工时注意刀具的选择，分粗精加工两道工序完成加工，加紧方式采用通用三爪卡盘。

二、工件的定位与装夹

根据零件尺寸标注特点及基准统一的原则，编程原点选择工件端面右端面中心。

1. 刀具的选择与安装

1 号刀：内孔镗刀；2 号刀：内切槽刀；3 号刀：60°内螺纹刀。

2. 制定加工方案

(1)粗精加工零件右端内轮廓形状。

(2)用内切槽刀加工内螺纹退刀槽。

(3)用 G76 螺纹切削固定循环加工内螺纹。

(4)调头校正，手工车端面，保证总长 70mm。

(5)粗精加工零件左端内轮廓形状。

3. 确定切削用量(见表 2-33)

表 2-33 刀具及切削用量的选择

序号	加工面	刀具号	刀具类型	主轴转速 s(r/min)	进给速度 f(mm/r)
1	镗内孔	T01	内孔镗刀	粗 800，精 1200	粗 0.2，精 0.1
2	车内槽	T02	内切槽刀	400	0.15
3	车内螺纹	T03	内螺纹刀	300	3

4. 编写程序单

加工图 2-100 所示零件的程序见表 2-34。

表 2-34 程序编制

程　序	注　释
O0001；	程序名(右端加工程序)
N10 T0101；	选用 1 号内镗孔刀
N20 M03 S500；	主轴正转，转速 S500 r/min
N30 G00 X14 Z5；	快速进到内径粗车循环起点

续表

N40 G71 U2 R1；	U:每次切深单边 2mm,R:退刀量单边 1mm
N50 G71 P60 Q150 U-0.5 W0.1 F0.2；	循环粗加工
N60 G01 X48；	进到内径粗车循环起点
N70 Z0；	
N80 X40 Z-7；	
N90 W-2；	
N100 X36.1 W-2；	
N110 Z-24；	
N120 X30；	
N130 Z-28.5；	
N140 X27 W-1.5；	
N150 X14；	N60-N150 内径粗车循环轮廓程序
N160 G00 X100 Z50；	快速返回换刀点
N170 T0101；	选用 1 号内镗孔刀
N180 M03 S1200；	主轴正转,转速 S1200 r/min
N190 G00 X14 Z5；	快速进到内径粗车循环起点
N200 G70 P60 Q150 F0.1；	精车
N210 G00 Z50；	退刀
N220 X100；	快速返回换刀点
N230T0202；	换 2 号内切槽刀(槽宽 4mm)
N240 M03 S500；	主轴正转,转速 S500 r/min
N250 G00 X28 Z5；	快速接近工件
N260 Z-24；	快进到内沟槽的位置
N270 G01 X44 F0.15；	车槽
N280 X28；	退刀
N290 G00 Z5；	快速退出工件
N300 X100 Z50；	快速返回换刀点
N310 T0303；	换 3 号 60°内螺纹刀
N320 M03 S300；	主轴正转,转速 S300 r/min
N330 G00 X35 Z5；	快速进到内螺纹复合循环起点
N340 G76 P10160 Q80 R0.1；	内螺纹复合循环 G76,切削第一条螺纹
N350 G76 X40 Z-20.5 R0 P1950 Q350 F6；	循环切削螺纹

续表

N360 G01 W3 F0.3；	轴向分头，螺距＝3mm
N370 G76 P10160 Q80 R0.1；	内螺纹复合循环 G76，切削第二条螺纹
N380 G76 X40 Z-20.5 R0 P1950 Q350 F6；	循环切削螺纹
N390 G00 Z50；	退刀
N400 X100；	快速返回换刀点
N410 M05；	主轴停转
N420 M30；	程序结束
左端加工程序	
O0002；	程序名
N10 T0101；	选用 1 号内镗孔刀
N20 M03 S800；	主轴正转，转速 S800 r/min
N30 G00 X14 Z5；	快速进到内径粗车循环起点
N40 G71 U2 R1；	U：每次切深单边 2mm，R：退刀量单边 1mm
N50 G71 P60 Q120 U-0.5 W0.1 F0.2；	粗加工循环
N60 G01 X48 ；	进到内径循环起点
N70 Z0；	
N80 G02 X28 Z-15 R16；	
N90 G01 X20；	
N100 Z-20；	
N110 G03 X15 Z-25 R10；	
N120 G01 X14；	N60-N120 内径循环轮廓程序
N130 G00 Z50；	退刀
N140 X100；	快速返回换刀点
N150 T0101 ；	选用 1 号内镗孔刀
N160 M03 S1200；	主轴正转，转速 S1200 r/min
N170 G00 X14 Z5；	快速进到内径粗车循环起点
N180 G70 P60 Q120 F0.1；	精车
N190 G00 X100 Z50；	快速返回换刀点
N200 M05；	主轴停转
N210 M30；	程序结束

三、仿真操作

1. 毛坯设置

在主菜单栏里选择“定义毛坯”，弹出一个毛坯对话框，按照毛坯对话框提示，填写工件要求的数值，点击确定，毛坯设置完成，如图 2-113 所示。

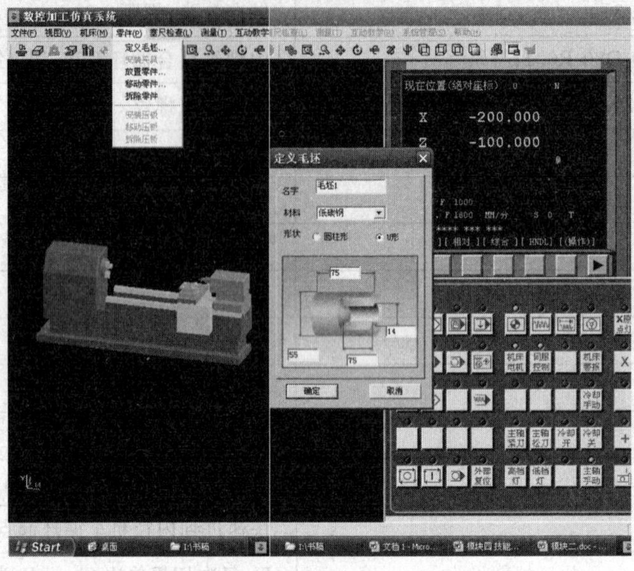

图 2-113　毛坯设置对话框

2. 刀具选择

(1)在主菜单栏里点击“选择刀具”项，首先选择安装 T01 号内孔镗刀，在刀具列表中单击选择“第一把刀”。

(2)选择刀具类型：内孔车刀，界面显示内孔车刀的具体参数。

(3)根据加工工艺设定参数，完成设置后，按“完成编辑”键。刀具列表中出现了新建立的第一把刀具，如图 2-114 所示。

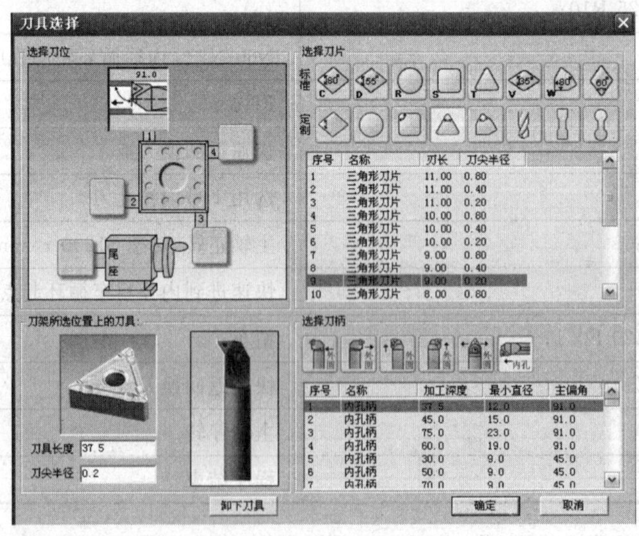

图 2-114　刀具选择对话框

(4)重复上述操作，建立和安装 T02 号内切槽刀，如图 2-115 所示。T03 号 60°内螺纹螺纹车刀，如图 2-116 所示。

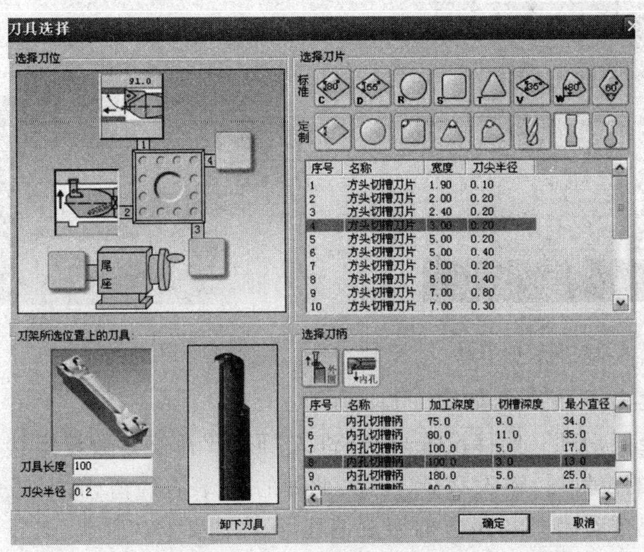

图 2-115　刀具选择对话框

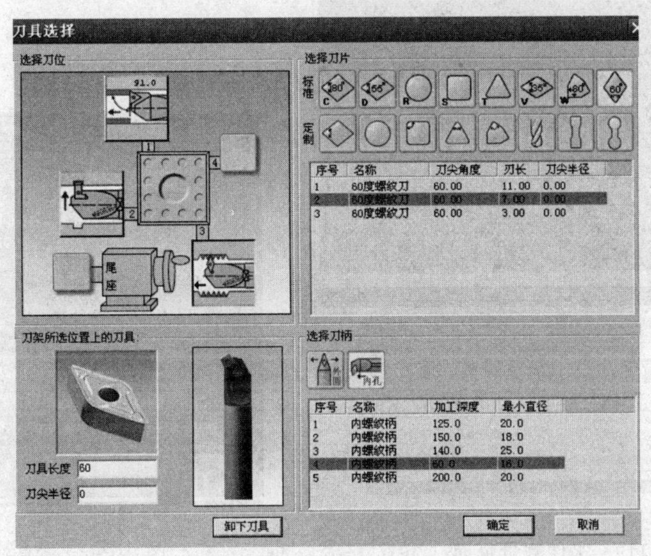

图 2-116　刀具选择对话框

(5)单击刀具库对话框下方的“确定”按钮，对话框自动关闭。同时车床的刀架上出现新建立的刀具，如图 2-117 所示。

3. 试切对刀步骤如下

(1)在手动操作方式下，用所选刀具在加工余量范围内试切工件内孔，记下此时显示屏中的 X 坐标值，沿 $+Z$ 轴退出并保持 X 坐标不变(注意：数控车床显示和编程的 X 坐标一般为直径值)，如图 2-118 所示。

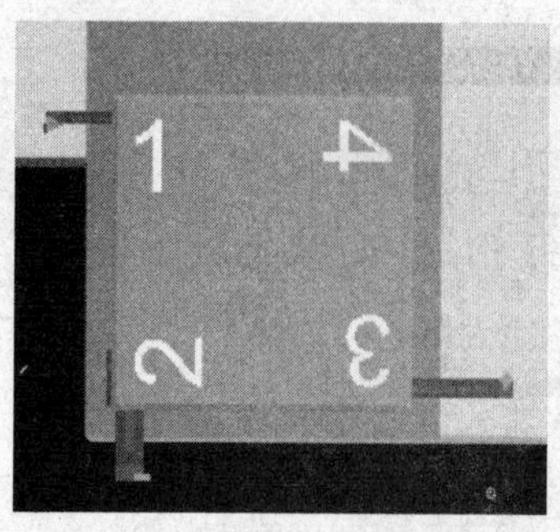

图 2-117　刀架安装的刀具

图 2-118　对刀试切内孔

(2)测量内孔直径,记为∅,如图 2-119 所示。

(3)按“OFSET SET”(偏移设置)键→进入“形状”补偿参数设定接口→将光标移到与刀位号相对应的位置后,输入 X∅(注意:此处的∅代表直径值,而不是一符号,以下同),按“测量”键,系统自动计算出 X 方向刀具偏移量,如图 2-120 所示。

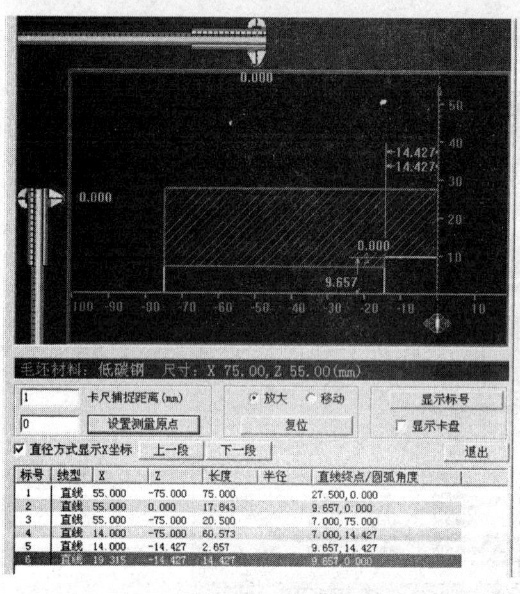

图 2-119　工件测量页面

工具补正		O	N	
番号	X	Z	R	T
01	49.284	152.494	0.200	0
02	0.000	0.000	0.000	0
03	0.000	0.000	0.000	0
04	0.000	0.000	0.000	0
05	0.000	0.000	0.000	0
06	0.000	0.000	0.000	0
07	0.000	0.000	0.000	0
08	0.000	0.000	0.000	0

现在位置(相对座标)
U　68.634　W　138.067
S 0　1
JOG **** *** ***
[NO检索][测量][C.输入][+输入][输入]

图 2-120　刀具补正页面

(4)用内孔刀试车工件端面,沿+X 轴退出并保持 Z 坐标不变,如图 2-121 所示。

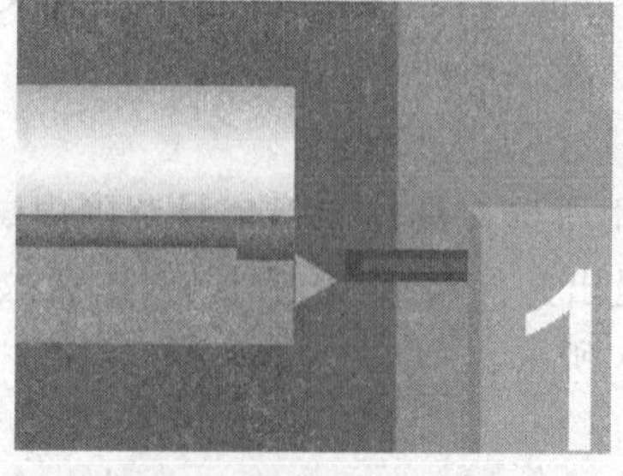

图 2-121　对刀试切工件端面

(5)点击“测量键”测得 Z 轴数值，如图 2-122 所示，按“OFSET SET”键→进入“形状”补偿参数设定接口→将光标移到与刀位号相对应的位置后，输入 Zo，按“测量”键，系统自动计算出 Z 方向刀具偏移量。同样也可以自行“输入”偏移量，如图 2-123 所示。

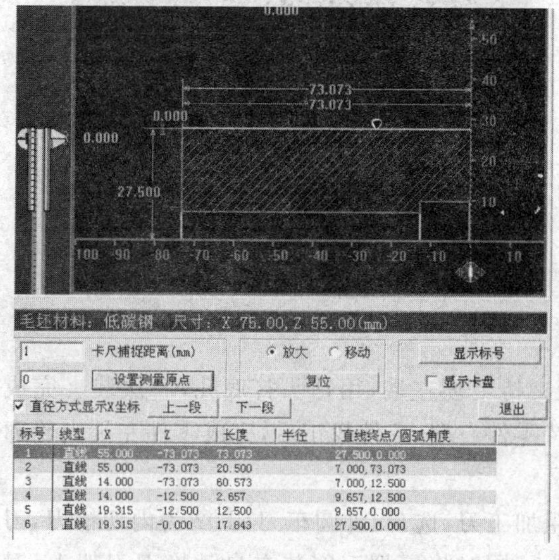

图 2-122　测量页面

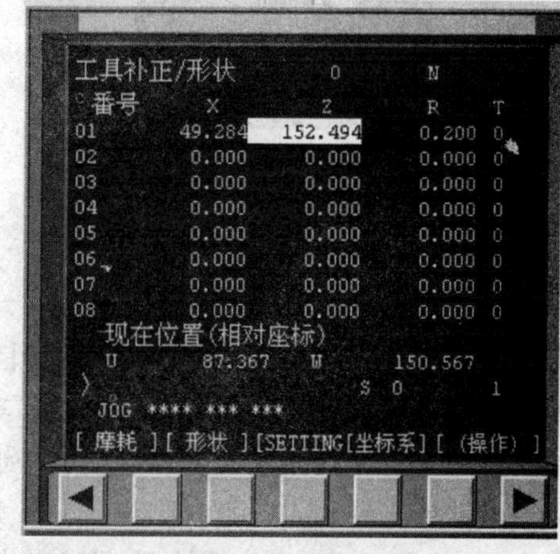

图 2-123　刀具补正页面

(6)设置的刀具偏移量在数控程序中用 T 代码调用。

4. 参照上个课题操作输入程序 O0001。

5. 轨迹校验(参照上节课题操作步骤)。

6. 自动加工完成零件右端内孔轮廓(图 2-124)、内沟槽(图 2-125)、及内螺纹。

图 2-124　右端内孔轮廓

图 2-125　内沟槽

7. 零件调头夹持，并且把 1 号内镗孔刀转到刀架的工作位置。

8. 输入“O0002”工件程序，加工零件左端内孔型腔。

9. 轨迹校验(参照上节课题操作步骤)。

10. 自动加工完成零件左端内孔型腔，如图 2-126 所示。

11. 零件的仿真检测。

12. 零件仿真加工结果，如图 2-127 所示。

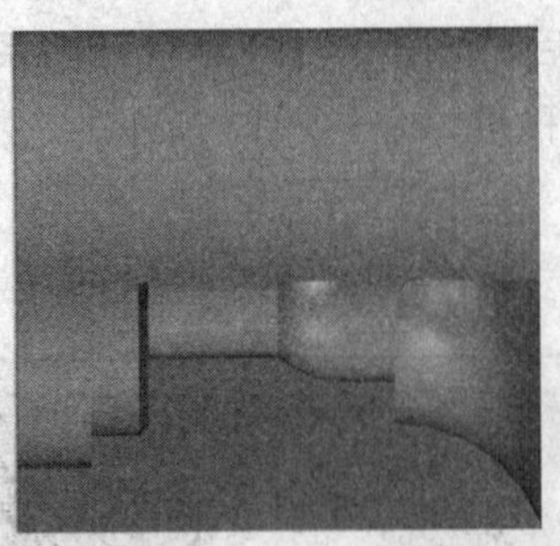

图 2-126 左端内孔型腔

图 2-127 零件仿真加工结果图

四、实操训练

1. 工件与刀具的安装

轴心线为工艺基准，用三爪自定心卡盘夹持毛坯左端，用钻头打底孔，一次装夹完成零件右端内轮廓的粗精加工；零件调头，夹持零件右端，零件找正后，完成零件左端内轮廓的粗精加工。编程原点为工件右端面中心。

根据加工要求，选用四把刀具，T01 为粗加工刀，选 90°外圆车刀，T02 为内切槽刀，刀宽为 3mm，T03 为 60°内螺纹刀，T04 为钻头。同时将三把刀安装在自动换刀刀架上，对好刀，把它们的刀偏值输入相应的刀具寄存器中。

2. 对刀方法及步骤

对刀的方法有很多种，按对刀的精度可分为粗略对刀和精确对刀；按是否采用对刀仪可分为手动对刀和自动对刀；按是否采用基准刀，又可分为绝对对刀和相对对刀等。但无论采用哪种对刀方式，都离不开试切对刀，试切对刀是最根本的对刀方法。

以图 2-106 为例，试切对刀步骤如下：

(1)在手动操作方式下，用所选刀具在加工余量范围内试切工件内孔，记下此时显示屏中的 X 坐标值，沿 $+Z$ 轴退出并保持 X 坐标不变(注意：数控车床显示和编程的 X 坐标一般为直径值)。

(2)测量内孔直径，记为ø。

(3)按“OFSET SET”(偏移设置)键→进入“形状”补偿参数设定接口→将光标移到与刀位号相对应的位置后，输入 X ø(注意：此处的ø代表直径值，而不是一符号，以下同)，按“测量”键，系统自动计算出 X 方向刀具偏移量。

(4)用内孔刀试车工件端面，沿 $+X$ 轴退出并保持 Z 坐标不变。

(5)按“OFSET SET”键→进入“形状”补偿参数设定接口→将光标移到与刀位号相对应的位置后，输入 Zo，按“测量”键，系统自动计算出 Z 方向刀具偏移量。同样也可以自行“输入”偏移量。

(6)设置的刀具偏移量在数控程序中用 T 代码调用。

3. 图形校验

(1)首先选择当前需要加工的程序，在“自动”状态下，按下“空运行”键和“机床锁”键。

(2)然后选择“图形模拟”按钮，选择“参数”键，设置好各项模拟参数。

(3)最后选择“图形”键，按“循环启动”键，系统开始模拟运行，校验程序。

4. 单步执行

加工方式选择“单段”状态下，按下“循环启动”键，执行一行程序，执行结束后，再按下“循环启动”键，执行下一行程序，依次执行此动作，最后完成零件加工。

5. 自动运行

首先选择当前需要加工的程序，加工方式选择“自动”状态下，按下“循环启动”键，系统开始自动运行程序，机床动作，最后完成零件加工。

五、误差分析及排除

表 2-35 孔加工误差分析

问题现象	产生原因	预防和消除
切削过程出现干涉现象	1. 刀具参数不正确 2. 刀具安装不正确	1. 正确设置刀具参数 2. 正确安装刀具

加工如图 2-100 所示的零件，成绩评分标准见表 2-36、表 2-37、表 2-38 及表 2-39。

表 2-36 操作技能考核总成绩表

序号	项目名称	配分	得分	备 注
1	现场操作规范	10		
2	工序制定及编程	40		
3	工件质量	50		
合 计		100		

表 2-37 现场操作规范评分表

序号	项目	考核内容	配分	考场表现	得分
1	现场操作规范	工具的正确使用	2		
2		量具的正确使用	2		
3		刃具的合理使用	2		
4		设备正确操作和维护保养	4		
合 计			10		

表 2-38 工序制定及编程评分表

序号	项目	考核内容	配分	实际情况	得分
1	工序制定	工序制定合理，选择刀具正确	10		
2	指令应用	指令应用合理、得当、正确	15		
3	程序格式	程序格式正确，符合工艺要求	15		
合 计			40		

表 2-39　工件质量评分表

序号	项　目	考核内容		配　分		检测结果	得分
				IT	Ra		
1	内孔	Ø28		5			
2		Ø15		5			
3		Ø30		5			
4	内锥孔	大端 Ø28,长度 7		5			
5	外圆	Ø50		3			
6	圆弧面	R10		3			
7		R16		3			
8	长度	2		2			
9		4		2			
10		6		2			
11		15		2			
12		30		2			
13		70		2			
14	螺纹	M40×6/2		5			
15	沟槽	Ø44		4			
16	位置公差	同轴度		5			
17	倒角	1×45°		4			
18	表面粗糙度	1.6μm 3.2μm		4			
合计							

思考与练习

1. 如下图所示阶梯孔类零件,材料为铝合金,材料规格为Ø50×30mm,其中毛坯轴向余量为 5mm。要求:分析零件加工工艺,编制加工程序,并完成该零件加工。

2. 如下图所示零件,毛坯尺寸为Ø95×42mm,材料为 45 钢。要求:分析零件加工工艺,编制加工程序,并完成该零件加工。

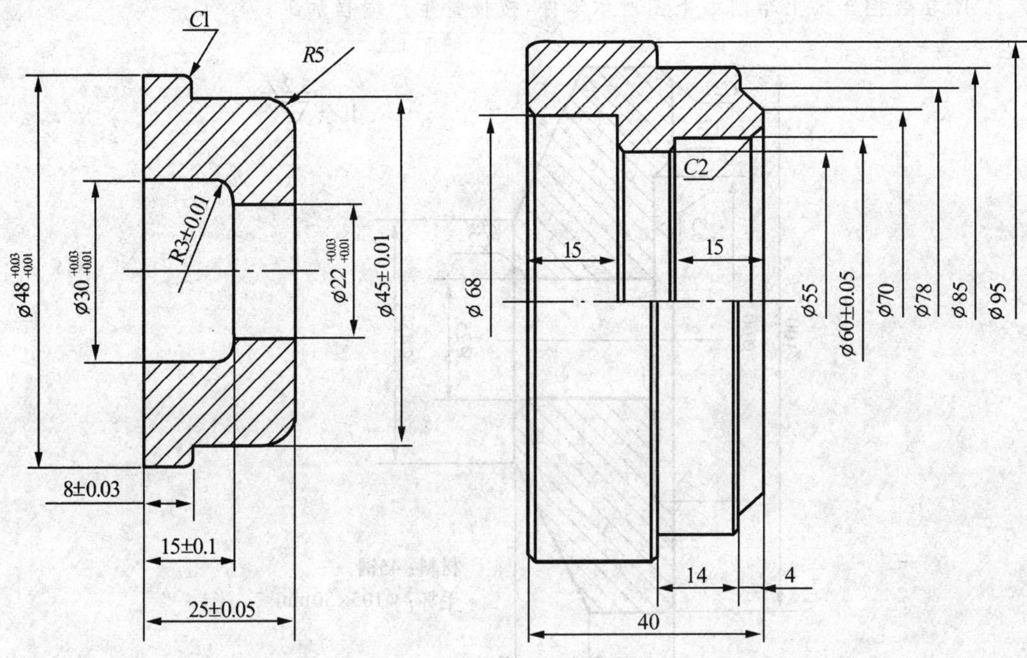

第 1 题图 阶梯孔类零件　　　　第 2 题图 孔类零件

3. 如下图所示法兰盘，工件材料为 45 钢，毛坯尺寸为⌀85×48mm 的实心棒料。要求：分析零件加工工艺，编制加工程序，并完成该零件加工。

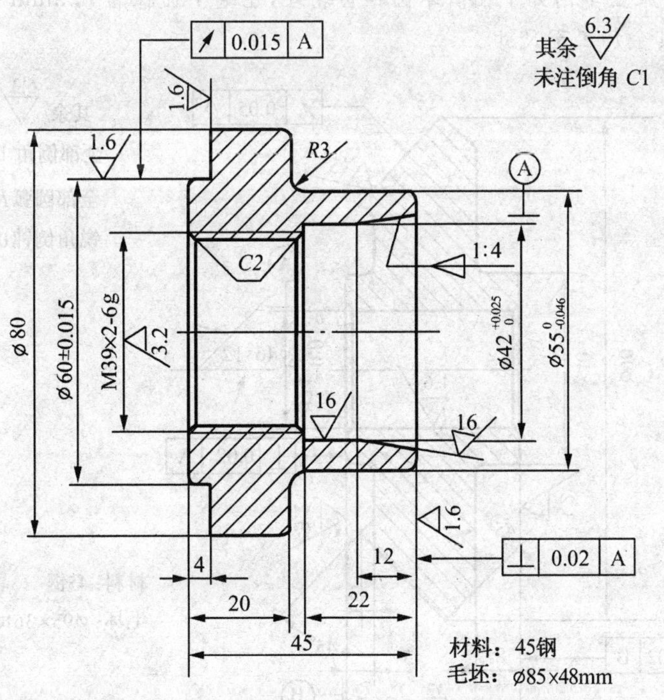

第 3 题图 法兰盘

4. 在数控车床上车削如下图所示零件，按批量生产编程加工。

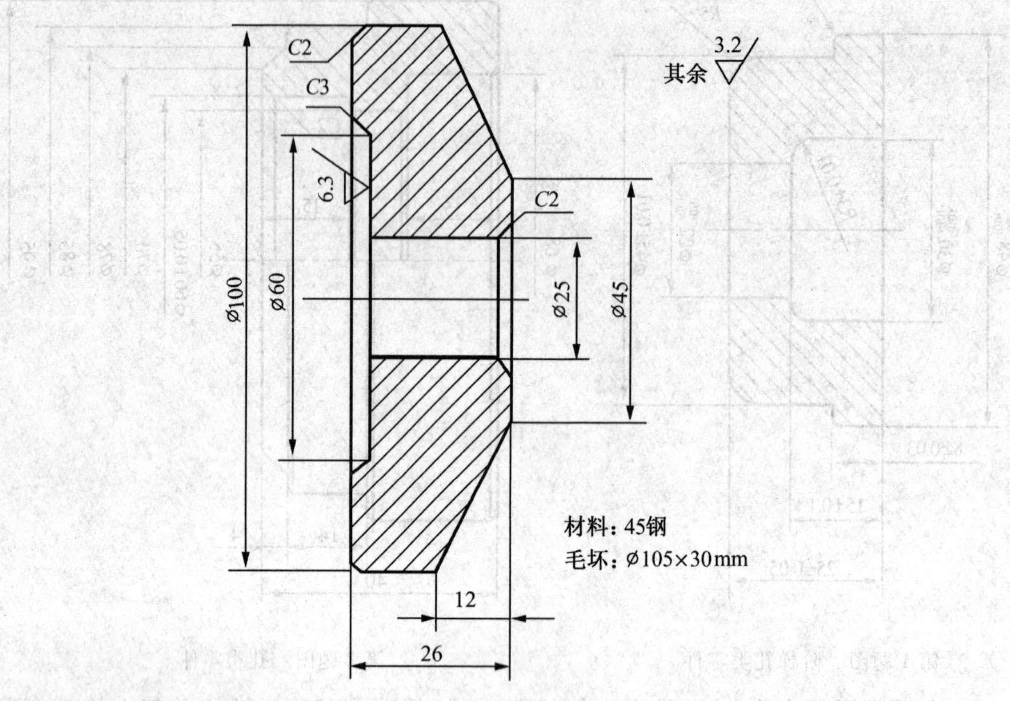

第 4 题图　盘类零件

5. 在数控车床上车削如下图所示圆锥齿轮坯，左端平面保留 0.3mm 精加工尺寸，准确调整平行度，其余加工至尺寸。

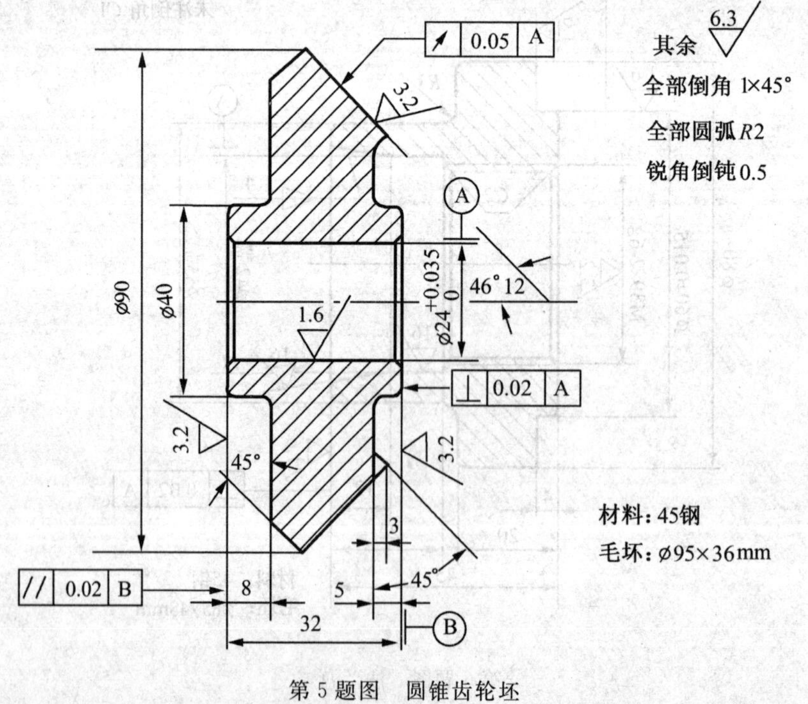

第 5 题图　圆锥齿轮坯

模块三　非圆曲线的加工

非圆曲线分为解析曲线与类似列表曲线那样的非解析曲线。对于手工编程来说，一般解决的是解析曲线的加工。为此，本模块主要对解析曲线的加工误差进行分析。解析曲线的数学表达式的形式可以是以 $y=f(x)$ 的直角坐标的形式给出，也可以是以 $\rho=\rho(\theta)$ 的极坐标形式给出，还可以参数方程的形式给出。通过坐标变换，后面两种形式的数学表达式都可以转换为直角坐标表达式。数控车床主要以加工各种以非圆曲线为母线的回转体零件为主。

任务一　椭圆的加工

相关知识

◎ 变量及其表达式

◎ 逻辑运算符

◎ 常用控制指令

◎ 椭圆及其方程

技能要点

◎ 椭圆加工程序的编制

◎ 椭圆的加工及误差分析

任务描述

试在 FANUC 系统数控车床上加工如图 2-128 所示的椭圆轴，毛坯 Ø50×100mm。

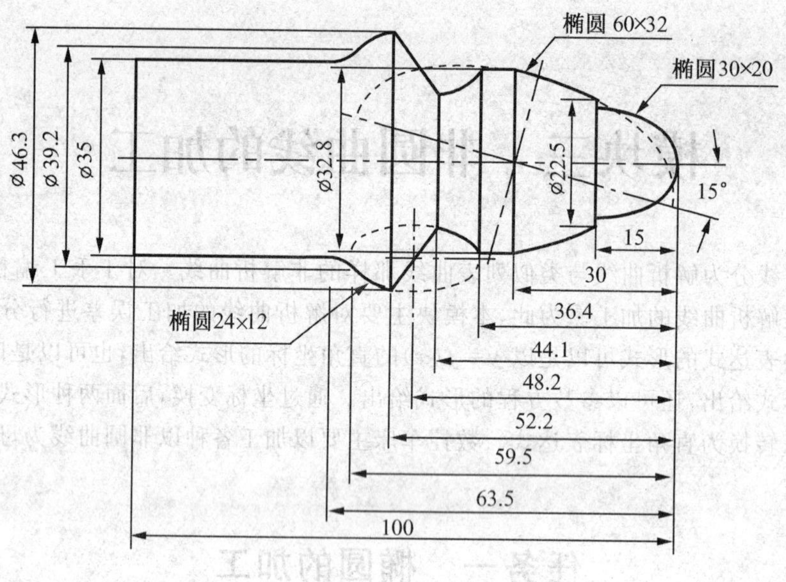

图 2-128　椭圆轴

任务分析

在加工椭圆时,我们将用到椭圆的方程。椭圆方程的推导是以椭圆圆心为坐标原点推导出来的,而在编写程序时所选定的编程原点不一定是椭圆的圆心。这样就会出现椭圆加工的三种情况:

1. 椭圆圆心在 Z 轴上,但不在 X 轴上

由于椭圆圆心与编程坐标系在 X 轴方向没有偏移,只是在 Z 轴方向偏移了 15mm,因此,在编写程序时,要注意 Z 向坐标要减去 15mm。

2. 椭圆圆心既不在 X 轴上,也不在 Z 轴上。

像这种情况,一般在编写程序时 X 向和 Z 向的坐标值都要加一个偏移量。X 向的偏移量是编程原点到椭圆圆心的 X 向值的 2 倍,即Ø35mm。Z 向的偏移量为－48.2mm。另外,在加工凹椭圆轮廓时,用Ø35mm 减去一个变量表达式,在加工凸椭圆轮廓时,用Ø35mm加上一个变量表达式。

3. 椭圆的长轴与坐标轴旋转成一定的夹角

在编写斜椭圆的加工程序时,一般采用坐标旋转公式或极坐标编程。详细内容参阅"知识链接"。

知识链接

一、变量及表达式

一个普通的零件加工程序指定 G 代码并直接用数字值表示移动的距离,例:G01X120.0。而利用用户宏程序,既可以直接使用数字值也可以使用变量号。当使用变量号时,变量值可以由程序或 MDI 面板设定。

例:＃1＝＃2＋100

G01 X＃1 F500

1. 变量书写规格

当指定一个变量时,在＃后指定变量号。个人计算机允许赋名给变量,宏没有此功能。例:＃1。也可以用表达式指定变量号,这时表达式要用方括号括起来。例:＃[＃1＋＃2－100]。

2. 量值的范围

局部变量和公共变量可以有值 0 和在下述范围内的值:-10^{47} ～ -10^{-19};10^{-29} ～ 10^{47},如果计算结果无效,发出 111 号报警。

3. 省略小数点

在程序中定义变量时,可以忽略小数点。例:当＃1＝123 被定义时,变量＃1 的实际值为 123.000。

4. 定义的变量

当变量的值未定义时,这样的一个变量被看作"空"变量,变量＃0 总是"空"变量,是一个只读变量。

5. 变量的类型

根据变量号将变量分为四类,如表 2-40 所示。

表 2-40 变量的类型

变量号	变量类型	功　能
＃0	"空"	这个变量总是空的,不能赋值。
＃1～＃33	局部变量	局部变量只能在宏程序中使用,以保持操作的结果,关闭电源时,局部变量被初始化成"空"。
＃100～＃149(＃199) ＃500～＃531(＃999)	公共变量	公共变量可在不同的宏程序间共享。关闭电源时变量＃100～＃149 被初始化成"空",而变量＃500～＃531 保持数据。公共变量＃150～＃199 和＃532～＃999 可以选用。
＃1000～	系统变量	系统变量用于读写各种 CNC 数据项,如当前位置、刀具补偿值等。

6. 变量的引用

为了在程序中引用变量,指定一个字地址其后跟一个变量号。当用表达式指定一个变量时,须用方括号括起来。例:G01 X[＃1＋＃2] F＃3。引用的变量值根据地址的最小输入增量自动进行四舍五入。例:G00 X＃1;其中＃1 值为 12.3456,CNC 最小输入增量 1/1000mm,则实际命令为 G00 X12.346。为了将引用的变量值的符号取反,在＃号前加"－"号。例:G00 X-＃1;当引用一个未定义的变量时,忽略变量及引用变量的地址。例:＃1＝0,＃2＝"空",则 G00 X＃1 Y＃2;的执行结果是 G00 X0。

7. 变量值的显示

(1)按键 [MENU OFFSET] 显示刀具补偿页面。

(2)按软键[MACRO]显示宏变量页面。

(3)按NO.键后，输入一个变量号，然后按INPUT键，将光标移到输入的变量号的位置。

①当变量值空白时，变量为空。

② ******** 表示溢出(即变量的绝对值大于 99999999 或小于 0.0000001)。

注意：

程序号、顺序号、任选段跳跃号不能使用变量。例：

O＃11；

/＃12G00 X100.0；

N＃13 Y200.0；

二、算术和逻辑运算

在下表中列出的操作可以用变量进行。操作符右边的表达式，可以含有常数和(或)由一个功能块或操作符组成的变量。表达式中的变量＃J 和＃K 可以用常数替换。左边的变量也可以用表达式替换，如表 2-41 所示。

表 2-41　　FANUC Oi 算术和逻辑运算一览表

功　能	格　式	注　　释
赋值	＃i＝＃j	
加	＃i＝＃j＋＃k	
减	＃i＝＃j-＃k	
乘	＃i＝＃j＊＃k	
除	＃i＝＃j/＃k	
正弦	＃i＝SIN[＃j]	角度以度为单位，如：80°30′表示成 80.5°。
余弦	＃i＝COS[＃j]	
正切	＃i＝TAN[＃j]	
反正切	＃i＝ATAN[＃j]	
平方根	＃i＝SQRT[＃j]	
绝对值	＃i＝ABS[＃j]	
进位	＃i＝ROUND[＃j]	
上取整	＃i＝FIX[＃j]	
下取整	＃i＝FUP[＃j]	
OR(或)	＃i＝＃jOR＃k	用二进制数按位进行逻辑操作。
XOR(异或)	＃i＝＃jXOR＃k	
AND(与)	＃i＝＃jAND＃k	
将 BCD 码转换成 BIN 码	＃i＝BIN[＃j]	用于与 PMC 间信号的交换。
将 BIN 码转换成 BCD 码	＃i＝BCD[＃j]	

1. 角度单位

在 SIN,COS,TAN,ATAN 中所用的角度单位是度。

2. ATANT 功能

在 ATANT 之后的两个变量用“/”分开,结果在 0°和 360°之间。

例:当#1=ATANT[1]/[-1]时,#1=135.0

3. ROUND 功能

(1)当 ROUND 功能包含在算术或逻辑操作、IF 语句、WHILE 语句中时,将保留小数点后一位,其余位进行四舍五入。

例:#1=ROUND[#2];其中#2=1.2345,则#1=1.0

(2)当 ROUND 出现在 NC 语句地址中时,进位功能根据地址的最小输入增量四舍五入指定的值。

例:编一个程序,根据变量#1、#2 的值进行切削,然后返回到初始点。假定增量系统是 1/1000mm,#1=1.2345,#2=2.3456

则:G00 G91 X-#1;　　移动 1.235mm

G01 X-#2 F300;　　移动 2.346mm

G00 X[#1+#2];　因为 1.2345+2.3456=3.5801 移动 3.580mm,不能返回到初始位置。而换成 G00X[ROUND[#1]+ROUND[#2]]能返回到初始点。

4. 上取整和下取整成整数

例:#1=1.2、#2=-1.2

则:#3=FUP[#1],　　结果#3=2.0

#3=FIX[#1],　　结果#3=1.0

#3=FUP[#2],　　结果#3=-2.0

#3=FIX[#2],　　结果#3=-1.0

5. 算术和逻辑操作的缩写方式

取功能块名的前两个字符,例:ROUND(RO)。

6. 操作的优先权

①函数

②乘除(*,/,AND,MOD),

③加减(+,-,OR,XOR)。

7. 方括号嵌套

方括号用于改变操作的顺序。最多可用五层,超出五层,出现 118 号报警。

注意:方括号用于封闭表达式,圆括号用于注释。

除数:如果除数是零或 TAN[90],则会产生 112 号报警。

三、控制语句

在一个程序中,控制流程可以用 GOTO、IF 语句改变。有三种分支循环语句如下:

1. GOTO 语句(无条件分支)。

2. IF 语句(条件分支:IF…,TIIEN…)。

3. WHILE 语句(循环语句 WHILE…)。

(1)无条件分支(GOTO 语句)

功能：转向程序的第 N 句。当指定的顺序号大于 1～9999 时，出现 128 号报警，顺序号可以用表达式。

格式：GOTO n;　　n 是顺序号(1～9999)

(2)条件分支(IF 语句)

功能：在 IF 后面指定一个条件表达式，如果条件满足，转向第 N 句，否则执行下一段。

格式：IF [条件表达式] GOTO n;

条件表达式：一个条件表达式一定要有一个操作符，这个操作符插在两个变量或一个变量和一个常数之间，并且要用方括号括起来，既[表达式 操作符 表达式]。

操作符如表 2-42 所示。

表 2-42　运算符

操作符	意 义
EQ	=
NE	≠
GT	>
GE	⩾
LT	<
LE	⩽

(3)循环(WHILE 语句)

功能：在 WHILE 后指定一个条件表达式，条件满足时，执行 DO 到 END 之间的语句，否则执行 END 后的语句。

格式：WHILE [条件表达式] DOm;(m=1,2,3)

:

:

:

END m;

m 只能在 1、2、3 中取值，否则出现 126 号报警。

嵌套：

①数 1～3 可以多次使用。

②不能交叉执行 DO 语句，如下的书写格式是错误的：

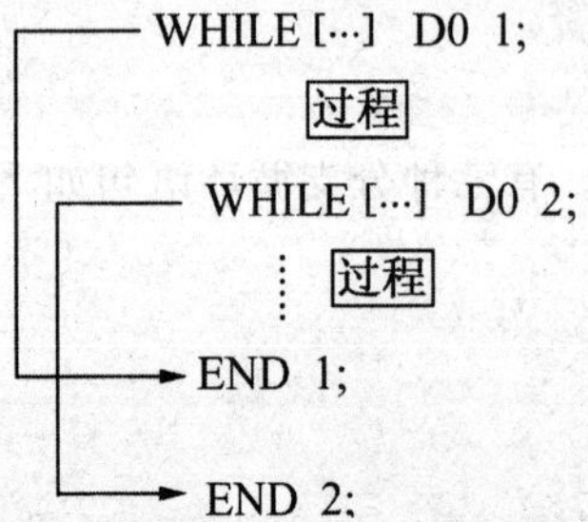

③嵌套层数最多 3 级。

④如下的书写格式是正确的：

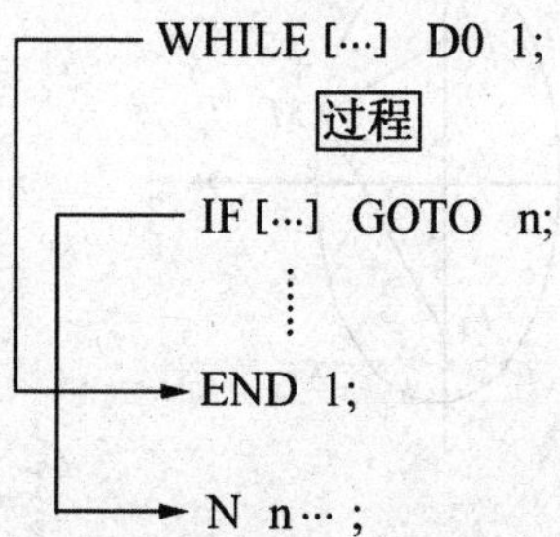

⑤如下的书写格式是错误的：

```
IF […] GOTO n;
WHILE […] D0 1;
N n…;
END 1;
```

注意：

无限循环：指定了 DO m 而没有 WHILE 语句，循环将在 DO 和 END 之间无限期执行下去。

执行时间：程序执行 GOTO 分支语句时，要进行顺序号的搜索，所以反向执行的时间比正向执行的时间长。可以用 WHILE 语句减少处理时间。

未定义的变量：在使用 EQ 或 NE 的条件表达式中，空值和零的使用结果不同。而含其他操作符的条件表达式将空值看作零。

四、椭圆及其方程

1. 椭圆的一般方程

(1)焦点在 X 轴上的椭圆，其方程为：$\frac{x^2}{a^2}+\frac{y^2}{b^2}=1(a>b>0)$式中：$a$ 为长半轴，b 为短半轴，如图 2-129 所示。

注意：椭圆一般方程的推导是基于 XOY 坐标系，而在数控车床上使用时，是基于右手直角笛卡儿坐标系，即 XOZ 坐标系。因此，上式中 X 轴对应于车床中的 Z 轴，Y 轴对应于车床中的 X 轴，上式可变为：$\frac{z^2}{a^2}+\frac{x^2}{b^2}=1(a>b>0)$，当用一个变量表示另一个变量时，可写成：$x=\frac{b}{a}\sqrt{a^2-z^2}$，式中：$Z$ 为自变量；X 为因变量。

也可写成：$z=\frac{a}{b}\sqrt{b^2-x^2}$，式中：$X$ 为自变量；Z 为因变量。

(2)焦点在 Y 轴上的椭圆，其方程为：$\frac{y^2}{a^2}+\frac{x^2}{b^2}=1(a>b>0)$

式中：a 为长半轴，b 为短半轴，如图 2-130 所示。

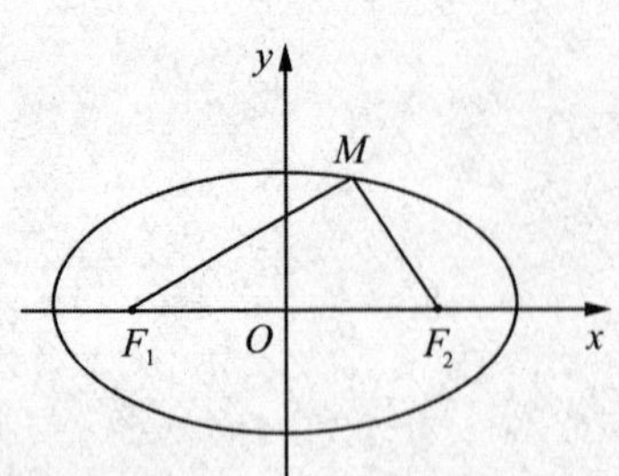

图 2-129 焦点在 X 轴上的椭圆

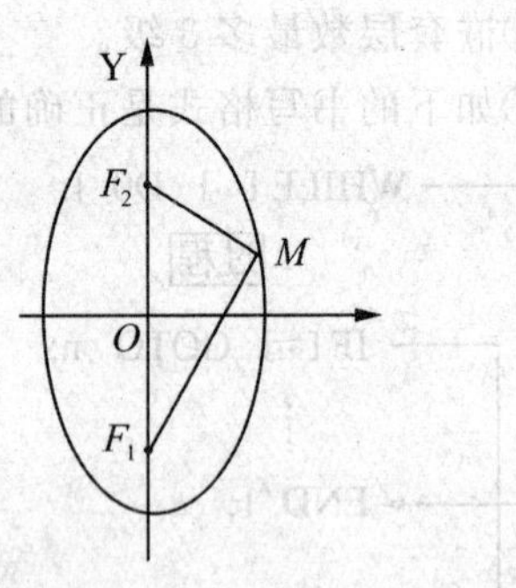

图 2-130 焦点在 Y 轴上的椭圆

2. 椭圆的参数方程

如图 2-131 所示，以原点为圆心，分别以 $a, b(a>b>0)$ 为半径作两个圆，点 B 是大圆半径 OA 与小圆的交点，过点 A 作 $AN\perp OX$，垂足为 N，过点 B 作 $BM\perp AN$，垂足为 M，当半径 OA 绕点 O 旋转时点 M 的轨迹为椭圆。

$$\begin{cases}x=a\cos\theta\\y=b\sin\theta\end{cases}$$

此即为椭圆的参数方程，其中 θ 的几何意义为——离心角。

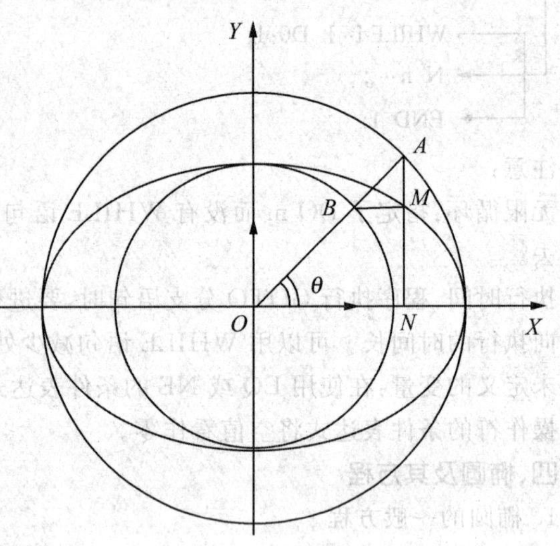

图 2-131 椭圆的形成

3. 极坐标方程

椭圆的极坐标方程是：

$r=ep/(1-e\cos\theta)$，式中 $0<e<1$，p 为焦点到准线的距离。但是这个极坐标方程是以焦点作为极点的，如果以椭圆圆心作极点，必须进行进一步推导。椭圆的一般方程是：$\frac{x^2}{a^2}+\frac{y^2}{b^2}=1(a>b>0)$，这里 $x=\rho\cos\theta, y=\rho\sin\theta$ 把这两个式子代入椭圆直线方程中，就可以推出椭圆极坐标方程为：

$$\rho^2=\frac{a^2b^2}{b^2\cos^2\theta+a^2\sin^2\theta}$$

式中：ρ 为极轴，θ 为极角，a 为长半轴，b 为短半轴。

4. 坐标旋转公式

设点 $P(x,y)$ 旋转至 $P_0(x_0,y_0)$，旋转角为 A。角 θ 是 $P(x,y)$ 在 XOY 平面内与 x 轴的夹角，用来定义对点 $P(x,y)$ 作旋转变换时的起始位置，即有：

$$\begin{cases}x=r\cos\theta\\y=r\sin\theta\end{cases}$$

式中：r 是旋转轨迹上的点 $P(x,y)$ 到原点的距离（亦即旋转半径）。根据三角函数关系，可求得旋转变换公式为

$$\begin{cases} x_0 = r\cos(A+\theta) = r\cos A\cos\theta - r\sin A\sin\theta \\ y_0 = r\sin(A+\theta) = r\sin A\cos\theta + r\cos A\sin\theta \end{cases}$$

将第一个方程组代入第二个方程组，则有坐标旋转公式：

$$\begin{cases} x_0 = x\cos A - y\sin A \\ y_0 = y\cos A + x\sin A \end{cases}$$

任务实施

一、编写加工程序

1. 分析零件图样

椭圆的加工有多种类型。在这里由于篇幅所限，我们把椭圆圆心在 Z 轴上、椭圆圆心既不在 X 轴也不在 Z 轴、椭圆旋转这三种情况合并到一个图纸上来。除了这三种特例外，还有几种椭圆加工的类型，但都是这三种情况的变化所致，可以说这三种情况基本上能概括椭圆加工的所有类型。

加工方案安排如下：首先三爪卡盘夹持工件右端(以图纸放置位置为准)，伸出卡盘面的长度大于 50mm，车端面对 Z 向刀具，车外圆进行 X 向对刀，加工零件的左端项目，包括⌀35mm 外圆、R5mm 的圆弧过渡、以及 24×12 椭圆的左半部分曲线。然后调头装夹，车左端面保证总长尺寸，并进行 Z 向重新对刀，加工零件的左半部分。最后进行尺寸检测，制定补偿方案，保证零件的精度符合图纸要求。

2. 确定机床、夹具及刀具

该零件选用华中世纪星 22 系统、大连机床厂生产的 CK6150 数控车床。由于零件轮廓比较简单，采有三爪自定心卡盘即可。在刀具选用上，一把刀就可以满足加工要求，但由于有椭圆凹槽和背椭圆的存在，注意刀尖角要取小些，既副偏角尽可能加大。考虑到刀片的通用程度，我们选主偏角为 93°、刀尖角为 35°的仿形车刀。

3. 确定编程坐标系和切削用量

加工左端部分时以工件左端面和零件的轴线交点为编程原点，由于工件材料为 45 钢，粗加工时主轴转速选用 800r/min，进给速度为 0.3mm/r，最大切削深度为 3mm。精加工时主轴转速选用 1200r/min，进给速度为 0.15mm/r，最大切削深度为 0.1mm。加工右端部分时以工件右端面和零件的轴线交点为编程原点，切削用量参考加工左端时的数据进行选用。

4. 编制程序单

(1)加工图 2-128 所示零件左端加工程序如表 2-43 所示。

表 2-43　　零件左端加工程序

程　序	注　释
O001	
T0101 G95	每转进给
G00X100Z100	
M03S800	

续表

G00X50Z5	
G71U2R1P10Q50X0.2Z0.1F0.3	
N10G00X35	
S1200	
G01Z-36.5F0.15	
G02X39.2W-4R5	
＃1＝11.3	把椭圆 Z 向的变化作为变量初值
WHILE[＃1GE0]	用循环语句作为控制语句
G01X[2＊[6/12＊SQRT[12＊12-＃1＊＃1]]＋35]Z[＃1-51.8]	加工椭圆曲线
＃1＝＃1-0.1	进给步距为 0.1mm
ENDW	当＃1≥0 时循环结束
N50 Z-50	
G00X100Z100	
M05	
M30	

注意：这里用到的椭圆的一般方程为变形后的方程，即 $x=\frac{b}{a}\sqrt{a^2-z^2}$，把 Z 轴作为自变量，它的变化范围是 11.3～4mm，我们把起始值 11.3 作为初值，终值应该是 4。但为了没有接刀痕迹，在长度上让它加工到椭圆中心，即终值设为 0。

(2)加工图 2-128 所示零件右端的加工程序如表 2-44 所示。

表 2-44　　右端的加工程序

程　序	注　释
OO002	
T0101 G95	
G00X100Z100	
M03S800	
G00X50Z5	
G73U25W1R8P10Q50X0.2Z0.1F10.3	
N10G00X0	
S1200	
G01Z0F0.15	
＃1＝0	角度变化的初值 0 作为变量初值

续表

WHILE[＃1LE-90]	用条件转移语句作为控制指令
G01X[2＊[10＊SIN[＃1＊PI/180]]]	加工椭圆曲线
Z[15＊COS[＃1＊PI/180]-15]	
＃1＝＃1＋1	进给步距角为 1°
ENDW	条件满足后跳出循环
X22.5	
＃1＝68.57	
WHILE[＃1LE105]	
G01X[2＊[15.45＊SIN[＃]＊PI/180]－7.76＊COS[＃1＊PI/180]]]	
Z[[28.98＊COS[＃1＊PI/180]＋4.14＊SIN[＃1＊PI/180]]-30]F0.15	
＃1＝＃1＋1	
ENDW	
G01Z-36.4	
＃1＝11.8	
WHILE[＃1GE4.1]	
G01X[35-2＊[0.5＊SQRT[12＊12-＃1＊＃1]]]	
Z[＃1-48.2] F0.15	
＃1＝＃1-0.1	
ENDW	
N50G01X46.3Z-52.2	
G00X100Z100	
M05	
M30	

注意：

(1) 椭圆的参数方程为$\begin{cases}x=a\cos\theta\\y=b\sin\theta\end{cases}$($\theta$ 为参数)，但这个方程是 XOY 坐标系下的方程，要转化为车床坐标系的方程才可使用，即把参数方程变为：$\begin{cases}z=a\cos\theta\\x=b\sin\theta\end{cases}$，式中的 θ 为变量，其变化范围为 0～－90°。我们把 0°作为变量初值，把－90°作为变量终值。

(2)把 $x=a\cos\theta$，$y=b\sin\theta$ 代入到旋转公式 $x_0=x\cos A-y\sin A$，$y_0=y\cos A+x\sin A$ 中，就可得到新的公式：

$$\begin{cases} x_0 = a\cos\theta\cos A - b\sin\theta\sin A \\ y_0 = b\sin\theta\cos A + a\cos\theta\sin A \end{cases}$$

式中 $a=30\text{mm}$，$b=16\text{mm}$，$A=-15°$计算后得：

$$\begin{cases} X_0 = 28.98\cos\theta - 4.14\sin\theta \\ Y_0 = 15.45\sin\theta + 7.76\cos\theta \end{cases}$$

转变为右手直角笛卡儿坐标系：

$$\begin{cases} Z_0 = 28.98\cos\theta - 4.14\sin\theta \\ X_0 = 15.45\sin\theta + 7.76\cos\theta \end{cases}$$ θ 为变量，变化范围是 68.57°～105°。

二、仿真操作要点

1. 该工件需调头加工，总长尺寸在对刀时完成，不需编写端面车削程序。

2. 装夹时工件伸出到最外端，这样调头后无需对刀，节省时间。

3. 仿真上所选刀具的刀尖圆弧半径要和机床上所用的刀具一致，才能更好地调试程序。

4. 仿真效果如图 2-132 所示。

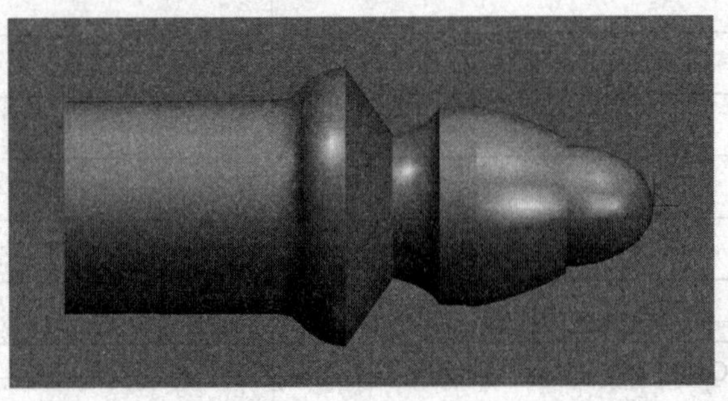

图 2-132　仿真效果图

三、零件加工要点

1. 毛坯的装夹与校正

(1)三爪卡盘装夹，夹持长度不超过 40mm。

(2)用划针或目测校正。

(3)用接力管加紧。

2. 刀具的安装

(1)刀尖高度与工件中心线同高。

(2)刀头伸出刀架的距离约为刀杆厚度的 1.5 倍。

(3)刀体的中心线要和工件的中心线垂直。

3. 通过 MDI 方式或 RS232 接口把程序输入到机床中。

4. 通过机床上的图形功能校验程序是否有误。

5. 采用试切法对刀。

6. 采用单段或自动方式加工零件。

四、加工误差分析及排除

1. 误差分析

数控机床上加工椭圆时，一般机床编程代码只具有直线插补和圆弧插补功能，椭圆这类非圆形曲线的加工大多采用小段直线或小段圆弧去逼近轮廓曲线，控制最大偏离度公差允许范围内，然后计算出每段圆弧起点坐标、终点坐标及圆弧半径，再编制数控加工程序进行加工。当工件轮廓较长而精度要求很高时，逼近段直线或圆弧必须分得很细，计算量大，给手工编程带来很多不便，同时这种按逼近曲线或近似画法进行编程从原理上讲就已经带来了误差，无法加工出高精度椭圆形零件。若在经济型数控装置中，利用逐点比较法插补原理设计专用椭圆插补程序来实现椭圆曲线数控加工，这样可以提高精度但缺乏通用性。

如果采用“虚拟轴”实现椭圆曲线数控加工，不但编程方法简单，原理上避免了各种逼近方法编程所造成加工误差。

机床机械传动链节有关参数（如速比、丝杠导程、极限行程及脉冲当量等）均以机床数据形式存储数控系统存储器中，对控制系统而言，改变某一进给轴机床数据数值相当于改变了机床机械传动链节相应部分结构，伺服电机实际驱动进给轴结构并未改变，即与改动后机床数据所对应进给轴实际上并不存，故称其为“虚拟轴”。数控程序中对“虚拟轴”编程，则程序执行后伺服电机所驱动真实进给轴实际进给量并非为实际编程值，两者之间存一比例关系。例如：数控机床某一进给轴丝杠导程为 40mm，现将其机床数据由原数值 40mm 改为 80mm，则相当于有一导程为 80mm“虚拟轴”连带于伺服电机之后。数控程序中编程令此轴进给 80mm，伺服电机将转动 1 圈速比为 1，传动链中与伺服电机实际相连真实丝杠也将转动 1 圈，其导程为 40mm，故工作台进给量为 40mm，这样程序中进给量被均匀压缩了一半，两者之间比例关系为 2。

修改机床某一进给轴相应部分机床数据，即可实现此轴方向放大或压缩，完成圆到椭圆变换，实现椭圆形零件数控加工。

2. 编程举例

设需加工椭圆长、短轴分别为 1500mm 和 750mm，所用数控机床 X、Y 两进给轴丝杠导程为 40mm，取 Y 轴为虚拟轴，并设其丝杠导程为 80mm。数控加工编程工作分以下两部分：

(1)修改机床数据

将机床 X 轴以下 6 组共 10 个机床数据扩大 2 倍：

MD11，MD12　脉冲当量

MD27，MD28　加速度、减速度

MD31　进给轴最高速度

MD20，MD21　负、正向软极限

MD6，MD36　回参考点终、初速度

MD3　参考点坐标

(2)编写数控加工代码

采用“虚拟轴”方法进行椭圆曲线加工数控代码部分编程如下：

N01 G00 X1500000 Y0 M1＝6(快速进给至加工起点)

N05 G02 G17 I1500000 F6000(以工进速度进行半径为 1500mm 全圆加工)

N10 G00 X200000 Y2000000(加工结束，返回)

N15 M1＝30(程序结束)

利用"虚拟轴"概念是实现在半闭环结构数控机床上,加工椭圆曲线的一种手工编程方法。此方法已在实际系统中应用成功。同其他椭圆曲线手工编程方法比较,具有精度高、编程简单优点,且具有一定通用性;不足之处是此方法需改动部分机床数据,操作者需具有专业知识。本方法同样适用于以步进电机作为执行部件开环位置伺服系统型数控机床。

加工如图 2-128 所示的零件,成绩评分标准见表 2-45。

表 2-45 工件质量评分表

项目	序号	公差	配分	实测结果	得分	备注
外圆	1	Ø46.3	3			
	2	Ø39.2	3			
	3	Ø35	3			
	4	Ø32.8	3			
	5	Ø22.5	3			
长度	6	100	3			
	7	63.5	3			
	8	59.5	3			
	9	52.2	3			
	10	48.2	3			
	11	44.1	3			
	12	36.4	3			
	13	30	3			
	14	15	3			
椭圆	15	60×32	10			
	16	30×20	10			
	17	24×12	10			
圆弧	18	R5	6			
角度	19	15°	6			
表面粗糙度	20	Ra3.2(8 处)	16			

任务二　正/余弦曲线的加工

相关知识

◎ 正/余弦曲线及其方程

技能要点

◎ 正/余弦曲线加工程序的编制

◎ 正/余弦曲线的加工及误差分析

任务描述

加工如图 2-133 所示的零件,编制其加工程序。

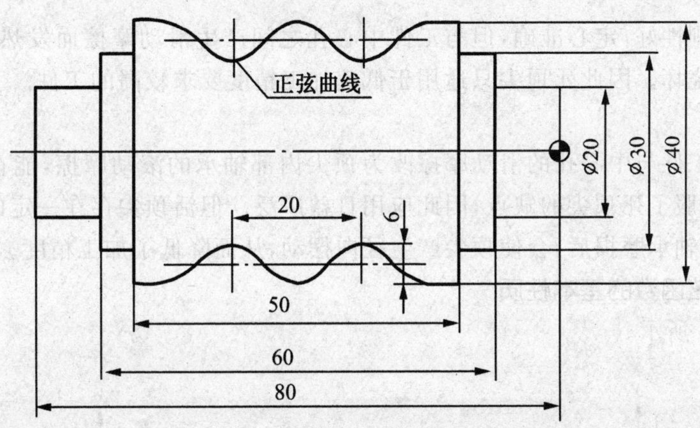

图 2-133　零件图

任务分析

该零件是由两个周期的正弦曲线组成的,总角度为 720°(−630°～90°),将该曲线分成 1000 条线段,用直线段拟合该曲线,每段直线在 Z 轴方向的间距为 0.04mm,相对应正弦曲线的角度增加为 720°/1000。根据公式,计算出曲线上每一线段终点的 x 坐标值:

$$x=34+6\sin a。$$

工件两端外圆加工好后,采用一夹一顶的加工方式加工正弦曲线。精加工正弦曲线前,先用 G73 指令粗加工去除余量,去余量时,用 R10 圆弧拟合,每个节点处留单边 0.5mm 的精加工余量。

编程时使用以下变量进行运算:

＃100:正弦曲线起始角;

＃101:正弦曲线终止角;

＃102:正弦曲线各点 x 坐标;

＃103:正弦曲线各点 z 坐标。

一、一夹一顶装夹定位原理

两个或两个以上支承点重复限制同一个自由度，称为过定位。用一夹一顶方式装夹工件，当卡盘夹持部分较长时，卡盘限制了四个自由度$\vec{Y}$，$\vec{Z}$，$\widehat{Y}$，$\widehat{Z}$，后顶尖限制了两个自由度$\widehat{Y}$，$\widehat{Z}$，重复限制了两个自由度$\widehat{Y}$，$\widehat{Z}$。为了消除过定位，卡盘夹持部位应较短，只限制两个自由度$\vec{Y}$，$\vec{Z}$，后顶尖限制两个自由度$\widehat{Y}$，$\widehat{Z}$，是不完全定位。

过定位对工件的定位精度有影响，一般要消除过定位。只有工件的定位基准、夹具的定位元件精度很高时，方可允许过定位存在。

二、后顶尖

后顶尖有固定顶尖和活顶尖两种。

1. 固定顶尖

固定顶尖刚性好，定心准确，但与工件中心孔之间产生滑动摩擦而发热过多，容易将中心孔或顶尖烧坏。因此死顶尖只适用于低速加工精度要求较高的工件。

2. 活顶尖

活顶尖将工件与中心孔的滑动摩擦改为顶尖内部轴承的滚动摩擦，能在很高的转速下正常工作，克服了死顶尖的缺点，因此应用日益广泛。但活顶尖存在一定的装配积累误差，以及当滚动轴承磨损后，会使顶尖产生径向摆动，从而降低了加工精度。

三、正、余弦函数的基本性质

如图 2-134 所示。

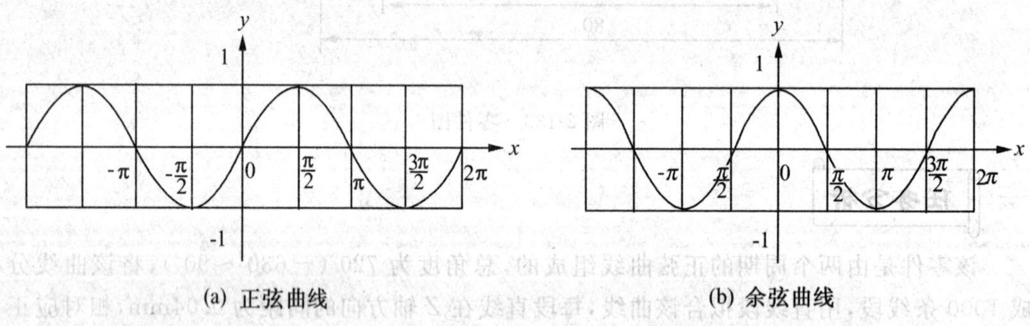

(a) 正弦曲线　　(b) 余弦曲线

图 2-134　正、余弦函数的图像

1. 正、余弦函数定义域

正弦函数、余弦函数的定义域都是实数集 R［或$(-\infty,+\infty)$］，分别记作：

$$y=\sin x, x\in R$$

$$y=\cos x, x\in R$$

2. 值域

因为正弦线、余弦线的长度小于或等于单位圆的半径的长度，所以$|\sin x|\leqslant 1$，$|\cos x|\leqslant 1$，即$-1\leqslant \sin x\leqslant 1$，$-1\leqslant \cos x\leqslant 1$。也就是说，正弦函数、余弦函数的值域都是$[-1,1]$。

其中正弦函数 $y=\sin x, x\in R$，

当且仅当 $x=+2k\pi, k\in Z$ 时，取得最大值 1。

当且仅当 $x=-2k\pi, k\in Z$ 时，取得最小值-1。

而余弦函数 $y=\cos x, x\in R$，

当且仅当 $x=2k\pi, k\in Z$ 时，取得最大值 1。

当且仅当 $x=(2k+1)\pi, k\in Z$ 时，取得最小值-1。

$\sin(x+2k\pi)=\sin x, \cos(x+2k\pi)=\cos x$。$(k\in Z)$

3. 周期性

正弦函数值、余弦函数值是按照一定规律不断重复地取得的。

一般地，对于函数 $f(x)$，如果存在一个非零常数 T，使得当 x 取定义域内的每一个值时，都有 $f(x+T)=f(x)$，那么函数 $f(x)$就叫做周期函数，非零常数 T 叫做这个函数的周期。

由此可知，$2\pi, 4\pi, \cdots, -2\pi, -4\pi, \cdots, 2k\pi(k\in Z$ 且 $k\neq 0)$都是这两个函数的周期，对于一个周期函数 $f(x)$，如果在它所有的周期中存在一个最小的正数，那么这个最小正数就叫做 $f(x)$的最小正周期。

根据上述定义，可知：

正弦函数、余弦函数都是周期函数，$2k\pi(k\in Z$ 且 $k\neq 0)$都是它的周期，最小正周期是 2π。

4. 奇偶性

由 $\sin(-x)=-\sin x, \cos(-x)=\cos x$ 可知：$y=\sin x$ 为奇函数，$y=\cos x$ 为偶函数。

所以，正弦曲线关于原点 O 对称，余弦曲线关于 y 轴对称。

5. 单调性

从 $y=\sin x$ 的图像上可看出：

当 $x\in[-\frac{\pi}{2}, \frac{\pi}{2}]$时，曲线逐渐上升，$\sin x$ 的值由-1 增大到 1。

当 $x\in[\frac{\pi}{2}, \frac{3\pi}{2}]$时，曲线逐渐下降，$\sin x$ 的值由 1 减小到-1。

结合上述周期性可知：

正弦函数在每一个闭区间$[-2k\pi, +2k\pi](k\in Z)$上都是增函数，其值从-1 增大到 1；在每一个闭区间$[+2k\pi, +2k\pi](k\in Z)$上都是减函数，其值从 1 减小到-1。

余弦函数在每一个闭区间$[(2k-1)\pi, 2k\pi](k\in Z)$上都是增函数，其值从$-1$ 增加到 1；在每一个闭区间$[2k\pi, (2k+1)\pi](k\in Z)$上都是减函数，其值从 1 减小到$-1$。

任务实施

一、编写加工程序

1. 确定机床、夹具及刀具

根据任务分析，该零件选用 FANUC 系统，CKC616 数控车床即可。由于工件不是很复杂，用三爪自定心卡盘和后顶尖一夹一顶装夹。本课题重点是正弦曲线的加工，工件左端已经留有夹头，不需要再调头加工了。但在选择刀具时一定注意，由于这些正弦曲线表现在工件外轮廓上都是凹曲面，一般刀具无法下切，需定制特种刀片或选取刀尖角度很小的刀片。本例选用刀尖角为 35°的刀片加工。

2. 确定编程坐标系和切削用量

该零件选工件右端面和零件的轴线交点为编程原点，由于工件材料为 45 钢，粗加工时主轴转速选用 800r/min，进给速度为 0.3mm，最大切削深度为 2mm。精加工时主轴转速选用 1200r/min，进给速度为 0.15mm，最大切削深度为 0.1mm。

3. 编制程序单

加工如图 2-133 所示零件的程序见表 2-46。

表 2-46 程序编制

程 序	注 释
O0505；	
N10 G98 G40 G21	
N20T0101	
N25 G00 X100 Z100	
N30 M03S800	
N40 M98P0506	
N50 G01 X40. F0.3	
N60 M03 S1200	
N70M98P0507	
N80 G01 Z-66.0	
N90 G00 X150.0	
N100M05	
N110M30	
O0506；	去除正弦曲线余量子程序
N210 G00X42.0Z-15.0	
N220 G73 U6.0W0 R3	
N230 G73 P240 Q350 U0.3W0.1F0.3	
N240 G01X41.0 F0.15S1200	
N250 G01Z-20.0	
N260 G03 X35.0Z-25.0R10.0	
N270 G02 X29.0 Z-30.0 R10.0	
N280 G02 X35.0 Z-35.0R10.0	
N290 G03 X41.0 Z-40.0R10.0	
N300 G03X35.0Z-45.0 R10.0	
N310 G02 X29.0Z-50.0 R10.0	
N320 G02X35.0Z-55.0R10.0	

续表

N330 G03 X41.0Z-60.0R10.0	
N340 G01 Z-66.0	
N350 G00 X42.0	
N360 G70 P240 Q350；	
N370 M99；	
O0507；	精加工正弦曲线子程序
N410 ＃100＝90.0	z 坐标初始值
N420 ＃101＝－630.0	x 坐标初始值
N430 ＃103＝－20.0	
N440 ＃102＝34＋6 * SIN[＃100]；	
N450 G01 X＃102 Z＃103 F0.3；	
N460 ＃100＝＃100－0.72	角度增量为－0.72
N470 ＃103＝＃103－0.04	z 坐标增量为－0.04
N480 IF[＃100 GE＃101]GOTO440；	循环跳转
N490 M99	

二、仿真操作要点

1. 该工件在仿真时不需要后顶尖，但在加工中后顶尖存在，要注意正确设置换刀点。

2. 仿真时注意刀具是否与轮廓有干涉现象，若存在干涉，在加工中注意修改刀具角度。

3. 仿真上所选刀具的刀尖圆弧半径要和机床上所用的刀具一致，才能更好地调试程序。

4. 仿真效果如图 2-135 所示。

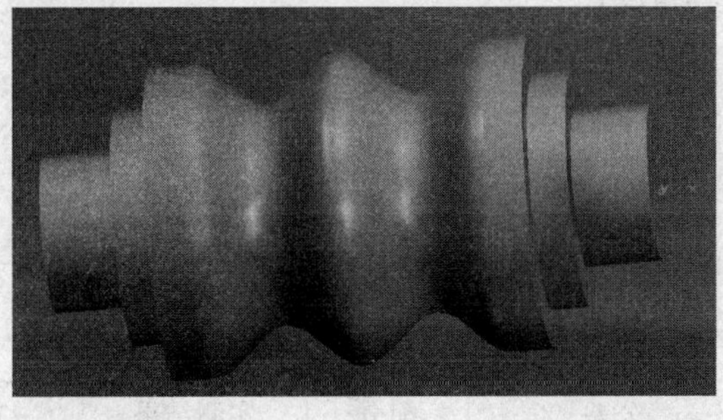

图 2-135　正弦曲线实物图

三、零件加工要点

1. 装夹工件时，因采用一夹一顶装夹方式，当夹持工件较长时，会产生过定位，影响加工精度，所以工件装夹部位尽可能要短，避免重复限制工件的自由度。

2. 工件端部顶持时，先不要把工件夹紧，给工件一个向尾座移动的力，使工件中心孔与顶尖接触，此时，摇动尾座前行，顶持工件向床头位移，然后再把工件夹紧。此种装夹方法，有利于工件端部中心孔中心线与顶尖轴线重合，提高同轴度精度。

3. 为了减小工件热变形，减小刀具磨损，加工时，最好采用冷却。

4. 顶尖支顶过紧，工件容易发热、变形，顶尖支顶过松，工件产生轴向窜动和径向跳动，切削时易振动，会造成圆度超差，同轴度受影响等缺陷。

5. 工件在顶尖上装夹时，应保持中心孔清洁和防止碰伤。

6. 为了增加切削时的刚性，在条件许可的前提下，尾座套筒不宜伸出过长。

7. 合理选择切削用量，合理选择、刃磨刀具角度和断屑槽。

8. 检查刀具磨损程度，及时进行修磨。

9. 进行尾座调整，使尾座中心线与主轴轴线重合。

四、加工误差分析及排除

1. 工件的加工精度是由卡盘卡爪和顶尖重复限制工件的自由度引起的，因此，工件的装夹长度尽量要短。

2. 车削时轴向容易产生锥度是由尾座中心线与主轴中心线产生偏移引起的，在利用一夹一顶装夹加工零件时，要进行尾座偏移量的调整。

3. 表面粗糙度达不到要求的原因：

(1)车床刚性不足、不平衡或主轴太松引起振动；

(2)车刀刚性不足或伸出太长引起振动；

(3)工件刚性不足，引起振动；

(4)车刀几何形状刃磨不合理；

(5)切削用量选择不当。

预防方法：

(1)消除或防止由于车床刚性不足而引起的振动；

(2)增加刀具刚性和正确安装车刀；

(3)增加工件安装刚性；

(4)选择合理的刀具角度；

(5)走刀量不宜太大，精车余量和切削速度选择适当。

加工如图 2-133 所示的零件，成绩评分标准见表 2-47。

表 2-47 工件质量评分表

项目	序号	公差	配分	实测结果	得分	备注
外	1	Ø20	6			
	2	Ø30	6			
圆	3	Ø40	6			

续表

长	4	50	6			
	5	60	6			
度	6	80	6			
正弦	7	20(周期)	20			
曲线	8	6(振幅)	20			
表面粗糙度	9	Ra3.2(12 处)	24			

思考与练习

1. 加工如下图所示的零件。

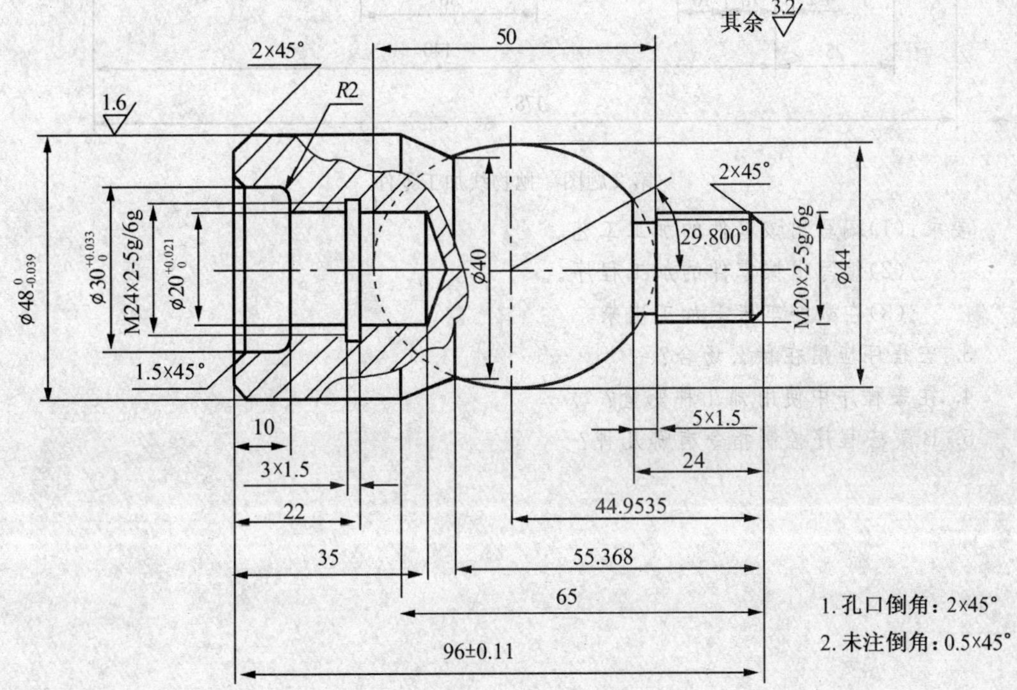

第 1 题图　椭圆加工零件

要求：(1)编写出该零件的加工工艺。

(2)编写出该零件的加工程序。

(3)在数控车床上加工出来。

2. 加工如下图所示的零件。

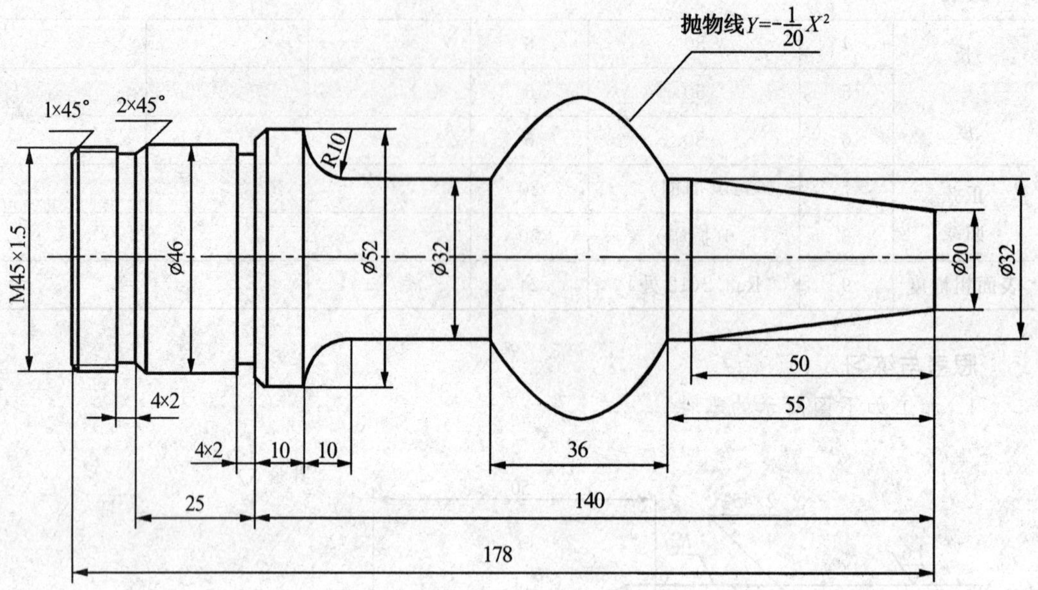

第 2 题图　抛物线加工零件

要求：(1)编写出该零件的加工工艺。

(2)编写出该零件的加工程序。

(3)在数控车床上加工出来

3. 宏程序应用在什么场合？

4. 在宏程序中使用哪几种变量？

5. B 类宏程序控制指令有哪几种？

模块四　技能鉴定点评

职业技能鉴定是一项基于职业技能水平的考核活动，属于标准参照型考试。它是由考试考核机构对劳动者从事某种职业所应掌握的技术理论知识和实际操作能力作出客观的测量和评价。职业技能鉴定分为知识要求考试和操作技能考核两部分。内容是依据国家职业（技能）标准、职业技能鉴定规范（即考试大纲）和相应教材来确定的，并通过编制试卷来进行鉴定考核。知识要求考试一般采用计算机答卷和仿真考试两种，技能要求考核一般采用现场操作加工典型工件、生产作业项目、模拟操作等方式进行。

任务一　职业技能仿真试题解析

相关知识

◎ 仿真软件的应用

技能要点

◎ 掌握仿真考试的技巧

车工（数控）仿真操作技能考核试卷

考件编号：________　姓名：________　准考证号：________　单位：________

(1)本题分值：100 分；

(2)考核时间：120 分钟；

(3)具体考核要求：按工件图样完成加工操作。

推荐使用刀具，见表 2-48。

表 2-48　选择刀具

序　号	刀片类型	刀片角度	刀　柄
1	菱形刀片	80	93 正偏手刀
2	菱形刀片	35	93 正偏手刀

工件毛坯尺寸：⌀50×105mm

1. 该仿真试题为一轴类零件加工，如图 2-136 所示，这道题上汇集了外圆、端面、阶台、锥体、螺纹和圆弧等加工内容，是一道能综合反映学员操作技能的考题。

2. 在纸质仿真试卷和电脑的考试指南上已注明该零件毛坯的尺寸是⌀50×105mm 的 45 圆钢，加工的时候可采用三爪卡盘夹持，因有一 $R18$ 凹圆弧，可选用 35°刀尖的外圆偏刀，一次装夹完成右端的所有加工尺寸。然后调头装夹，完成左端锥面、台阶面、及螺纹等尺寸的加工。

3. 零件图上有一 M48×1.5 的螺纹，需计算出螺纹大径、小径、螺纹高度等尺寸。

4. 零件图左端为一个 8°圆锥台阶，圆锥小端尺寸没有标出，需计算圆锥小端尺寸。

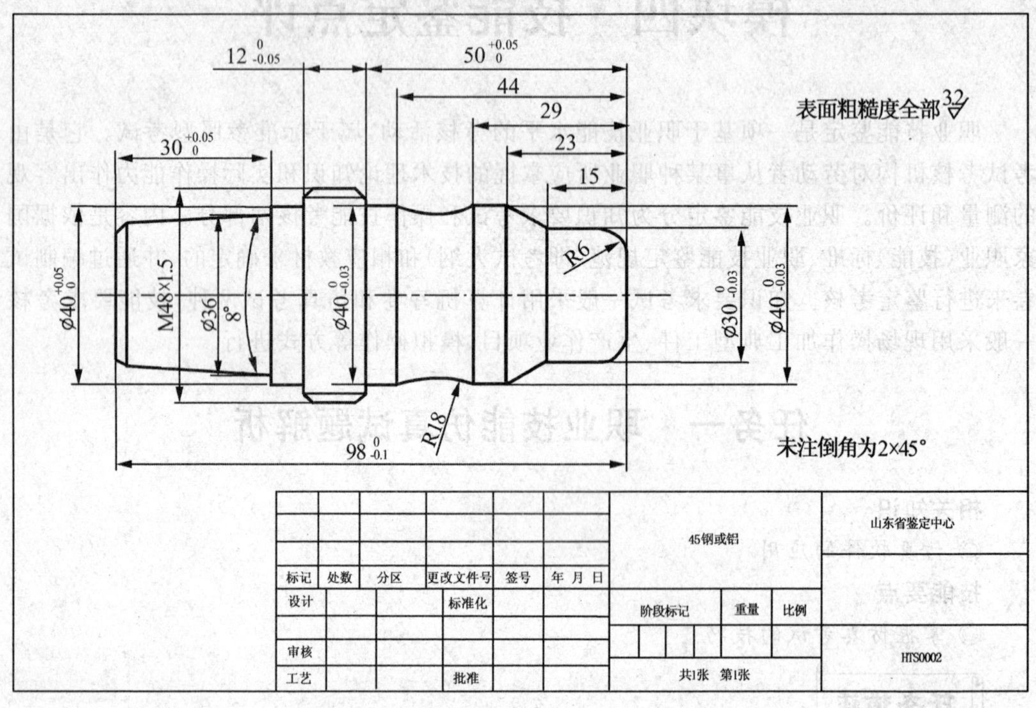

图 2-136 仿真零件

一、关于螺纹牙型高度的计算

车削外螺纹时，特别是加工塑性材料，由于受到螺纹车刀的挤压会使螺纹大径产生塑性变形，尺寸变大，所以在车削外螺纹的大径时应比基本尺寸小 0.2～0.4mm（约为 0.13P，P 为螺距），车好螺纹后牙顶处有 0.125P 的宽度。同样，车削三角形内螺纹时，内孔直径也会缩小，所以车削内螺纹前的孔径要比内螺纹小径略大些，一般在加工三角形内、外螺纹时采用下列经验公式计算：

普通公制外螺纹经验计算公式：

$$d_{大径} \approx d-0.13P(0.2\sim0.4\text{mm})$$

$$d_{小径} \approx d-1.3P$$

普通公制内螺纹经验计算公式：

$$D_{小径} \approx D-P$$

$$D_{大径} \approx D$$

其中 d 为外螺纹公称直径，D 为内螺纹公称直径，P 为螺距。

根据螺纹的经验计算公式，加工 M48×1.5 外螺纹时大、小径的尺寸为：

$d_{大径} \approx d - 0.13P = 48 - 0.13 \times 1.5 = 47.805\text{mm}$

$d_{小径} \approx d - 1.3P = 48 - 1.3 \times 1.5 = 46.05\text{mm}$

二、左端 8°圆锥面 2mm 倒角尺寸计算

如图 2-137 所示。

因宇龙仿真软件 FANUC 系统暂时没有提供倒角功能指令，也没有提供 45°外圆倒角刀具，故左端 8°圆锥面 2mm 倒角两端 B、C 两点坐标需进行数学计算：

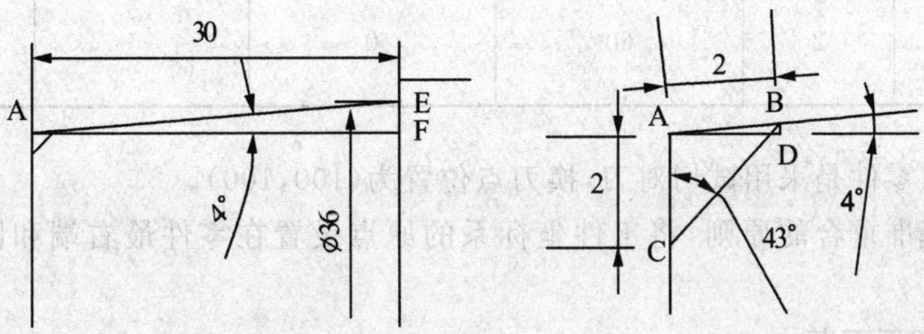

图 2-137 节点的计算

圆锥 A 点 X 坐标：$X_1 = 36 - (AE \times \sin\angle EAF) \times 2 = 36 - (30 \times \sin 4) \times 2 = 31.815$

A 点坐标：($X31.815, Z0$)

倒角 B 点的 X 坐标为：$X_2 = 31.815 + BD = 31.815 + (AB \times \sin\angle BAD) \times 2$

$= 31.815 + (2 \times \sin 4) \times 2$

$= 32.094$

倒角 B 点的 Z 坐标为：$Z_2 = -AD = -(AB \times \cos\angle \mathrm{BAD})$

$= -(2 \times \cos 4)$

$= -1.995$

倒角 B 点坐标为：($X32.094, Z-1.995$)

倒角 C 点的 X 坐标为：$X_3 = 31.815 - AC \times 2$

$= 31.815 - 2 \times 2$

$= 27.815$

倒角 B 点坐标为：($X32.094, Z-1.995$)

倒角 C 点坐标为：($X27.815, Z0$)

任务实施

一、图样分析

1. 该工件需调头加工。长度 $12_{-0.05}^{\ 0}$ 为间接保障尺寸，调头后需要注意保证。

2. 由于刀尖圆弧的存在，在加工轮廓圆弧和锥体时会出现误差，故使用刀尖圆弧半径补偿指令。

3. 注意表面粗糙度和倒角的数值并没出现在零件图上，在技术要求处出现，不要忽略。

二、选择刀具和切削用量

1. 由以上分析可知，该零件使用两把刀具：1# 刀具加工外轮廓；2# 刀具加工螺纹，刀

具参数如表 2-49 所示。

表 2-49 刀具参数表

刀具名称	刀具号	刀具规格(°)	刀尖半径(mm)	刀具方位	刀具简图
外轮廓刀	1	93	0.2	3	
外螺纹刀	2	60	0		

2. 加工该零件是采用试切对刀,换刀点位置为(100,100)。

3. 根据基准重合的原则,将工件坐标系的原点设置在零件最右端和回转轴线的交点上。

三、制定加工工艺

采用三爪卡盘夹紧定位,工件的伸出长度为 80mm;使用 1# 刀粗精加工外轮廓,粗加工时 X 向留 0.4mm、Z 向留 0.2mm 的精加工余量。右端车削完成后调头车削左端轮廓,使用 1# 刀粗精加工外轮廓并去除毛坯长度方向余量,粗加工时 X 向留 0.4mm、Z 向留 0.2mm 的精加工余量,精加工时所有轮廓加工至尺寸,用 2# 螺纹刀加工 M48×1.5 螺纹至尺寸,加工工艺卡如表 2-50 所示。

表 2-50 数控加工工艺卡

工序	工序内容	刀具号	主轴转速 (r/min)	进给速度 (mm/r)	吃刀量 (mm)	备注
1	车右端面并粗、精车右端外轮廓	1	1200	0.2	0.3	
2	调头,车左端面保证总长,粗、精车左端面轮廓至尺寸	1	1200	0.3	2	
3	粗、精车 M48×1.5 螺纹至尺寸	2	400	1.5	0.5	牙高

四、编写程序单

加工如图 2-136 所示零件的程序如表 2-51、表 2-52 所示。

表 2-51 右端轮廓加工程序

程　序	注　释
O0001;	程序名
G40;	取消刀补
T0101;	调用 1 号刀具及 1 号刀补

续表

G0X52. Z0；	快速点位到程序加工起点
M3S1200；	主轴正转，转速为 1200r/min
G01X-2. F0. 3；	精车右端面到 X-2. 0
G00X52. Z2. ；	快速定位至加工起点
G71U2. 0R0. 5；	外轮廓粗加工复合循环
G71P1Q2U0. 6W0. 05F0. 3；	
N1G0G42X12. ；	精加工程序段的开始，建立刀补
G01Z0F0. 15；	刀具移动至右端面
X16. ；	刀具移动至 R5 圆弧起点
G03X26. Z-5. R5. ；	加工 R5 圆弧
G01Z-14. ；	直线插补至圆锥起点
X38. Z-22. ；	加工右端锥体
Z-28. ；	直线插补至凹圆弧起点
G02Z-43. R18. ；	加工 R18 凹圆弧
G01Z-50. ；	直线插补至 Z-50mm
X43. 805；	直线插补至倒角起点
X47. 805Z-52. ；	倒角
Z-70.	直线插补加工 M48×1. 5 外螺纹大径
N2G01G40X52. ；	精加工程序段的结束，退刀，取消刀补
G70P1Q2；	外轮廓精加工循环
G0X100. Z100. ；	快速移动至换刀点
M05；	主轴停转
M30；	程序结束

表 2-52 左端轮廓加工程序

程 序	注 释
O0002；	程序名
G40；	取消刀补
T0101；	调用 1 号刀具，使用 1 号刀补
G00X52. Z8. ；	快速点位到程序加工起点
M3S1200；	主轴正转，转速为 1200r/min
G94X-2. Z7. F0. 3；	单一端面加工循环，去除左端余量
Z4. ；	

续表

Z2.；	
Z0.2；	
Z0.；	
G00X52.Z2.；	快速定位至循环加工起点
G71U2.0R0.5；	外轮廓粗加工复合循环
G71P1Q2U0.4W0.2F0.3；	
N1G0G42X26.；	精加工程序段的开始，建立刀补
G01Z0F0.15；	刀具移动至左端面
X27.815；	直线插补倒角起点
X32.094Z-1.995；	加工 2×45°倒角
X36.Z-30.；	加工左端锥体
X40.；	直线插补至 X40.0mm 外圆
Z-36.；	直线插补至 M48×1.5 外螺纹台阶处
X43.805；	直线插补至倒角起点
U6.W-3.；	倒角
N2G01G40X52.；	精加工程序段的结束，退刀，取消刀补
G70P1Q2；	外轮廓精加工循环
G00X100.Z100.	快速移动至换刀点
T0202；	调用 2 号刀具，使用 2 号刀补
G00X52.Z-32.；	快速移动至螺纹加工起点
G92X47.Z-52.F1.5；	螺纹单一循环
X46.5F1.5；	
X46.2F1.5；	
X46.05F1.5；	
G00X100.Z100.；	快速移动至换刀点
M5；	主轴停转
M30；	程序结束

五、仿真加工步骤

1. 点击“开始”菜单，选中“程序/宇龙数控技能考核软件/考生程序”，或直接点选桌面“考生程序”图标打开考生程序的登录界面。

系统将显示如图 2-138 所示的界面，准考证号自动出现在准考证一栏中，并在考生信息一栏中显示考生的考试信息。

2. 到鉴定考试规定时间后，点击“确认”键，进入考试指南画面，如图 2-139 所示。

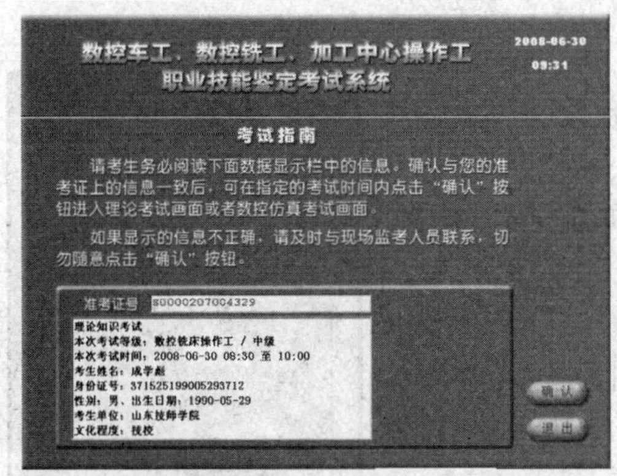

图 2-138 考生程序的登录界面

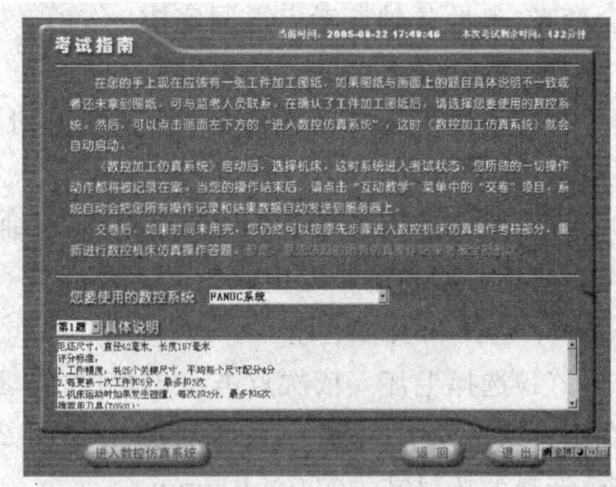

图 2-139 考试指南界面

请考生认真阅读考试指南，并核对仿真试卷图纸编号是否与电脑界面中显示的信息是否一致，如果不一致，请与监考人员联系。在白色窗口内有本次考试的毛坯尺寸、评分标准等信息。

3. 详细阅读完考试指南画面信息后，选择自己要用的机床系统类型和试题，点击窗口左下方的“进入数控仿真系统”按钮后，系统将进入数控加工仿真系统，并显示选择机床对话框，如图 2-140 所示。

这时系统进入考试状态，考生的一切操作动作都将被记录。考生选择好“控制系统”、“机床类型”和“厂家及型号”后，点击“确定”按钮进入操作状态，如图 2-141 所示。本例选择了 FANUC 0i 系统标准型(平床身前置刀架)数控车床。

注意：控制系统、机床类型一定要选用平时练习时使用的类型，一旦选择错误，考生将没有权限更改机床型号，必须与监考人员联系。

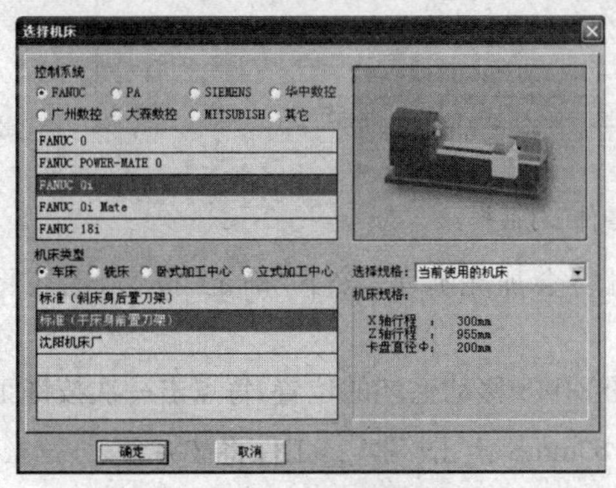

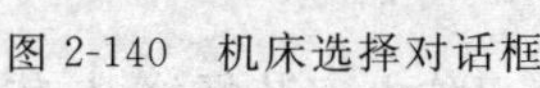
图 2-140 机床选择对话框

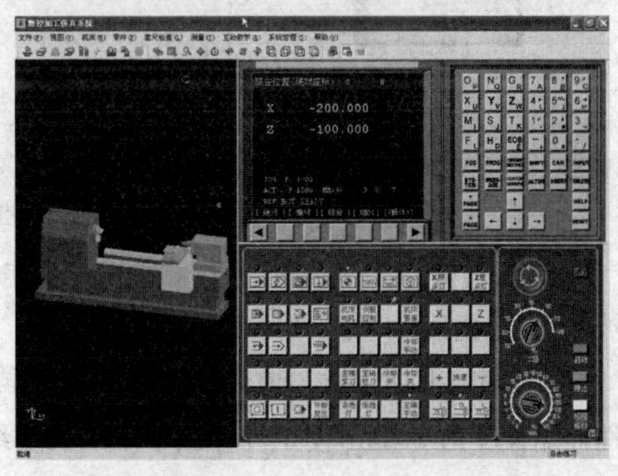

图 2-141 操作界面

4. 激活机床：检查急停按钮是否松开至状态，若未松开，点击急停按钮，将其松开。点击启动电源。

5. 回参考点：选择“回参考点”模式，选择 X 轴，点击正向移动键，使 X 轴返回参考点，回到参考点后 X 轴回参考点灯会变亮，表示 X 轴参考点返回完成，再选择 Z 轴，点击正向移动键，使 Z 轴返回参考点，回到参考点后 Z 轴回参考点灯会变亮，表示 Z 轴参考点返回完成。

注意：

(1)数控机床启动电源后，首先要返回机床参考点，建立机床坐标系。

(2)机床返回参考点时，必须先回 X 轴，再回 Z 轴，这样可以防止刀架与尾座发生碰撞。

6. 选择和安装毛坯

(1)选择毛坯　依次点击菜单栏中的"零件/定义毛坯"或在工具条上选择"▱"，系统将弹出如图 2-142 所示的对话框：选择毛坯尺寸为Ø50×105mm。

保存退出：按 确定 按钮，退出本操作，所设置的毛坯信息将被保存。

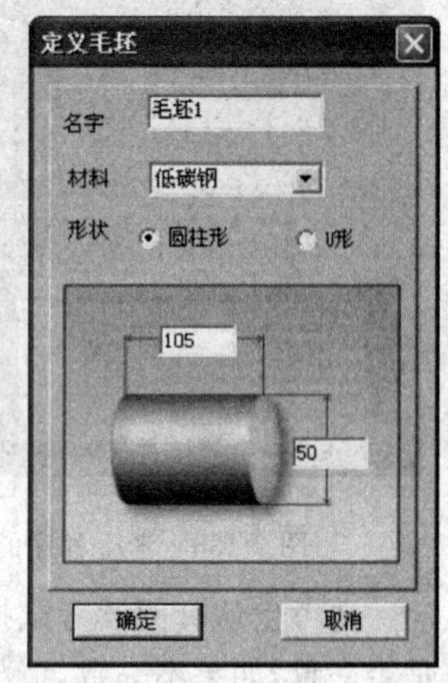

图 2-142　定义毛坯对话框

(2)安装毛坯　依次点击菜单栏中的"零件/放置零件"或者在工具栏中点击图标" "系统将弹出"选择零件"对话框。如图 2-143 所示。

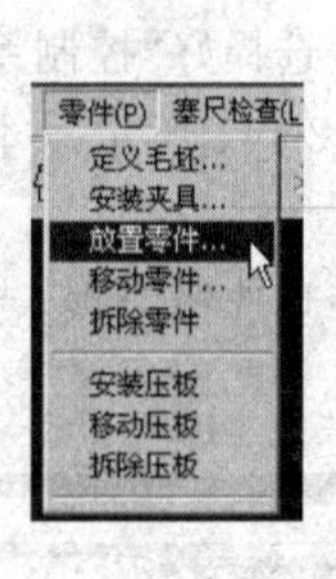

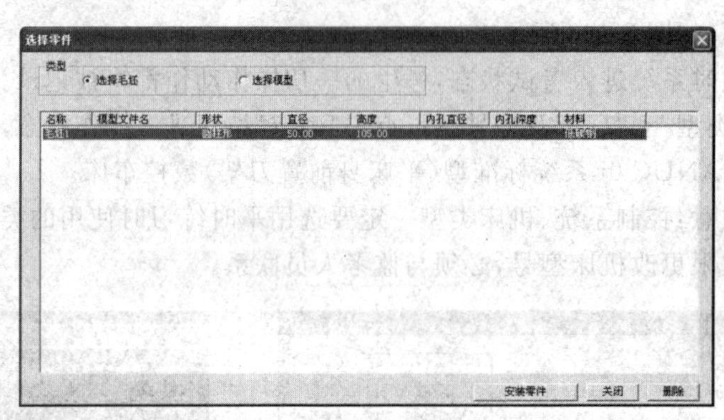

图 2-143　"选择零件"对话框

在列表中点击所需的毛坯，选中的毛坯信息将会加亮显示，按下"确定"按钮，毛坯将被放到机床上，如图 2-144 所示。

(3)调整毛坯位置　通过移动零件对话框如图 2-145 移动毛坯的位置，每点击一次按键工件伸缩长度为 10mm，使工件伸出卡爪的长度约为 80mm。点击 退出 ，工件将被夹紧。

7. 安装刀具

通过工艺分析，在 1# 刀位上安装外轮廓车刀，在 2# 刀位上安装螺纹刀，依次点击菜单栏中的"机床/选择刀具"或者在工具栏中点击图标" "，系统将弹出"车刀选择"对话框，如图 2-146 所示。1# 刀位选择刀具的刀片型号为 VBMT160404，刀尖角度为 35°，刃长为 16mm，刀尖圆弧半径为 0.4mm，刀柄型号为外圆左向横柄，主偏角为 93°。2# 刀位选择刀具的刀片型号为外螺纹刀片，刀尖角度为 60°，刃长为 11mm，刀柄型号为外螺纹刀柄，如图 2-146 所示。

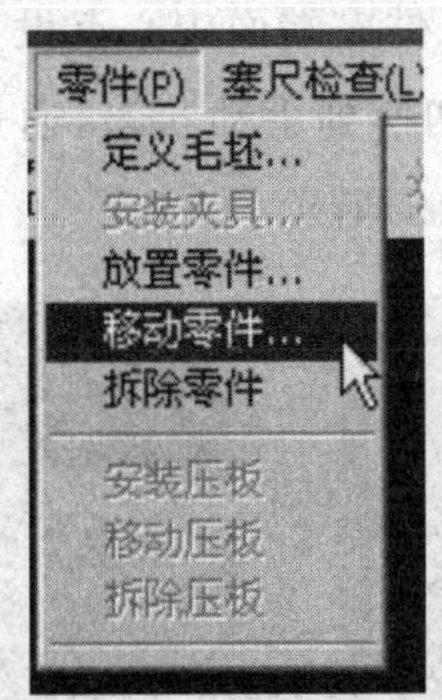

图 2-144 安装毛坯

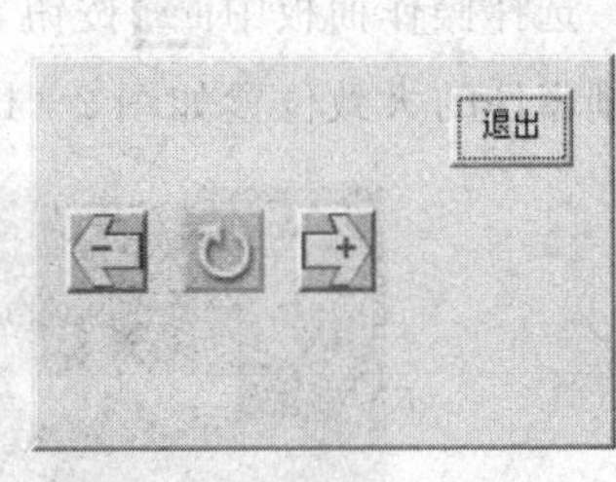

图 2-145 调整毛坯

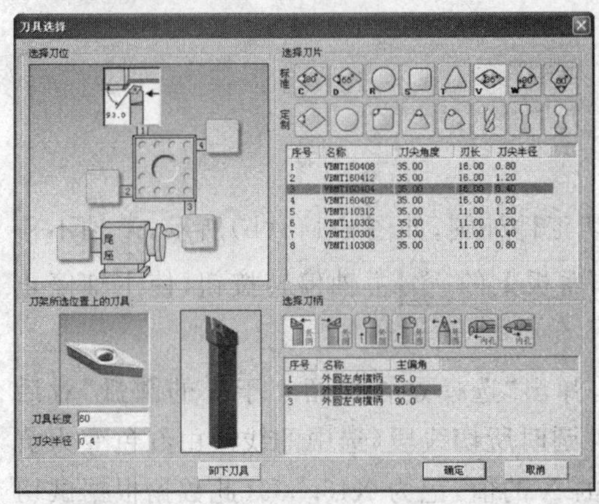

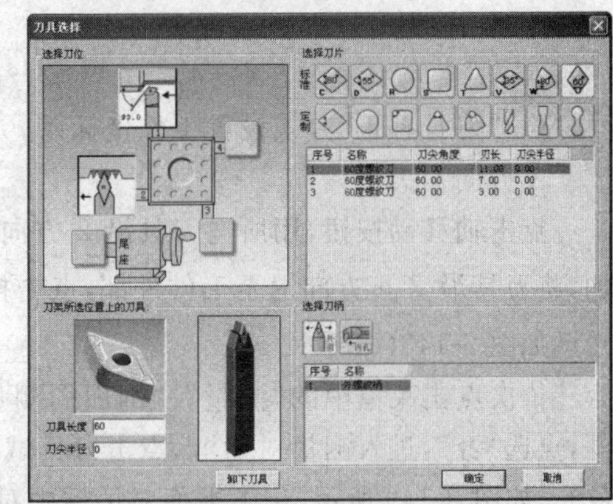

图 2-146 刀具选择对话框

8. MDI 操作

利用 MDI 方式改变主轴转速及换刀。

(1)按下控制面板上 模式选择键,机床切换到 MDI 运行方式,再点击系统面板上的 PROG 程序显示键,则 CRT 上显示出如图 2-147 所示,图中右上角显示当前操作模式“MDI”。

(2)用系统面板输入指令“M3 S600;”。

(3)输入完一段程序后,点击 INSERT,光标自动定位到程序头,点击操作面板上的“循环启动”按钮 ,运行程序。程序执行完自动结束,或按停止按键中止程序运行。

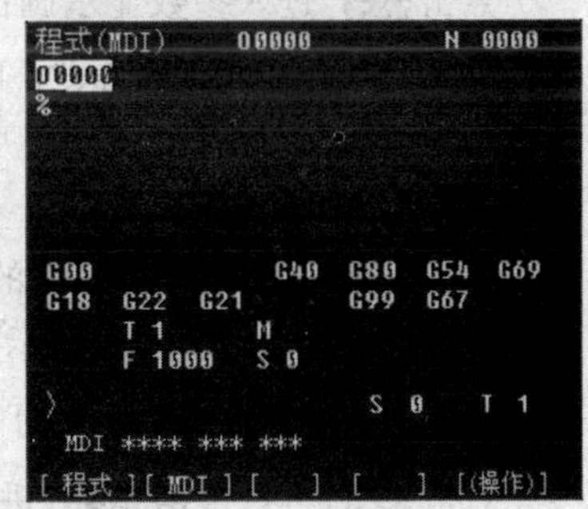

图 2-147 MDI 界面

注意:

①数控机床在启动电源后,初始转速为“0”转,所以必须在 MDI 模式下设定主轴转速后,在手动模式下才可以启动主轴。

②在 MDI 模式下运行后的程序将不被保存,程序运行完闭后将自动删除。

9. 对刀操作

数控程序一般按工件坐标系编程,对刀过程就是建立工件坐标系与机床坐标系之间对应关系的过程。常见的是将工件右端面中心点设为工件坐标系原点。

选择操作面板中按钮，切换到手动状态，通过点击轴移动按钮，使刀具移动到可切削零件的大致位置如图 2-148(a)所示。

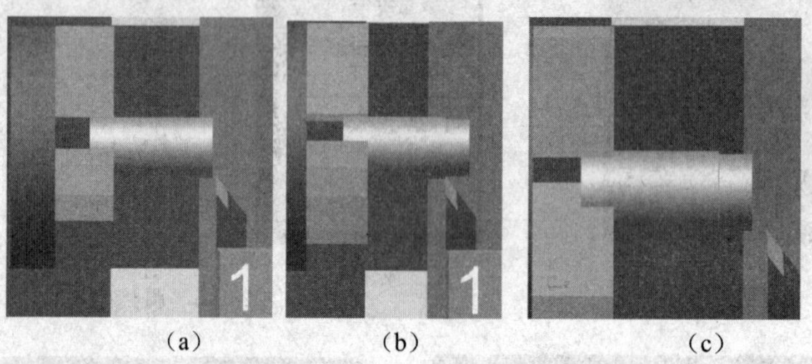

(a)　(b)　(c)

图 2-148　对刀操作

(1)“刀长补正”方式设置工件坐标系。

X 方向对刀：

点击轴移动按钮，用所选刀具沿 *Z* 方向试切工件外圆，如图 2-148(b)所示，*X* 轴不移动，将刀具沿 *Z* 正方向退至工件外部，点击操作面板上的主轴停转按钮，使主轴停止转动如图 2-148(c)所示。

依次点击菜单中的“测量”/“剖面图测量”，弹出“选择是否保留小于 1 的圆弧”对话框，点选“否”，进入测量对话框，点击刀具试切外圆时所切线段(选中的线段由红色变为黄色)。如图 2-149 所示，记下下面对话框中对应的 X 的值，记为 X46.559(此数据根据试切直径不同而发生变化)。

点击 OFFSET SETTING，进入参数显示画面，再点击[形状]，进入如图 2-150 所示界面，将光标移动至 01 号刀补位置，然后输入“X46.559”，点击[测量]软体菜单键，系统将自动计算，并将计算结果自动输入在 *X* 偏置栏中。

Z 方向对刀：

使刀具移动到可切削零件的大致位置如图 2-151(a)所示，点击轴移动按钮 *X* 方向试切工件端面，如图 2-151(b)所示，然后点击轴移动按钮沿 *X* 方向将刀具退出到工件外部，*Z* 轴不移动；点击操作面板上的主轴停转按钮，使主轴停止转动。

点击 OFFSET SETTING，再点击[形状]，进入刀补显示画面，将光标移动至 01 号刀补位置，然后输入“Z0”，点击[测量]软体菜单键，系统将自动计算，并将计算结果自动输入在 Z 偏置栏中。

输入 01＃刀具的刀尖圆弧：将光标移动至 01 号刀补刀尖圆弧 R 处，输入“0.4”，点击系统面板 INPUT 键。

输入 01＃刀具的刀尖方位号：将光标移动至 01 号刀补刀尖方位号 T 处，输入“3”，点击系统面板 INPUT 键，如图 2-152 所示。

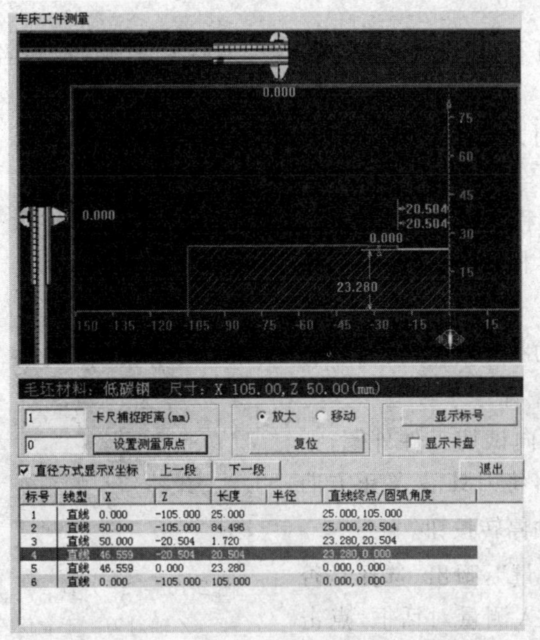

图 2-149　工件测量界面

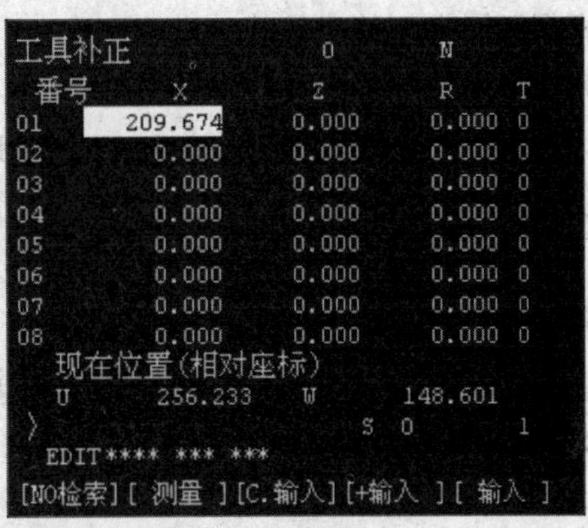

图 2-150　工具补正画面

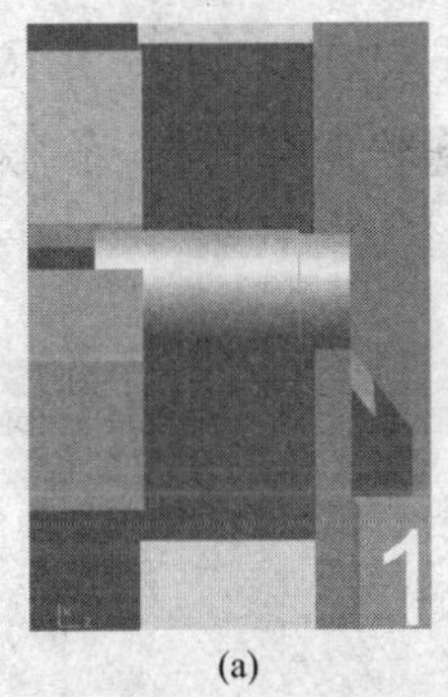

(a)　(b)

图 2-151　1# 刀具 Z 轴对刀

工具补正 O N

番号	X	Z	R	T
01	209.674	135.059	0.400	3
02	0.000	0.000	0.000	0
03	0.000	0.000	0.000	0
04	0.000	0.000	0.000	0
05	0.000	0.000	0.000	0
06	0.000	0.000	0.000	0
07	0.000	0.000	0.000	0
08	0.000	0.000	0.000	0

现在位置(相对座标)
U 261.417 W 135.059
S 108 1
JOG **** *** ***
[NO检索][测量][C.输入][+输入][输入]

图 2-152　刀具补正画面

(2)2[#]刀具对刀方法

①将刀架退回至换刀点，切换至 MDI 模式，输入程序“T0202;”，将 2 号刀切换为当前刀具。

②参照上述中的操作完成 X 方向的对刀操作。

③Z 方向对刀：

关于 Z 方向的对刀，在实际的操作过程中有很多种方法。根据不同类型的刀具其对刀的方法也不尽相同，这里我们只是介绍车刀的一种对刀方法以供参考。

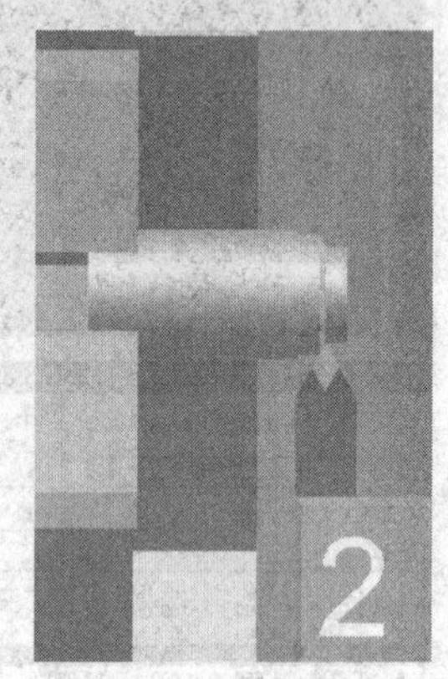

图 2-153　2[#]刀具 Z 轴对刀

选择操作面板中按钮，切换到手动状态，通过点击轴移动按钮，使刀具移动到可切削零件的大致位置。

点击轴移动按钮，用所选刀具沿 Z 方向试切工件外圆，如图 2-153 所示，车出一台阶后，Z 轴不移动，将刀具沿 X 正方向退至工件外部，点击操作面板上的主轴停转按钮。

依次点击菜单中的“测量”/“剖面图测量”，弹出“选择是否保留小于 1 的圆弧”对话框，点选“否”，进入测量对话框，点击刀具试切外圆时所切线段(选中的线段由红色变为黄色)。如图 2-154 所示，记下下面对话框中对应的 Z 的值，记为 Z-8.587(此数据根据试切长度不同而发生变化)。

点击 OFFSET SETTING，进入参数显示画面，再点击[形状]，进入如图 2-152 所示界面，将光标移动至 02 号刀补位置，然后输入“Z-8.587”，点击[测量]软体菜单键，系统将自动计算，并将计算结果自动输入在 Z 偏置栏中；如图 2-155 所示。

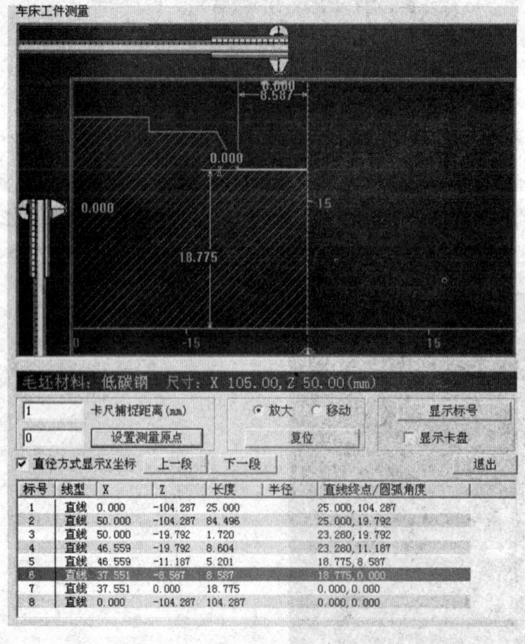

图 2-154　测量对话框

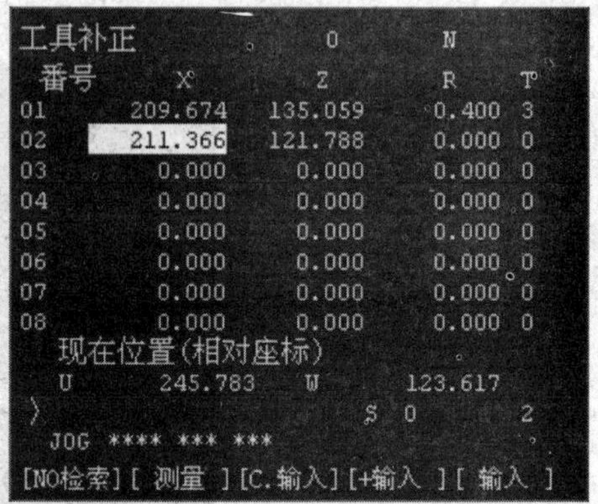

图 2-155　刀具补正画面

注意：

①刀具在进行对刀操作采用试切法时，试切的部位不能超出图纸标注的尺寸，不然在对刀阶段就会出现过欠现象。

②没有使用刀尖圆弧半径补偿的刀具可以不用输入刀尖圆弧 R 和刀尖方位号 T。

10. 输入程序

(1)选择操作面板上模式选择键，进入编辑模式，在系统面板上按下 PROG，进入程序显示画面，程序编辑画面如图 2-156 所示。

(2)输入新建程序号码“O001”，点击系统面板 INSERT 键，生成新程序文件，将已编好的程序 O0001 输入到系统中，如图 2-157 所示。

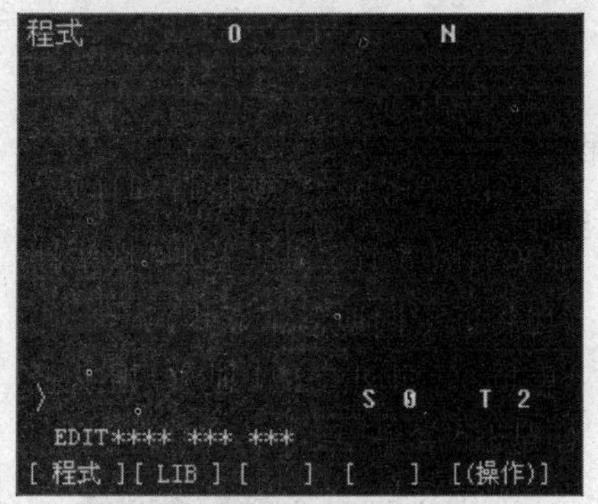

图 2-156 程序编辑界面

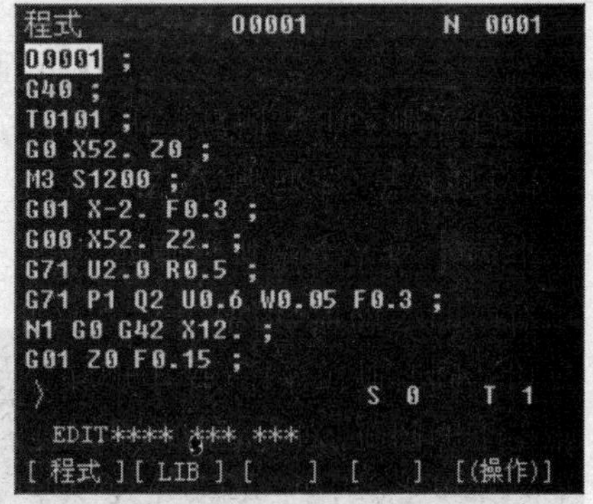

图 2-157 输入程序

注意：

程序输入时如尺寸字后为整数时，必须加小数点，如输入“X50”时输入为“X50.”。如不输入小数点，“X50”被当作“X0.05”。

11. 轨迹检查

(1)选择操作面板模式选择键，切换到自动方式下，点击系统面板上的 CUSTOM GRAPH 键，系统进入轨迹检查画面。

(2)按循环启动键开始模拟执行程序。执行后，则可看到加工的轨迹并可以通过工具栏上的来调整观看的角度及画面的大小。结果如图 2-158 所示。

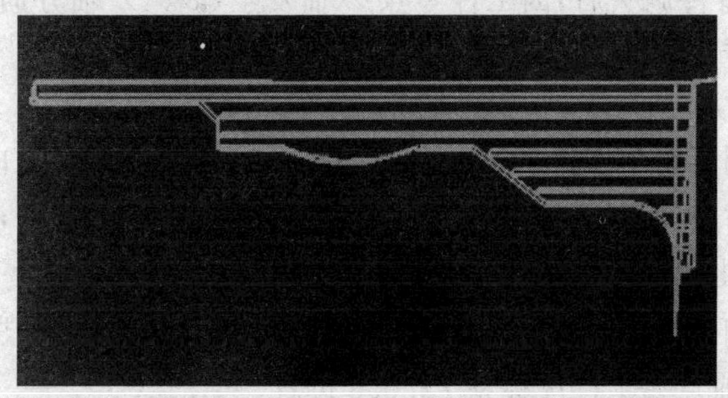

图 2-158 加工轨迹

注意：

利用轨迹检查功能，可以检查程序编写的正确性，在自动运行之前，执行此功能，可及时发现程序中的错误，减少毛坯的更换次数。

12. 自动加工

(1)检查机床是否回参考点。若未回参考点，先将机床回参考点。

(2)按下操作面板模式选择键，进入自动加工模式，点选控制面板 PROG，进入“程序检视”画面，如图 2-159 所示。

(3)选择要加工的程序。输入要执行的程序号“O0001”，点击 ↓ 或 [O检索]，调出要执行的程序，如进入程序检视画面后，检视画面已显示为要执行的程序号，则可直接执行下一步。

(4)点击循环启动键开始执行程序。

(5)程序执行完毕，或按 RESET 复位键中断加工程序，再按启动键则从头开始。

注意：自动加工时，注意将光标位置置于程序开始处才可开始自动运行。

零件右端仿真加工如图 2-160 所示。

```
程式检视        O0001          N 0001
O0001 ;
G40 ;
T0101 ;
G0 X52. Z0 ;
 (绝对座标)      (余移动量)
 X    309.674  X       0.000
 Z    235.059  Z       0.000

 F 900        S 0
 M            T 1

 >
  MEM **** *** ***          S 0     T 1
[BG-EDT][O检索][N检索] [    ]  [REWIND]
```

图 2-159　程式检视画面

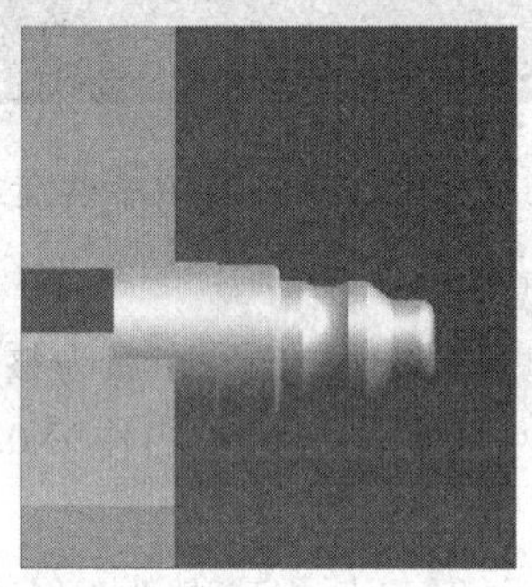

图 2-160　仿真加工图

13. 调头加工零件左端

打开移动零件对话框，点击将零件调头，并通过调整零件伸出长度为 95mm，如图 2-161 所示。

14. 对刀操作：零件调头后，因工件零点 Z 轴发生偏移，Z 轴方向必须重新进行对刀操作。操作步骤如下：

(1)1# 刀具对刀方法

①将刀具移动到可切削零件的大致位置，点击轴移动按钮 X 方向试切工件端面，然后点击轴移动按钮沿 X 正方向将刀具退出到工件外部，Z 轴不移动；点击操作面板上的主轴停转按钮，使主轴停止转动。如图 2-162 所示。

②打开剖面图测量画面，如图 2-163 所示，测量工件总长为 103.595mm，图纸要求总长为 98mm，刀具当前点在工件座标系 Z5.595 位置。

图 2-161 调头安装

图 2-162 试切断面

③点击OFFSET SETTING，再点击[形状]，进入刀补显示画面，将光标移动至 01 号刀补位置，然后输入“Z5.595”，点击[测量]软体菜单键，系统将自动计算，并将计算结果自动输入在 Z 偏置栏中。

(2)2# 刀具对刀方法

①将刀架退回至换刀点，切换至 MDI 模式，输入程序“T0202;”，将 2 号刀切换为当前刀具。

②选择操作面板中按钮，切换到手动状态，通过点击轴移动按钮，使刀具移动到可切削零件的大致位置。

点击轴移动按钮，用所选刀具沿 Z 方向试切工件外圆，如图 2-164 所示，车出一台阶后，Z 轴不移动，将刀具沿 X 正方向退至工件外部，点击操作面板上的主轴停转按钮。

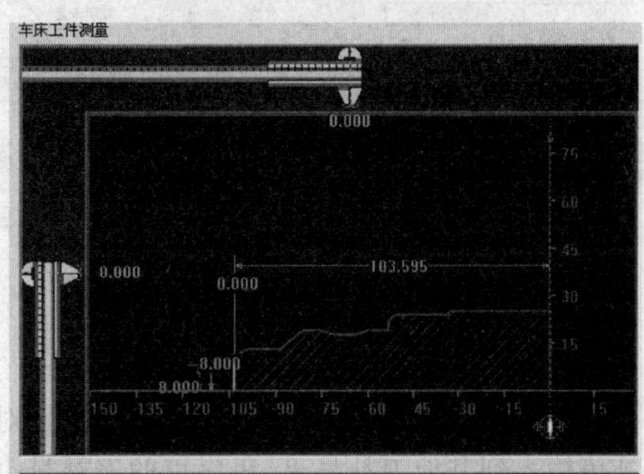

图 2-163 测量界面

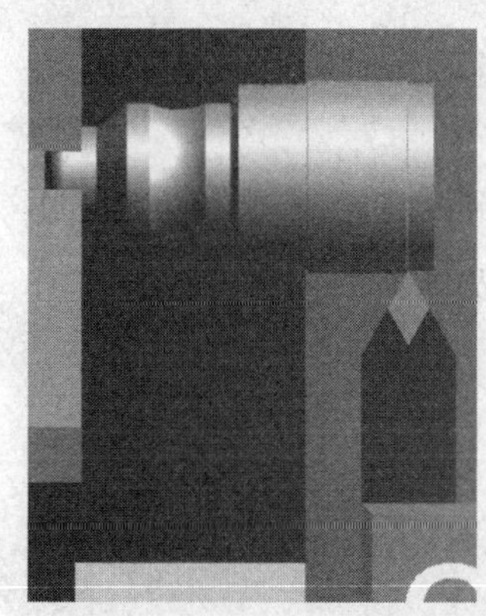

图 2-164 2#刀具 Z 轴对刀

依次点击菜单中的“测量”/“剖面图测量”，弹出“选择是否保留小于 1 的圆弧”对话框，点选“否”，进入测量对话框，点击刀具试切外圆时所切线段(选中的线段由红色变为黄色)。如图 2-165 所示，记下下面对话框中对应的 Z 的值，记为 6.635，因测量工件总长为 103.595mm，图纸要求总长为 98mm，刀具当前点在工件座标系 $Z=103.595-98-6.635=-1.04$ 位置。

点击OFFSET SETTING，进入参数显示画面，再点击[形状]，进入如图 5-28 所示界面，将光标移动至 02 号刀补位置，然后输入“Z-1.04”，点击[测量]软体菜单键，系统将自动计算，并将计算结果自动输入在 Z 偏置栏中；如图 2-166 所示。

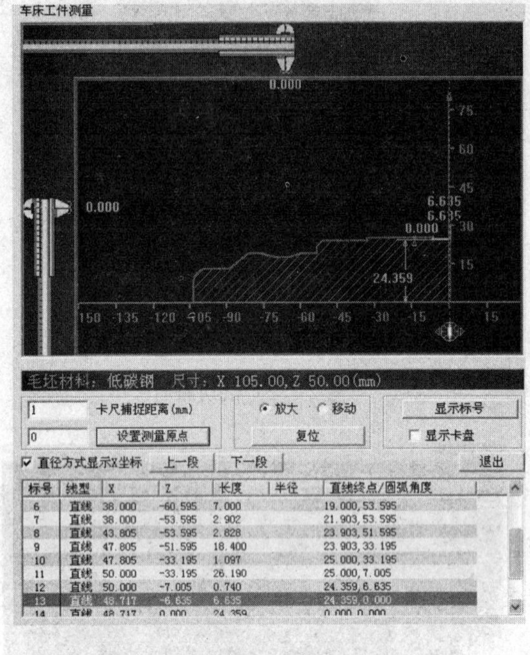

图 2-165　测量对话框

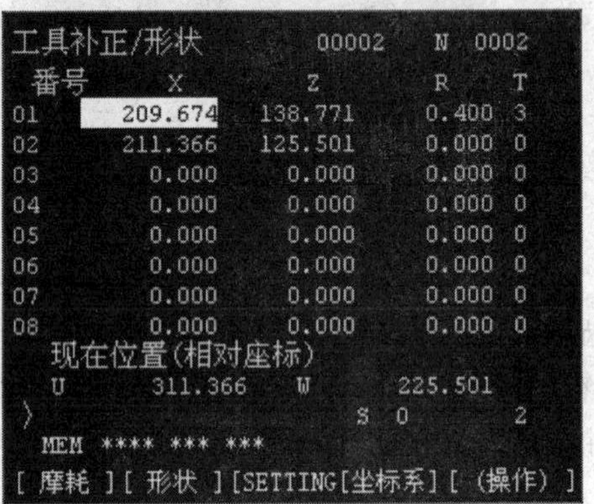

图 2-166　刀具补正画面

注意：

①为防止更换毛坯重新加工，调头重新对刀时，最好保留原有刀补，将调头后的新刀补值输入到其他刀补号里，程序里的刀补号也作相应更改。

②因数控车床的工件坐标系 X 轴零点一般设在主轴旋转中心处，故调头后 X 轴不需要重新对刀。

15. 输入程序

(1)选择操作面板上模式选择键，进入编辑模式，在系统面板上按下 PROG，进入程序显示画面。

(2)输入新建程序号码“O0002”，点击系统面板 INSERT 键，生成新程序文件，将已编好的程序 O0002 输入到系统中。

16. 轨迹检查

(1)选择操作面板模式选择键，切换到自动方式下，点击系统面板上的 CUSTOM GRAPH 键，系统进入轨迹检查画面。

(2)按循环启动键开始模拟执行程序。执行后，则可看到加工的轨迹并可以通过工具栏上的来调整观看的角度及画面的大小。结果如图 2-167 所示。

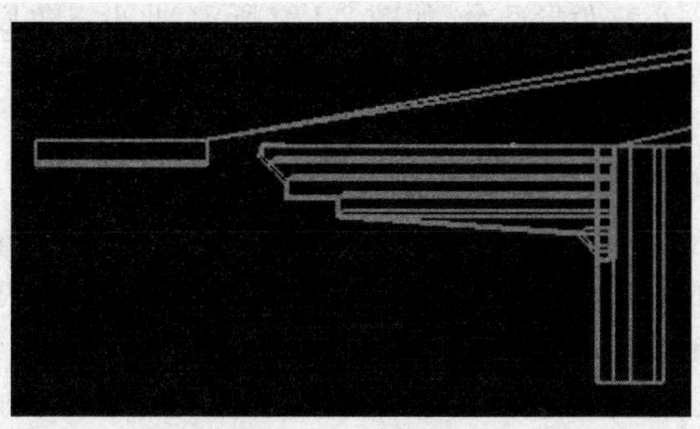

图 2-167 加工轨迹

17. 自动加工

(1)按下操作面板模式选择键 ，进入自动加工模式，点选控制面板 PROG，进入“程序检视”画面。

(2)选择要加工的程序。输入要执行的程序号“O0002”，点击 ↓ 或 [O检索]，调出要执行的程序。

(2)点击循环启动键 开始执行程序。

(3)程序执行完毕，或按 RESET 复位键中断加工程序，再按启动键则从头开始。

零件仿真加工如图 2-168 所示。

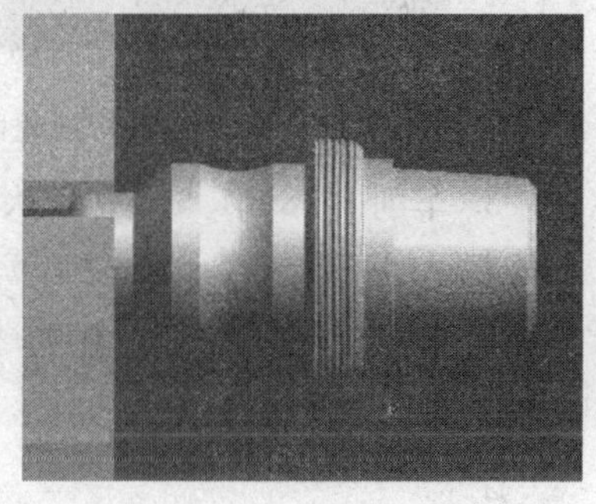

图 2-168 仿真加工图

18. 零件的仿真检测

零件加工完成后，依次点击菜单中的“测量”/“剖面图测量”，弹出“选择是否保留小于 1 的圆弧”对话框，点选“是”，进入测量对话框。依次点击各形状尺寸，仔细检测各尺寸是否附合图纸要求，如出现形状不对或尺寸超差，请重新检测程序、对刀等是否正确，如有需要，更换毛坯，修正错误后重新加工。如附合图纸要求，可以交卷。

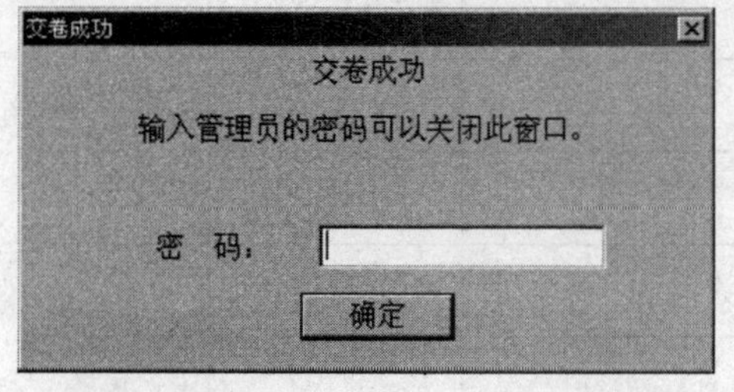

图 2-169 交卷成功对话框

注意：因在测量时，“选择是否保留小于 1 的圆弧”对话框，点选为“是”，测量画面将保留产生的刀尖圆弧，注意刀尖圆弧对长度尺寸方向的影响。

19. 交卷

(1)考生仿真操作考试结束后，点击菜单“互动教学/交卷”，按提示输入资料，当出现交卷成功对话框时表示交卷完毕，如图 2-169 所示。

(2)在密码栏内输入管理员密码后，结束仿真考试程序。

六、误差分析与排除

1. 编写精车端面程序时，X 坐标值不能为“X0”，如为“X0”，因刀尖圆弧的存在，会在工件端面中心处留有一小三角形凸台，如图 2-170 所示，此小三角形凸台的产生，将会影响长度方向尺寸的测量，产生误差，切削刀具一定要过中心，最好大于一个刀尖圆弧半径，一般可以编写为“X-2.”。

2. 粗车右端轮廓时，因 *R*18 凹圆弧槽深度较浅，可以采用 G71 内外径循环粗加工指令，编程时注意 G71 指令精加工余量 *U*、*W* 参数的设置，*U* 为直径方向精加工的余量和方向，*W* 为长度方向精加工的余量和方向，因粗加工循环时，不执行刀尖圆弧补偿功能，如果参数设置不合理，*R*18 凹圆弧将会产生部分过切现象，如图 2-171 所示，当 *W* 选正值留取加工余量时，*R*18 凹圆弧右端会产生过欠现象，当 *W* 选负值留取加工余量时，*R*18 凹圆弧左端又会产生过欠现象，一般根据刀尖圆弧大小适当设置 *U*、*W* 参数，*U* 尽量大一点，*W* 尽可能小一些或选取“0”值，避免产生过切。

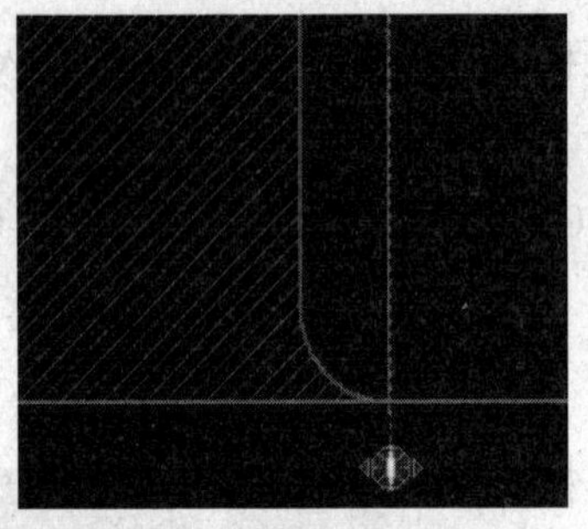

图 2-170　端面中心切削残留

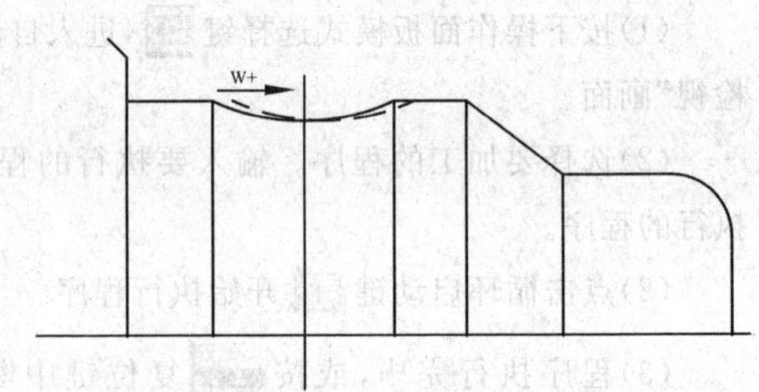

图 2-171　*R*18 凹圆弧过欠现象

3. 车削 M48×1.5 外螺纹大径时，因此零件为仿真加工，外径可为公称直径尺寸，也可按实际加工时按经验公式计算的大径尺寸切削。编程时可选择 G92 螺纹单一循环加工指令。

加工如图 2-136 所示零件，成绩评分标准见表 2-53。

表 2-53　工件质量评分表

项目	序号	公差	配分	实测结果	得分	备注
外圆	1	$\varnothing 40^{+0.05}_{0}$	6			
	2	$\varnothing 36$	2			
	3	$\varnothing 30^{0}_{-0.03}$	8			
	4	$\varnothing 40^{0}_{-0.04}$	8			

续表

长度	5	$98^{+0}_{-0.1}$	6			
	6	$30^{+0.05}_{+0}$	6			
	7	$12^{+0}_{-0.05}$	8			
	8	$50^{+0.05}_{+0}$	8			
	9	44	2			
	10	29	2			
	11	23	2			
	12	15	2			
螺纹	13	M48×1.5	7			
锥度	14	8°	5			
圆弧	15	R18	5			
	16	R6	5			
倒角	17	2×45°(3 处)	6			
表面粗糙度	18	Ra3.2(12 处)	12			

思考与练习

1. 按图完成仿真练习。

(1)本题分值:100 分;

(2)考核时间:120 分钟;

(3)具体考核要求:按工件图样完成加工操作。

推荐使用刀具:

序号	刀片类型	刀片角度	刀柄	
1	菱形刀片	80°	93 正偏手刀	
2	菱形刀片	35°	93 正偏手刀	

工件毛坯尺寸:Ø50×105mm

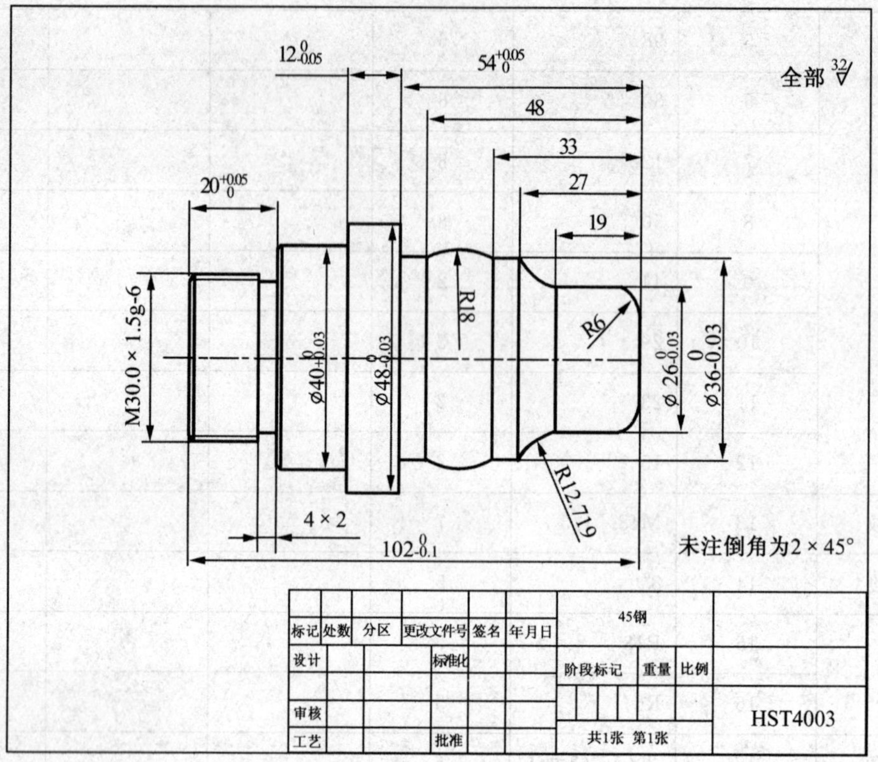

第 1 题图　零件图纸

2. 按图完成仿真练习。

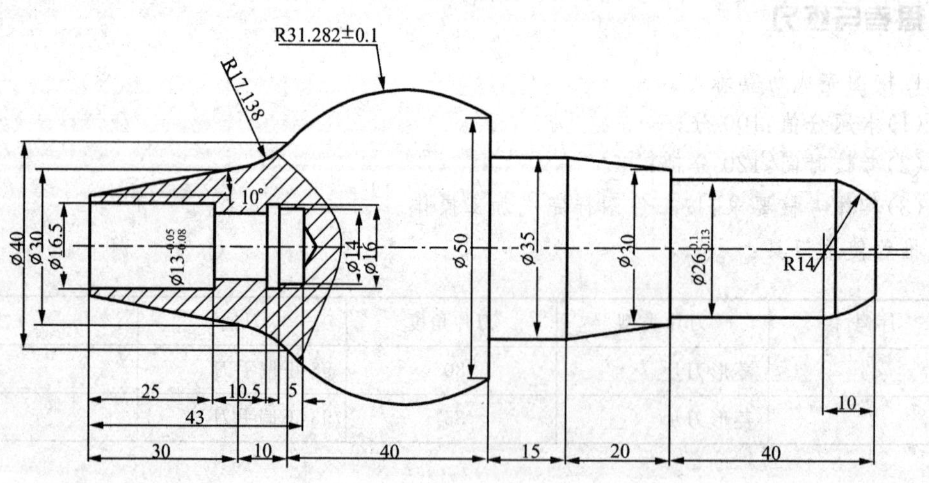

第 2 题图　轴套类零件

任务二　职业技能鉴定实操试题解析

相关知识：

◎ 螺纹的一般知识

◎ 螺纹的测量方法

技能要点：

◎加工误差分析及调整

试在 FANUC 系统数控车床上加工如图 2-172 所示的轴类零件，毛坯⌀50×100mm。

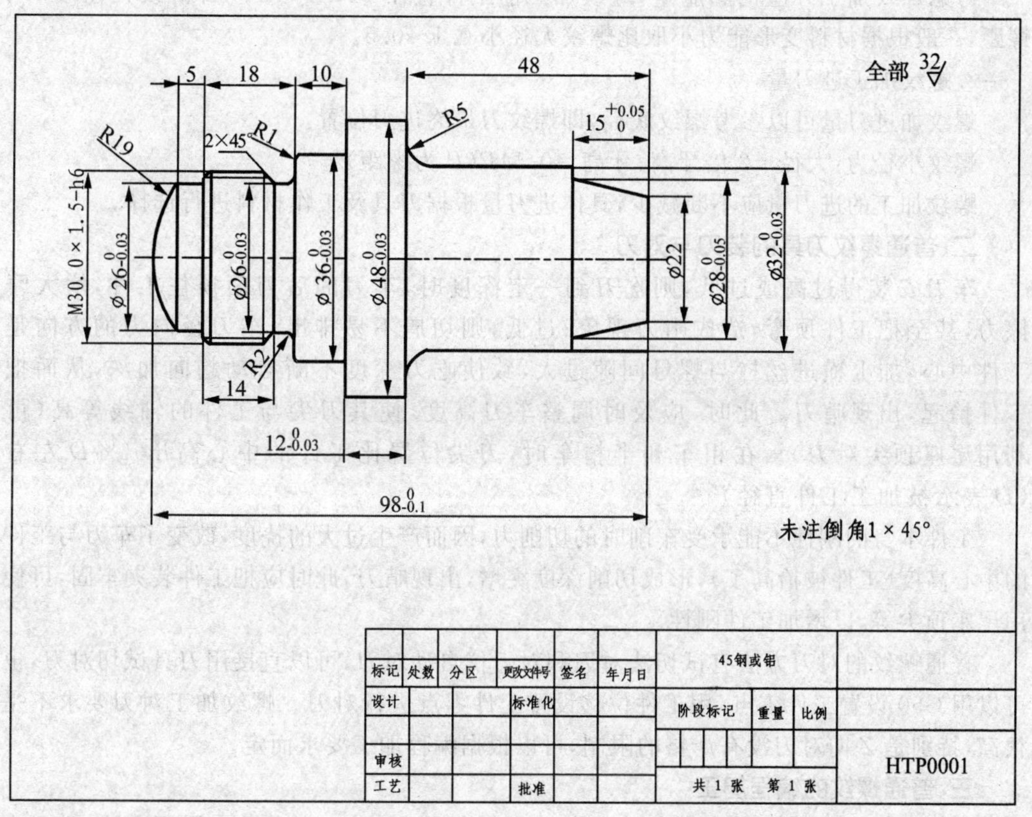

标记	处数	分区	更改文件号	签名	年月日	45钢或铝		
设计			标准化			阶段标记	重量	比例
审核								HTP0001
工艺			批准			共 1 张	第 1 张	

图 2-172　轴类零件

任务分析

(1)该实操试题为一轴类零件加工，如图 2-172 所示，此轴类零件汇集了端面、阶台、沟槽、螺纹和圆弧等加工内容，是一道能综合反映学员实际操作技能的考核考题。

(2)该零件毛坯的尺寸是⌀50×103mm 的 45 圆钢或硬铝，零件装夹可采用三爪卡盘夹持，因零件左端有一螺纹退刀槽，螺纹退刀槽槽底右端为一 R2.0mm 圆弧倒角，槽底左端为一 2×45°倒角，此退刀槽如选用切槽刀进行加工，编程较为麻烦，可选用副偏角较大的 35°刀尖的外圆偏刀同零件左端外部轮廓一次加工完成。

(3)零件图上有一 M30×1.5h6 的螺纹，需计算出螺纹大径、小径、螺纹高度等尺寸。螺纹加工刀具选择 60°刀尖的外螺纹刀具。

一、普通螺纹的尺寸分析

数控车床对普通螺纹的加工需要一系列尺寸，普通螺纹加工所需的尺寸计算分析主要包括以下两个方面：

1. 螺纹加工前工件直径

考虑螺纹加工牙型的膨胀量，螺纹加工前工件直径 $D/d-0.1P$，即螺纹大径减 0.1 螺距，一般根据材料变形能力小取比螺纹大径小 0.1～0.5。

2. 螺纹加工进刀量

螺纹加进刀量可以参考螺纹底径，即螺纹刀最终进刀位置。

螺纹小径为：大径－2 倍牙高；牙高＝$0.54P$(P 为螺距)

螺纹加工的进刀量应不断减少，具体进刀量根据刀具及工作材料进行选择。

二、普通螺纹刀具的装刀与对刀

车刀安装得过高或过低，则吃刀到一定深度时，车刀的后刀面顶住工件，增大摩擦力，甚至把工件顶弯，造成啃刀现象；过低，则切屑不易排出，车刀径向力的方向是工件中心，加上横进丝杠与螺母间隙过大，致使吃刀深度不断自动趋向加深，从而把工件抬起，出现啃刀。此时，应及时调整车刀高度，使其刀尖与工件的轴线等高(可利用尾座顶尖对刀)。在粗车和半精车时，刀尖位置比工件的中心高出 1%D 左右(D 表示被加工工件直径)。

工件本身的刚性不能承受车削时的切削力，因而产生过大的挠度，改变了车刀与工件的中心高度(工件被抬高了)，形成切削深度突增，出现啃刀，此时应把工件装夹牢固，可使用尾座顶尖等，以增加工件刚性。

普通螺纹的对刀方法有试切法对刀和对刀仪自动对刀，可以直接用刀具试切对刀，也可以用 G50 设置工件零点，用工件位移设置工件零点进行对刀。螺纹加工对刀要求不是很高，特别是 Z 向对刀没有严格的限制，可以根据编程加工要求而定。

三、普通螺纹的编程加工

在目前的数控车床中，螺纹切削一般有三种加工方法：G32 直进式切削方法、G92 直进式切削方法和 G76 斜进式切削方法，由于切削方法的不同，编程方法不同，造成加工误差也不同。我们在操作使用上要仔细分析，争取加工出精度高的零件。

1. G32 直进式切削方法，由于两侧刃同时工作，切削力较大，而且排削困难，因此在切削时，两切削刃容易磨损。在切削螺距较大的螺纹时，由于切削深度较大，刀刃磨损较快，从而造成螺纹中径产生误差；但是其加工的牙形精度较高，因此一般多用于小螺距螺纹加工。由于其刀具移动切削均靠编程来完成，所以加工程序较长；由于刀刃容易磨损，因此加工中要做到勤测量。

2. G92 直进式切削方法简化了编程，较 G32 指令提高了效率。

3. G76 斜进式切削方法，由于为单侧刃加工，加工刀刃容易损伤和磨损，使加工的螺纹面不直，刀尖角发生变化，而造成牙形精度较差。但由于其为单侧刃工作，刀具负载较小，排屑容易，并且切削深度为递减式。因此，此加工方法一般适用于大螺距螺纹加工。由于此加工方法排屑容易，刀刃加工工况较好，在螺纹精度要求不高的情况下，此加工方法更为方便。在加工较高精度螺纹时，可采用两刀加工完成即先用 G76 加工方法进行粗车，然后用 G32 加工方法精车。但要注意刀具起始点要准确，不然容易乱牙，造成零件报废。

4. 螺纹加工完成后可以通过观察螺纹牙型判断螺纹质量及时采取措施，当螺纹牙顶未尖时，增加刀的切入量反而会使螺纹大径增大，增大量视材料塑性而定，当牙顶已被削尖时增加刀的切入量则大径成比例减小，根据这一特点要正确对待螺纹的切入量，防止报废。

四、普通螺纹的检测

对于一般标准螺纹，都采用螺纹环规或塞规来测量。在测量外螺纹时，如果螺纹"通端"环规正好旋进，而"止端"环规旋不进，则说明所加工的螺纹符合要求，反之就不合格。测量内螺纹时，采用螺纹塞规，以相同的方法进行测量。除螺纹环规或塞规测量外还可以利用其他量具进行测量，用螺纹千分尺测量测量螺纹中径，用齿厚游标卡尺测量梯形螺纹中径牙厚和蜗杆节径齿厚，采用量针根据三针测量法测量螺纹中径。

1. 测量步骤

(1)利用三针量法检测梯形螺纹的测量步骤如图 2-173 所示。

①根据图纸中梯形螺纹的 M 值选择合适规格的公法线千分尺；

②擦净零件的被测表面和量具的测量面，按图将三针放入螺旋槽中，用公法线千分尺测量值记录读数；

③重复步骤②，在螺纹的不同截面、不同方向多次测量，逐次记录数据；

④判断零件的合格性。

(2)使用螺纹千分尺测量普通外螺纹中径的测量步骤如图 2-174 所示。

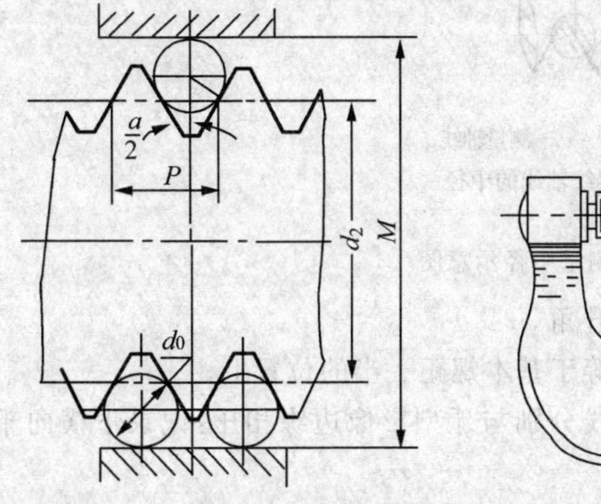

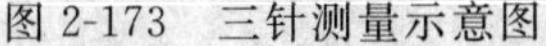
图 2-173　三针测量示意图

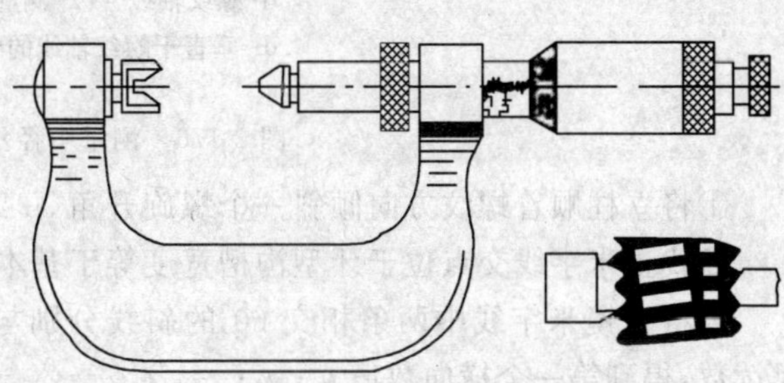

图 2-174　螺纹千分尺

①根据图纸上普通螺纹基本尺寸，选择合适规格的螺纹千分尺；

②测量时，根据被测螺纹螺距大小按螺纹千分尺附表选择 1、2 的测头型号，依图所示的方式装入螺纹千分尺，并读取零位值；

③测量时，应从不同截面、不同方向多次测量螺纹中径，其值从螺纹千分尺中读取后减去零位的代数值，并记录；

④查出被测螺纹中径的极限值，判断其中径的合格性。

(3)使用工具显微镜测量螺距、中径、牙型半角等的测量步骤如图 2-175 所示。

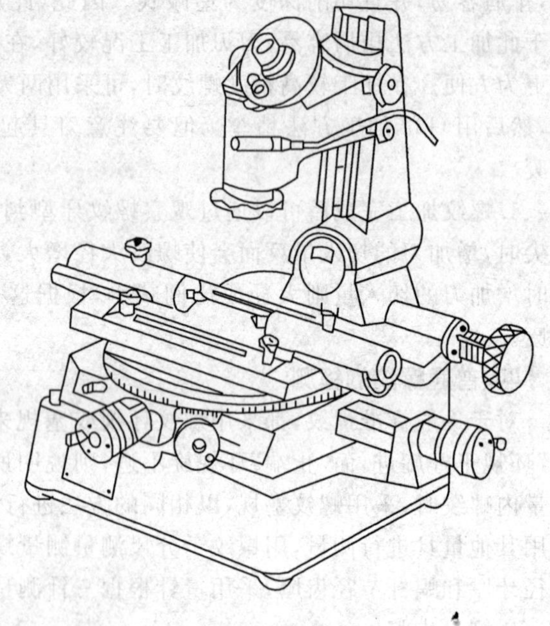

图 2-175　工具显微镜

①将工件安装在工具显微镜两顶尖之间，同时检查工作台圆周刻度是否对准零位；

②接通电源，调节光源及光栏，直到螺纹影像清晰；

③旋转手轮，按被测螺纹的螺旋升角调整立柱的倾斜度；

④调整目镜上的调节环使米字线、分值刻线清晰，调节仪器的焦距，使被测轮廓影像清晰；

⑤测量螺纹各参数。

螺纹中径测量如图 2-176 所示。

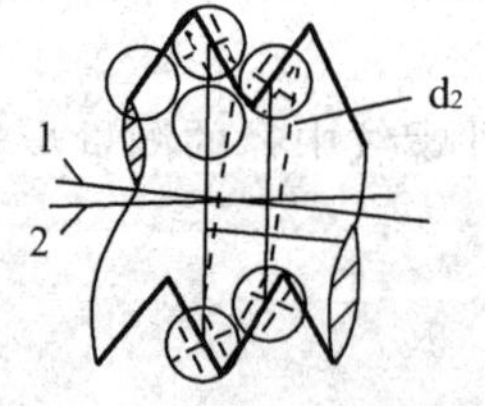

1-螺纹轴线　2-测量轴线

d_2-垂直于螺纹轴线的中径

图 2-176　测量中径示意图

①将立柱顺着螺纹方向倾斜一个螺旋升角 ψ；

②找正米字线交点位于牙型沟槽宽度等于基本螺距一半的位置上；

③将目镜米字线中两条相交 60°的斜线分别与牙型影像边缘相压：记录下横向千分尺读数，得到第一个横向数值 a_1、a_2；

④将立柱反射旋转到离中心位置一个螺纹升角 ψ，依照上述方法测量另一边影像，得到第二个横向读数 a_3、a_4；

⑤两次横向数值之差，即为螺纹单一中径：$d_{2左}=a_4-a_2$，$d_{2右}=a_3-a_1$，最后取两者平均值作为所测螺纹单一中径。

牙形半角测量如图 2-177 所示。

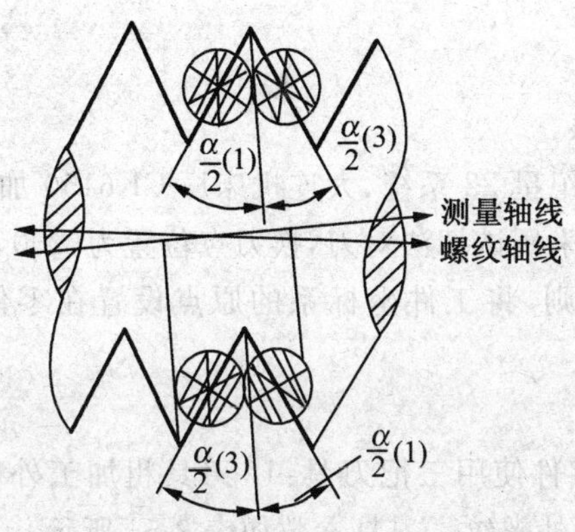

图 2-177 牙型半角测量

(a)调节目镜视场中的米字线的中心虚线分别与牙型影象的边缘相压，此时角度目镜中显示的读数。即为该牙侧的半角数值；

(b)分别测量相对的两个左半角和两个右半角，取代数和求均值，得出被测螺纹牙型左、右半角的数值。

$$\frac{\alpha}{2}(左)=\frac{\frac{\alpha}{2}(1)+\frac{\alpha}{2}(4)}{2} \qquad \frac{\alpha}{2}(右)=\frac{\frac{\alpha}{2}(2)+\frac{\alpha}{2}(3)}{2}$$

螺距测量如图 2-178 所示。

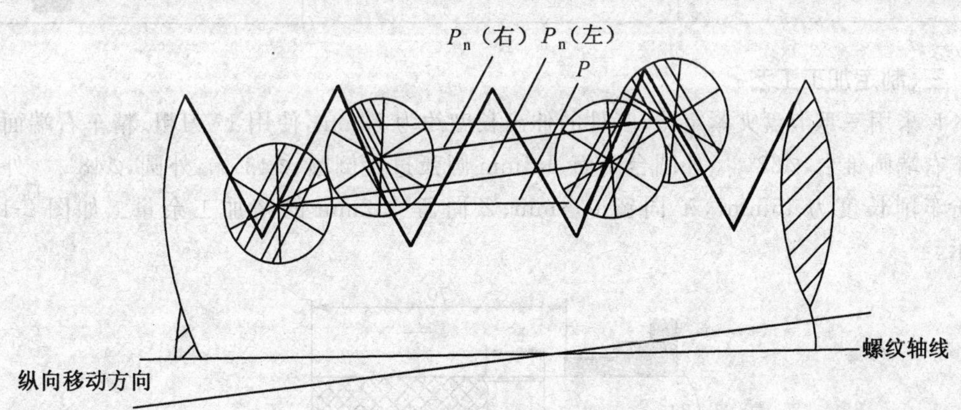

图 2-178 测量螺距

①使目镜米字线的中心虚线与螺纹牙型的影象一侧相压；

②记下纵向千分尺的第一次读数，然后移动纵向工作台，使中虚线与相邻牙的同侧牙型相压，记下第二次读数，两次读数之差即为所测螺距的实际值；

③在螺纹牙型左右两侧进行两次测量，取其平均值为螺距的实测值；

$$P_{实}=\frac{P_n(左)+P_n(右)}{2}$$

④根据螺纹精度要求，判定螺纹各参数的合格性。

一、选定机床和坐标系

1. 该工件选择华中世纪星 22 系统、大连机床厂 CK6150 加工。

2. 加工该零件对刀可采用试切法对刀，换刀点位置为(200,150)。

3. 根据基准重合的原则，将工件坐标系的原点设置在零件最右端和回转轴线的交点上。

二、选定切削刀具

由以上分析可知，该零件使用三把刀具：1# 刀具粗加工外轮廓，2# 刀具精加工外轮廓，3# 刀具加工 M30X1.5 外螺纹。刀具参数如表 2-54 所示。

表 2-54　　刀具参数表

刀具名称	刀具号	刀具规格(°)	刀尖半径(mm)	刀具方位	刀具简图
外轮廓刀	1	93	0.2	3	
外轮廓刀	1	93	0.4	3	
外螺纹刀	3	60	0		

三、制定加工工艺

1. 采用三爪卡盘夹紧定位，工件的伸出长度约为 70mm，使用 1# 刀粗、精车右端面及粗车右端圆锥台、$\varnothing 32^{0}_{-0.03}$外圆台阶面、R5mm 圆弧过渡倒圆、$\varnothing 48^{0}_{-0.03}$外圆，$\varnothing 48^{0}_{-0.03}$外圆台阶车削长度为 15mm，$X$ 向留 0.4mm、Z 向留 0.2mm 的精加工余量。如图 2-179 所示。

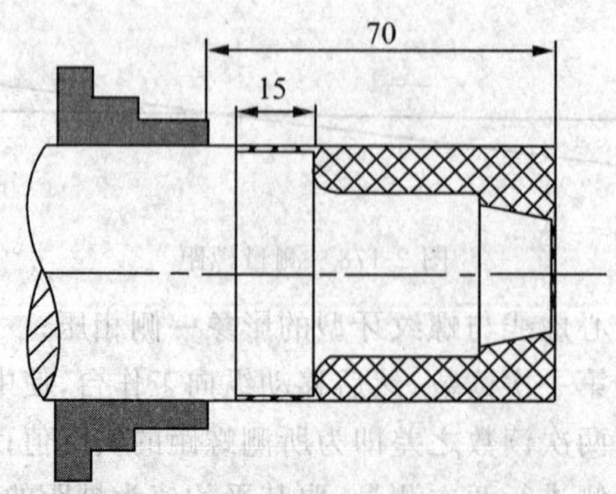

图 2-179　零件右端装夹加工示意图

2. 调用 2# 精车刀具精加工右端外部轮廓至尺寸。

3. 调头粗、精加工左端外轮廓，夹持∅32 外圆台阶面，因此外圆表面已加工完成，装夹时加垫铜皮，以免夹伤∅32 外圆表面。用百分表较正$\varnothing 48^{0}_{-0.03}$外圆，以保证零件左端与右端的同轴度。使用 1# 刀粗、精车左端面保证总长尺寸为$98^{0}_{-0.1}$，粗车左端轮廓 R19.0mm 圆弧、$\varnothing 26^{0}_{-0.03}$外圆、M30×1.5－h6 的外螺纹，2×45°倒角、$\varnothing 26^{0}_{-0.03}$槽、R2.0mm 圆弧倒角、$\varnothing 36^{0}_{-0.03}$外圆台阶，粗加工时 X 向留 0.4mm、Z 向留 0.2mm 的精加工余量。如图 2-180 所示。

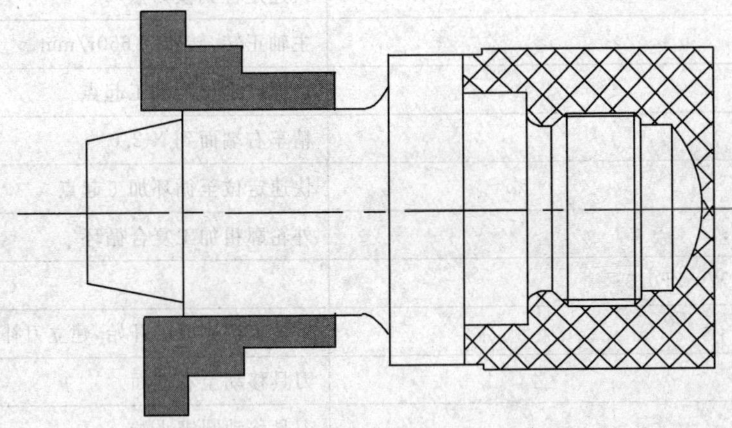

图 2-180　零件左端装夹加工示意图

4. 调用 2# 精车刀具精加工左端外部轮廓至尺寸。

5. 调用 3# 螺纹刀加工 M30×1.5 螺纹至尺寸。

加工工序卡如表 2-55 所示。

表 2-55　数控加工工序卡

工步	工步内容	刀具号	主轴转速 (r/min)	进给速度 (mm/r)	吃刀量 (mm)	备注
1	车右端面并粗车右端外轮廓	1	650	0.3	2.0	
2	精车右端外轮廓	2	800	0.2	0.2	
3	调头，车左端面保证总长，粗车左端面轮廓至尺寸粗车外轮廓	1	650	0.3	2	
4	精车右端外轮廓	2	800	0.2	0.2	
5	粗、精车 M30×1.5 螺纹至尺寸	3	540	1.5	0.5	牙高

四、编写程序

根据以上的分析和数值计算，加工如图 2-172 所示零件的程序如表 2-56、表 2-57 所示。

表 2-56　　右端轮廓加工程序

程　序	注　释
O0001;	程序名
G40G97G99;	取消刀补，设定编程环境
T0101;	调用 1 号刀具及 1 号刀补
G00X200.Z150.;	快速定位到换刀点
M3S650;	主轴正转，转速为 650r/min
G00X52.Z0;	快速成定位至加工起点
G01X-2.F0.3;	精车右端面到 X-2.0
G00X52.Z2.;	快速定位至循环加工起点
G71U2.0R0.5;	外轮廓粗加工复合循环
G71P1Q2U0.4W0.2F0.3;	
N1G0G42X20.;	精加工程序段的开始，建立刀补
G01Z0F0.2;	刀具移动至右端面
X22.;	刀具移动圆锥小端
G01X28.Z-15.;	加工圆锥台阶
G01X32.;	直线插补至 X32.0mm 外圆处
Z-43.;	加工Ø32.0mm 外圆台阶
G02X42.Z-48.R5.;	顺圆弧插补加工 R5.0mm 圆弧过渡
G01X48.;	直线插补至 X48.0mm 外圆处
Z-63.;	加工Ø48.0mm 外圆台阶
N2G40X52.;	精加工程序段的结束，退刀，取消刀补
G00X200.Z150.;	快速定位至换刀点
T0202S800;	调用 2 号刀具及 2 号刀补
G00X52.Z2.;	快速移动至换刀点
G70P1Q2;	外轮廓精加工循环
G00X100.Z100.;	快速移动至换刀点
M05;	主轴停转
M30;	程序结束

表 2-57　　左端轮廓加工程序

程　序	注　释
O0002;	程序名
G40G97G99;	取消刀补,设定编程环境
T0101;	调用1号刀具,使用1号刀补
G00X200. Z150.;	快速定位到换刀点
M03S650;	主轴正转,转速为650r/min
G00X52. Z4.;	快速定位至加工起点
G94X-2. Z1. F0. 3;	单一端面加工循环,去除左端余量
Z0. 2;	
Z0;	
G00X52. Z2.;	快速定位至循环加工起点
G71U2. 0R0. 5;	外轮廓粗加工复合循环,加工左端
G71P1Q2U0. 6W0. 05F0. 3;	
N1G00G42X0;	精加工程序段的开始,建立刀补
G01Z0F0. 2;	直线插补至Z0端面
G03X26. 05Z-5. R19. 0;	加工R19圆弧
G01Z-10.;	加工ø26mm外圆台阶
X27. 805;	直线插补至倒角起点
X29. 805Z-11.;	加工1×45°倒角
Z-22.;	加工M30×1.50螺纹大径
X26. Z-24.;	加工2×45°倒角
Z-26.;	加工槽底ø26mm尺寸
G02X30. Z-28. R2. 0;	加工槽底R2.0圆弧倒角
G01X34.;	直线插补至R1.0圆弧倒角起点
G03X36. Z-29. R1.;	加工R1圆弧倒角
G01Z-38.;	加工ø36mm外圆台阶
X52.;	直线插补至X52.0mm处
N2G40X54.;	精加工程序段的结束,退刀,取消刀补
G00X200. Z150.;	快速移动至换刀点
T0202S800;	调用2号刀具及2号刀补
G00X52. Z2.;	快速移动至换刀点
G70P1Q2;	外轮廓精加工循环
G00X100. Z100.;	快速移动至换刀点
M05;	主轴停转
T0303;	调用3号刀具,使用3号刀补
M3S540;	主轴正转,转速为540r/min
G00X32. Z-5.;	快速移动至螺纹加工起点
G92X29. 0Z-25. F1. 5	螺纹单一循环
X28. 20F1. 5;	
X28. 05F1. 5;	
G00X100. Z100.;	快速移动至换刀点
M05;	主轴停转
M30;	程序结束

五、实操加工技巧

1.调头装夹工件注意事项

(1)注意杠杆百分表的换向位置和用表安全。

(2)在校正时,应注意基面统一,否则会产生积累误差而影响零件加工精度。

(3)在调头装夹时需加垫铜片,找正时用铜棒轻敲,敲击校正不了时可通过松开工件重新装夹或用改变敲击受力点的位置的方法校正。

(4)找正工件时,主轴应放在空挡位置。

2.数控机床的回零操作

在以下三种情况下,数控系统会失去对机床参考点的记忆,必需进行返回参考点的操作:

(1)机床超程报警信号解除后。

(2)机床关机后重新接通电源。

(3)机床解除急停状态后。

3.关于刀尖圆弧半径补偿

在数控程序的编制中,通常将刀尖看作一个点,即所谓的假想刀尖点,而实际上刀尖都是带有圆弧的。在车削内孔、外圆和端面时,刀尖圆弧不会影响加工尺寸和形状,但在切削圆弧或圆锥时,则会造成过切或欠切现象。此时,可以用刀尖圆弧半径补偿功能来消除误差。G41 为刀尖圆弧左补偿,G42 为刀尖圆弧右补偿。在程序中使用刀补后,必需在数控系统操作面板 OFFSET 画面输入正确的刀尖圆弧半径值和刀尖方位号。刀尖圆弧半径可在刀片型号中查到。

4.程序的试运行加工

在自动运行加工前,必须验证刀具与程序的正确性。

(1)利用数控系统提供的图形模拟功能和试运行功能验证程序的正确性。

(2)对加工精度要求较高的刀具,采用"渐近"的方法,如精度要求较高外圆,可先试车一小段长度,检验合格后,再车到整个长度。或通过改变刀补值的方法,边试切边修改,直至合格。

(3)单段试切时,快速倍率开关必须打到最低挡。

(4)在程序运行中,要重点观察数控系统上的几种显示。

(5)坐标显示:可了解目前刀具运动点在机床坐标系及工件坐标系中的位置,了解当前程序段的动动量以及还剩余多少运动量等。

(6)工作寄存器和缓冲寄存器显示:可看出正在执行程序段各状态指令和下一个程序段的内容。

(7)主程序和子程序:可了解正在执行程序段的具体内容。

5.工件的测量

(1)零件的外径及长度方向尺寸采用卡尺及千分尺测量即可。

(2)M30×1.5 外螺纹可采用以下方式测量:

①采用螺纹塞规。

②采用螺纹千分尺测量。

③采用三针测量法测量螺纹中径。

加工零件如图 2-181 所示。

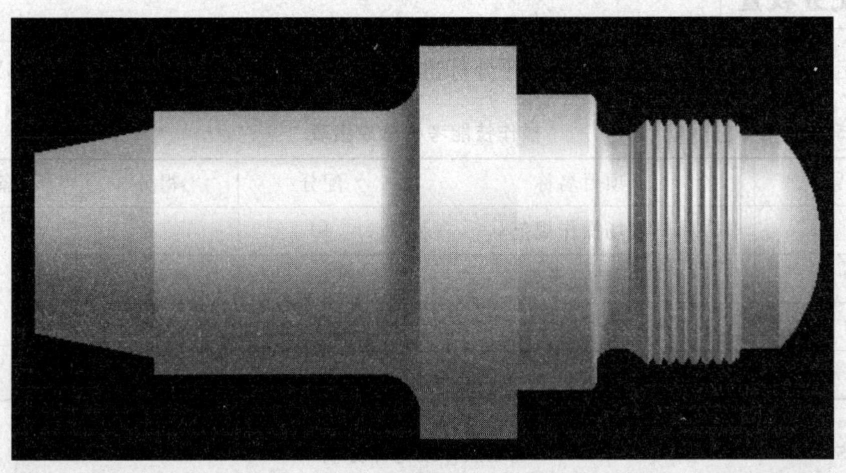

图 2-181　零件加工实体图

六、误差分析与调整

1. 编写精车端面程序时，X 轴不能车至旋转中心，必须使刀尖过旋转中心，如为“X0”，因刀尖圆弧的存在，会在工件端面中心处留有一小三角形凸台。

2. 在加工右端轮廓时，在精车完端面后，在编写精加工轮廓时，刀具不要在圆锥小端位置进刀，这样会产生欠切现象，在圆锥小端起点往下至少大于一个刀尖圆弧半径位置进刀或在圆锥的延长线上进刀。

3. 粗车左端轮廓时，采用 G71 内外径循环粗加工指令，因 G71 指令的粗加工轨迹为平行于 Z 轴进行粗加工，M30×1.5 螺纹退刀槽在用 G71 指令粗粗加工后会有加工残留，但其余量较小，G71 指令在半精加工时可一刀切除，故采用 G71 内外径循环粗加工指令，如采用 G73 闭合循环加工指令，因其毛坯为圆柱形毛坯，会出现走空刀的现象。编程时注意 G71 指令精加工余量 U、W 参数的设置，U 为直径方向精加工的余量和方向，W 为长度方向精加工的余量和方向，因粗加工循环时，不执行刀尖圆弧补偿功能，如果参数设置不合理，M30×1.5 螺纹退刀槽 2×45°倒角处将会产生部分过切现象，一般根据刀尖圆弧大小适当设置 U、W 参数，U 尽量大一点，W 尽可能小一些或选取“0”值，避免产生过切。

4. 车削 M30×1.5 外螺纹时，因此螺纹螺距为 1.5mm，螺距较小，无需采用 G76 螺纹复合循环加工指令，编程时可选择 G92 螺纹单一循环加工指令。另外，在加工螺纹时，特别是加工大螺距螺纹时，还应考虑到螺纹升速进刀段及降速退刀段对螺距的影响，螺纹的进刀线和退刀线应分别大于升速进刀段及降速退刀段。

加工如图 2-172 所示零件，成绩评分标准见表 2-58、表 2-59、表 2-60 及表 2-61。

表 2-58　　操作技能考核总成绩表

序号	项目名称	配分	得分	备注
1	现场操作规范	10		
2	工序制定及编程	40		
3	工件质量	50		
合　计		100		

表 2-59　　现场操作规范评分表

序号	项目	考核内容	配分	考场表现	得分
1	现场操作规范	工具的正确使用	2		
2		量具的正确使用	2		
3		刃具的合理使用	2		
4		设备正确操作和维护保养	4		
合计			10		

表 2-60　　工序制定及编程评分表

序号	项目	考核内容	配分	实际情况	得分
1	工序制定	工序制定合理，选择刀具正确	10		
2	指令应用	指令应用合理、得当、正确	15		
3	程序格式	程序格式正确，符合工艺要求	15		
合计			40		

表 2-61　　工件质量评分表

序号	项目	考核内容		配分		检测结果	得分
				IT	Ra		
1	外圆	$\varnothing48^{0}_{-0.03}$		4			
2		$\varnothing32^{0}_{-0.03}$		4			
3		$\varnothing36^{0}_{-0.03}$		4			
4		$\varnothing26^{0}_{-0.03}$		4			
5	锥面	大小端 22，28		4			
6		长度 $15^{0}_{-0.05}$		4			

续表

7	圆弧	R19	Ra3.2	3			
8	长度	48		4			
9		$12^{0}_{-0.03}$		4			
10		5		2			
11		18		2			
12		10		2			
13		$98^{0}_{-0.1}$		3			
14	圆角	R1,R2		2			
15	螺纹	M30×1.5		4			
合计				50			

思考与练习

1. 加工下列图示零件

(1)本题分值:100 分;

(2)考核时间:240 分钟;

(3)具体考核要求:按工件图样完成加工操作。

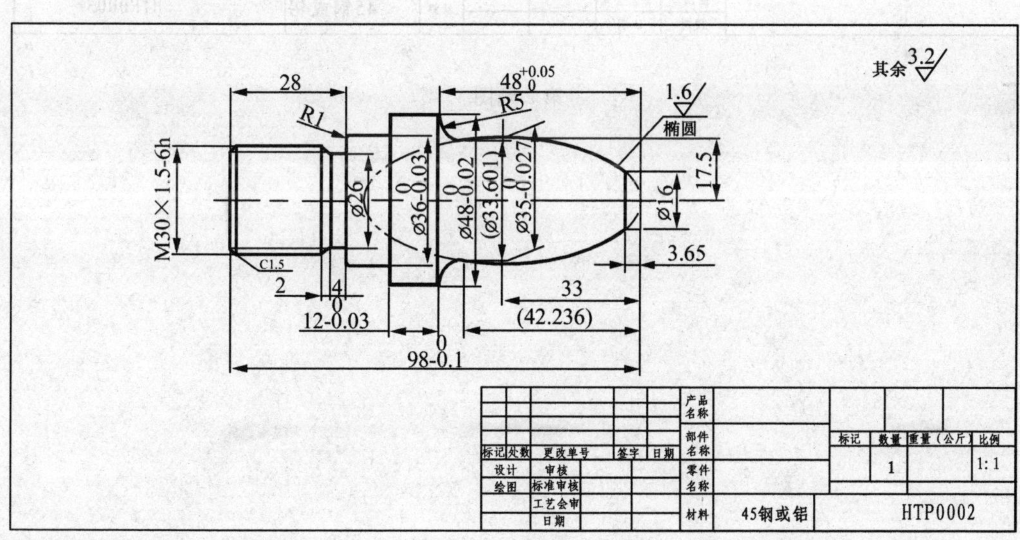

第 1 题图

2. 加工下列图示零件

(1)本题分值:100 分;

(2)考核时间:240 分钟;

(3)具体考核要求:按工件图样完成加工操作。

其余 3.2
64 +0.05 0
18 +0.017 -0
12 0 -0.02
44
1.6
R3
R6
(R22.5)
M30×1.5-6g
ϕ40 0 -0.03
ϕ48 0 -0.03
ϕ40 0 -0.03
ϕ26
ϕ30
ϕ45±0.015
ϕ33.541±0.015
C2
6×2
C1
31.771
2
36.243
100 0 -0.1
产品名称
部件名称
零件名称
标记
数量
重量（公斤）
比例
1
1:1
标记
处数
更改单号
签字
日期
设计
审核
绘图
标准审核
描图
工艺会审
校对
日期
材料
45钢或铝
HTP0003

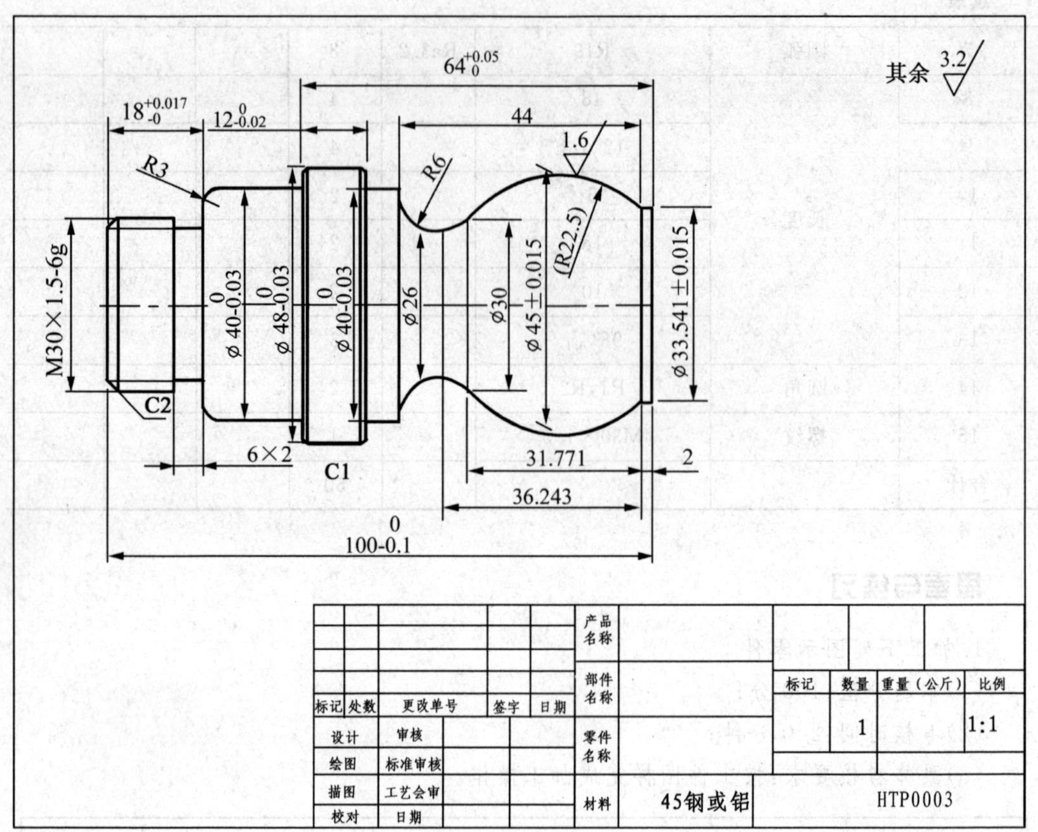

第 2 题图

数控铣(加工中心)篇

模块一　数控铣(加工中心)

任务一　数控铣(加工中心)及其操作面板

知识要点

◎ 数控铣床操作面板上各功能按钮的含义与用途

◎ 安全文明生产相关知识

技能要求

◎ 正确使用数控机床操作面板各功能按钮

任务描述

掌握 FANUC 0-MD 数控系统面板各按钮的功能,并对每一功能进行标注。

任务分析

该任务是数控机床操作的首要任务,为了完成该项任务,必须了解数控机床、数控系统、操作面板各功能按钮等方面的知识。

由于数控系统和数控机床生产厂家众多,即使是同一种数控系统的数控机床操作面板也不尽相同。所以,在本任务的学习过程中,尽可能组织学生进行现场参观,加强感性认识,做到举一反三、融会贯通。

知识链接

一、认识数控铣床

数控铣床一般由以下几部分组成,如图 3-1 所示:

1. 主轴箱,包括主轴箱体和主轴传动系统。
2. 进给伺服系统,由进给电动机和进给执行机构组成。
3. 控制系统,是数控铣床运动控制的中心,执行数控加工程序控制机床进行加工。
4. 辅助装置,如液压、气动、润滑、冷却系统和排屑、防护等装置。
5. 机床基础件,指底座、立柱、横梁等,是整个机床的基础和框架。
6. 工作台。

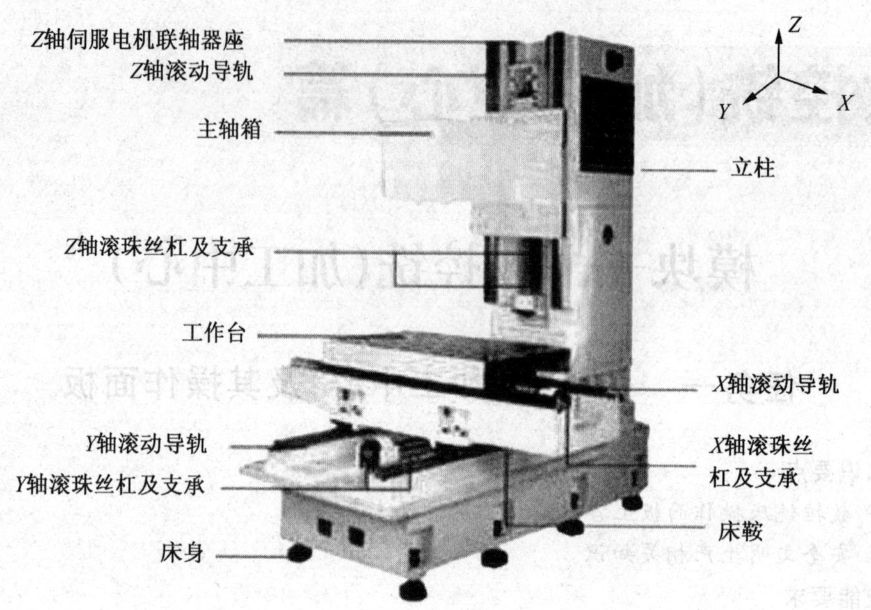

图 3-1　数控铣床的组成

二、数控铣床(加工中心)数控系统介绍

1. FANUC 数控系统

FANUC 数控系统由日本富士通公司研制开发。该数控系统在我国得到了广泛的应用。目前,中国市场上用于数控铣床(加工中心)的数控系统主要有 FANUC 21i—MA/MB/MC、FANUC 18i—MA/MB/MC、FANUC 0i—MA/MB/MC、FANUC0—MD 等。

2. 西门子数控系统

SIEMENS 数控系统由德国西门子公司开发研制。该系统在我国数控机床中的应用也相当普遍。目前,中国市场上常用的 SIEMENS 系统有 SIMEMENS 840D/C、SIMEMENS 810T/M、802D/C/S 等型号。除 802S 系统采用步进电动机驱动外,其他型号系统均采用伺服电动机驱动。

3. 国产数控系统

自 20 世纪 80 年代初以来,我国数控系统生产与研制得到了飞速的发展,并逐步形成了以航天数控集团、机电集团、华中数控、蓝天数控等以生产普及型数控系统为主的国有企业,以及北京发那科数控、西门子数控(南京)有限公司等合资企业。目前常用于机电有限公司铣床的国产数控系统有北京凯恩地数控系统,如 KNDl00M 等;华中数控系统,如 HNC—21M 等;北京航天数控系统,如 CASNUC 2100 等。

4. 其他系统

除了以上三类主流数控系统外,国内使用较多的数控系统还有日本三菱数控系统、法国施耐德数控系统,西班牙的法格数控系统和美国的 A—B 数控系统等。

三、数控系统面板功能介绍

由于数控机床的生产厂家众多,同一系统数控机床的操作面板也各不相同,但由于同一系统的系统功能相同,因此操作方法也基本相似。现以数控铣床型号 XK5032,选用

FANUC 0-MD 数控系统为例,说明面板上各按钮的功能。机床操作面板由 CRT/MDI 面板和两块操作面板组成。

1. CRT/MDI 面板

如图 3-2 所示,CRT/MDI 面板有一个 9 寸 CRT 显示器和一个 MDI 键盘组成,CRT/MDI 面板各键功能见表 3-1。

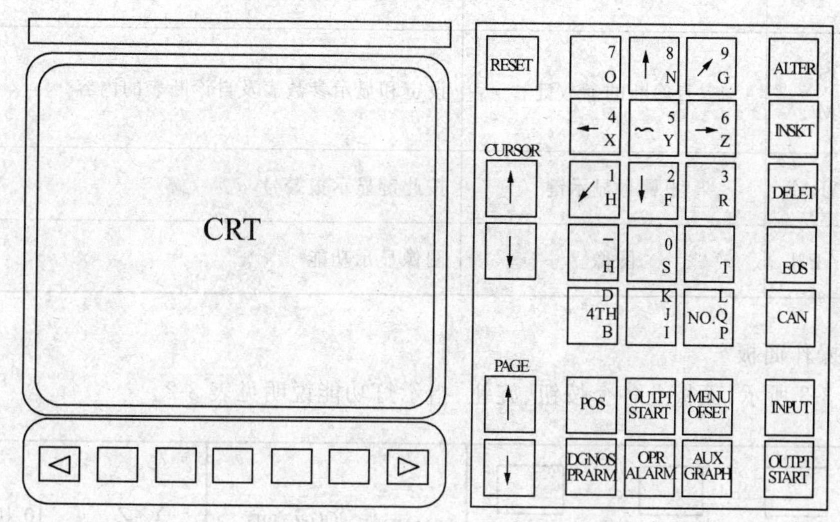

图 3-2 CRT/MDI 面板

表 3-1 CRT/MDI 面板各键功能说明

键	名 称	功能说明
RESET	复位键	按下此键,复位 CNC 系统。包括取消报警、主轴故障复位、中途退出自动操作循环和输入、输出过程等
OUTPTSTART	输出启动键	按下此键,CNC 开始输出内存中的参数或程序到外部设备
	地址和数字键	按下这些键,输入字母、数字和其他字符
INPUT	输入键	除程序编辑方式以外的情况,当面板上按下一个字母或数字键以后,必须按下此键才能到 CNC 内。另外,与外部设备通讯时,按下此键,才能启动输入设备,开始输入数据到 CNC 内
CAN	取消键	按下此键,删除上一个输入的字符
CURSOR	光标移动键	用于在 CRT 页面上,一步步移动光标 ↑:向前移动光标 ↓:向后移动光标
PAGE	页面变换键	用于 CRT 屏幕选择不同的页面 ↑:向前变换页面 ↓:向后变换页面
POS	位置显示键	在 CRT 上显示机床现在的位置

续表

PRGRM	程序键	在编辑方式，编辑和显示在内存中的程序在 MDI 方式，输入和显示 MDI 数据
MENUOFSET		刀具偏置数值和宏程序变量的显示的设定
DGNOS PRARM	自诊断的参数键	设定和显示参数表及自诊断表的内容
OPRALARM	报警号显示键	按此键显示报警号
AUXGRAPH	图像	图像显示功能

2. 下操作面板

如图 3-3 所示，面板上各个按钮、旋钮、指示灯功能说明见表 3-2。

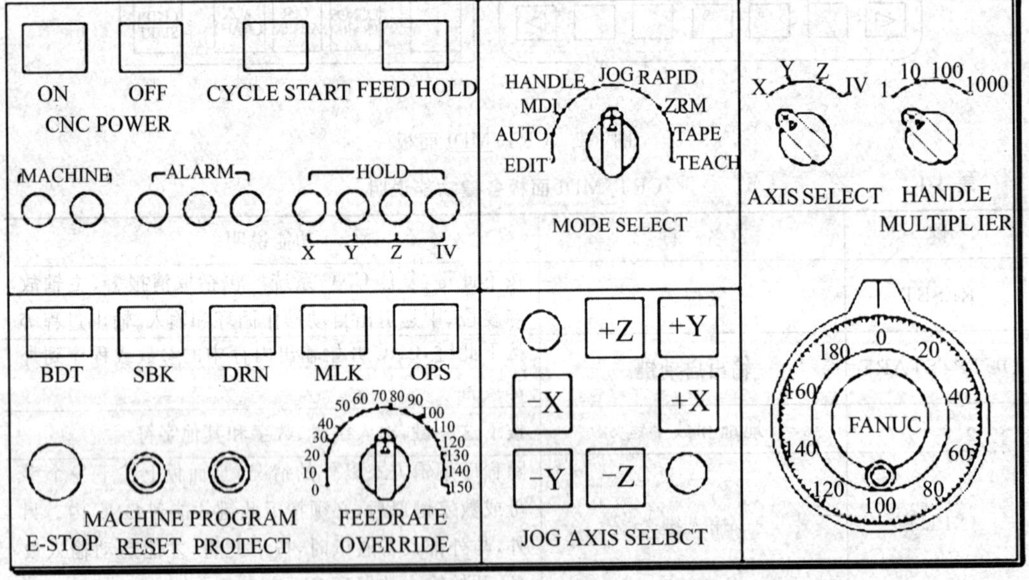

图 3-3 下操作面板

表 3-2 操作面板各开关功能说明

键	名　称	功能说明
CNC POWER	CNC 电源按钮	按下 ON 接通 CNC 电源,按下 OFF 断开 CNC 电源
CYCLE START	循环启动按钮(带灯)	在自动操作方式,选择要执行的程序后,按下此按钮,自动操作开始执行。在自动循环操作期间,按钮内的灯亮。在 MDI 方式,数据输入完毕后,按下此按钮,执行 MDI 指令
FEED HOLD	进给保持按钮(带灯)	机床在自动循环期间,按下此按钮,机床立即减速、停止,按钮内灯亮
MODE SELECT	方式选择按钮开关	EDIT:编辑方式 AUTO:自动方式 MDI:手动数据输入方式 HANDLE:手摇脉冲发生器操作方式 JOG:点动进给方式 RAPID:手动快速进给方式 ZRM:手动返回机床参考点方式 TAPE:纸带工作方式 TEACH:手脉示教方式
BDT	程序段跳步功能按钮(带灯)	在自动操作方式,按下此按钮灯亮时,程序中有"/"符号的程序将不执行
SBK	单段执行程序按钮(带灯)	按此按钮灯亮时,CNC 处于单段运行状态。在自动方式,每按一下 CYCLE START 按钮,只执行一个程序段
DRN	空运行按钮(带灯)	在自动方式或 MDI 方式,按此按钮灯亮时,机床执行空运行方式
MLK	机床锁定按钮(带灯)	在自动方式、MDI 方式或手动方式下,按下此按钮灯亮时,伺服系统将不进给(如原来已进给,则伺服进给将立即减速、停止),但位置显示仍将更新(脉冲分配仍继续),M、S、T 功能仍有效地输出
E-STOP	急停按钮	当出现紧急情况时,按下此按钮,伺服进给及主轴运转立即停止工作
MACHINE RESET	机床复位按钮	当机床刚通电,急停按钮释放后,需按下此按钮,进行强电复位。另外,当 X、Y、Z 碰到硬件限位开关时,强行按住此按钮,手动操作机床,直至退出限位开关(此时务必小心选择正确的运动方向,以免损坏机械部件)

续表

PROGRA MPROTECT	开关(带锁)	需要进给程序存储、编辑或修改、自诊断页面参数时,需用钥匙接通此开关(钥匙右旋)
FEEDRATE OVERRIDE	进给速率修调开关(旋钮)	当用F指令按一定速度进给时,从0～150%修调进给速率 当用手动JOG进给时,选择JOG进给速率
JOG AXIS SELECT		手动JOG方式时,选择手动进给轴和方向。务必注意:各轴箭头指向是表示刀具运动方向(而不是工作台)
MANUAL PULSE GENERATOR	手摇脉冲发生器	当工作方式为手脉HANDLE或手脉示教TEACH. H方式时,转动手脉可以正方向或负方向进给各轴
AXIS SELECT	手脉进给轴选择开关	用手选择手脉进给的轴
HANDLE MULTIPLIER	手脉倍率开关	用手选择手脉进给时的最小脉冲量
MACHINE POWER READY	POWER 电源指示灯	主电源开关合上后,灯亮
	READY 准备好指示灯	当机床复位按钮按下后机床无故障时,灯亮
ALARM SPINDLE CNC LUBE	SPINDLE	主轴报警指示
	CNC	CNC 报警指示
	LUBE	润滑泵液面低报警指示
HOME X Y Z IV		分别指示各轴回零结束

3. 右操作面板

右操作面板如图3-4所示,面板上各开关功能说明见表3-3。

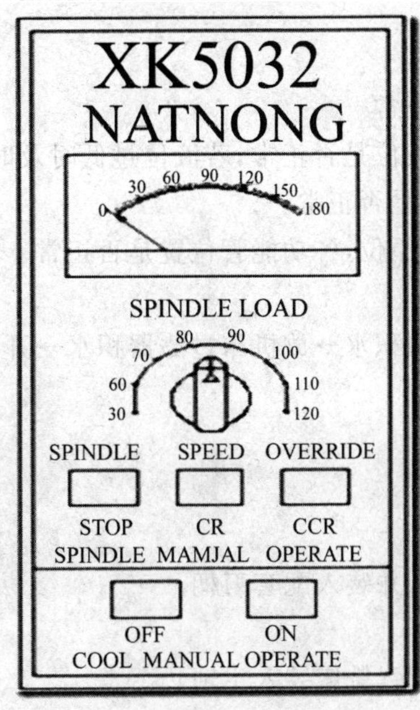

图 3-4　右操作面板

表 3-3　右操作面板各开关功能说明

开关	名称	功能说明
SPINDLE LOAD	主轴负载表	表示主轴的工作负载数
SPINDLE SPEED OVERRIDE	主轴转速修调开关	在自动或手动时,从 50%～120%修调主轴转速
STOP CW CCWSPINDLE MANUAL OPERATE	主轴手动操作按钮	在机床处于手动方式(JOG、HANDLE、TFACH、H、RAPID)时,可启、停主轴 CW:手动主轴正转(带灯) CCW:手动主轴反转(带灯) STOP:手动主轴停止(带灯)
COOL MANUAL OPERATE	手动冷却操作按钮	在任何工作方式下都可以操作 ON:手动冷却启动(带灯) OFF:手动冷却停止(带灯)

四、数控铣床/加工中心安全操作规范

1. 工作前必须戴好劳动保护品,女工戴好工作帽,不准围围巾,禁止穿高跟鞋。操作时不准戴手套,不准吸烟,不准与他人闲谈,精力要集中。

2. 打开配电柜总电源开关后,工作人员打开稳压电源开关,用手动调整输出电压为 380V±10V 范围,然后置于自动位置,检查三相输出电压指示全部在 380V±10V 范围,若超出范围,不准打开数控机床,操作人员应每班不定时巡视,确认电压正常,确认机床正常工作。

3.开机前的准备工作

(1)检查气压、电压是否正常。

(2)检查润滑油、冷却液液位是否正常,若液位过低时及时补加。

(3)检查计算机通讯电缆是否正常。

(4)检查所有装置应均在原位,各功能管位置是否正常。

4.开机顺序

开空压机电源→放储气罐积水→放机床过滤器积水→开电闸→开电源→开机床电源→打开计算机

5.操作顺序

(1)启动NC系统。

(2)系统返回机床原点。

(3)按设计要求准备刀具,并装入配套刀柄。

(4)测量刀具半径。

(5)按要求将刀柄装入刀库(铣床装入主轴)。

(6)装夹工件毛坯及找正。

(7)调节并确定加工工件原点。

(8)输入工件坐标系。

(9)输入刀库、刀具数据。

(10)输入或传入加工数据。

(11)程序试运行(校验)。

(12)试切削(测量尺寸、调试并用于批量生产)。

(13)自动加工过程。

(14)卸下加工后的工件及刀具、刀柄,并放回原位。

6.关机顺序

关机床"急停"键→关数控系统电源→关机床主机→关机床气源

7.切削加工时务必保持机床门关闭,操作人员务必在机床旁安全位置,不允许随意改变机床系统接线状况,严禁任意修改机床内部系统参数。

8.严格按机床说明书操作,按程序开机。按下循环操作键之前,应认真检查待加工程序是否准确,图形模拟是否准确,工件位置是否准备,刀具编制文档是否准确,并且所有控制器定于所需模式。加工程序必须先模拟及试运行后,由教师或工作人员检查认可后方可加工操作。

9.严禁在计算机或机床开启状态下,接插电缆线,如果必须要接插电缆线,必须经设备负责人同意,且必须在同时关闭计算机和机床电源的条件下进行。

10.选择合适的切削用量、轻手操作、爱护机床,不准使用对机床造成污染的不当方法和工具。

11.工作中注意气动、液动及机械夹紧装置的工作状态,如果压力(气压或液压)下降影响工件夹紧时,应立即停车。

12.使用装有连接轴的加长刀具时,其摆差不得超过规定。

13. 机床出现故障时，应立即按程序关机，记录好机床报警状态，并上报负责人，需要维修的，要与维修人员联系，做好维修纪录。

14. 当机床无人操作时应关闭机床电源，在机床未完全停止前不准离开岗位。

15. 保持工作区的文明加工，做到刀具、量具、校具定制定位，清洁整齐。

16. 工作完毕后，机床复位(工作台停在中间位置，升降台落到最低位置)，按程序关机，按要求清理机床和现场，并填写设备运行记录。

17. 未经工作人员及教师许可不准操作和修理设备。

18. 使用工具应向教师及工作人员借取，用完及时归还，损坏、丢失照价赔偿。

五、数控机床日常维护与保养

1. 定期检查数控机床导轨润滑油箱内的油量，及时添加润滑油，润滑液压泵是否定时启动打油及停止。

2. 定期检查数控机床 X、Y、Z 轴导轨面有无划伤损坏，润滑油是否充足，及时清除导轨面上的切屑及脏物。

3. 定期检查数控机床冷却液箱内液面高度，及时添加冷却液，太脏应及时更换。

4. 定期检查数控机床各滚珠丝杠的润滑脂，及时涂上新油脂。

5. 定期检查数控机床床身水平精度和机械精度，并做及时的校正。

6. 定期检查数控机床控制部分各按键是否有效，以保证机床的正常运行。

7. 定期检查数控机床上各个冷却风扇工作是否正常，风道过滤网有无堵塞，及时清洗过滤器。

8. 定期检查数控机床各插头、插座、电缆、各继电器的触点等电气元件是否出现接触不良、断线和短路等故障。

9. 定期更换数控机床系统存储器的锂电池，防止系统参数丢失。

10. 长期闲置的数控机床应经常给数控系统通电，在机床锁住的情况下使之空运行，以保证数控系统的性能稳定可靠。

任务实施

根据图 3-2、图 3-3、图 3-4 标出各按钮的含义与功能。

【操作提示】任务的实施场所是实习车间。在本书以后的任务中，如果每一任务中有多个子任务需要实施时，教师在每讲完一个任务的理论知识后，都要让学生进行该任务的练习，以增强学生的感性认识。

配分权重

数控铣床/加工中心基本操作评分标准见表 3-4。

表 3-4　配分权重表

工件编号		技术要求	配分	总得分		
项目与权重	序号			评分标准	检测记录	得分
加工操作（30%）	1	空运行图形正确	10	不正确全扣		
	2	程序输入正确	10	每错一处扣 2 分		
	3	程序完整、不遗漏	10	每错一处扣 5 分		
程序与工艺（10%）	4	程序与程序段格式正确	10	每错一处扣 5 分		
机床操作（30%）	5	程序操作	5	误操作每次 2 分		
	6	程序输入与编辑操作	5	误操作每次扣 2 分		
	7	程序扩展操作	5	误操作每次扣 2 分		
	8	程序空运行检查	5	误操作全扣		
	9	绘图功能操作正确	10	误操作每次扣 5 分		
文明生产（30%）	10	安全操作	10	出错全扣		
	11	机床维护与保养	10	不合格全扣		
	12	工作场所整理	10	不合格全扣		

思考与练习

1. 数控铣床是由哪几部分组成的？
2. 数控铣床/加工中心的安全操作规程有哪些内容？
3. 如何进行删除数控系统内存储器中所有程序的操作？
4. 如何进行机床空运行校验？

模块二　零件轮廓的铣削加工

任务一　平面外轮廓铣削加工

知识点

◎ 数控加工及数控编程规则
◎ 数控编程的基本格式及常用指令的含义
◎ 刀具半径补偿及其编程方法
◎ 轮廓铣削加工用刀具知识

技能点

◎ 选择数控铣床刀具及相应的切削用量
◎ 数控刀具的安装
◎ 设定刀具半径补偿参数的方法
◎ 简单零件的数控铣加工方法
◎ 数控机床的自动运行操作

任务描述

试编写如图 3-5 所示工件数控加工程序，并在数控铣床上进行加工。

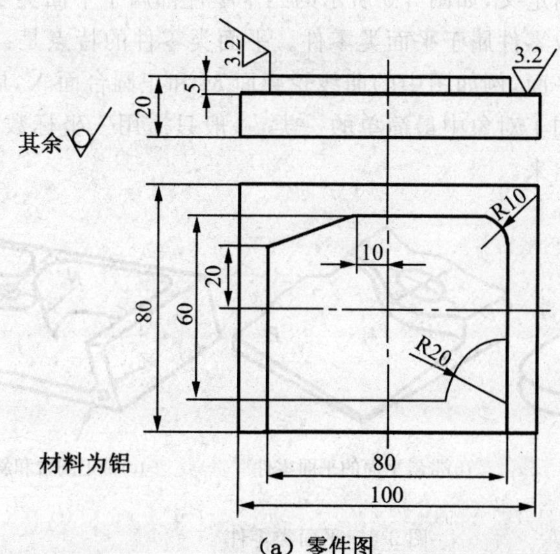

（a）零件图

（b）立体图

图 3-5　平面外轮廓铣削加工任务图

任务分析

在完成该任务的编程时，由于工件轮廓的轨迹与刀具刀位点的轨迹不一致。因此，需要用刀具半径补偿方式进行编程。

为了保证加工质量，在加工过程中需选用合适的加工刀具（包括刀具类型、刀具材料）、合适的切削用量及切削液。

在完成该任务的过程中，需掌握数控加工工艺知识和刀具安装、机床自动运行等操作技能。

知识链接

一、数控铣床/加工中心的加工对象

1. 数控铣床加工对象

根据数控铣床的特点，适合数控铣削的加工对象主要有以下几类：

（1）平面类零件　加工面平行、垂直于水平面或其加工面与水平面的夹角为定角的零件称为平面类零件。根据定义，如图 3-6 所示的三个零件都属于平面类零件。目前，在数控铣床上加工的绝大多数零件属于平面类零件。平面类零件的特点是：各个加工单元面是平面或可以展开成为平面，例如图中的曲线轮廓面 M 和正圆台面 N，展开后均为平面。平面类零件是数控铣削加工对象中最简单的一类，一般只需用三坐标数控铣床的两坐标联动就可以把它们加工出来。

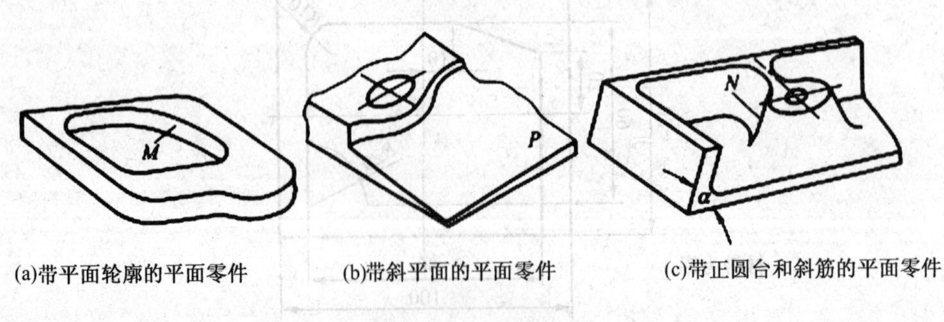

(a)带平面轮廓的平面零件　(b)带斜平面的平面零件　(c)带正圆台和斜筋的平面零件

图 3-6　平面类零件

（2）变斜角类零件　加工面与水平面的夹角呈连续变化的零件称为变斜角类零件，这

类零件多数为飞机零件,如飞机上的整体梁、框、缘条与肋等,如图 3-7 所示。此外还有检验夹具与装配型架等。变斜角类零件的变斜角加工面不能展开为平面,但在加工中,加工面与铣刀圆周接触的瞬间为一条直线。最好采用四坐标和五坐标数控铣床摆角加工,在没有上述机床时,也可用三坐标数控铣床上进行 2.5 坐标近似加工。

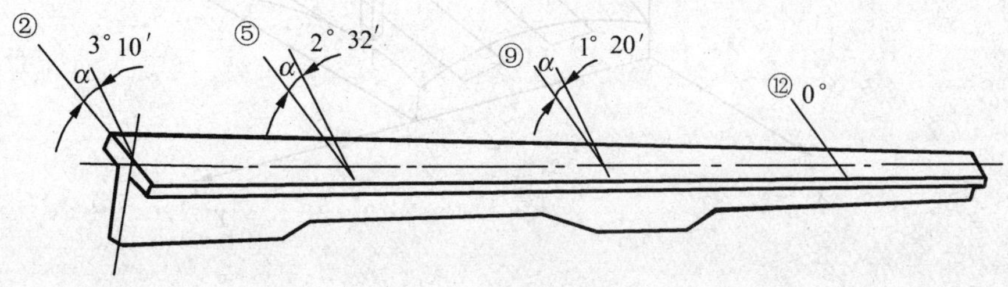

图 3-7 变斜角类零件

(3)曲面类(立体类)零件 加工面为空间曲面的零件称为曲面类零件。如图 3-8 所示,零件的特点其一是加工面不能展开为平面;其二是加工面与铣刀始终为点接触。此类零件一般采用三坐标数控铣床。

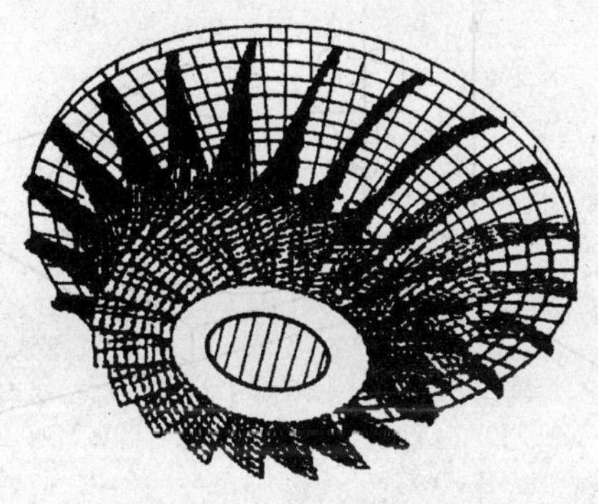

图 3-8 叶轮

加工曲面类零件的刀具一般使用球头刀具,因为其他刀具加工曲面时更容易产生干涉而过切邻近表面。

加工立体曲面类零件一般使用三坐标数控铣床,采用以下两种加工方法。

①行切加工法 采用三坐标数控铣床进行二轴半坐标控制加工,即行切加工法。如图 3-9 所示,球头铣刀沿 XY 平面的曲线进行直线插补加工,当一段曲线加工完后,沿 X 方向进给 ΔX 再加工相邻的另一曲线,如此依次用平面曲线来逼近整个曲面。相邻两曲线间的距离 ΔX 应根据表面粗糙度的要求及球头铣刀的半径选取。球头铣刀的球半径应尽可能选得大一些,以增加刀具刚度,提高散热性,降低表面粗糙度值。加工凹圆弧时的铣刀球头半径必须小于被加工曲面的最小曲率半径。

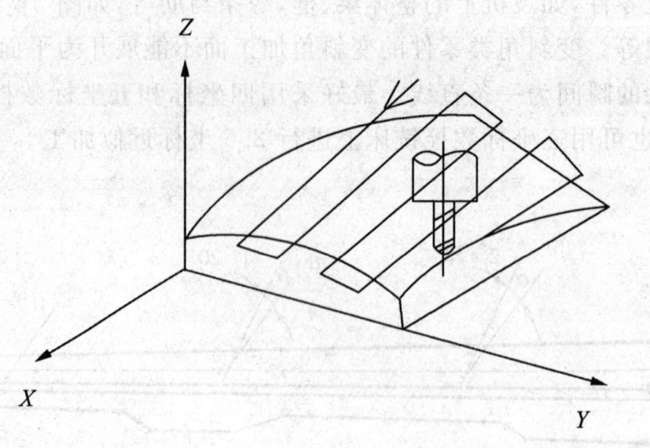

图 3-9 行切加工法

②三坐标联动加工 采用三坐标数控铣床三轴联动加工，即进行空间直线插补。如半球形，可用行切加工法加工，也可用三坐标联动的方法加工。这时，数控铣床用 X、Y、Z 三坐标联动的空间直线插补，实现球面加工，如图 3-10 所示。

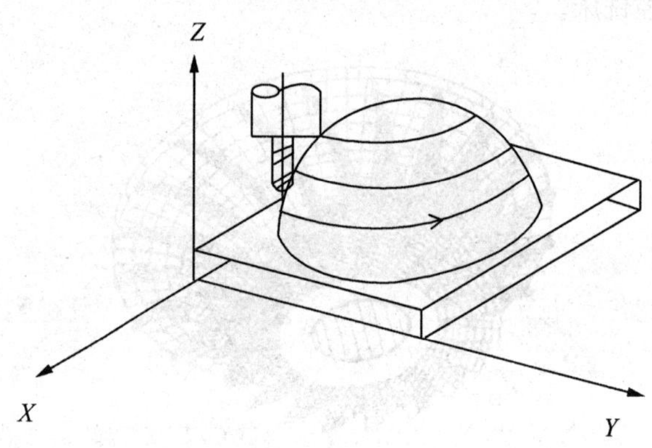

图 3-10 三坐标联动加工

2.加工中心加工对象

(1)既有平面又有孔系的零件 既有平面又有孔系的零件主要是指箱体类零件和盘、套、板类零件。加工这类零件时，常采用加工中心在一次装夹中完成零件上平面的铣削，孔系的钻削、镗削、铰削，铣削及攻螺纹等多工步加工，以保证该类零件各加工表面间的相互位置的精度。常见的这类零件有箱体类零件如图 3-11 所示和盘、套零件如图 3-12 所示。

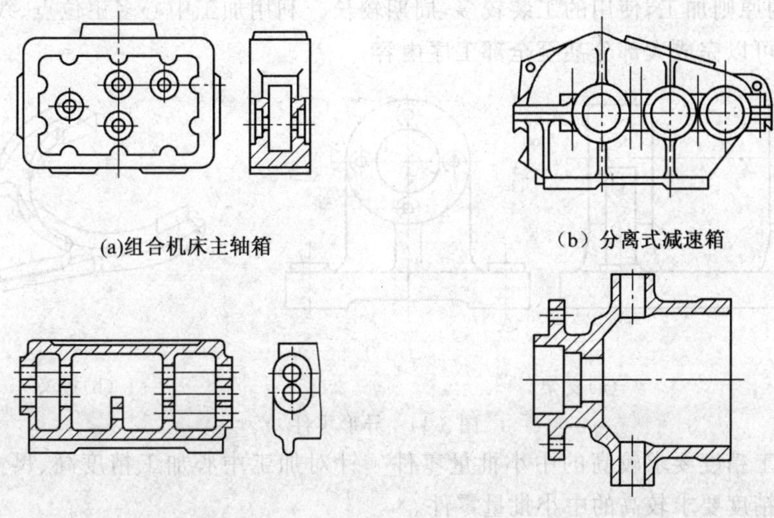

图 3-11 箱体类零件

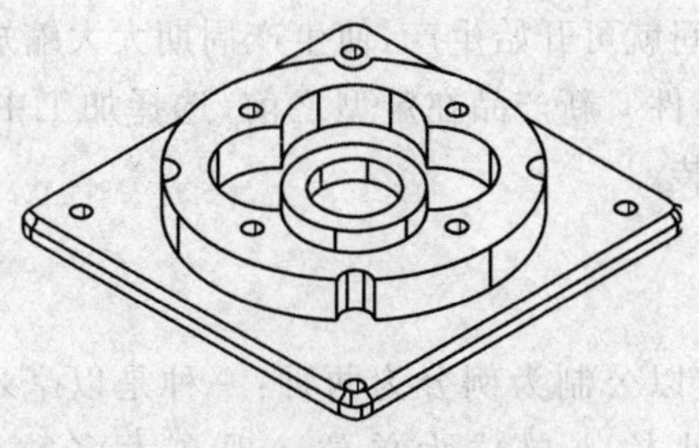

图 3-12 盘、套零件

(2)结构形状复杂、普通机床难加工的零件　结构形状复杂的零件是指主要表面由复杂曲线、曲面组成的零件，加工这类零件时。通常需采用加工中心进行多坐标联动加工。常见的典型零件有凸轮类零件、整体叶轮类零件和模具类零件，如图 3-13 所示。

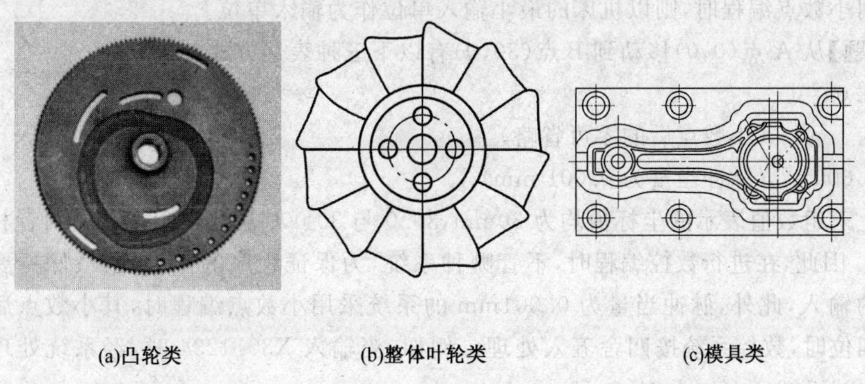

图 3-13 结构形状复杂零件

(3)外形不规则的异形零件　异形零件是指支架、拨叉类外形不规则的零件，如图 3-14 所示。大多采用点、线、面多工位混合加工。由于外形不规则，在普通机床上只能按照工序分散的原则加工,使用的工装较多,周期较长。利用加工中心多工位点、线、面混合加工的特点,可以完成大部分甚至全部工序内容。

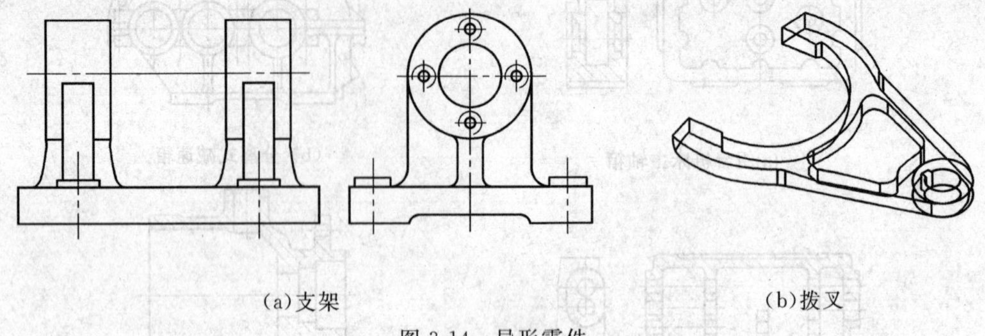

图 3-14 异形零件

(4)加工精度要求较高的中小批量零件 针对加工中心加工精度高、尺寸稳定的特点,可加工精度要求较高的中小批量零件。

(5)加工周期性重复投产的零件 某些产品的市场需求具有周期性和季节性,采用加工中心首件试切完成后,程序和相关生产信息可保留下来,供以后反复使用,产品下次再投产时只要很少的准备时间就可开始生产,使生产周期大大缩短。

(6)新产品试制中的零件 新产品在定型之前,选择加工中心试制,可省去许多用通用机床加工所需的试制工装。

二、数控编程规则

1. 小数点编程

数控编程时,数字单位以公制为例分为两种:一种是以毫米(mm)为单位,另一种是以脉冲当量即机床的最小输入单位为单位。现在大多数机床常用的脉冲当量为0.001mm/脉冲。

对于数字的输入,有些系统可省略小数点,有些系统则可以通过系统参数来设定是否可以省略小数点,而大部分系统小数点则不可省略。对于不可省略小数点编程的系统,当使用小数点进行编程时,数字以毫米(mm)(英制为英寸:in.;角度为度:deg)为输入单位,而当不用小数点编程时,则以机床的最小输入单位作为输入单位。

【例题】从 A 点(0,0)移动到 B 点(30,0)有以下三种表达方式:

X30.0

X30.　　(小数点后的零可省略)

X30 000　　(脉冲当量为 0.001 mm)

以上三组数值表示的坐标值均为 30mm,30.0 与 30 000 从数学角度上看两者相差了1000 倍。因此,在进行数控编程时,不管哪种系统,为保证程序的正确性,最好不要省略小数点的输入,此外,脉冲当量为 0.001mm 的系统采用小数点编程时,其小数点后的位数超过四位时,数控系统按四舍五入处理。例如,当输入 X30.1234 时,经系统处理后的数值为 X30.123。

2. 公、英制编程指令(G21/G20)

坐标功能字是使用公制还是英制,多数系统用准备功能字来选择,如 FANUC 系统采用 G21/G20 指令来进行公、英制的切换,而 SIEMENS 系统和 A—B 系统则采用 G71/

G70 指令来进行公、英制的切换。其中，G21 指令或 G7l 指令表示公制，而 G20 指令或 G70 指令表示英制。

【例题】G91 G20 G01 X30.0；　　　　　(表示刀具向 X 轴正方向移动 30in)

　　　G91 G2l G01 X30.0；　　　　　(表示刀具向 X 轴正方向移动 30mm)

公英制对旋转轴无效，旋转轴的单位都是度(deg)。

3. 平面选择指令(G17/G18/G19)

当机床坐标系及工件坐标系确定后，对应地就确定了三个坐标平面，即 XY 平面、ZX 平面和 YZ 平面。可分别用 G 代码 G17(XY 平面)、G18(ZX 平面)和 G19(YZ 平面)表示这三个平面，如表 3-5 所示。

表 3-5　　工作平面选择

平面选择/G 功能代码	坐标平面/工作平面	进给轴/刀具轴
G17	X/Y 平面	Z
G18	Z/X 平面	Y
G19	Y/Z 平面	X
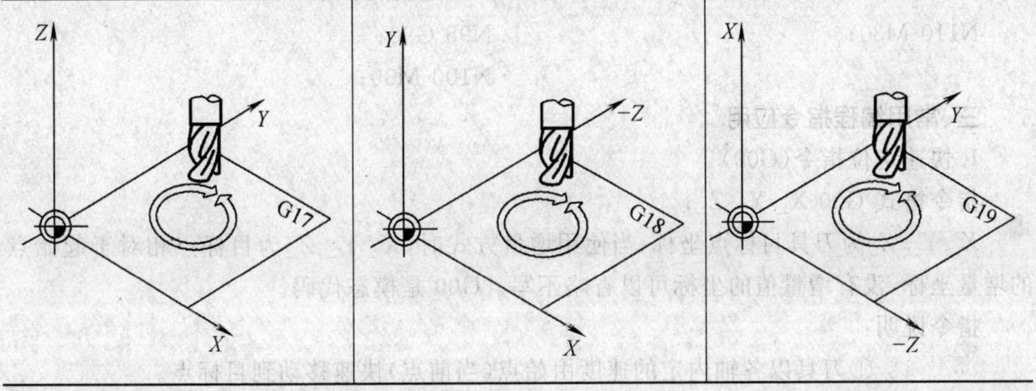 Z Y X G17	Y −Z X G18	X Y −Z G19

4. 绝对坐标与增量坐标指令(G90/G91)

ISO 代码中，绝对坐标指令用 G 代码 G90 来表示。程序中坐标功能字后面的坐标以原点作为基准，表示刀具终点的绝对坐标。增量坐标(亦称为相对坐标)指令用 G 代码 G91 来表示。程序中坐标功能字后面的坐标以刀具起始点作为基准，表示刀具终点相对于刀具起始点坐标值的增量。G90 与 G9l 属于同组模态指令，系统默认指令是 G90。在实际编程时，可根据具体的零件及零件的标注来进行 G90 和 G9l 方式的切换。

【例题】如图 3-15 所示刀具轨迹，分别用 G90 和 G91 编程时的程序为：

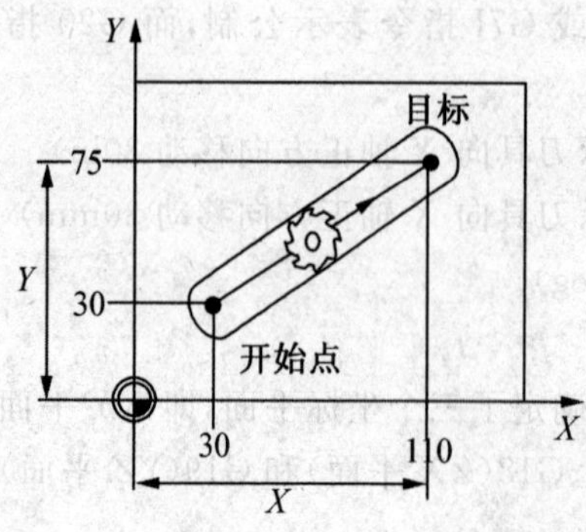

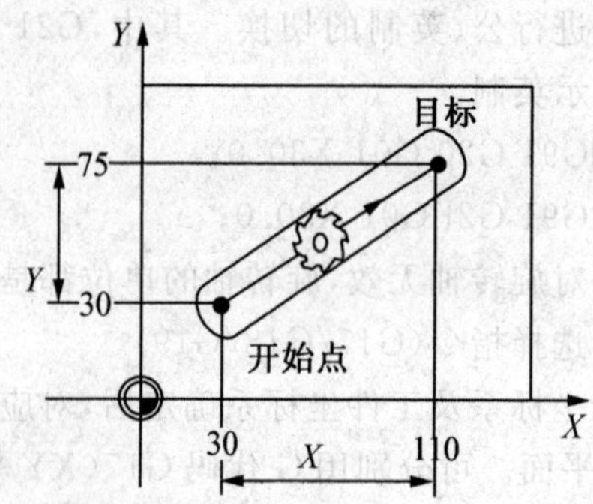

图 3-15　G90 和 G91 编程

…	…
N50 G90	N50 G90；
N60 G00 X0 Y0 Z10.0；	N60 G00 X0 Y0 Z10.0；
N70 G01 X30.0 Y30.0 F150；	N70 G91 G01 X30.0 Y30.0 F150；
N80 Z-5.0；	N80 Z-15.0；
N90 X110.0 Y75.0；	N85 X80.0 Y45.0；
N100 Z10.0；	N90 Z15.0；
N110 M30；	N95 G90；
	N100 M30；

三、常用编程指令应用

1. 快速定位指令(G00)

指令格式 G00 X_ Y_ Z_；

*X_ Y_ Z_*为刀具目标点坐标，当使用增量方式时，*X_ Y_ Z_*为目标点相对于起始点的增量坐标，没有增量值的坐标可以省略不写。G00 是模态代码。

指令说明：

①刀具以各轴内定的速度由始点(当前点)快速移动到目标点。

②刀具运动轨迹与各轴快速移动速度有关。

③刀具在起始点开始加速至预定的速度，到达目标点前减速定位。

【例题】如图 3-16 所示加工轨迹。用 G00 编写的程序段为：

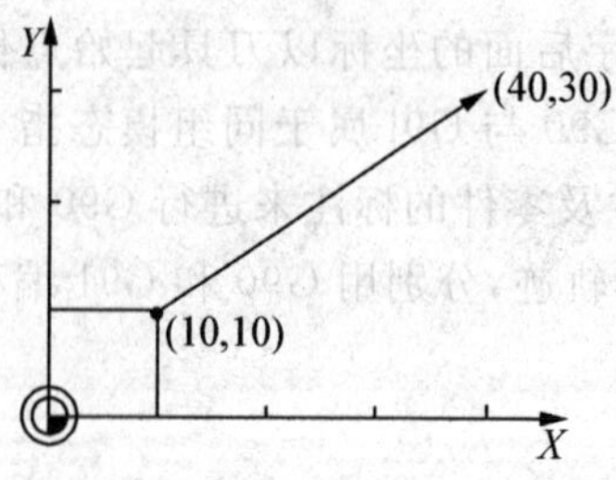

图 3-16　G00 和 G01 编程示例

绝对值方式编程：

G90 G00 X40.0 Y30.0；

增量值方式编程：

G91 G00 X30.0 Y20.0；

采用G00指令编程时，移动速度由机床系统参数设定。编程时，G00不用指定移动速度.但可通过机床面板上的按钮“F0”“F25”“F50”和“F100”对G00移动速度进行调节。

2. 直线插补指令(G01)

G01指令是直线运动指令，它命令刀具在两坐标或三坐标轴间以联动插补的方式按指定的进给速度作任意斜率的直线运动。G01也是模态指令。

指令格式 G01 X_ Y_ Z_ F_；

*X*_ *Y*_ *Z*_为刀具目标点坐标，当使用增量方式时，*X*_ *Y*_ *Z*_为目标点相对于起始点的增量坐标，没有增量值的坐标可以不写。*F*为刀具切削进给速度指令。

指令说明：

①刀具按照*F*指令所规定的进给速度直线插补至目标点。

②F代码是模态代码，在没有新的*F*代码替代前一直有效。如果在G01程序段前的程序中没有指定*F*指令，而在G01程序段也没有*F*指令，则机床不运动，有的系统还会出现系统报警。

③各轴实际的进给速度是*F*速度在该轴方向上的投影分量。

【例题】如图3-16所示加工轨迹。用G01编写的程序段为：

绝对值方式编程：

G90 G01 X40.0 Y30.0 F300；

增量值方式编程：

G91 G01 X30.0 Y20.0 F300；

3. 圆弧插补指令(G02/G03)

指令格式

$$\text{在 } XY \text{ 平面内 G17}\left\{\begin{matrix}\mathrm{G02}\\ \mathrm{G03}\end{matrix}\right\}\mathrm{X\_\ Y\_}\left\{\begin{matrix}\mathrm{I\_\ J\_}\\ \mathrm{R\_}\end{matrix}\right\}\mathrm{F\_};$$

$$\text{在 } ZX \text{ 平面内 G18}\left\{\begin{matrix}\mathrm{G02}\\ \mathrm{G03}\end{matrix}\right\}\mathrm{X\_\ Z\_}\left\{\begin{matrix}\mathrm{I\_\ K\_}\\ \mathrm{R\_}\end{matrix}\right\}\mathrm{F\_};$$

$$\text{在 } YZ \text{ 平面内 G19}\left\{\begin{matrix}\mathrm{G02}\\ \mathrm{G03}\end{matrix}\right\}\mathrm{Y\_\ Z\_}\left\{\begin{matrix}\mathrm{J\_\ K\_}\\ \mathrm{R\_}\end{matrix}\right\}\mathrm{F\_};$$

*X*_*Y*_*Z*_为圆弧的终点坐标值，其值可以是绝对坐标，也可以是增量坐标。在增量方式下。其值为圆弧终点坐标相对于圆弧起始点的增量值。圆弧插补指令为模态指令。

指令说明：

①G02表示顺时针圆弧插补；G03表示逆时针圆弧插补，图3-17为平面选择和圆弧插补指令示意图。

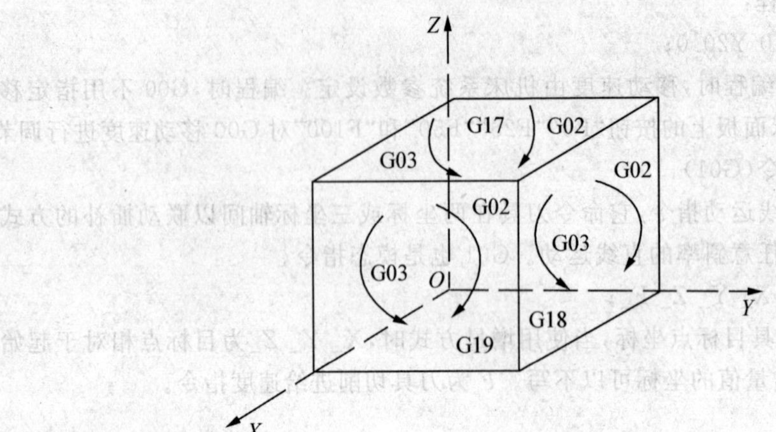

图 3-17 平面选择和圆弧插补指令示意图

②如图 3-18 所示，圆弧插补顺逆方向的判断方法是：沿圆弧所在平面（如 XY 平面）的另一坐标轴（Z 轴）的正方向向负方向看，顺时针方向为顺时针圆弧，逆时针方向为逆时针圆弧。

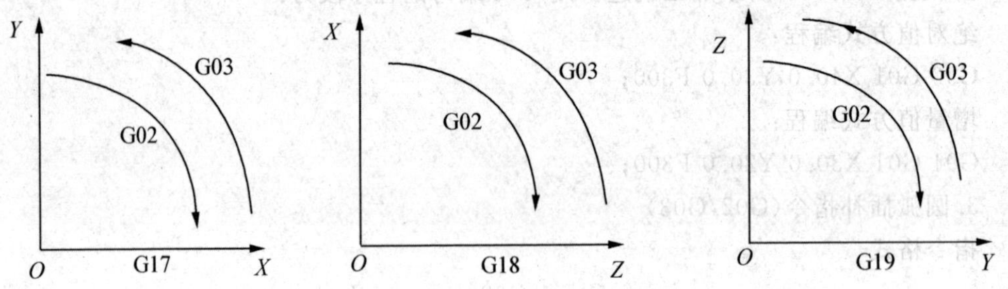

图 3-18 圆弧插补顺逆方向判断方法示意图

③F 规定了沿圆弧切向的进给速度。

④I、J、K 为圆弧的圆心相对于起点并分别在 X、Y 和 Z 坐标轴上的增量值，如图3-19 所示与 G90 或 G91 的定义无关，I、J、K 的值为零时可以省略。

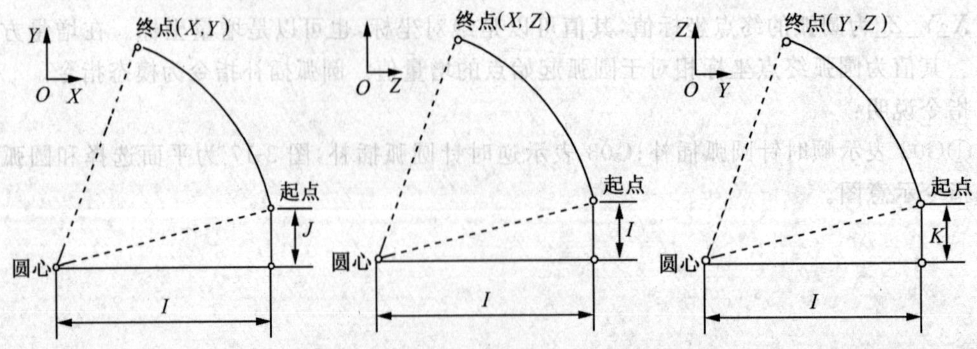

图 3-19 圆弧编程中 I、J、K 的确定

⑤R是圆弧半径,当圆弧所对应的圆心角为0°~180°时,R取正值;圆心角为180°~360°时,R取负值;在SIEMENS系统中,圆弧半径用符号“CR=”表示。需要注意的是,R不能用于整圆的编程,整圆编程需用I、J、K方式编程。

⑥ 在同一程序段中,如果I、J、K与R同时出现则R有效。

【例题】使用G02对图3-20所示圆弧a和圆弧b编程。

分析:在图中,a弧与b弧的起点相同、终点相同、方向相同、半径相同,仅仅旋转角度$a<180°$,$b>180°$。所以a弧半径以$R30$表示,b弧半径以R-30表示。程序编制见表3-6。

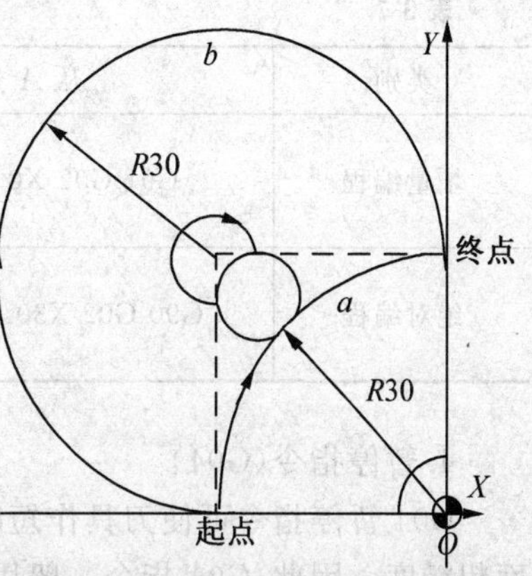

图3-20 G02和G03编程示例

表3-6 劣弧a和优弧b的编程

类别	劣弧(a弧)	优弧(b弧)
增量编程	G91 G02 X30.0 Y30.0 R30.0 F300	G91 G02 X30.0 Y30.0 R−30.0 F300
	G91 G02 X30.0 Y30.0 I30.0 J0F300	G91 G02 X30.0 Y30.0 I0 J30.0 F300
绝对编程	G90 G02 X0 Y30.0 R30.0 F300	G90 G02 X0 Y30.0 R−30.0 F300
	G90 G02 X0 Y30.0 I30.0 J0 F300	G90 G02 X0 Y30.0 I0 J30.0 F300

【例题】使用G02/G03对图3-21所示的整圆编程。

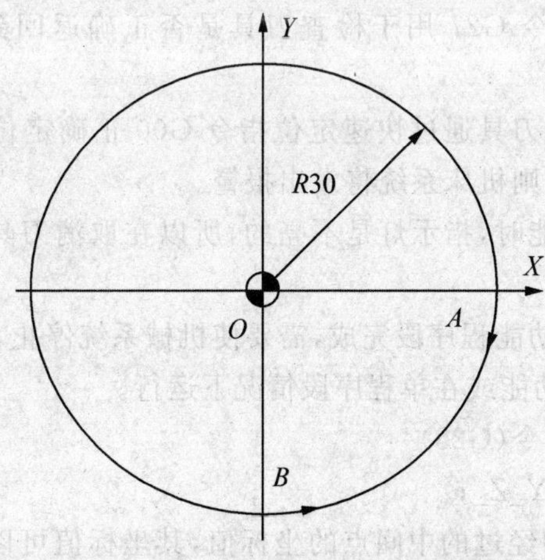

图3-21 整圆编程示例

整圆的程序编制见表3-7。

表 3-7　整圆的程序

类别	从 A 点顺时针一周	从 B 点逆时针一周
增量编程	G91 G02 X0 Y0 I－30.0 J0 F300	G91 G03 X0 Y0 I0 J30.0 F300
绝对编程	G90 G02 X30.0 Y0 I－30.0 J0 F300	G90 G03 X0 Y－30.0 I0 J30.0 F300

4.暂停指令(G04)

G04 暂停指令可使刀具作短时间无进给加工或机床空运转,从而降低加工表面的表面粗糙度。因此,G04 指令一般用于铣平面、锪孔等的光整加工。该指令为非模态指令。

指令格式　G04X_;或 G04P_;

地址符 X 后面可用小数点进行编程,如 G04 X2.0 表示暂停时间为 2 s,而 X2 则表示暂停时间为 2ms。地址 P 后面不允许带小数点,单位为毫秒(ms),如 G04 P2000 表示暂停时间为 2 s。

5.返回参考点指令(G27、G28、G29)

对于机床回参考点动作,除可采用手动回参考点的操作外,还可以通过编程指令来自动实现。常见的与返回参考点相关的编程指令主要有 G27、G28、G29.这三种指令均为非模态指令。

(1)返回参考点校验指令(G27)

指令格式　G27 X_Y_Z_;

*X_Y_Z_*为参考点在工件坐标系中的坐标值。

指令说明:

①返回参考点校验指令 G27 用于检查刀具是否正确返回到程序中指定的参考点位置。

②执行该指令时,如果刀具通过快速定位指令 G00 正确定位到参考点上,则对应轴的返回参考点指示灯亮,否则机床系统将发出报警。

③当使用刀具补偿功能时,指示灯是不亮的,所以在取消刀具补偿功能后,才能使用 G27 指令。

④当返回参考点校验功能程序段完成,需要使机械系统停止,必须在下一个程序段后增加 M00 或 M01 等辅助功能或在单程序段情况下运行。

(2)自动返回参考点指令(G28)

指令格式　G28 X_Y_Z_;

*X_Y_Z_*为返回过程中经过的中间点的坐标值,其坐标值可以用增量值,也可以用绝对值。但需用 G9l 指令或 G90 指令来指定。

指令说明:

①执行这条指令时,可以使刀具以点位方式经中间点返回到参考点,中间点的位置由该指令后的 *X_Y_Z_*值决定。

②返回参考点过程中设定中间点的目的是为了防止刀具在返回参考点过程中与工件

或夹具发生干涉。

③G28 指令一般用于自动换刀，所以使用 G28 指令时，应取消刀具的补偿功能。

【例题】G90 G28 X150.0 Y150.0 Zl50.0；

刀具先快速定位到工件坐标系的中间点(150,150,150)处，再返回机床 X、Y、Z 轴的参考点。

(3)自动从参考点返回指令(G29)

功能：是使刀具由机床参考点经过中间点到达目标点。

指令格式 G29 X_Y_Z_；

X_Y_Z_为从参考点返回后刀具所到达的终点坐标。可用 G9l/G90 指令来决定该值是增量值还是绝对值。如果是增量值，则该值指刀具终点相对于 G28 指令所指中间点的增量值。

指令说明：

①这条指令一般紧跟在 G28 指令后使用，指令中的 X、Y、Z 坐标值是执行完 G29 后，刀具应到达的坐标点。

②它的动作顺序是从参考点快速到达 G28 指令的中间点，再从中间点移动到 G29 指令的点定位，其动作与 G00 动作相同。由于在编写 G29 指令时有种种限制，而且在选择 G28 指令后，这条指令并不是必需的，所以建议用 G00 指令来代替 G29 指令。

【例题】G28 和 G29 应用举例，如图 3-22 所示。

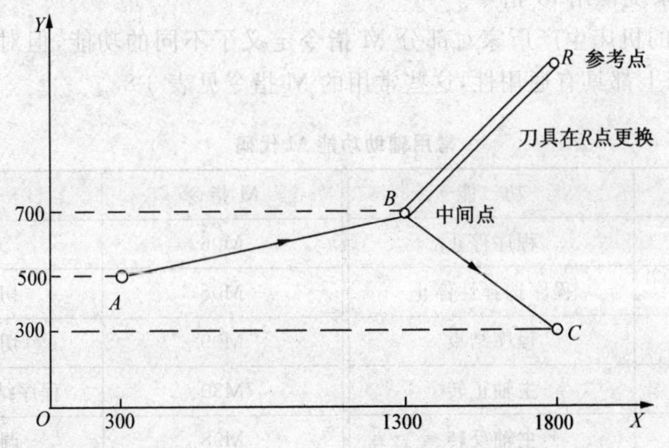

图 3-22 G28 和 G29 应用举例

G90 G28 X1300.0 Y700.0 Z0.0； (由 A 经 B 返回参考点)

T01 M06； (换刀)

G29 X1800.0 Y300.0 Z0.0； (从参考点经 B 返回到 C 点)

或：

G9l G28 X1000.0 Y200.0 Z0.0； (由 A 经 B 返回参考点)

T01 M06； (换刀)

G29 X500.0 Y-400.0 Z0.0； (从参考点经 B 返回到 C 点)

6.工件坐标系零点偏移及取消指令(G54～G59、G53)

通过对刀设定的工件坐标系在编程时，可通过工件坐标系零点偏移指令 G54～G59

在程序中得到体现。工件坐标系零点偏移指令可通过 G53 指令来取消。工件坐标系零点偏移取消后,程序中使用的坐标系为机床坐标系。一般通过对刀操作及对机床面板的操作,通过输入不同的零点偏移数值,可以设定 G54～G59 共 6 个不同的工件坐标系,在编程及加工过程中可以通过 G54～G59 指令来对不同的工件坐标系进行选择。

【例题】如图 3-23 所示,使用工件坐标系编程要求刀具从当前点移动到 A 点,再从 A 点移动到 B 点。

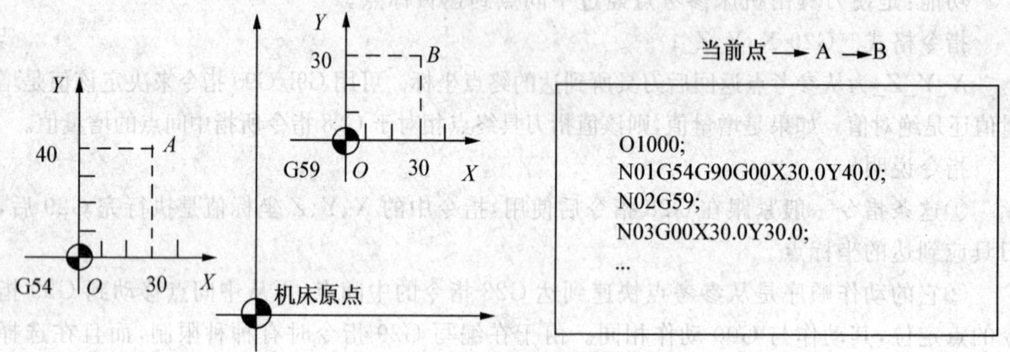

图 3-23 工件坐标系零点偏移指令举例

7. 数控铣床系统常用 M 指令

M 指令不同的机床生产厂家对部分 M 指令定义了不同的功能,但对多数常用的 M 指令,在所有机床上都具有通用性,这些常用的 M 指令见表 3-8。

表 3-8 常用辅助功能 M 代码

M 指令	功　能	M 指令	功　能
M00	程序停止	M06	刀具交换
M01	程序选择性停止	M08	切削液开启
M02	程序结束	M09	切削液关闭
M03	主轴正转	M30	程序结束,返回开头
M04	主轴反转	M98	调用子程序
M05	主轴停止	M99	子程序结束

四、数控程序的开始与结束

针对不同的数控系统,其程序开始和程序结束是相对固定的,包括一些机床信息,如机床回零、工件零点设定、主轴启动、切削液开启等功能。因此,其数控程序的开始和结束可编写成相对固定的格式。其基本格式如下:

```
O0010;
N10 G90 G94 G40 G49 G17 G21 G54;        (程序初始化)
N20 G91 G28 Z0;                         (Z 向回零,为换刀做准备)
N30 T_M06;(换刀,如果为数控铣床则该步可省略)
N40 G90 G00 X_Y_;(快速定位到 G17 平面的起刀点)
```

N50 G43 G00 Z_H0_;(快速定位到 Z 向安全高度)

N60 S_M03;(主轴正转)

N70 M98 P_L_;(调用子程序)

……

N110 G91G28 Z0;或 G00 Z_;　　(回到机床 Z 向零点或 Z 向快速抬刀)

N120 M30;　　(程序结束,光标回到起始行)

以上程序中,N10～N60 为程序的开始部分,N70 为程序执行部分,N210～N220 为程序结束部分。在实际书写时,由于程序段号在手工输入过程中会自动生成,因此,程序段号可省略不写。

五、刀具补偿功能

1. 刀具补偿功能

在数控编程过程中,为了编程方便,通常将数控刀具假想成一个点。在编程时,一般不考虑刀具的长度与半径,而只考虑刀位点与编程轨迹重合。但在实际加工过程中,由于刀具半径与刀具长度各不相同,在加工中势必造成很大的加工误差。因此,实际加工时必须通过刀具补偿指令,使数控机床根据实际使用的刀具尺寸自动调整各坐标轴的移动量,确保实际加工轮廓和编程轨迹完全一致。数控机床的这种根据实际刀具尺寸,自动改变坐标轴位置,使实际加工轮廓和编程轨迹完全一致的功能,称为刀具补偿功能。

数控铣床的刀具补偿功能分为刀具半径补偿功能和刀具长度补偿功能。

2. 刀位点

刀位点是指加工和编制程序时,用于表示刀具特征的点,也是对刀和加工的基准点如图 3-24 所示。镗刀的刀位点,通常是指刀具的刀尖;钻头的刀位点通常指钻尖;立铣刀、端面铣刀的刀位点指刀具底面的中心;而球头铣刀的刀位点指球头中心。

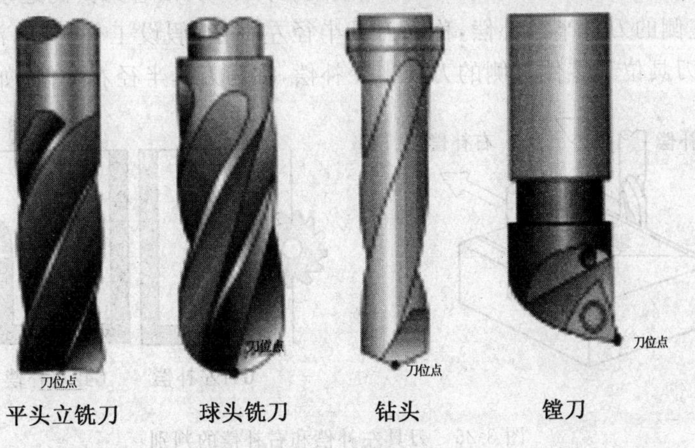

图 3-24　数控刀具的刀位点

3. 刀具半径补偿

(1)刀具半径补偿的目的　在数控铣床上进行轮廓的铣削加工时,由于刀具半径的存在,刀具中心(刀心)轨迹和工件轮廓不重合。如果数控系统不具备刀具半径自动补偿功能,则只能按刀心轨迹进行编程,即在编程时给出刀具中心运动轨迹,如图 3-25 所示的点划线轨迹,其计算相当复杂,尤其当刀具磨损、重磨或换新刀而使刀具直径变化时,必须重新计算刀心轨迹，修改程序，这样既繁琐，又不易保证加工精度。当数控系统具备刀具半径补偿功能时，只需按工件轮廓进行编程，如图 3-25 中的粗实线轨迹，数控系统会自动计算刀心轨迹，使刀具偏离工件轮廓一个半径值，即进行刀具半径补偿。

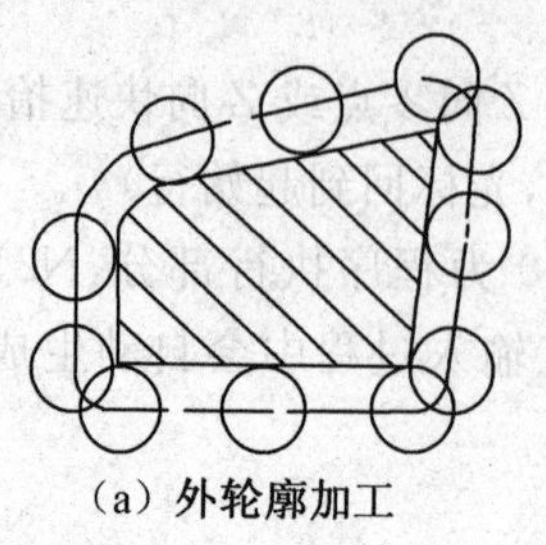
(a) 外轮廓加工

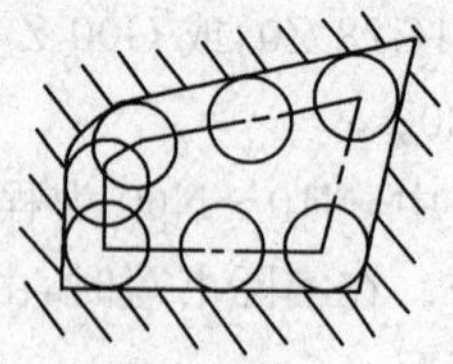
(b)内轮郭加工

图 3-25　刀具半径补偿

(2)刀具半径补偿指令—G41、G42、G40

指令格式

G41G01/G00 X_Y_F_D_;

G42G01/G00 X_Y_F_D_;

G40G01/G00 X_Y_;

式中：G41——刀具半径左补偿；

G42——刀具半径右补偿；

G40——取消刀具半径补偿；

X、*Y*——建立或取消刀具半径补偿的终点坐标值；

D——刀具偏置代号地址字，后面一般为两位数字的代号。

(3)刀具半径左、右补偿的判断方法　假设工件不动，沿着刀具的运动方向向前看，刀具位于工件左侧的刀具半径补偿，称为刀具半径左补偿；假设工件不动，沿着刀具的运动方向向前看，刀具位于零件右侧的刀具半径补偿，称为刀具半径右补偿，如图 3-26 所示。

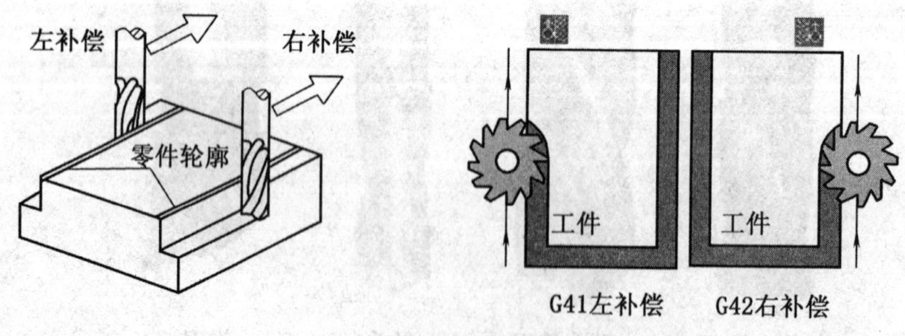

图 3-26　刀具左补偿和右补偿的判别

(4)刀具半径补偿的过程　刀具补偿过程的运动轨迹分为三个组成部分：刀具补偿的建立、刀具补偿的执行和刀具补偿的取消。

①刀具半径补偿建立　刀具从起点接近工件，在编程轨迹基础上，刀具中心向左(G41)或向右(G42)偏离一个偏置量的距离。不能进行零件的加工。

②刀具补偿的执行　刀具中心轨迹与编程轨迹始终偏离一个偏置量的距离。

③刀具补偿的取消　刀具撤离工件，使刀具中心轨迹终点与编程轨迹终点(如起刀点)重合。不能进行加工。如图 3-27 所示，程序如下：

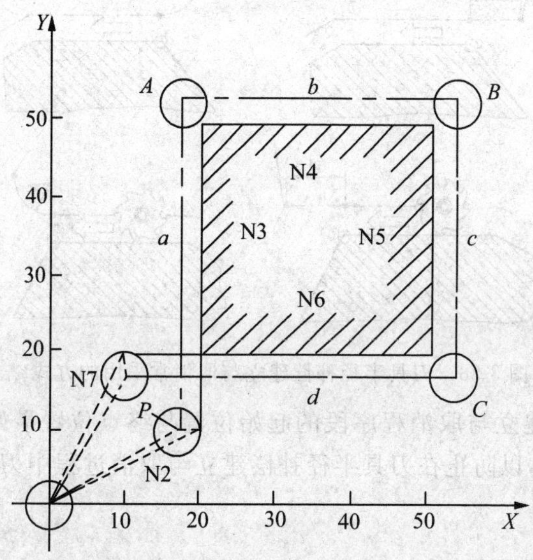

图 3-27

……

N60 G41 G01 X20.0 Y10.0 D01 F100；刀具半径补偿建立
N70 Y50.0；　　　　　　　　　　刀具补偿的执行
N80 X50.0；　　　　　　　　　　刀具补偿的执行
N90 Y20.0；　　　　　　　　　　刀具补偿的执行
N100 X10.0；　　　　　　　　　刀具补偿的执行
N110 G40 X0 Y0 M05；　　　　　刀具补偿的取消

(5)刀具半径补偿的注意事项

①刀具半径补偿的建立与取消程序段只能在 G00 或 G01 移动指令模式下才有效。当然，现在有部分系统也支持 G02、G03 模式，但为防止出现差错，在半径补偿建立与取消程序段最好不使用 G02、G03 指令。

②为保证刀具补偿建立与刀具补偿取消时刀具与工件的安全，通常采用 G01 运动方式来建立或取消刀补。如果采用 G00 运动方式来建立或取消刀补，则要采取先建立刀补再下刀和先退刀再取消刀补的加工方法。

③为了便于计算坐标，可采用切向切入方式或法向切入方式来建立或取消刀补。对于不便于沿工件轮廓线方向切向或法向切入切出时，可根据情况增加一个辅助程序段，如图 3-28 所示。

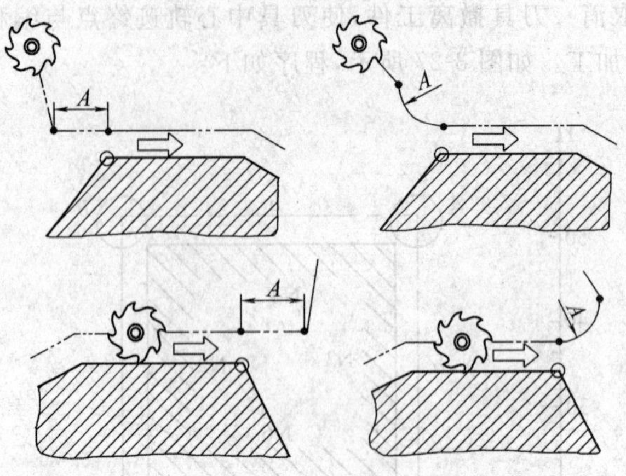

图 3-28　刀具半径补偿建立与取消常采用的方式

④刀具半径补偿建立与取消程序段的起始位置与终点位置最好与补偿方向在同一侧，如图 3-29 中的 OA，以防止在刀具半径补偿建立与取消过程中刀具产生过切现象，如图 3-29 中的 OM。

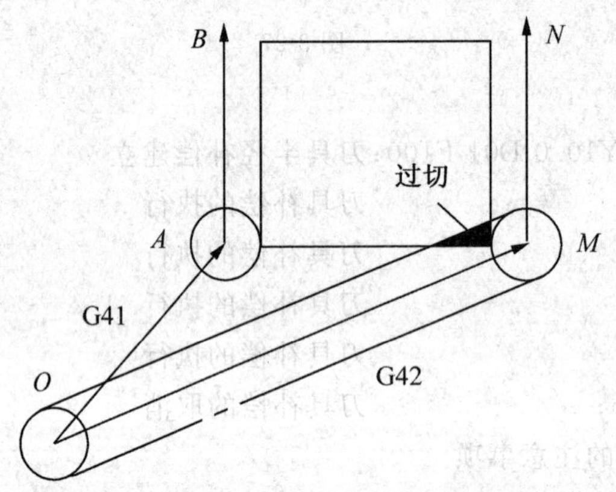

图 3-29　刀补建立时的起始与终点位置

⑤在刀具补偿模式下，一般不允许在连续两段以上的非补偿平面内移动指令，否则刀具也会出现过切等危险动作。非补偿平面移动指令通常指：只有 G、M、S、F、T 代码的程序段（如 G90，M05 等）、程序暂停程序段（如 G04 X10.0）和 G17 平面加工中的 Z 轴移动指令等。

⑥选择刀具时要注意刀具的半径必须小于轮廓最小凹圆弧的半径。

(6)刀具半径补偿功能的应用

①刀具因磨损、重磨、换新刀而引起刀具直径改变后，不必修改程序，只需在刀具参数设置中输入变化后的刀具直径。如图 3-30 所示，1 为未磨损刀具，2 为磨损后刀具，两者直径不同，只需将刀具参数表中的刀具半径 r_1 改为 r_2，即可适用同一程序。

②用同一程序、同一尺寸的刀具，利用刀具半径补偿，可进行粗精加工。如图 3-31 所示，刀具半径 r，精加工余量 Δ，粗加工时，输入刀具直径 $D=2(r+\Delta)$，则加工出点划线轮

廓;精加工时,用同一程序,同一刀具,但输入刀具直径 $D=2r$,则加工出实线轮廓。

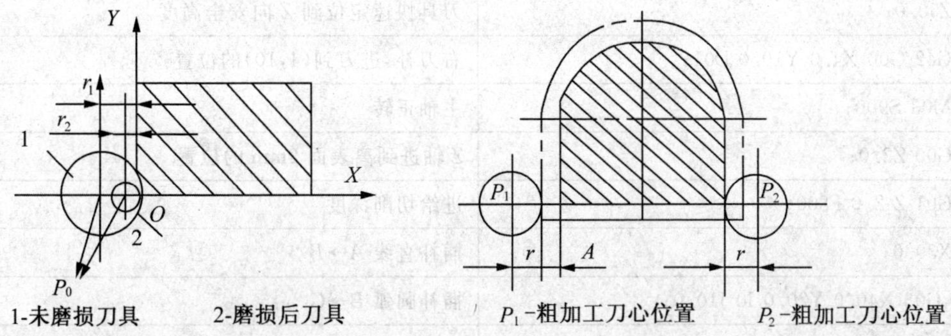

图 3-30 刀具直径变化,加工程序不变　　图 3-31 利用刀具半径补偿进行粗精加工

③用同一个程序加工同一公称尺寸的凹、凸型面如图 3-32 所示,内、外轮廓编写成同一程序,在加工外轮廓时,将偏置值设为 $+D$,刀具中心将沿轮廓的外侧切削;当加工内轮廓时,将偏置值设为-D,这时刀具中心将沿轮廓的内侧切削。此种方法在模具加工中运用较多。

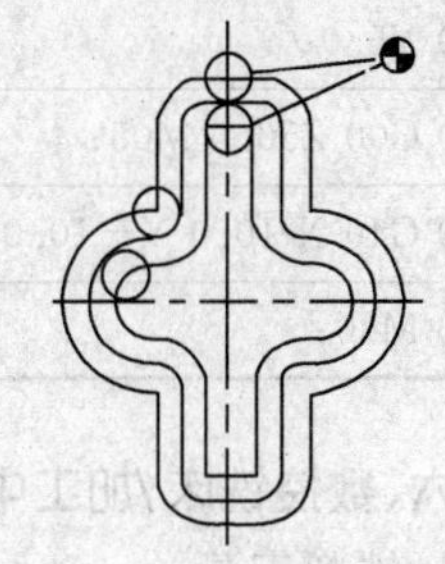

图 3-32 内外轮廓加工方式图

(7)刀具半径补偿加工实例

【例题】考虑刀具半径补偿,编制如图 3-33 所示零件的加工程序。要求建立如图所示的工件坐标系,按箭头所指示的路径进行加工。设加工开始时刀具距离工件上表面 50mm,切削深度为 2mm。

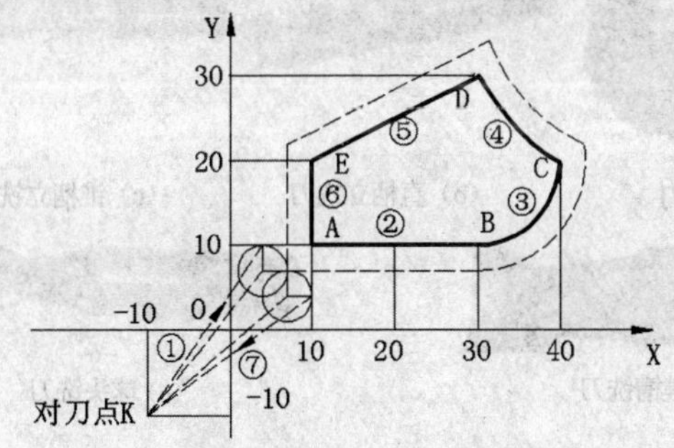

图 3-33 刀具半径补偿指令的加工实例

解:一个完整的零件程序见表 3-9。

表 3-9 刀具半径补偿指令的应用

程　序	说　明
O0010;	程序名
N10 G90 G94 G40 G21 G17 G54;	程序初始化,设定工件坐标系
N20 G91 G28 Z0;	刀具回 Z 向零点

N30 G90 G00 X-10.0 Y-10.0；	刀具快速点定位到对刀点(－10.0,－10.0)
N40 Z50.0；	刀具快速定位到 Z 向安全高度
N50 G42 G00 X4.0 Y10.0 D01；	右刀补,进刀到(4,10)的位置
N60 M03 S900；	主轴正转
N70 G00 Z2.0；	Z 轴进到离表面 2mm 的位置
N80 G01 Z-2.0 F800；	进给切削深度
N90 X30.0；	插补直线 A→B
N100 G03 X40.0 Y20.0 I0 J10.0；	插补圆弧 B→C
N110 G02 X30.0 Y30.0 I0 J10.0；	插补圆弧 C→D
N120 G01 X10.0 Y20.0；	插补直线 D→E
N130 Y5.0；	插补直线 E→(10,5)
N140 G00 Z50.0 M05；	返回 Z 方向的安全高度,主轴停转
N150 G40 X-10.0 Y－10.0；	返回到对刀点
N130 M30；	程序结束

六、数控铣床/加工中心常用切削刀具

1.铣削刀具

常用有面铣刀、立铣刀、键槽铣刀和球头铣刀等,如图 3-34 所示。

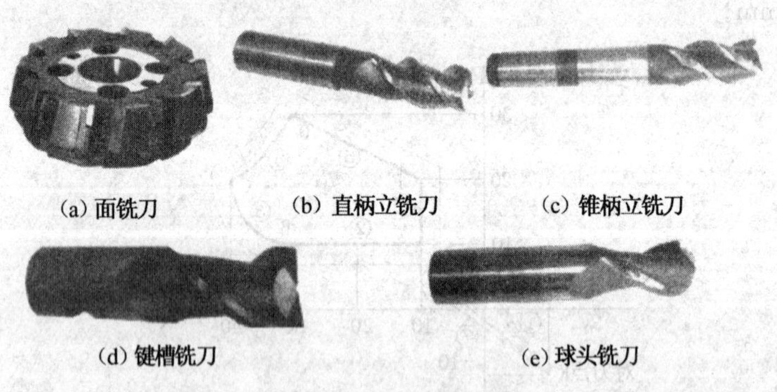

(a) 面铣刀　(b) 直柄立铣刀　(c) 锥柄立铣刀

(d) 键槽铣刀　(e) 球头铣刀

图 3-34　常用的铣削刀具

2.孔加工刀具

常用的孔加工刀具如图 3-35 所示。

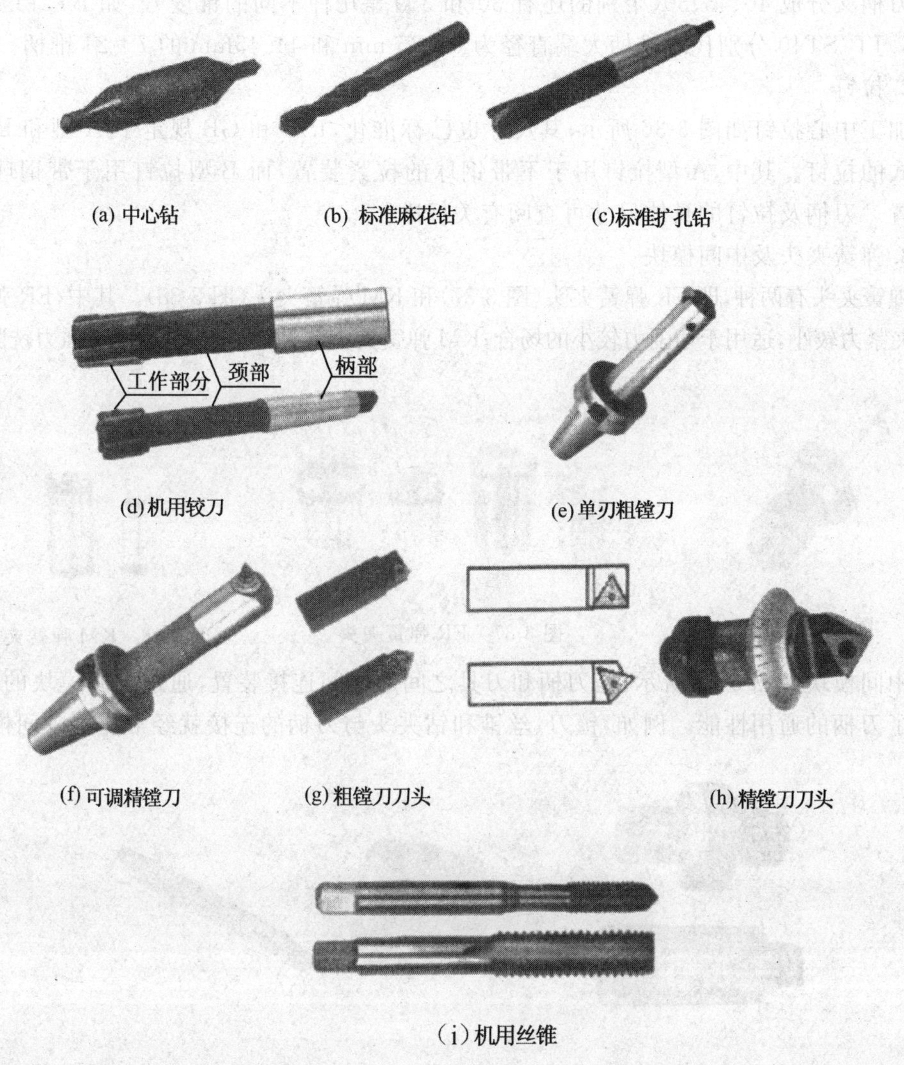

(a) 中心钻 (b) 标准麻花钻 (c)标准扩孔钻

(d)机用铰刀 (e)单刃粗镗刀

(f)可调精镗刀 (g)粗镗刀刀头 (h)精镗刀刀头

(i)机用丝锥

图 3-35 常用的孔加工刀具

七、数控铣床/加工中心的刀柄系统

数控铣床、加工中心用刀柄系统由三部分组成,即刀柄、拉钉和夹头(或中间模块)。

1. 刀柄

切削刀具通过刀柄与数控铣床主轴连接,其强度、刚性、耐磨性、制造精度以及夹紧力等对加工有直接的影响。

刀柄及其尾部供主轴内拉紧机构用的拉钉已实现标准化,使用的标准有国际标准(ISO)和中国、美国、德国、日本等国的国家标准。根据刀柄柄部形式及所采用国家标准的不同,我国使用的刀柄常分成 BT(日本 MAS403—75 标准)、JT(GB/T10944—1989 与 ISO7388—1983 标准,带机械手夹持槽)、ST(ISO 或 GB,不带机械手夹持槽)和 CAT(美国 ANSI 标准)等几种系列,这几种系列的刀柄除局部槽的形状不同外,其余结构基本相同。

数控铣床刀柄一般采用 7∶24 锥面与主轴锥孔配合定位,根据锥柄大端直径的不同,数控刀柄又分成 40、45、50(个别的还有 30 和 35)等几种不同的锥度号,如 BT/JT/ST50 和 BT/JT/ST40 分别代表锥柄大端直径为 69.85 mm 和 44.45mm 的 7∶24 锥柄。

2. 拉钉

加工中心拉钉如图 3-36 所示,其尺寸也已标准化,ISO 和 GB 规定了 A 型和 B 型两种形式的拉钉。其中,A 型拉钉用于不带钢球的拉紧装置,而 B 型拉钉用于带钢球的拉紧装置。刀柄及拉钉的具体尺寸可查阅有关标准。

3. 弹簧夹头及中间模块

弹簧夹头有两种,即 ER 弹簧夹头(图 3-37)和 KM 弹簧夹头(图 3-38)。其中,ER 弹簧夹头的夹紧力较小,适用于切削力较小的场合;KM 弹簧夹头的夹紧力较大,适用于强力铣削。

图 3-36 拉钉　　图 3-37 ER 弹簧夹头　　图 3-38 KM 弹簧夹头

中间模块如图 3-39 所示,是刀柄和刀具之间的中间连接装置,通过中间模块的使用,提高了刀柄的通用性能。例如,镗刀、丝锥和钻夹头与刀柄的连接就经常使用中间模块。

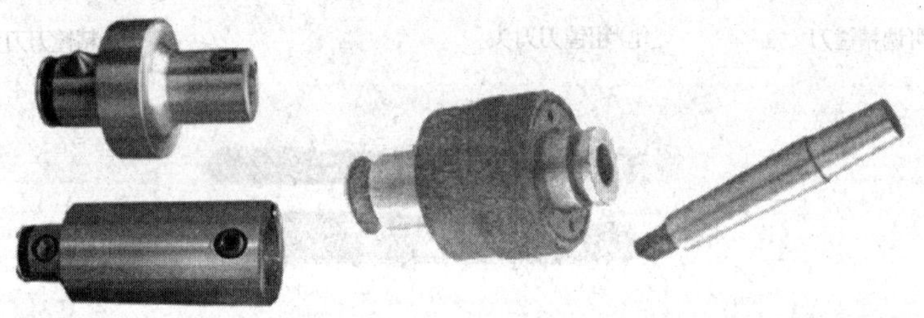

图 3-39 中间模块

任务实施

一、零件图工艺分析

该零件主要由平面及外轮廓组成。上表面和外轮廓的表面粗糙度为 Ra3.2,要求较高,无垂直度要求。该零件材料为铝,切削加工性能较好。

二、选择加工方案及走刀路线

根据零件形状及加工精度要求,一次装夹完成所有加工内容。以底面为基准,可选择先粗后精、先主后次的原则。轮廓加工方案及走刀路线如下:

1. 粗、精加工上表面。
2. 粗、精加工外轮廓。
3. 表面与外轮廓粗加工可采用往复加工提高加工效率。
4. 外轮廓精加工采用顺铣方式,刀具沿切线方向切入与切出,提高加工精度。

三、确定装夹方案

零件毛坯外形为规则的长方形,因此 ,加工上表面与轮廓时选择平口机用虎钳。

四、刀具及切削用量的选择

本任务主要加工工件上表面和外形轮廓。因此,上表面的加工,选择Ø100 mm 的可转位硬质合金刀片端铣刀粗、精加工;工件外轮廓的加工,选用大直径刀,以提高加工效率。选用Ø16mm 高速钢普通立铣刀分别进行粗、精加工。刀具及切削用量选择见工艺文件(见表 3-10)。

表 3-10　　模板数控加工工序卡片

数控加工工序卡片			产品名称或代号	零件名称		材料	零件图号
				模板		铝	
工序号	程序编号	夹具名称	夹具编号	使用设备		车　间	
		使用平口虎钳 200				数控实训中心	
工步号	工步内容	刀具号	刀具规格	主轴转速 n (r/min)	进给速度 F (mm/min)	背吃刀量 a_p(mm)	量具	备注
1	粗铣顶面留余量 0.2	T01	Ø100 端铣刀	380	200	1.8 100	游标卡尺	
2	精铣顶面控制高度尺寸达 R_a3.2	T01	Ø16 立铣刀	500	150	0.2 100		
3	粗铣外轮郭留侧余量 0.5,底余量 0.2	T02	Ø16 立铣刀	2000	180	4.5 12		
5	精铣外轮郭达图纸要求	T02	Ø16 立铣刀	2800	250	0.5 0.2	千分尺	
6	清理、入库							
编制		审核		共　页			第　页	

五、编写数控程序

1. 模板平面铣削数控加工程序见表 3-11。

2. 模板轮廓精加工程序见表 3-12。

表 3-11　　模板平面铣削数控加工程序卡

零件号	X02	零件名称	模板 0i	编程原点	上表面的中心
程序号		数控系统	FANUC0i	编制	
G54 G90 G17 G00 X0 Y0;			确定工作坐标系及加工平面		
M03 S380;			主轴正转,转速 380r/min		
G00 X-120.0 Y0 Z2.0;			定位到加工起点		

续表

G01 Z-1.8 F200；	粗铣上表面
X120.0；	
M03 S500；	
Z-2.0；	
X-120.0 F150；	精铣上表面
G00 Z200.0；	主轴抬起
M05；	主轴停
M30；	程序结束

表 3-12　模板轮廓精加工程序卡

零件号	X02	零件名称	模板	编程原点	表面的中点
程序号	O0211	数控系统	FANUC0i	编制	
G54 G90 G17 G00 X0. Y0.；			确定工作坐标系及加工平面		
M03 S2800；			主轴正转，转速 2800r/min		
G00 X-60. Y-60. Z2.；			定位到加工起点		
G01 Z-5. F250；					
G41 G01 X-40. Y-40. D01；			建立刀具半径补偿		
Y20.；			沿轮郭进行加工		
X-10. Y30.；					
X30.；					
G02 X40. Y20. R10.；					
G01 Y-10.；					
G03 X10. Y-30. R20.；					
G01 X-51.；					
G40 G00 X-60. Y-60.；			取消刀具半径补偿		
G00 Z200.；			主轴抬起		
M05；			主轴停		
M30；			程序结束		

六、数控加工

1. 程序的输入与校验　数控程序的输入与校验参照模块一中的介绍进行。

2. 刀具的手动安装

(1)数控刀具在刀柄中的安装

①选择图 3-40 所示 KM 弹簧夹头(ø16mm)，将立铣刀装入弹簧夹头。

②选择图 3-40 所示的强力夹头刀柄。

③将刀具装入如图 3-40 所示锁刀器内,刀柄卡槽对准锁刀器的凸起部分。

④用月牙形扳手松开锁紧螺母,将装有刀具的 KM 弹簧夹头装入刀柄。

⑤将锁紧螺母锁紧,完成刀具在刀柄中的安装。

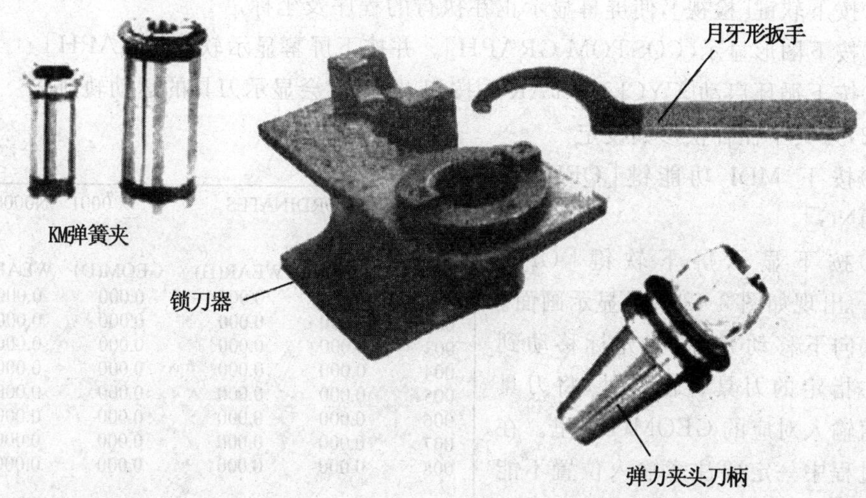

图 3-40　KM 弹簧夹、锁刀器、月牙形扳手和强力夹头刀柄

(2)刀柄在数控铣床上的安装

①打开供气气泵,向数控机床的气动装置供气。

②手握刀柄底部,将刀柄柄部伸入主轴锥孔中。

③按下主轴上的气动按钮,同时向上推刀柄,如图 3-41 所示。

④松开气动按钮,然后松开握刀柄的手。

⑤检查刀柄在数控机床上的安装情况。

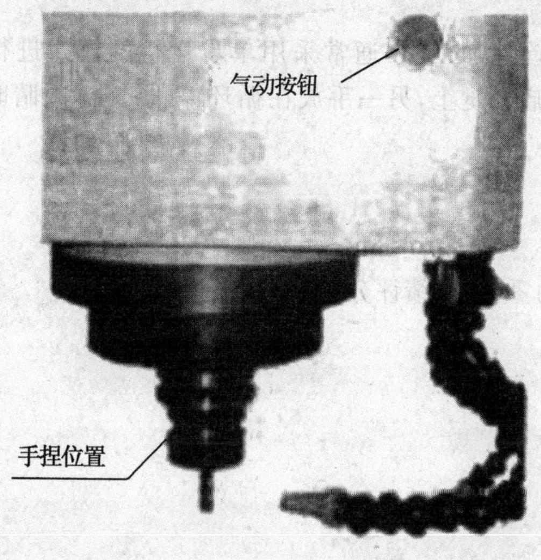

图 3-41　刀柄在数控机床上的安装

3. 自动运行操作

(1)程序效验

①按下按钮[PROG]. 调用程序 O0001。

②按下模式选择按钮[AUTO]。按下机床锁住按钮[MC LOCK]。

③按下软键[检视],使屏幕显示正在执行的程序及坐标。

④按下图形显示[COSTOM GRAPH]。并按下屏幕显示软键[GRAPH]。

⑤按下循环启动[CYCLE START]按钮,屏幕上会显示刀具的运动轨迹。

(2)刀具半径补偿参数设定

①按下 MDI 功能键[OFFSET SETTING]。

②按下显示屏下软键[OFFSET]。出现如图 3-42 所示显示画面。

③向下移动光标,将光标移动到程序中指定的刀具补偿号处,将刀具半径值输入对应的 GEOM(D) 里。在输入过程中一定要注意输入位置不能搞错。

④如果刀具使用一段时间后,产生了磨损,则可将磨损值也输入对应的位置,对刀具进磨损补偿。将直径方向的磨损值输入对应的 WEAR(D) 中,而将长度方向的磨损值输入对应的 WEAR(H)中。

WORK COORDINATES 0001 N0000

OFFSET

NO	OEOM(H)	WEAR(H)	GEOM(D)	WEAR(D)
001	0.000	0.000	0.000	0.000
002	0.000	0.000	0.000	0.000
003	0.000	0.000	0.000	0.000
004	0.000	0.000	0.000	0.000
005	0.000	0.000	0.000	0.000
006	0.000	0.000	0.000	0.000
007	0.000	0.000	0.000	0.000
008	0.000	0.000	0.000	0.000

[OFFSET] [SETING] [WORK] [OPRT]

图 3-42 刀具半径补偿设定显示画面

【操作提示】输入刀具半径补偿值时,一定要注意其值的输入位置不能搞错。设定的刀具半径值不能大于或等于内凹圆弧的半径值,否则出现报警。

【操作提示】紧急停止按钮主要用于机床将出现危险事故时的操作,通常情况下,按下紧急停止按钮。

【操作提示】在进行首件加工时,通常采用单步运行的模式进行。在自动运行操作时,通常是一手放在循环启动键上,另一手放在循环停止键上,眼睛时刻观察刀具运行轨迹和加工过程。

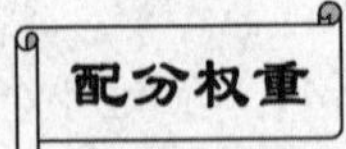

加工如图 3-5 所示的零件,成绩评分标准见表 3-13。

表 3-13 模板铣削配分权重表

工件编号		技术要求	配分	总得分		
项目与权重	序号			评分标准	检测记录	得分
加工操作（30%）；	1	尺寸精度符合要求	10	不合格每处扣 2 分		
	2	形位精度符合要求	5	不合格每处扣 2 分		
	3	表面粗糙度符合要求	15	不合格每处扣 2 分		
程序与工艺（35%）	4	程序格式规范	5	不规范每处扣 2 分		
	5	刀补程序合理	15	不合理每处扣 5 分		
	6	切削用量参数正确	10	不正确每处扣 5 分		
	7	程序完整	5	不完全全扣		
机床操作（20%）	8	刀具的选择与安装正确	5	不正确每次扣 2 分		
	9	对刀及坐标系设定正确	5	不正确每次扣 2 分		
	10	机床操作规范	5	不规范每次扣 2 分		
	11	工件加工不出错	5	出错全扣		
文明生产（15%）	13	安全操作	10	出错全扣		
	14	工件场所整理	5	不合格全扣		

任务二　型腔零件铣削加工

知识要点

◎ 编制数控程序的规范性和正确性
◎ 内轮廓的编程方法
◎ 子程序的概念、格式和编程方法
◎ 轮廓分层切削的加工方法
◎ 精加工余量的确定方法
◎ 数控机床常用夹具

技能要求

◎ 运用子程序编写数控铣加工程序
◎ 工件在平口钳中的装夹与校正
◎ 尺寸精度的检验与误差分析

任务描述

试编写如图 3-43 所示工件轮廓(已知毛坯尺寸为 75mm×75mm×25mm)的加工程序，并在数控铣床上进行加工。

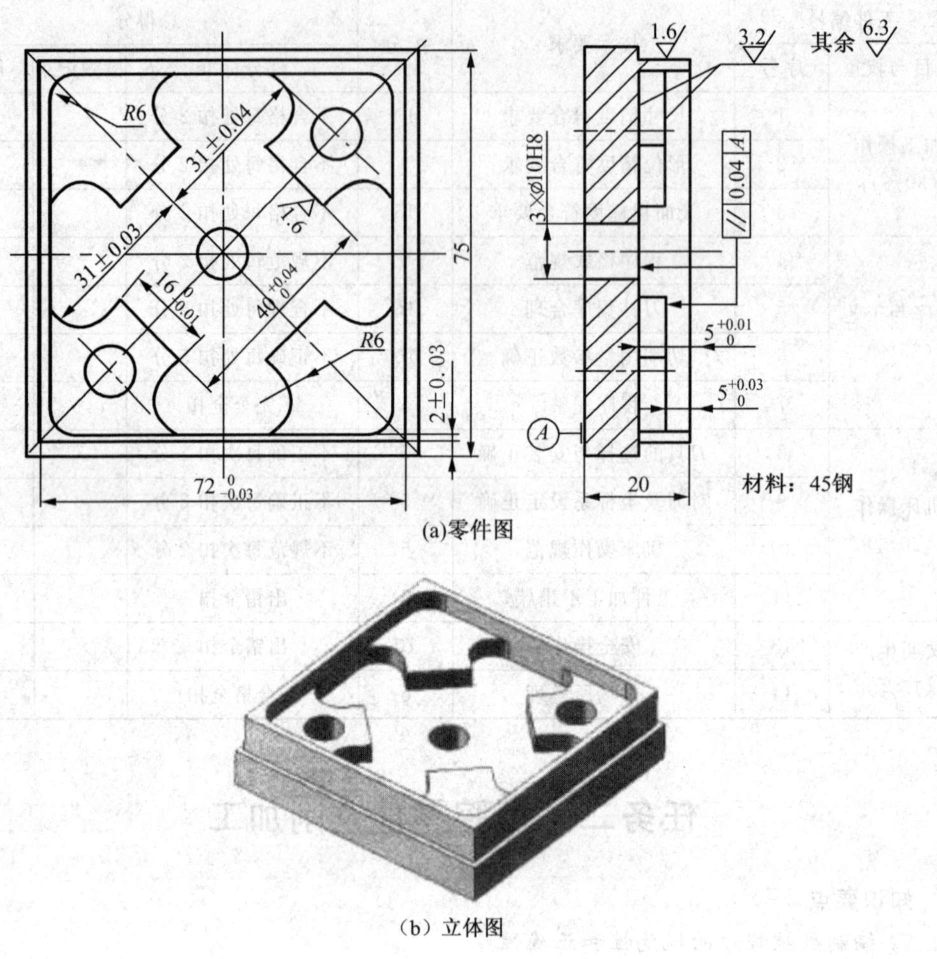

(a)零件图

（b）立体图

图 3-43　型腔零件

任务分析

该零件形状包含内外轮廓。内轮廓结构复杂有两个四方和四个形状相同的凹槽组成。所以完成该任务的数控编程时，采用子程序较为合适。在编写子程序时，要特别注意刀具半径补偿在子程序中的编程方法。

为保证工件的加工质量，加工前需选用合适的夹具进行装夹并进行仔细地找正，加工后应及时进行质量分析，找出产生误差的原因。

知识链接

一、数控铣削编程中的子程序

1. 子程序的定义

在编制加工程序时，有时会遇到一组程序段在一个程序中多次出现，或在几个程序中都要使用它，这个典型的加工程序可以作成固定程序，并单独命名，这组程序段就称为子程序。子程序不能单独使用,它只能通过主程序调用,实现加工中的局部动作。子程序结束后,能自动返回到调用的主程序中。

2. 子程序的格式

子程序的格式与主程序格式相似包括程序名、程序段、程序结束指令,所不同的是程序结束指令不同,主程序用 M02 或 M30,子程序用 M99。

子程序格式如下:

O0003;

G91 G01 Z-2.0 F100;

………

G01 X20.0 Y30.0;

M99;

3. 子程序的调用

在 FANUC 系统中,子程序的调用格式有两种。

指令格式一:M98 P ××××L××××

地址 P 后面的四位数字为子程序名,地址 L 的数字表示重复调用的次数,当只调用一次时,L 可省略不写。

例:M98 P1234 L5 表示调用子程序"O1234"共 5 次。

指令格式二:M98 P ×××× ××××

地址 P 后面的八位数字中,前四位表示调用次数,后四位表示子程序名,采用这种调用格式时,调用次数前的 0 可以省略,但子程序名前的 0 不能省略。

例:M98 P41976 表示调用子程序"O1976"共 4 次。

4. 子程序嵌套

为进一步简化程序,可以让子程序调用另一个子程序,这一功能称为子程序的嵌套。系统不同,其子程序的嵌套级数也不相同,最多可以实现 99 级嵌套。其执行过程如 3-44 图所示:

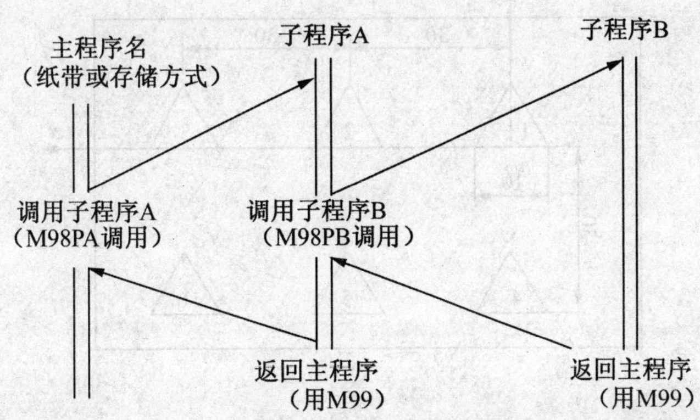

图 3-44 子程序的嵌套

5. 子程序调用的特殊用法

(1)子程序返回到主程序某一程序段 如果在子程序返回程序段中加 Pn,则子程序在返回主程序时将返回到主程序中顺序号为“n”的那个程序段。其程序格式如下：

M99 Pn；

M99 P100；(返回到 N100 程序段)

(2)自动返回到程序 头如果在主程序中执行 M99 指令，则程序将返回到主程序的开头并继续执行程序。也可以在主程序中插入“M99 Pn；”用于返回到指定的程序段。为了能够执行后面的程序，通常在该指令前加“/”，以便在不需要返回执行时，跳过该程序段。

(3)强制改变子程序重复执行的次数 用“M99 L××；”指令可强制改变子程序重复执行的次数，其中，L××表示子程序调用的次数。例如：如果主程序用“M98 P××L99；”调用，而子程序采用“M99 L2；”返回，则子程序重复执行的次数为 2 次。

6. 子程序的应用

(1)实现零件的分层切削 零件在某个方向总切削深度较大时，要进行分层切削，可通过调用子程序来编写加工程序，如图 3-45 所示。

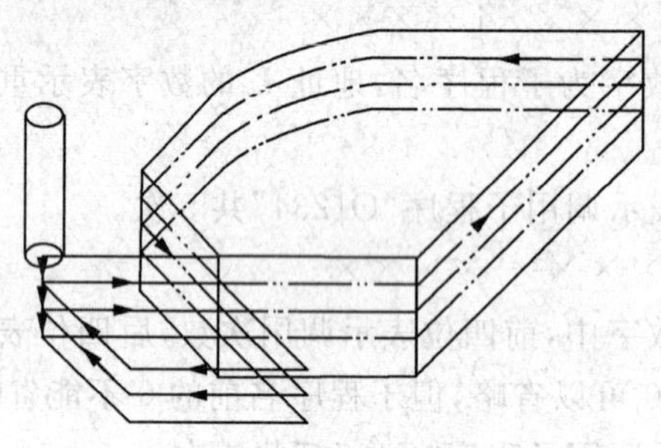

图 3-45 分层切削

(2)同平面内多个相同轮廓工件的加工，在数控编程时只编写其中一个轮廓的加工程序，然后用主程序调用，如图 3-46 所示。

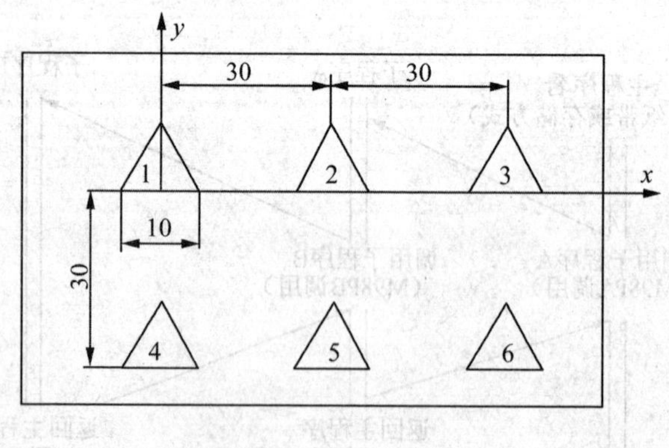

图 3-46 子程序的多次调用

7. 使用子程序注意事项

(1)注意主程序与子程序间模式代码的变换，子程序采用了 G91 模式时，返回主程序时应注意及时进行 G90 与 G91 模式的变换。如下所示：

O1234；(主程序) O1111；(子程序)

```
G90 G54;(G90 模式)            G91……;
M98 P1111;(G91 模式)          ……;
……                            M99;
G90…… ;(G90 模式)
M30;
```

(2)在半径补偿模式中的程序不能被分支。即在主程序中加刀补,必须在主程序中取消刀补,在子程序中加刀补就必须在子程序中取消刀补,否则系统会出现程序报警。如下所示:

```
程序一:O1234;(主程序)         O1111;(子程序)
       G90 G54;               G91……;
       G41……;                ……;
       M98 P1111;             M99;
       ……
       G90…… ;
       G40……;
       M30;
程序二:O1234;(主程序)         O1111;(子程序)
       G90 G54;               G91……;
       …… ;                   G41……;
       M98 P1111;             ……;
       G90…… ;                G40……;
       M30;                   M99;
```

二、精加工余量的确定

1.精加工余量的概念

精加工余量是指精加工过程中,所切去的金属层厚度。通常情况下,精加工余量由精加工一次切削完成。

加工余量有单边余量和双边余量之分。轮廓和平面的加工余量指单边余量,它等于实际切削的金属层厚度。而对于一些内圆和外圆等回转体表面,加工余量有时指双边余量,即以直径方向计算,实际切削的金属层厚度为加工余量的一半。

2.影响精加工余量的因素

精加工余量的大小对零件的最终加工质量有直接影响。选取的精加工余量不能过大,也不能过小,余量过大会增加切削力、切削热的产生,进而影响加工精度和加工表面质量;余量过小则不能消除上一道工序(或工步)留下的各种误差、表面缺陷和本工序的装夹误差,容易造成废品。因此,应根据影响余量大小的因素合理地确定精加工余量。

影响精加工余量大小的因素主要有两个,即上一道工序(或工步)的各种表面缺陷、误差和本工序的装夹误差。

3.精加工余量的确定方法　确定精加工余量的方法主要有以下三种:

(1)经验估算法　此方法是凭工艺人员的实践经验估计精加工余量。为避免因余量不足而产生废品，所估余量一般偏大，仅用于单件小批量生产。

(2)查表修正法　将工厂生产实践和实验研究积累的有关精加工余量的资料制成表格，并汇编成手册。确定精加工余量时，可先从手册中查得所需数据，然后再结合工厂的实际情况进行适当修正。这种方法目前应用广泛。

(3)分析计算法　采用此方法确定精加工余量时，需运用计算公式和一定的实验资料，对影响精加工余量的各种因素进行综合分析和计算来确定精加工余量。用这种方法确定的精加工余量比较经济合理，但必须有比较全面和可靠的实验资料。

(4)精加工余量的确定　用数控铣床加工时，采用经验估算法或查表修正法确定的精加工余量推荐值见表 3-14，表中轮廓指单边余量，孔指双边余量。

表 3-14　精加工余量推荐值

加工方法	刀具材料	精加工余量	加工方法	刀具材料	精加工余量
轮廓铣削	高速钢	0.2～0.4	铰孔	高速钢	0.1～0.2
	硬质合金	0.3～0.6		硬质合金	0.2～0.3
扩孔	高速钢	0.5～1	镗孔	高速钢	0.1～0.5
	硬质合金	1～2		硬质合金	0.3～1.0

三、数控铣床/加工中心常用夹具

1. 通用铣削夹具

有通用螺钉压板、平口钳、分度头和三爪卡盘等。

(1)螺钉压板　利用 T 形槽螺栓和压板将工件固定在机床工作台上即可。装夹工件时，需根据工件装夹精度要求，用百分表等找正工件。

(2)机用平口钳(又称虎钳)　形状比较规则的零件铣削时常用平口钳装夹，方便灵活，适应性广。当加工一般精度要求和夹紧力要求的零件时常用机械式平口钳，如图 3-47 (a)所示；靠丝杠/螺母相对运动来夹紧工件；当加工精度要求较高，需要较大的夹紧力时，可采用较高精度的液压式平口钳，如图 3-47(b)所示。8 个工件装在心轴 2 上，心轴固定钳口 3 上，当压力油从油路 6 进入油缸后，推动活塞 4 移动，活塞拉动活动钳口向右移动夹紧工件。当油路 6 在换向阀作用下回油时，活塞和活动钳口在弹簧作用下左移松开工件。

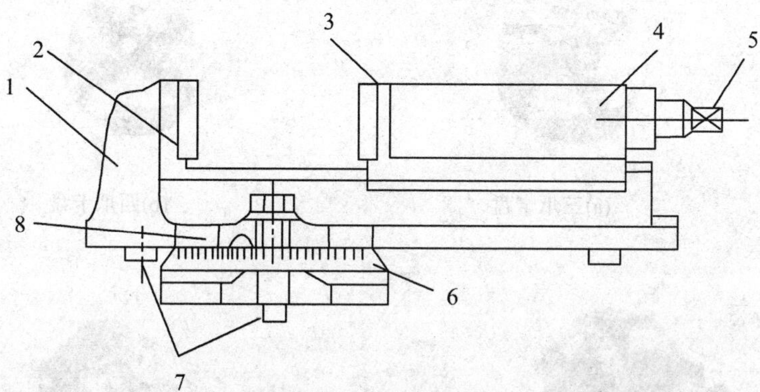

1—钳体 2—固定钳口 3—活动钳口 4—活动钳身
5—丝杠方头 6—底座 7—定位键 8—钳体零线

(a) 机械式平口钳

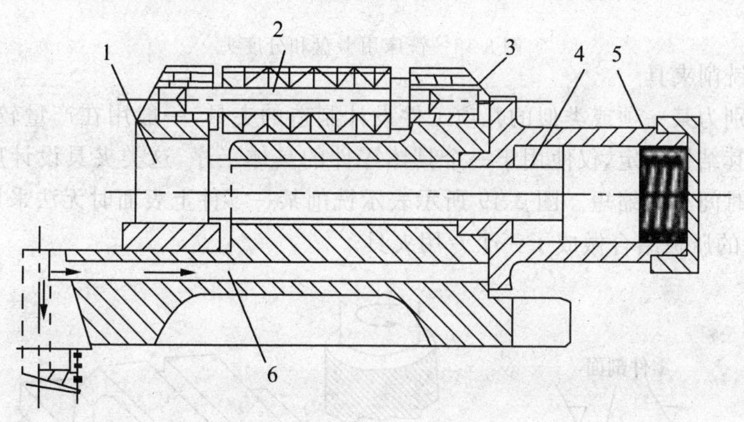

1—活动钳口 2—心轴 3—钳口 4—活塞 5—弹簧 6—油路

(b) 液压式平口钳

图 3-47 机用平口钳

平口钳在数控铣床工作台上的安装要根据加工精度要求控制钳口与 X 或 Y 轴的平行度,零件夹紧时要注意控制工件变形和一端钳口上翘。

(3)卡盘和分度头 当需要在数控铣床上加工回转体零件时,可以采用三爪卡盘装夹,对于非回转零件可采用四爪卡盘装夹如图 3-48 所示。铣床用卡盘的使用方法与车床卡盘相似,使用 T 形槽螺栓将卡盘固定在机床工作台上即可。

许多机械零件,如花键、离合器、齿轮等零件在加工中心上加工时,常采用分度头分度的方法来等分每一个齿槽,从而加工出合格的零件。分度头是数控铣床或普通铣床的主要部件。常用的分度头有万能分度头、简单分度头等,如图 3-48 所示。但这些分度头的分度精度不是很精密。因此,为了提高分度精度,数控机床上还采用投影光学分度头和数显分度头等对精密零件进行分度。

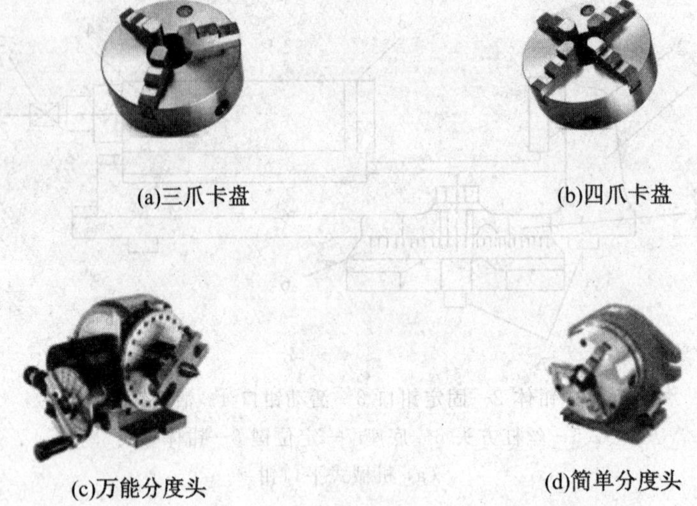

图 3-48 铣床用卡盘和分度头

2. 专用铣削夹具

这是特别为某一项或类似的几项工件设计制造的夹具，一般用在产量较大或研制需要时采用。其结构固定，仅使用于一个具体零件的具体工序，这类夹具设计应力求简化，目的使制造时间尽量缩短。图 3-49 所示表示铣削某一零件上表面时无法采用常规夹具，故用 V 型槽的压板结合做成了一个专用夹具。

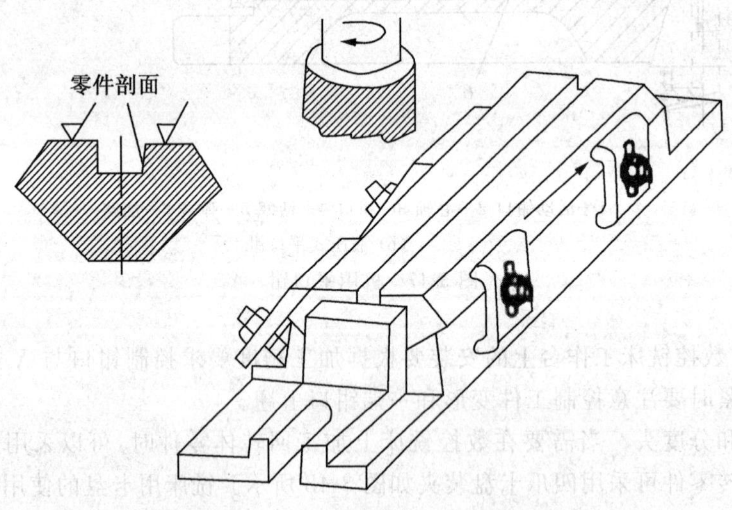

图 3-49 用专用夹具铣平面

3. 多工位夹具

可以同时装夹多个工件，可减少换刀次数，以便于一面加工，一面装卸工件，有利于缩短辅助加工时间，提高生产率，较适合中小批量生产，如图 3-50 所示。

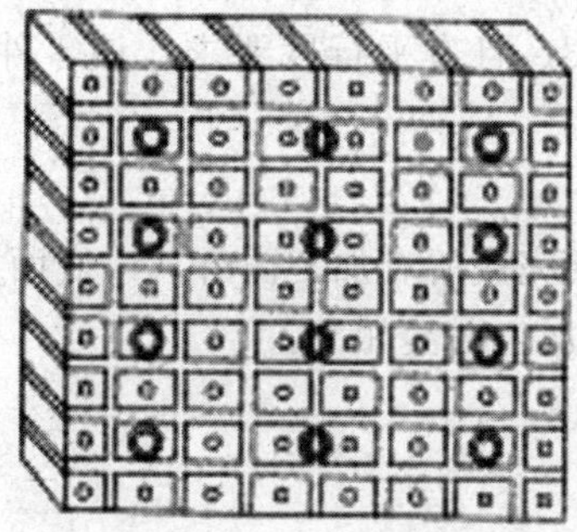
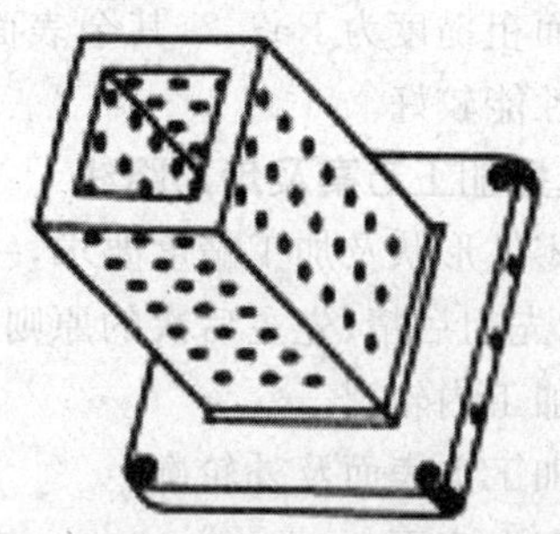

图 3-50　多工位夹具

4.气动或液压夹具

适合生产批量较大,采用其他夹具又特别费工、费力的场合,能减轻工人劳动强度和提高生产率,但此类夹具结构较复杂,造价往往很高,而且制造周期较长。

5.回转工作台

为了扩大数控机床的工艺范围,数控机床除了沿 X、Y、Z 三个轴做直线进给外,往往还需要有绕 Y 或 Z 轴的圆周进给运动。数控机床的进给运动一般由回转工作台来实现,对于加工中心回转工作台已成为一个不可缺少的部件。

数控机床中常用的回转工作台有分度工作台(如图 3-51 所示)和数控回转工作台(如图 3-52 所示)。

(1)分度工作台　分度工作台只能完成分度运动,不能实现圆周进给;分度时也可以采用手动分度。分度工作台一般只能回转规定的角度(如 90°、60°和 45°等)。

(2)数控回转工作台　其主要作用是根据数控装置发出的指令脉冲信号,完成圆周进给运动,进行各种圆弧加工或曲面加工,它也可以进行分度工作。

数控回转工作台可以使数控铣床增加一个或两个回转坐标,通过数控系统实现四坐标或五坐标联动,可有效地扩大工艺范围,加工更为复杂的工件。

图 3-51　分度工作台

图 3-52　数控回转工作台

任务实施

一、零件图工艺分析

此零件图纸标注齐全,分析图样可知:外轮廓为 75mm×75mm 的正方形。中心型腔为四个形状相同的凹槽组成，可以考虑用子程序。外轮廓的表面粗糙度为 Ra1.6，内轮廓表面及底面粗糙度为 Ra3.2，其余表面 Ra6.3。且有平行度要求。该零件材料为 45 钢，切削加工性能较好。

二、选择加工方案及走刀路线

根据零件形状及加工精度要求，一次装夹完成所有加工内容。以底面为基准，可选择先内后外、先粗后精、先主后次的原则。轮廓加工方案如下：

1. 粗加工内轮廓。
2. 粗加工上表面及外轮廓。
3. 加工上表面。
4. 精加工内轮廓。
5. 精加工外轮廓。

三、确定装夹方案

1. 工件装夹与校正

此类工件铣削加工时常采用压板或平口钳装夹。

(1)压板装夹　如图 3-53(a)所示，用压板装夹工件时，应使压板、垫铁的高度略高于工件，以保证夹紧效果；压板螺栓应尽量靠近工件，以增大压紧力；压紧力要适中，或在压板与工件表面安装软材料垫片，以防工件变形或工件表面受到损伤；工件不能在工作台面上拖动，以免工作台面划伤。

(a) 压板装夹与找正

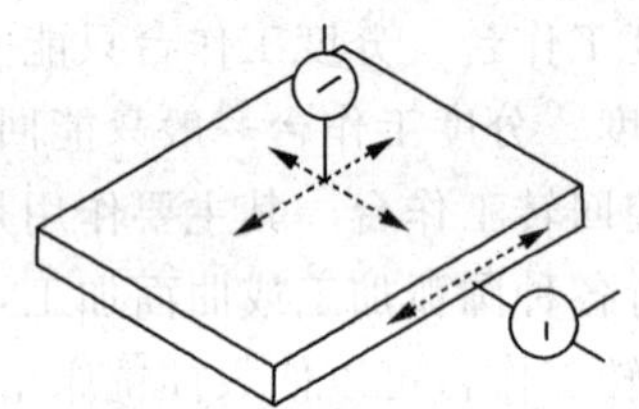

(b)找正时百分表的移动方向

图 3-53　工件的找正

在使用平口钳或压板装夹工件过程中，应对工件进行找正。找正时，将百分表用磁性表座(如图 3-54)固定在主轴上，使百分表触头接触工件，在前后或左右方向移动主轴，从而找正工件上下平面与工作台面的平行度，如图 3-53(b)所示。同样在侧平面内移动主轴，找正工件侧面与轴进给方向的平行度。如果不平行，则可用铜棒轻敲工件或垫塞尺的办法进行纠正，然后再重新进行找正。

(2)平口钳装夹　用平口钳装夹工件时，首先要根据工件的切削高度在平口钳内垫上合适的高精度平行垫铁，以保证工件在切削过程中不会产生受力移动；其次要对平口钳钳口进行找正，以保证平口钳的钳口方向与 X 轴方向平行或 Y 轴方向平行。

平口钳钳口的找正方法如图 3-55 所示，首先将百分表用磁性表座固定在主轴上，百分表触头接触钳口，沿平行于 X 轴方向(或 Y 轴方向)移动主轴，根据百分表读数用铜棒轻敲平口钳进行调整，以保证钳口与主轴移动方向平行或垂直。

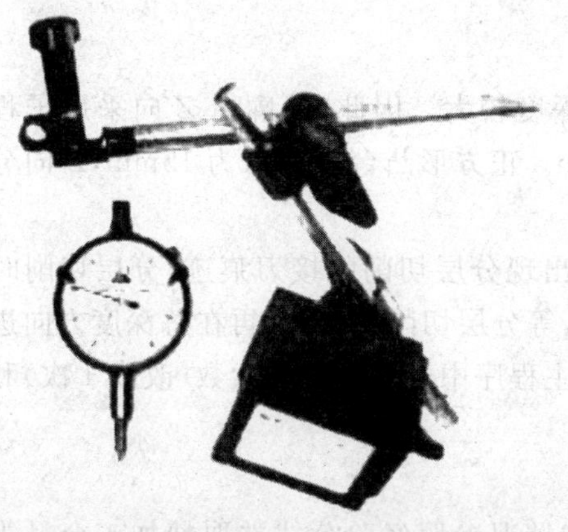
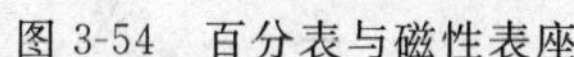

图 3-54　百分表与磁性表座

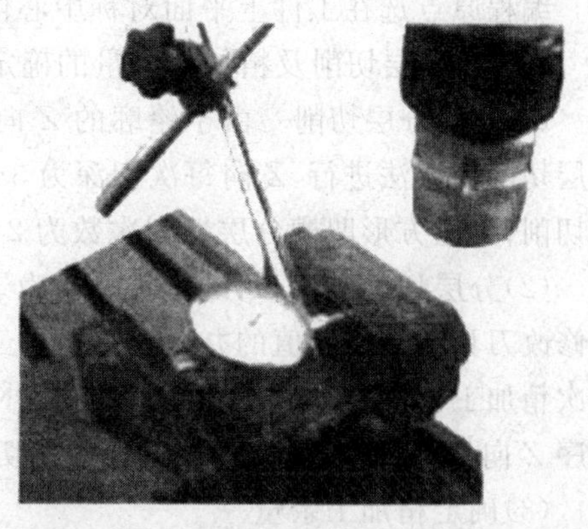

图 3-55　校正平口钳钳口

2. 确定装夹方案

零件毛坯外形为规则的正方形，加工时选择平口机用虎钳。装夹高度为 18mm，因此需在虎钳定位基面加垫铁。

【操作提示】本任务在平口钳中装夹时，一定要耐心、细致地进行。

四、刀具及切削用量的选择

本任务主要加工工件上表面、外轮廓及型腔。因此，上表面、外轮廓及型腔的加工，选用Ø10mm 整体硬质合金立铣刀分别进行粗、精加工。刀具及切削用量选择见工艺文件(见表 3-15)。

表 3-15　　数控加工工序卡片

<table>
<tr><td colspan="2" rowspan="2">数控加工卡片</td><td>产品型号</td><td>产品名称</td><td>零件名称</td><td colspan="2">材　料</td><td colspan="2">零件图号</td></tr>
<tr><td></td><td></td><td>凸模版</td><td colspan="2">45 钢</td><td colspan="2"></td></tr>
<tr><td rowspan="2"></td><td>程序编号</td><td>夹具名称</td><td>夹具编号</td><td>使用设备</td><td colspan="2">实习场地</td><td colspan="2">备注</td></tr>
<tr><td></td><td></td><td></td><td></td><td colspan="2"></td><td colspan="2"></td></tr>
<tr><td>工步号</td><td>工作内容</td><td>刀具号</td><td>刀具规格</td><td>补偿号</td><td>主轴转速 (r/min)</td><td>进给速度 (m/min)</td><td>切削深度 (mm)</td><td>加工余量 (mm)</td></tr>
<tr><td>1</td><td>粗加工内轮廓</td><td rowspan="5">T01</td><td rowspan="5">Ø10 立铣刀</td><td>—</td><td>2000</td><td>420</td><td>3</td><td>0.5</td></tr>
<tr><td>2</td><td>粗加工上表面及外轮廓</td><td>—</td><td>2000</td><td>420</td><td>5</td><td>0.5</td></tr>
<tr><td></td><td>精加工上表面</td><td>D01</td><td>2800</td><td>300</td><td>—</td><td>—</td></tr>
<tr><td></td><td>精加工内轮郭</td><td>D01</td><td>2800</td><td>300</td><td>—</td><td>—</td></tr>
<tr><td></td><td>精加工外轮廓</td><td>D01</td><td>2800</td><td>300</td><td>—</td><td>—</td></tr>
<tr><td>编制</td><td></td><td>审核</td><td>共　页</td><td colspan="3"></td><td colspan="2">第　页</td></tr>
</table>

五、编写数控程序

1. 编程原点的选择

编程原点选在工件上平面对称中心位置。

2. Z 向分层切削及精加工余量的确定

(1)Z 向分层切削　由于轮廓的 Z 向切削深度较大。因此，轮廓在 Z 向采用子程序分层切削的方法进行，Z 向每次切深为 3～5 mm。正方形凸台总切深为 15mm，Z 向分三层切削；大正方形凹槽分层切削次数为 2 次。

(2)分层切削方法　分层切削时，为了避免出现分层切削的接刀痕迹，分层切削时通过修改刀具半径朴偿值的办法留出精加工余量，等分层切削完成后，再在总深度方向进行一次精加工。精加工前，需对刀具半径补偿值、主程序中子程序调用次数(改成 1 次)和子程序 Z 向切深量进行修改(改成等于总切深)。

(3)确定精加工余量

根据刀具、工件材料、装夹、加工精度等具体情况参照经验公式选取精加工余量为单边 0.5mm。

3. 参考程序(部分)

表 3-16

程序段号	FANUC0i 系统程序	SIEMENS 802D 系统程序	程序说明
	G0100；	AA100. MPF：	程序号
N10	G90 G94 G21 G40 G54 F100；	G90 G94 G71 G40 G54 F100；	程序初始化
N20	G91 G28 Z0；	G74 Z0；	
N30	M03 S600；	T1D1 M03 S600；	主轴正转，600r/min
N40	G90 G00 X-50. 0Y-50. 0；	G00 X-50. 0 Y-50. 0；	快速定位至起刀点
N50	Z30. 0 M08；		
N60	G01 Z0. 0 F1000；		
N70	M98 P101 L2；	L101 P02；	调用子程序
N80	G01 Z10. 0；		
N90	G00 X0 Y0；		
N100	G01 Z0. 0 F100；		
N110	M98 P102；	L102；	
N120	G01 Z10. 0；		
N130	G00 X0 Y0；		
N140	G01 Z0. 0 F100；		
N150	M98 P103 L2；	L103 P2；	
N160	G91 G28 Z0；	G74 Z0；	
N170	M30；		
	O0101；	L101. SPF；	凸台子程序

续表

N10	G91 G01 Z-5.0；		每次切深 5mm
N20	G90 G42 G01 X-50.0Y-35.0 D01；	G90 G42 G01 X-50.0 Y-35.0；	延长线上建立刀补
N30	X36.0；		
N40	Y36.0；		凸台轮廓铣削
N50	X-36.0；		
N60	Y-50.0；		
N70	G40 G01 X-50.0 Y-50.0；		取消刀具半径补偿
N80	M99；	M17；	返回主程序
	O0102；	L102.SPF；	凹轮廓子程序
N10	G91G01 Z-5.0		等次切深 5mm
N20	G90 G41 G01 X22.0 Y-26.0 D01；	G90 G41 G01 X22.0 Y-28.0；	
N30	G03 X34.0 Y-28.0 R6.0；	G03 X34.0 Y-28.0 CR=6.0；	
N40	G01 Y28.0；		
N50	G03 X28.0 Y34.0 R6.0；	G03 X28.0 Y34.0 CR=6.0；	
N60	G01 X-28.0；		凹轮廓铣削
N70	G03 X-34.0 Y28.0 R6.0；	G03 X-34.0 Y28.0 CR=6.0；	
N80	G01 Y-28.0；		
N90	G03 X-28.0 Y-34.0 R6.0；	G03 X-28.0 Y-34.0 CR=6.0；	
N100	G01 X28.0；		
N110	G40 G01 X0 Y0；		取消刀具半径补偿
N120	M99；	M17；	返回主程序
	O0103；	L103.SPF	凸轮廓子程序
N10	G91 G01 Z-5.0		每次切深 5mm
N20	G90 G41 G01 X11.314 Y0 D01；	G90 G41 G01 X11.314 Y0；	

续表

N30	G01 X23.757 Y-12.444；		内凹轮廓加工
N40	G03 X34.0 Y-8.201 R6.0；	G03 X34.0 Y-8.201 CR=6.0；	
N50	G01 Y8.201；		
N60	G03 X23.757 Y12.444 R6.0；	G03 X23.757 Y12.444 CR=6.0；	
N70	G01 X19.80 Y8.485；		
N80	X8.458 Y19.80；		
N90	X12.444 Y23.757；		
N100	G03 X8.201 Y34.0 R6.0；	G03 X8.201 Y34.0 CR=6.0；	
N110	G01 X-8.201；		
N120	G03 X-12.444 Y23.757 R6.0；	G03 X-12.444 Y23.757 CR=6.0；	
N130	G01 X-8.485 Y19.80；		
N140	X-19.80 Y8.485；		
N150	X-23.757 Y12.444；		
N160	G03 X-34.0 Y8.201 R6.0；	G03 X-34.0 Y8.201 CR=6.0；	
N170	G01 Y-8.201；		
N180	G03 X-23.757 Y-12.444 R6.0；	G03 X-23.757 Y-12.444 CR=6.0；	
N190	G01 X-19.80 Y-8.485；		
N200	X-8.485 Y-19.80；		
N210	X-12.444 Y-23.757；		
N220	G03 X-8.201 Y-34.0 R6.0；	G03 X-8.201 Y-34.0 CR=6.0；	
N230	G01 X8.201；		
N240	G03 X12.444 Y-23.757 R6.0；	G03 X12.444 Y-23.757 CR=6.0；	
N250	G01 X8.485 Y-19.80；		
N260	X28.28 Y0；		
N270	G40 G01 X0 Y0；		取消刀具半径补偿
N280	M99；	M17；	返回主程序

【操作提示】在编写本任务程序时，刀具沿轮廓的切入与切出点通常选在轮廓的延长线上或切线上。

六、轮廓的测量与分析

1. 常用量具的分类

根据量具的种类和特点，量具可分为三种类型。

(1)万能量具　这类量具一般都有刻度，在测量范围内可以测量零件的形状和尺寸的具体数值，如游标卡尺、千分尺、百分表和万能角度尺等。

(2)专用量具　这类量具不能测出实际尺寸,只能测定零件形状和尺寸是否合格,如卡规、塞规、塞尺等。

(3)标准量具　这类量具只能制成某一固定尺寸,通常用来校对和调整其他量具,也可作为标准与被测零件进行比较,如量块。

2.轮廓尺寸精度的测量

外形轮廓测量常用量具如图 3-56 所示,游标卡尺和千分尺主要用于尺寸精度的测量。

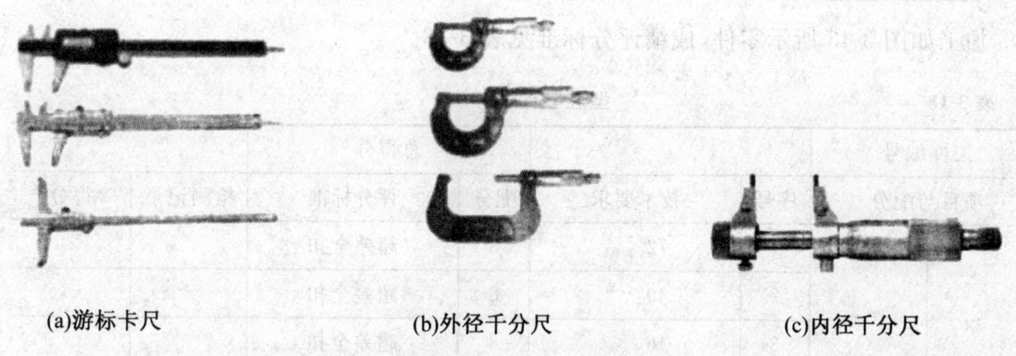

(a)游标卡尺　(b)外径千分尺　(c)内径千分尺

图 3-56　常用测量量具

用游标卡尺测量工件时,对工人的手感要求较高,测量时游标卡尺夹持工件的松紧程度对测量结果影响较大。因此,实际测量时的测量精度不是很高。

千分尺的测量精度通常为 0.01mm,测量灵敏度要比游标卡尺高,而且测量时也易控制其夹持工件的松紧程度。因此,千分尺主要用于较高精度的轮廓尺寸的测量。

3.尺寸精度及误差分析

铣削加工过程中造成尺寸精度降低的原因是多方面的,在实际加工过程中,尺寸精度降低的原因见表 3-17。

表 3-17　尺寸精度降低原因分析

影响因素	产生原因
装夹与校正	工件装夹不牢固,加工过程中产生松动与振动
	工件校正不正确
刀具	刀具尺寸不正确或产生磨损
	对刀不正确,工件的位置尺寸产生误差
	刀具刚性差,刀具加工过程中产生振动
加工	切削深度过大,导致刀具发生弹性变形,加工面呈锥形
	刀具补偿参数设置不正确
	精加工余量选择过大或过小
	切削用量选择不当,导致切削力、切削热过大,从而产生热变形和内应力

续表

工艺系统	机床原理误差
	机床几何误差
	工件定位不正确或夹具与定位元件制造误差

配分权重

加工如图 3-43 所示零件，成绩评分标准见表 3-18。

表 3-18　　型腔零件评分表

工件编号		总得分					
项目与配分		序号	技术要求	配分	评分标准	检测记录	得分
工件加工评分（80%）	轮廓与孔	1	$72^{0}_{-0.03}$	8	超差全扣		
		2	$40^{+0.04}_{0}$	8	超差全扣		
		3	$16^{0}_{-0.03}$	8	超差全扣		
		4	2±0.03	4×2	每错一处扣 2 分		
		5	平行度 0.04	6	超差全扣		
		6	孔距 31±0.03	6	超差全扣		
		7	孔距 31±0.04	6	超差全扣		
		8	$5^{+0.03}_{0}$	2×3	超差全扣		
		9	*R*6	4	每错一处扣 2 分		
		10	孔径ø10H8	2×3	超差全扣		
		11	侧面 Rs1.6μm	4	每错一处扣 2 分		
	其他	12	底面 R_a3.2μm	2	每错一处扣 2 分		
		13	工件按时完成	5	未按时完成全扣		
		14	工件无缺陷	3	缺陷一处扣 3 分		
程序与工艺（10%）		15	程序正确合理	5	每错一处扣 2 分		
		16	加工工序卡	5	不合理每处扣 2 分		
机床操作（10%）		17	机床操作规范	5	出错一次扣 2 分		
		18	工件、刀具装夹	5	出错一次扣 2 分		
安全文明生产（倒扣分）		19	安全操作	倒扣	安全事故停止操作		
		20	机床整理	倒扣	或酌扣 5～30 分		

任务三　薄壁零件铣削加工

知识要点

◎ 数控铣削加工工艺分析

◎ 数控铣削加工的零件结构工艺性分析

◎ 薄壁零件的工艺分析及编程方法

技能要点

◎ 选择合适的加工路线编制数控铣加工程序

◎ 形位精度及其误差分析

◎ 分析加工工件表面粗糙度及其影响因素

任务描述

试编写如图 3-57 所示工件(已知毛坯尺寸为 100mm×100mm×30mm)的加工程序，并在数控铣床上进行加工。

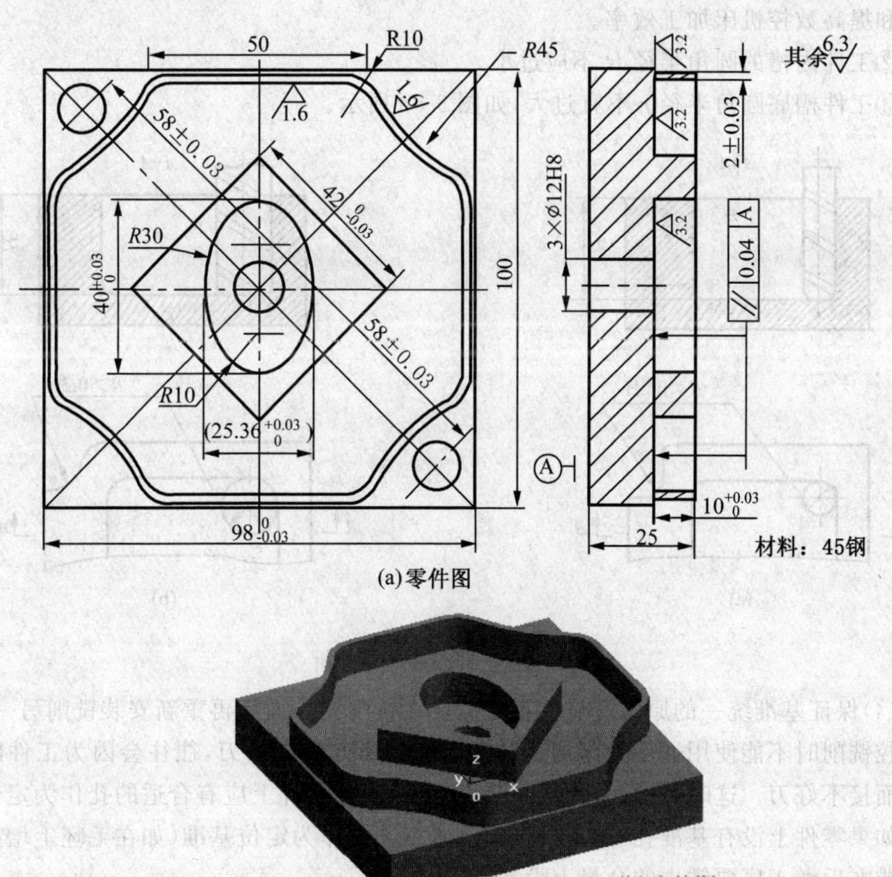

(a)零件图

(b)立体图

图 3-57　薄壁零件图

由于该工件涉及薄壁的加工，在加工过程中要注意选择合适的加工路线，并进行合理的结构工艺性分析。

一、数控铣削的加工工艺分析

1. 零件图样的工艺性分析

(1)零件图样尺寸的正确标注　加工程序以坐标点来编制，构成零件轮廓的几何元素的相互关系应明确，各种几何要素的条件要充分，无封闭尺寸等。

(2)保证获得要求的加工精度　检查零件的加工要求是否可以得到保证。特别注意过薄的底板与肋板的厚度公差，由于加工时产生的切削拉力及薄板的弹性退让极易产生切削面的振动，薄板的厚度尺寸公差难以得到保证，表面粗糙度也将增大。

(3)零件的结构工艺性分析

①工件的内腔与外形的几何类型和尺寸应尽量统一，减少刀具规格和换刀次数，方便编程和提高数控机床加工效率。

②工件内槽的圆角半径 R 不应过小。

③工件槽底圆角半径 r 不宜过大，如图 3-58 所示。

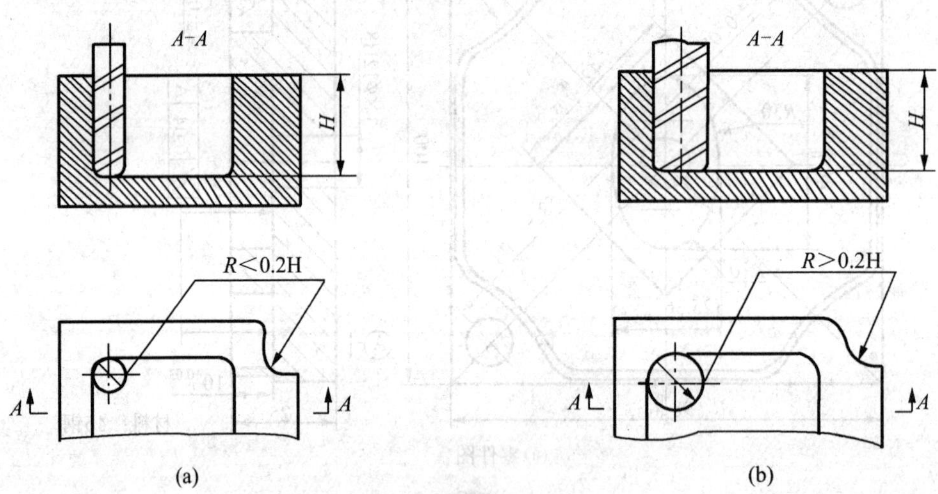

图 3-58　零件图工艺分析

(4)保证基准统一的原则　有些工件需要在铣削完一面后再重新安装铣削另一面，由于数控铣削时不能使用通用铣床加工时常用的试切方法来接刀，往往会因为工件的重新安装而接不好刀。这时，最好采用统一基准定位，因此零件上应有合适的孔作为定位基准孔。如果零件上没有基准孔，也可以专门设置工艺孔作为定位基准(如在毛坯上增加工艺凸台或在后继工序要铣去的余量上设置基准孔)。

(5)分析零件的变形情况　数控铣削工件在加工时的变形，不仅影响加工质量，而且当变形较大时，将使加工不能继续进行下去。这时就应当考虑采取一些必要的工艺措施进行预防，例如对钢件进行调质处理，对铸铝件进行退火处理，对不能用热处理方法解决的，也可考虑粗、精加工及对称去余量等常规方法。此外，还要分析加工后的变形问题，采取什么工艺措施来解决。

总之，加工工艺取决于产品零件的结构形状、尺寸和技术要求。

2.零件毛坯的工艺性分析

进行零件铣削加工时，由于加工过程的自动化，有关余量的大小、如何定位装夹等问题在设计毛坯时就要仔细考虑好；否则，如果毛坯不适合数控铣削加工将很难进行下去。根据经验，下列几方面应作为毛坯工艺性分析的要点。

(1)毛坯应有充分、稳定的加工余量。

(2)分析毛坯在装夹定位方面的适应性。

应考虑毛坯在加工时的装夹定位方面的可靠性与方便性，以便使数控铣床在一次安装中加工出更多的待加工面。主要是考虑要不要另外增加装夹余量或工艺凸台来定位与夹紧，什么地方可以制出工艺孔或要不要另外准备工艺凸耳来特制工艺孔。如图 3-59 所示，该工件缺少定位用的基准孔，用其他方法很难保证工件的定位精度，如果在图示位置增加 4 个工艺凸台，在凸台上制出定位基准孔，这一问题就能得到圆满解决。对于增加的工艺凸耳或凸台，可以在他们完成作用后通过补加工去掉。

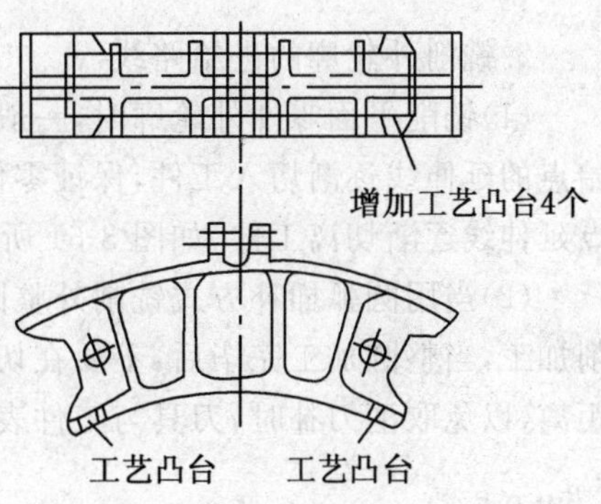

图 3-59　提高定位精度

(3)分析毛坯的余量大小及均匀性

主要考虑在加工时是否要分层切削，分几层切削，也要分析加工中与加工后的变形程度，考虑是否应采取预防性措施与补救措施。如对于热轧的中、厚铝板，经淬火时效后很容易在加工中与加工后变形，最好采用经预拉伸处理后的淬火板坯。

二、走刀路线的确定

走刀路线的安排是工艺分析中一项重要的工作，它是编程的基础。确定走刀路线时，应考虑加工表面的质量、精度、效率以及机床等情况。与数控车床比较数控铣床加工刀具轨迹为空间三维坐标，一般刀具首先在工件轮廓外下降到某一位置，再开始切削加工，针对不同加工的特点，应着重考虑以下几个方面：

1.顺铣和逆铣的选择

铣削有顺铣和逆铣两种方式，如图 3-60 所示。当工件表面无硬皮，机床进给机构无间隙时，应选用顺铣，按照顺铣安排进给路线。因为采用顺铣加工后，零件已加工表面质量好，刀齿磨损小。精铣时，应尽量采用顺铣。

当工件表面有硬皮，机床的进给机构有间隙时，应选用逆铣，按照逆铣安排进给路线。因为逆铣时，刀齿是从已加工表面切入，不会崩刀；机床进给机构的间隙不会引起振动和爬行。

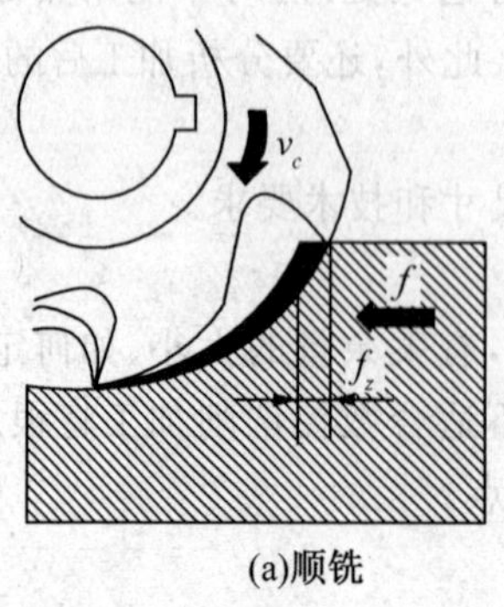

(a)顺铣

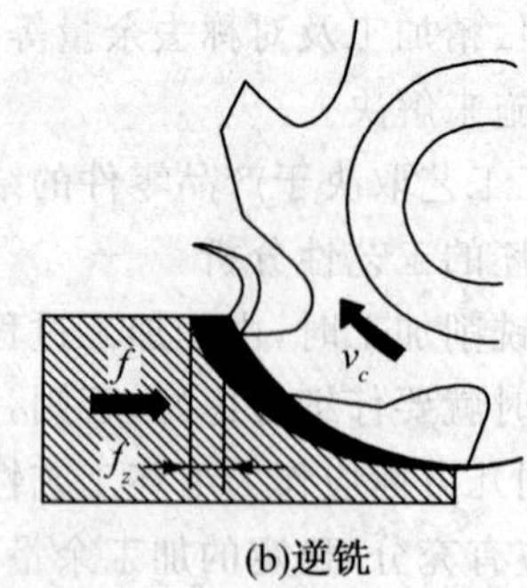

(b)逆铣

图 3-60 顺铣与逆铣

2.铣削外轮廓的进给路线

(1)铣削平面零件外轮廓时，一般采用立铣刀侧刃切削。刀具切入工件时应沿切削起始点的延伸线逐渐切入工件，保证零件曲线的平滑过渡。在切离工件时，也要沿着切削终点延伸线逐渐切离工件，如图 3-61 所示。

(2)当用圆弧插补方式铣削外整圆时，如图 3-62 所示，要安排刀具从切向进入圆周铣削加工，当整圆加工完毕后，不要在切点处直接退刀，而应让刀具沿切线方向多运动一段距离，以免取消刀补时，刀具与工件表面相碰，造成工件报废。

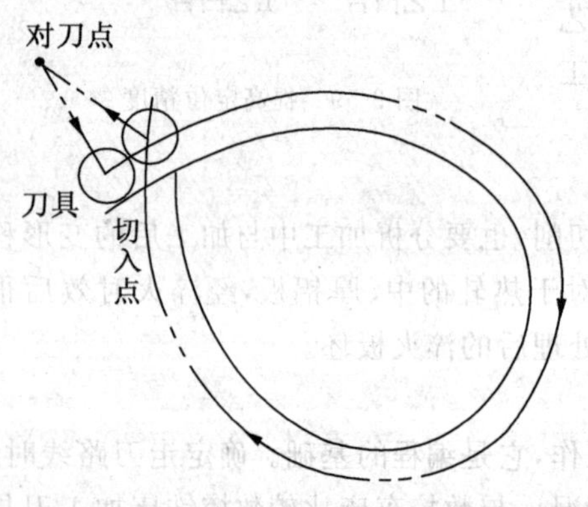

图 3-61 外轮廓加工刀具的切入和切出

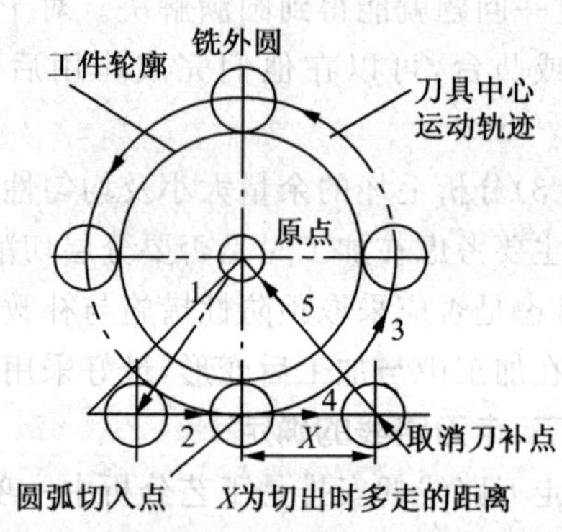

图 3-62 外圆铣削

3.铣削内轮廓的进给路线

(1)铣削封闭的内轮廓表面 若内轮廓曲线不允许外延(见图 3-63a)，刀具只能沿内轮廓曲线的法向切入、切出，此时刀具的切入、切出点应尽量选在内轮廓曲线两几何元素的交点处。当内部几何元素相切无交点时(见图 3-63b)，为防止刀补取消时在轮廓拐角处留下凹口，刀具切入、切出点应远离拐角。

(2)当用圆弧插补铣削内圆弧时也要遵循从切向切入、切出的原则，最好安排从圆弧过渡到圆弧的加工路线(见图 3-64)提高内孔表面的加工精度和质量。

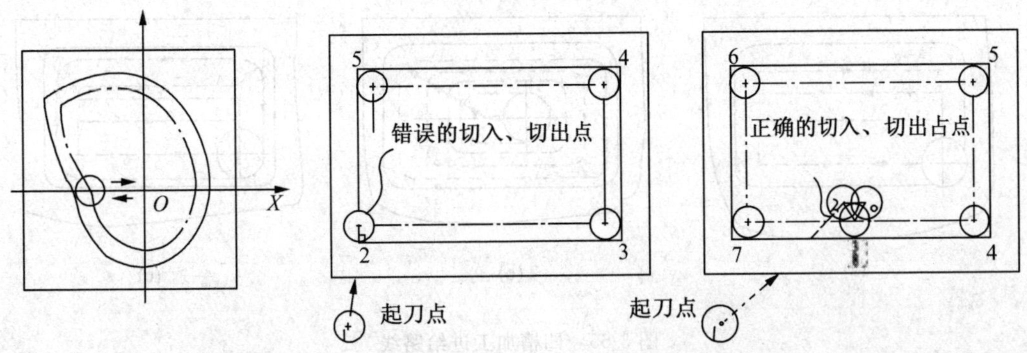

(a)若内轮廓曲线不允许外延　　(b)当内部几何元素相切无交点时

图 3-63　内轮廓加工刀具的切入和切出

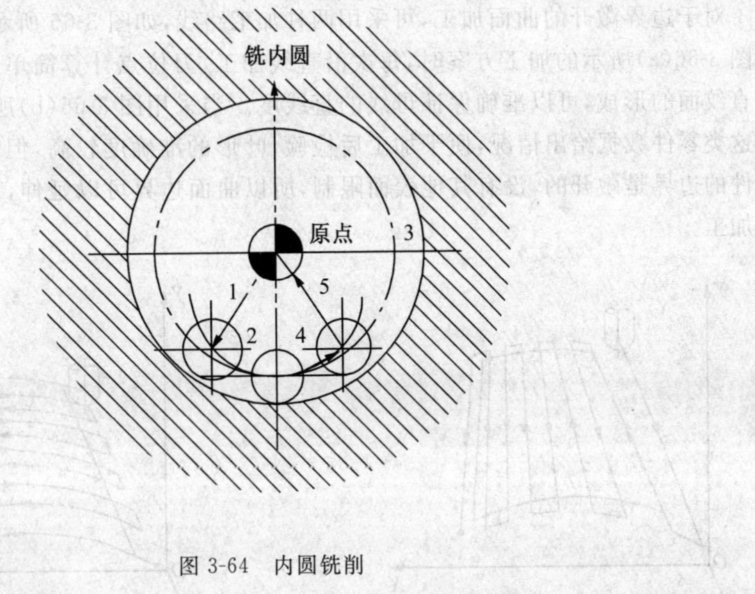

图 3-64　内圆铣削

4. 铣削内槽的进给路线

内槽是指以封闭曲线为边界的平底凹槽。一律用平底立铣刀加工，刀具圆角半径应符合内槽的图纸要求。图 3-65 所示为加工内槽的三种进给路线。图 4-65(a)和图 4-65(b)分别为用行切法和环切法加工内槽。两种进给路线的共同点是都能切净内腔中的全部面积，不留死角，不伤轮廓，同时尽量减少重复进给的搭接量。不同点是行切法的进给路线比环切法短，但行切法将在每两次进给的起点与终点间留下残留面积，而达不到所要求的表面粗糙度；用环切法获得的表面粗糙度要好于行切法，但环切法需要逐次向外扩展轮廓线，刀位点计算稍微复杂一些。采用图 3-65(c)所示的进给路线，即先用行切法切去中间部分余量，最后用环切法环切一刀光整轮廓表面，既能使总的进给路线较短，又能获得较好的表面粗糙度。

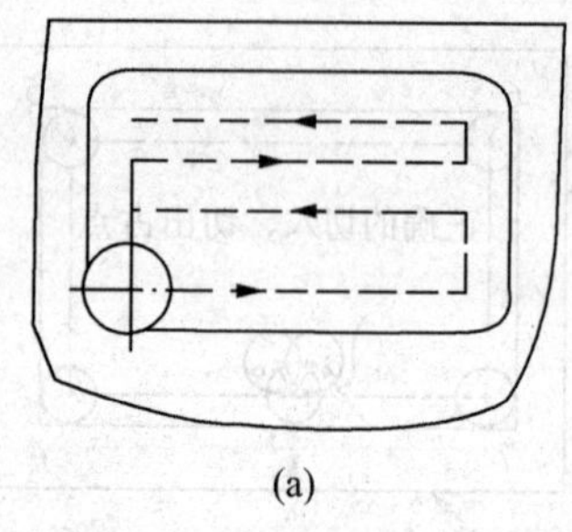
(a)

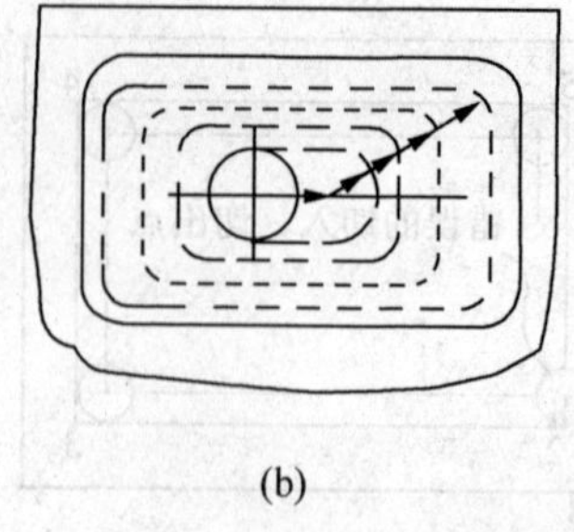
(b)

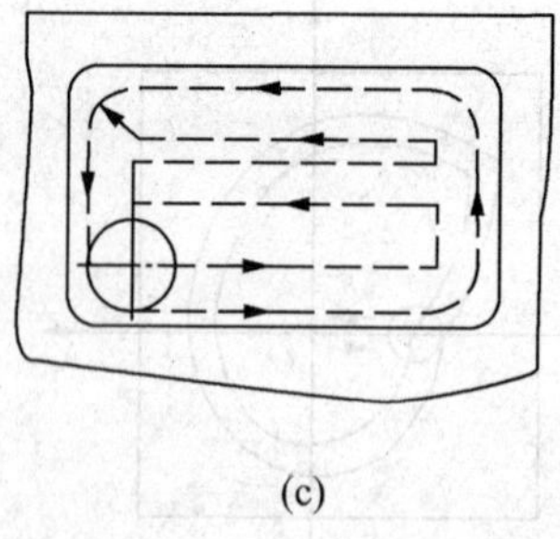
(c)

图 3-65　凹槽加工进给路线

5. 铣削曲面轮廓的进给路线

铣削曲面时，常用球头刀采用"行切法"进行加工。所谓行切法是指刀具与零件轮廓的切点轨迹是一行一行的，而行间的距离是按零件加工精度的要求确定的。

对于边界敞开的曲面加工，可采用两种加工路线，如图 3-66 所示发动机大叶片，当采用图 3-66(a)所示的加工方案时，每次沿直线加工，刀位点计算简单，程序少，加工过程符合直纹面的形成，可以准确保证母线的直线度。当采用图 3-66(b)所示的加工方案时，符合这类零件数据给出情况，便于加工后检验，叶形的准确度较高，但程序较多。由于曲面零件的边界是敞开的，没有其他表面限制，所以曲面边界可以延伸，球头刀应由边界外开始加工。

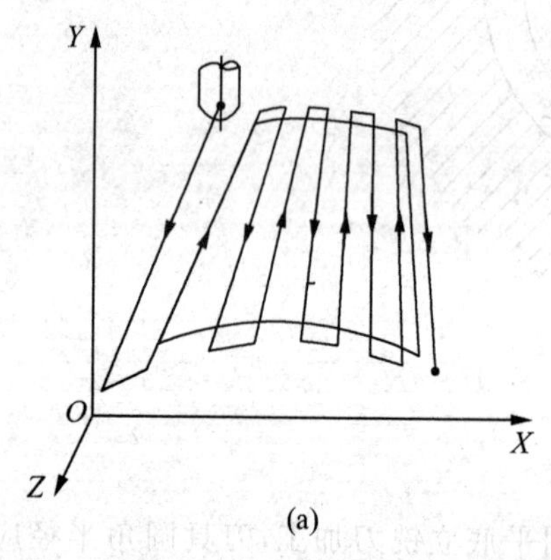

(a)

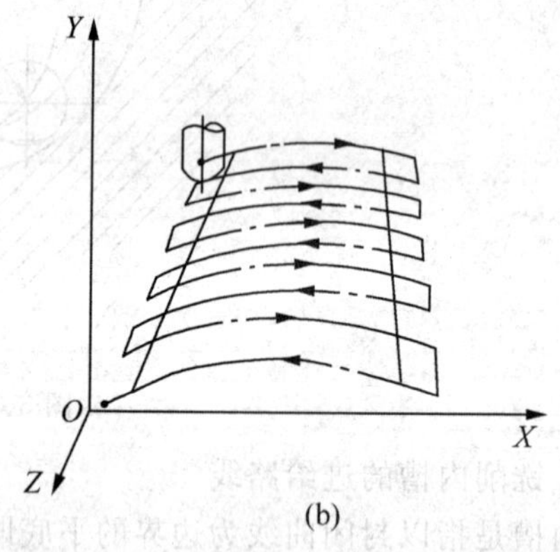

(b)

图 3-66　曲面加工的进给路线

三、数控铣床轮廓铣削用刀具简介

1. 数控铣床的刀具材料

常用的数控刀具材料有高速钢、硬质合金、涂层硬质合金、陶瓷、立方氮化硼、金刚石等。其中，高速钢、硬质合金和涂层硬质合金在数控铣削刀具中应用最广。

2. 常用轮廓铣削刀具

常用轮廓铣削刀具主要有面铣刀、立铣刀、键槽铣刀、模具铣刀和成形铣刀等。

(1)面铣刀　如图 3-67 所示，面铣刀的圆周表面和端面上都有切削刃，圆周表面的切削刃为主切削刃，端面上的切削刃为副切削刃。面铣刀多制成套式镶齿结构，刀齿为高速钢或硬质合金,刀体为 40Cr。面铣刀主要用于面积较大的平面铣削和较平坦的立体轮廓的多坐标加工。

高速钢面铣刀按国家标准规定,直径 $d=80\sim250$mm,螺旋角 $\beta=10°$,刀齿数 $Z=10\sim26$。

硬质合金面铣刀与高速钢铣刀相比,铣削速度较高、加工效率高、加工表面质量也较好,并可加工带有硬皮和淬硬层的工件,故得到广泛应用。合金面铣刀按刀片和刀齿的安装方式不同,可分为整体焊接式、机夹焊接式和可转位式三种,其中可转位式是当前最常用的一种夹紧方式。

(2)立铣刀 立铣刀也可称为圆柱铣刀,广泛用于加工平面类零件。立铣刀是数控机床上用得最多的一种铣刀。立铣刀的圆柱表面和端面上都有切削刃,圆柱表面的切削刃为主切削刃,端面上的切削刃为副切削刃,它们可同时进行切削,也可单独进行切削。主切削刃一般为螺旋齿,这样可以增加切削平稳性,提高加工精度。由于普通立铣刀端面中心处无切削刃,所以立铣刀不能进行轴向进给,端面刃主要用来加工与侧面相垂直的底平面。一种先进的结构为切削刃是波形的(图 3-68),其特点是排屑更流畅,切削厚度更大,利于刀具散热且提高了刀具寿命,刀具不易产生振动。

图 3-67 面铣刀

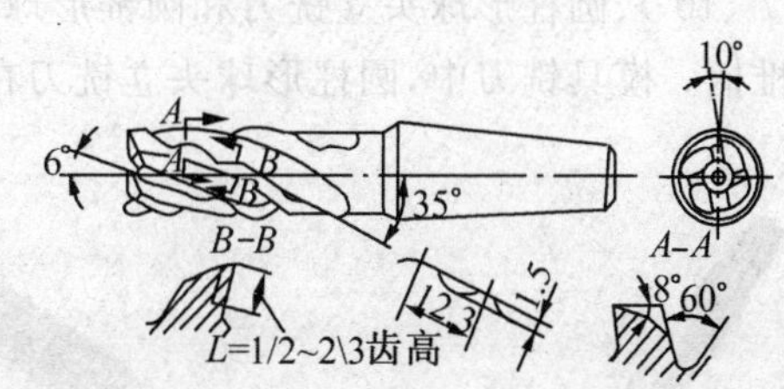

图 3-68 波形立铣刀

立铣刀按端部切削刃的不同可分为过中心刃和不过中心刃两种。过中心刃立铣刀可直接轴向进刀。由于不过中心刃立铣刀端面中心处无切削刃,所以它不能作轴向进给,端面刃主要用来加工与侧面相垂直的底平面。

立铣刀按齿数可分为粗齿、中齿、细齿三种。为了改善切屑卷曲情况,增大容屑空间,防止切屑堵塞,刀齿数比较少,容屑槽圆弧半径则较大。一般粗齿立铣刀齿数 $Z=3\sim4$,细齿立铣刀齿数 $Z=5\sim8$,套式结构 $Z=10\sim20$,容屑槽圆弧半径 $r=2\sim5$mm。当立铣刀直径较大时,还可制成不等齿距结构,以增强抗振作用,使切削过程平稳。

立铣刀按螺旋角大小可分为 30°、40°、60°等几种形式。标准立铣刀的螺旋角 $\beta=40°\sim45°$(粗齿)和 $60°\sim65°$(细齿),套式结构立铣刀的 β 为 $15°\sim25°$。

直径较小的立铣刀,一般制成带柄形式。Ø2~Ø71mm 的立铣刀制成直柄(图 3-69);Ø6~Ø66mm 的立铣刀制成莫氏锥柄(图 3-70);Ø25~Ø80mm 的立铣刀做成 7:24 锥柄,内有螺孔用来拉紧刀具。直径大于Ø40~Ø160mm 的立铣刀可做成套式结构。

图 3-69 直柄立铣刀

图 3-70 锥柄立铣刀

(3)键槽铣刀　键槽铣刀一般只有两个刀齿. 圆柱面和端面都有切削刃，端面刃延伸至中心，既像立铣刀，又像钻头。加工时先轴向进给达到槽深，然后沿键槽方向铣出键槽全长。

按国家标准规定，直柄键槽(图 3-71)铣刀直径 $d=2\sim22$mm，锥柄键槽(图 3-72)铣刀直径 $d=14\sim50$mm。键槽铣刀直径的精度要求较高，其偏差有 e8 和 d8 两种。键槽铣刀重磨时. 只需刃磨端面切削刃，因此重磨后铣刀直径不变。

图 3-71 直柄键槽铣刀

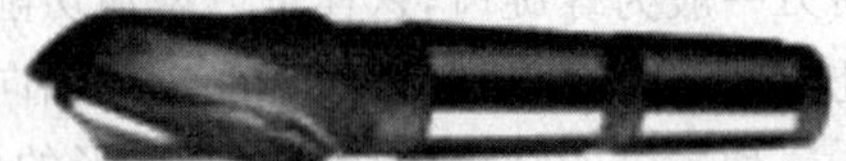
图 3-72 锥柄键槽铣刀

(4)模具铣刀　模具铣刀由立铣刀发展而成，可分为圆锥形立铣刀(圆锥半角 $\alpha=3°$、5°、7°、10°)、圆柱形球头立铣刀和圆锥形球头立铣刀三种，其柄部有直柄、削平型直柄和莫氏椎柄。模具铣刀中，圆柱形球头立铣刀在数控机床上应用较为广泛. 如图 3-73 所示。

(a)圆锥形立铣刀

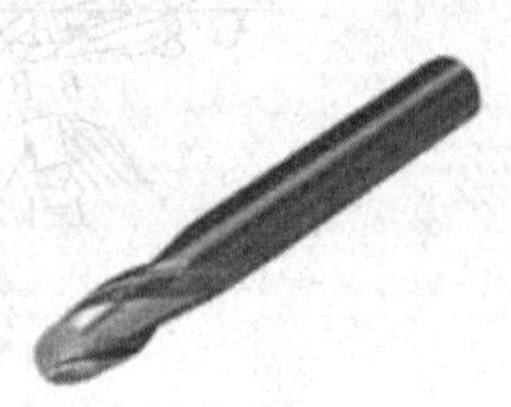
(b)圆柱形球头立铣刀

(c)圆锥形球头立铣刀

图 3-73 模具铣刀

(5)鼓形铣刀　主要用于对变斜角类零件的变斜角面的近似加工。它的切削刃分布在半径为 R 的圆弧面上，端面无切削刃，如图 3-74 所示，R 越小，加工的斜角范围越大，这种刀具刃磨困难，切削条件差，不适于加工有底的轮廓表面。

(6)成形铣刀　成形铣刀一般都是为特定的工件或加工内容专门设计制造的，适用于加工平面类零件的特定形状(如角度面、凹槽面等)，也适用于特形孔或台，如图 3-75 所示的是几种常用的成形铣刀。

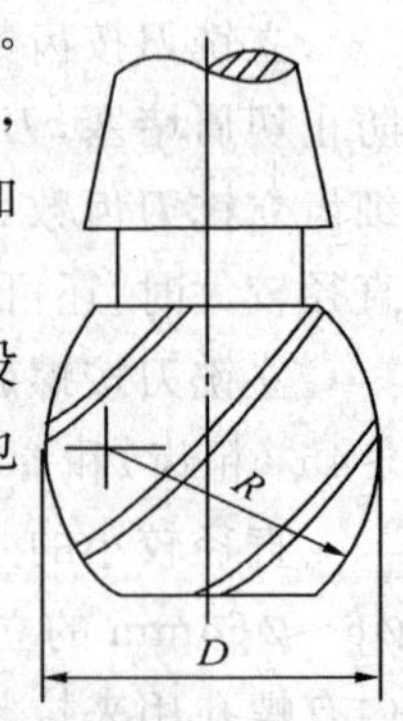

图 3-74 鼓形铣刀

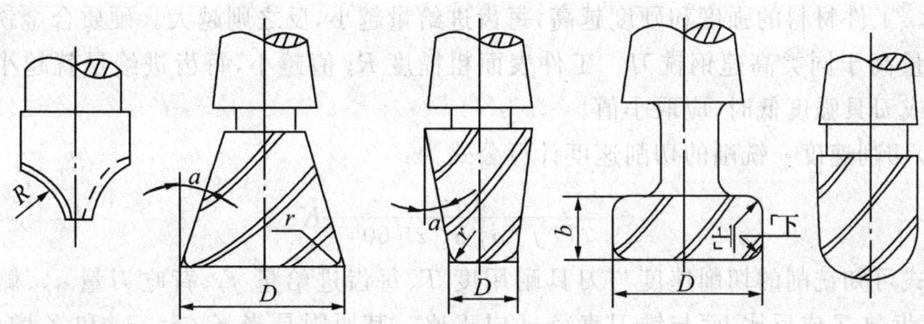

图 3-75 成形铣刀

3.切削用量的选用

切削用量是指切削速度、进给速度(进给量)和背吃刀量三者的总称。

(1)切削用量的选用原则 合理的切削用量是指在充分利用刀具的切削性能和机床的使用性能、保证工件加工质量的前提下,获得高生产率和低成本的切削加工。不同的加工性质,对切削加工的要求是不一样的。因此,在选择切削用量时,考虑的侧重点也有所区别。

①粗加工时,应尽量保证较高的金属切除率和必要的刀具耐用度才。因此,选择切削用量首先选取尽可能大的背吃刀量 α_p;其次根据机床动力和刚性的限制条件,选取尽可能大的进给量 f;最后根据刀具耐用度要求,确定合适的切削速度 v_c。

②精加工时,首先根据粗加工的余量确定背吃刀量 α_p;其次根据已加工表面的表面粗糙度要求,选取合适的进给量 f;最后在保证刀具耐用度的前提下,尽可能选取较高的切削速度 v_c。

(2)切削用量的选取方法

①端铣背吃刀量(或周铣侧吃刀量)选择 吃刀量 α_p 为平行于铣刀轴线方向测量的切削层尺寸。端铣时,背吃刀量为切削层的深度,而圆周铣削时,背吃刀量为被加工表面的宽度。

侧吃刀量 α_e 为垂直于铣刀轴线方向测量的切削层尺寸。端铣时,侧吃刀量为被加工表面的宽度,而圆周铣削时,侧吃刀量为切削层的深度。

背吃刀量或侧吃刀量的选取,主要由加工余量和对表面质量的要求决定。

工件表面粗糙度 R_a 值为 12.5～25μm 时,如果圆周铣削的加工余量小于 5mm,端铣的加工余量小于 6mm,粗铣时一次进给就可以达到要求。但在余量较大,工艺系统刚性较差或机床动力不足时,可分两次进给完成。

在工件表面粗糙度 R_a 值为 3.2～12.5μm 时,可分粗铣和半精铣两步进行。粗铣后留 0.5～1mm 余量,在半精铣时切除。

在工件表面粗糙度 R_a 值为 0.8～3.2μm 时,可分粗铣、半精铣、精铣三步进行。半精铣时背吃刀量或侧吃刀量取 1.5～2mm;精铣时,圆周铣侧吃刀量取 0.3～0.5mm,端铣背吃刀量取 0.5～1mm。

②进给速度 进给速度 (v_f)是单位时间内工件与铣刀沿进给方向的相对位移,它与铣刀转速(n)、铣刀齿数 (z)及每齿进给量 (f_z)的关系为:$v_f = f_z z n$

每齿进给量 f_z 的选取主要取决于工件材料的力学性能、刀具材料、工件表面粗糙度等因素。工件材料的强度和硬度越高，每齿进给量越小，反之则越大。硬质合金铣刀的每齿进给量高于同类高速钢铣刀。工件表面粗糙度 R_a 值越小，每齿进给量就越小。工件刚性差或刀具强度低时，应取小值。

(3)切削速度　铣削的切削速度计算公式为：

$$v_c=\frac{C_V d^q}{T^m f_z^{y_1} a_p^{x_1} a_e^{p1} z^{x_1} 60^{1-m}} K_v$$

由式可知铣削的切削速度与刀具耐用度 T、每齿进给量 f_z、背吃刀量 a_p、侧吃刀量 a_e、铣刀齿数 Z 成反比，而与铣刀直径 d 成正比。其原因是当 f_z、a_p、a_e、和 Z 增大时，刀刃负荷增加工作齿数也增多，使切削热增加，刀具磨损加快，从而限制了切削速度的提高。同时，刀具耐用度的提高使允许使用的切削速度降低。但加大铣刀直径 d 则可改善散热条件，因而提高切削速度。

式中的系数及指数是经过试验求出的，可参考有关切削用量手册选用。

4. 切削液的选用

(1)切削液的作用　切削液的主要作用是润滑、冷却、清洗和防锈。由于各种切削液的性能不同，导致其在加工中所起的作用也各不相同。

(2)切削液的种类　切削液主要分为水基切削液和油基切削液两类。水基切削液主要成分是水、化学合成水和乳化液，冷却能力强。油基切削液主要成分是各种矿物油、动物油、植物油或由它们组成的复合油，并可添加各种添加剂，因此其润滑性能突出。

(3)切削液的选择　粗加工或半精加工时，切削热量大。因此，切削液的作用应以冷却散热为主。精加工时，为了获得良好的已加工表面质量，切削液应以润滑为主。

硬质合金刀具的耐热性能好，一般可不用切削液。如果要使用切削液，一定要采用连续冷却的方法进行。

(4)切削液的使用方法　使用切削液普遍采用浇注法。对于深孔加工、难加工材料的加工以及高速或强力切削加工，应采用高压冷却法。切削时切削液工作压力为 1～10MPa，流量为 50～150L/min。

使用切削液也可采用喷雾冷却法。加工时，切削液经高压处理并通过喷雾装置雾化后被高速喷射到切削区。

一、零件图工艺分析

此零件图纸标注齐全，分析图样可知：该零件为薄壁件，且薄壁表面粗糙度均为 Ra1.6，要求较高。型腔底面粗糙度为 Ra3.2，且有平行度要求。该零件材料为 45 钢，切削加工性能较好。

二、选择加工方案

根据零件形状及加工精度要求，一次装夹完成所有加工内容。以底面为基准(毛坯底面已加工)，可选择先内后外、先粗后精的原则。轮廓加工方案如下：

1. 粗加工相切圆内轮廓和四方轮廓。

2. 粗加工薄壁内轮廓。

3. 粗加工上表面及薄壁外轮廓。

4. 精加工上表面。

5. 精加工相切圆内轮廓和四方轮廓。

6. 精加工薄壁内轮廓。

7. 精加工薄壁外轮廓。

三、确定装夹方案

零件毛坯外形为规则的正方形，加工时选择平口机用虎钳。装夹高度为 18mm，因此需在虎钳定位基面加垫铁。

四、刀具及切削用量的选择

本任务主要加工工件上表面、薄壁、相切圆内轮廓及四方轮廓。因此，上表面、薄壁、相切圆内轮廓及四方轮廓的加工，选用⌀12mm 硬质合金立铣刀分别进行粗、精加工。刀具及切削用量选择见工艺文件(如表 3-19)。

表 3-19　　数控加工工序卡片

数控加工工序卡片			产品名称或代号	零件名称	材　料	零件图号
				模板	45 钢	
	程序编号	夹具名称	夹具编号	使用设备	实施场地	备注

工步号	工步内容	刀具号	刀具规格	补偿号	主轴转速 (r/min)	进给速度 (m/min)	切削深度 (mm)	加工余量 (mm)
1	粗加工相切圆内轮廓和四方轮廓	T01	⌀12mm 立铣刀	—	1000	330	1.5	0.3
2	粗加工薄壁内轮廓	T01		—	1000	330	1.5	0.3
3	粗加工上表面及簿壁外轮郭	T01		—	1000	330	1.5	0.3
4	精加工上表面	T02	⌀12mm 立铣刀	D01	1200	220	—	—
5	精加工相切圆内轮廓和四方轮廓	T02		D01	1200	220	—	—
6	精加工薄壁内轮廓	T02		D02	1200	220	—	—
7	精加工薄壁外轮廓	T02		D01	1200	220	—	—
编制		审核	共　页			第　页		

五、编程和加工

1. 轮廓切削方法与精加工余量的确定

加工外轮廓时，应一次性去除粗加工余量。加工内轮廓时，在程序循环起点位置 Z 向进刀，采用环切法去除加工余量。精加工余量取 0.3mm(单边)，采用修改刀补的方法保留精加工余量。

2. 参考程序(部分)。

选择工件上表面对称中心线作为编程原点,其加工程序见表 3-20。

表 3-20

程序段号	FANUC 0i 系统程序	SIEMENS 802D 系统程序	程序说明
	O0100;	AA100. MPF;	程序号
N10	G90 G94 G21 G40 G54 F100;	G90 G94 G71 G40 G54 F100;	程序初始化
N20	G91 G28 Z0;	G74 Z0;	
N30	M03 S600;	T1D1 M03 S600;	主轴正转,600r/min
N40	G90 G00 X−70. 0 Y−70. 0;	G00 X−70. 0 Y−70. 0;	快速定位至起刀点
N50	Z30. 0 M08;		
N60	G01 Z0. 0 F100;		
N70	M98 P101 L2;	L101 P2;	
N80	G01 Z10. 0;		
N90	G00 X−37. 699 Y−18. 0;		
N100	G01 Z0. 0 F100;		
N110	M98 P102 L2;	L102 P2;	
N120	G01 Z10. 0;		
N130	G00 X−37. 699 Y−18. 0;		调用子程序
N140	G01 Z0. 0 F100;		
N150	M98 P103 L2;	L103 P2;	
N160	G01 Z10. 0		
N170	G00 X0 Y0;		
N180	G01 Z0. 0 F100;		
N190	M98 P104 L2;	L104 P2	
N200	G91 G28 Z0;	G74 Z0;	程序结束
N210	M30;		
	O0101	L101. SPF;	外轮廓子程序
N10	G91 G01 Z−5. 0;		每次切深 5mm
N20	G90 G41 G01 X−49. 0 Y−60. 0 D01;	G90 G41 G01 X−49. 0 Y−60. 0;	延长线上建立刀补

续表

N30	Y18.822；		
N40	G02 X－43.995 Y27.485 R10.0；	G02 X－43.995 Y27.485 CR=10.0；	
N50	G03 X－27.485 Y43.995 R45.0；	G03 X－27.485 Y43.995 CR=45.0；	
N60	G02 X－18.822 Y49.0 R10.0；	G02 X－18.822 Y49.0 CR=R10.0；	
N70	G01 X18.822；		
N80	G02 X27.485 Y43.995 R10.0；	G02 X－27.485 Y43.995 CR=R10.0；	
N90	G03 X43.955 Y27.485 R45.0；	G03 X43.955 Y27.485 CR=45.0；	
N100	G02 X49.0 Y18.822 R=10.0；	G02 X49.0 Y18.822 CR=10.0；	
N110	G01 Y－18.822；		外轮廓铣削
N120	G02 X43.995 Y－27.485 R10.0；	G02 X43.995Y－27.485 CR=10.0；	
N130	G03 X27.485 Y－43.995 R45.0；	G03 X27.485 Y－43.995 CR=45.0；	
N140	G02 X18.822 Y－49.0 R10.0；	G02 X18.822 Y－49.0 CR=10.0；	
N150	G01 X－18.822；		
N160	G02 X－27.485 Y－43.995 R10.0；	G02 X－27.485 Y－43.995 CR=10.0；	
N170	G03 X－43.995 R10.0	G02 X027.485 Y－43.995 CR=10.0；	
N170	G03 X－43.995 Y－27.485 R45.0；	G03 X－43.995 Y－27.485 CR=45.0；	
N180	G02 X－49.0 Y－18.822 R10.0；	G02 X－49.0 Y－18.822 CR=10.0；	
N190	G40；		取消刀具半径补偿
N200	M99；	M17；	返回产程序
	O0102；	L102.SPP；	内轮廓子程序
N10	G91G01 Z－5.0；		每次切深5mm
N20	G90 G41 G01 X22.0 Y－28.0 D02；	G90 G41 G01 X22.0 Y－28.0；	
N30～N90	……	……	程序内容与101同 把刀补改为D02=—(刀具半径+2.0)
N100～N180	…… ……		
N190	G40；		取消刀具半径补偿
N200	M99；	M17；	返回主程序
	O0103；	L103.SPF；	四方轮廓子程序
N10	G91 G01 Z－5.0；		每次切深5mm
N20	G90 G41 G01 X－37.699 Y－8.0 D01；	G90 G41 G01 X－37.699 Y－8.0；	

续表

N30	X0 Y29.699;		
N40	X29.699 Y0;		
N50	X0 Y−29.699;		四方轮廓加工
N60	X−37.699 Y8.0;		
N70	G40 G01 X−37.699 Y−18.0;		
N80	M99;	M17;	返回主程序

	O0104;	L104.SPF;	相切圆内轮廓
N10	G91 G01 Z−5.0;		
N20	G91 G41 G01 X0 Y−10.0 D01;	G90 G41 G01 X0 Y−10.0;	
N30	G03 X−8.66 Y−15.0 R5.0;	G03 X−8.66 Y−16.0 CR=5.0;	引入圆弧
N40	X8.66 R10.0;	X8.66 CR=10.0;	
N50	Y15.0 R30.0;	Y15.0 CR=30.0;	相切圆内轮廓加工
N60	X−8.66 R10.0;	X−8.66 CR=10.0;	
N70	Y=15.0 R30.0;	Y=15.0 CR=30.0;	
N80	X0 Y−10.0 R5.0;	X0 Y−10.0 CR=5.0;	引出圆弧
N90	G40 G01 X0 Y0;		
N100	M99;	M17;	

【操作提示】在编写本任务程序时，要综合运用刀具半径补偿、子程序等方面的知识并注意编程过程中的加工工艺知识。

切入与切出点的选择将对工件加工的表面粗糙度产生直接的影响。

3.形位精度及其误差分析

本任务中，主要形位精度为型腔底面的平行度，可以用百分表来检测。

加工过程中，造成工件形位精度误差的原因分析见表 3-21

表 3-21　　形位精度误差的原因分析

影响因素	产生原因
装夹与校正	工件装夹不牢固，加工过程中产生松动与振动
	夹紧力过大，产生弹性变形，切削完成后变形恢复
	工件校正不正确，造成加工面与基准面不平行或不垂直
刀具	刀具刚性差，刀具加工过程中产生振动
	对刀不正确，产生位置精度误差

续表

加工	切削深度过大,导致刀具发生弹性变形,加工面呈锥形
	切削用量选择不当,导致切削力过大,而产生工件变形
工艺系统	夹具装夹找正不正确(如本任务中钳口找正不正确)
	机床几何误差
	工件定位不正确或夹具与定位元件制造误差

4.表面粗糙度分析

(1)表面粗糙度　经机械加工后的零件表面,由于刀痕、切削过程中切屑分离时的塑性变形,刀具与已加工表面间的摩擦以及工艺系统中的振动等原因,会使被加工零件的表面出现宏观和微观的几何形状误差。我们把加工表面上具有的较小间距和峰谷所组成的微观几何形状误差称为表面粗糙度。

(2)影响表面粗糙度的因素　加工过程中,影响表面粗糙度的因素主要有以下几个方面,见表3-22。

表3-22　影响表面粗糙度的因素

影响因素	产生原因
装夹与校正	工件装夹不牢固,加工过程中产生松动与振动
刀具	刀具磨损后没有及时修磨
	刀具刚性差,使刀具在加工过程中产生振动
	主偏角、副偏角及刀尖圆弧半径选择不当
加工	进给量选择过大,残留层厚度增加
	切削速度选择不合理,产生积屑瘤
	背吃刀量(精加工余量)选择过大或过小
	Z向分层切深后没有进行精加工,留有接刀痕迹
	切削液选择不当或使用不当
	加工过程中刀具停顿
加工工艺	工件材料热处理不当或热处理工艺安排不合理
	采用不适当的进给路线,精加工采用逆铣

配分权重

加工如图 3-57 所示零件，成绩评分标准见表 3-23。

表 3-23 **薄壁零件评分表**

工作编号			总得分				
项目与配分		序号	技术要求	配分	评分标准	检测记录	得分
工件加工评分（80%）	外形轮廓	1	$98^{0}_{-0.03}$	5	超差全扣		
		2	$42^{0}_{-0.03}$	5	超差全扣		
		3	2±0.03	5	超差全扣		
		4	平行度 0.04	6	超差全扣		
		5	$10^{+0.03}_{0}$	5	每错一处扣 3 分		
		6	侧面 Ra1.6μm	5	每错一处扣 1 分		
		7	底面 Ra3.2μm	3	每错一处扣 1 分		
		8	R10.R45	6	每错一处扣 2 分		
	内轮廓与孔	9	$40^{+0.03}_{0}$	5	超差全扣		
		10	$10^{+0.03}_{0}$	5	超差全扣		
		11	$25.36^{+0.03}_{0}$	4	超差全扣		
		12	孔距 58±0.03	6	每错一处扣 3 分		
		13	孔径 Ø12－H8	6	每错一处扣 2 分		
		14	R10.R30	2	每错一处扣 1 分		
		15	侧面 Ra1.6μm	3	每错一处扣 1 分		
		16	底面 Ra3.2μm	2	每错一处扣 1 分		
	其他	17	工件按时完成	4	未按时完成全扣		
		18	工件无缺陷	3	缺陷一处扣 3 分		
程序与工艺（10%）		19	程序正确合理	5	每错一处扣 3 分		
		20	加工工序卡	5	不合理每处扣 2 分		
机床操作（10%）		21	机床操作规范	5	出错一次扣 2 分		
		22	工件、刀具装夹	5	出错一次扣 2 分		
安全文明生产（倒扣分）		23	安全操作	倒扣	安全事故停止操作或酌扣 5～30 分		
		24	机床整理	倒扣			

思考与练习

1. 数控铣床和加工中心的加工对象有哪些？

2. 绝对值和增量值的编程在数控铣床中怎样实现？

3. 圆弧插补顺逆方向通过什么方法判断？

4. FANUC 系统常用的返回参考点的指令有哪些？这些指令间有何区别？

5. M02 与 M30 指令的功能是什么？有何区别？

6. 为什么要用刀具半径补偿？刀具半径补偿有哪几种？指令是什么？在使用 G40、G41、G42 指令时要注意哪些问题？

7. 什么是子程序？子程序有何特点？子程序调用应注意哪些问题？

8. 精加工余量的确定方法有哪些？

9. 如何选择内外轮廓的切入、切出方向？

10. 切削用量的选用原则是什么？

11. 如下图所示，利用 G00、G01 指令编写、调试外轮廓加工程序并加工，加工深度 3mm。

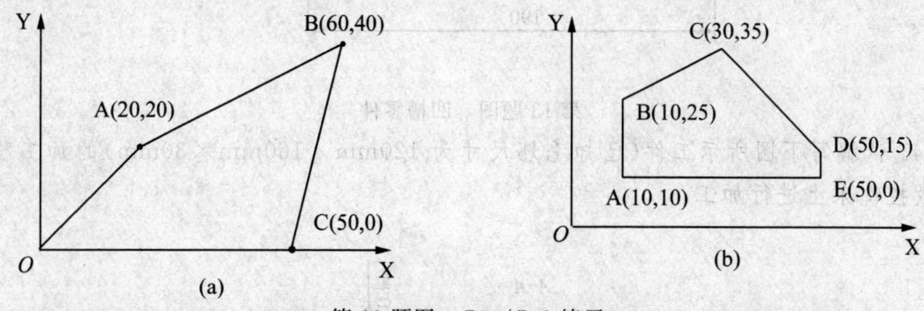

第 11 题图 G00/G01 练习

12. 如下图所示，利用 G02、G03 指令编写、调试程序并加工，加工深度 3mm。

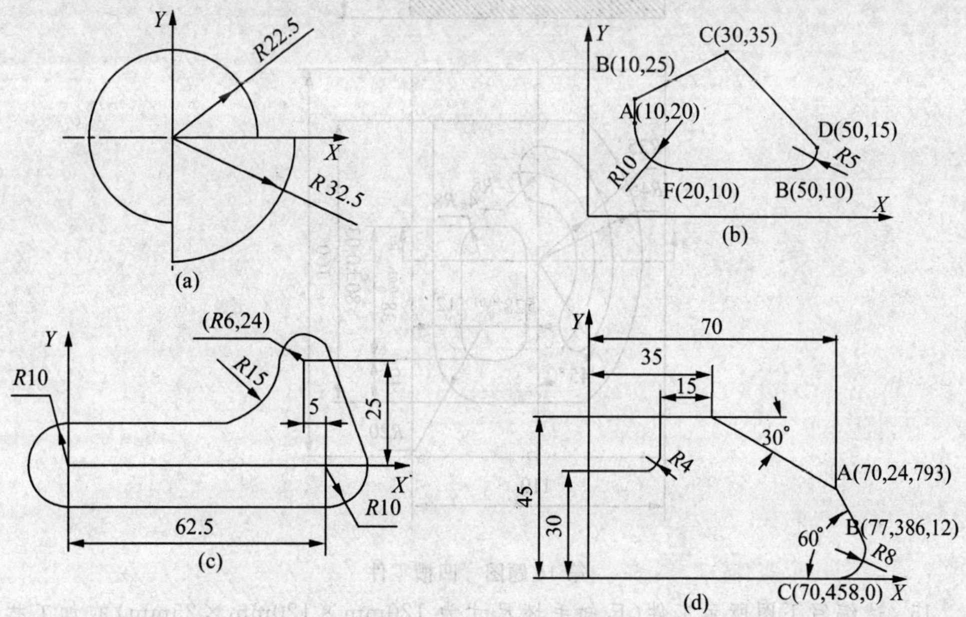

第 12 题图 G02/G03 练习

13. 加工下图所示工件。先用∅50 端铣刀铣上表面(切削余量 2mm)，再用∅30 立铣刀铣凹槽。Z 向切深不得超过 3mm。试编程。

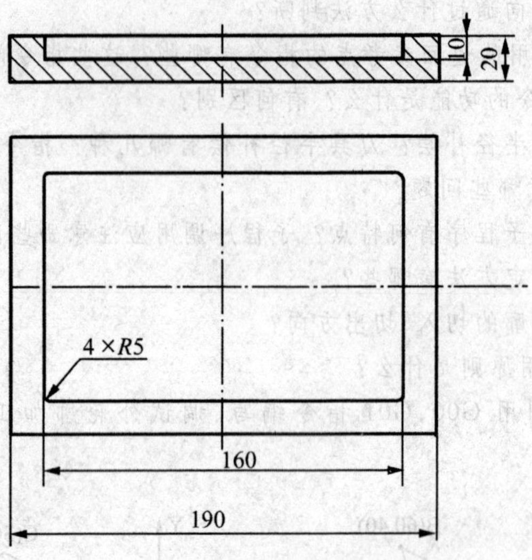

第 13 题图　凹槽零件

14. 试编写下图所示工件(已知毛坯尺寸为 120mm×160mm×30mm)的加工程序，并在数控铣床上进行加工。

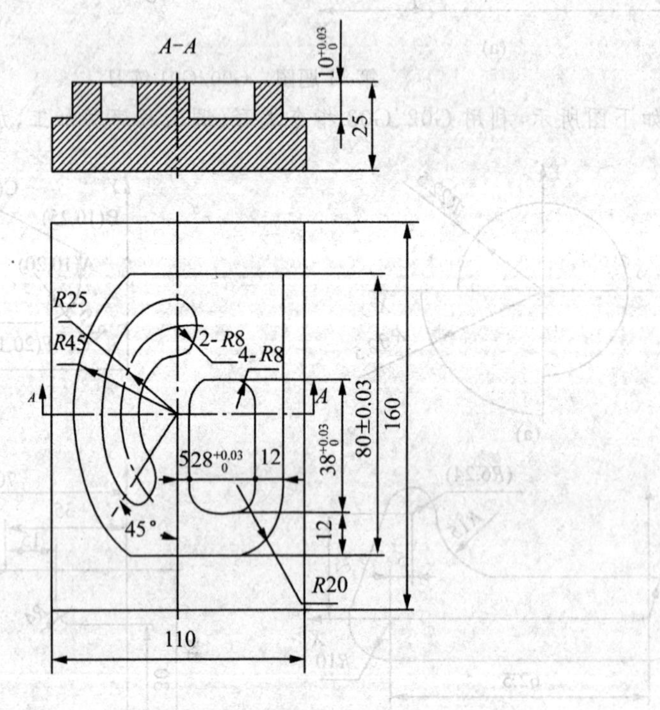

第 14 题图　凹槽零件

15. 试编写下图所示工件(已知毛坯尺寸为 120mm×120mm×25mm)的加工程序，并在数控铣床上进行加工。

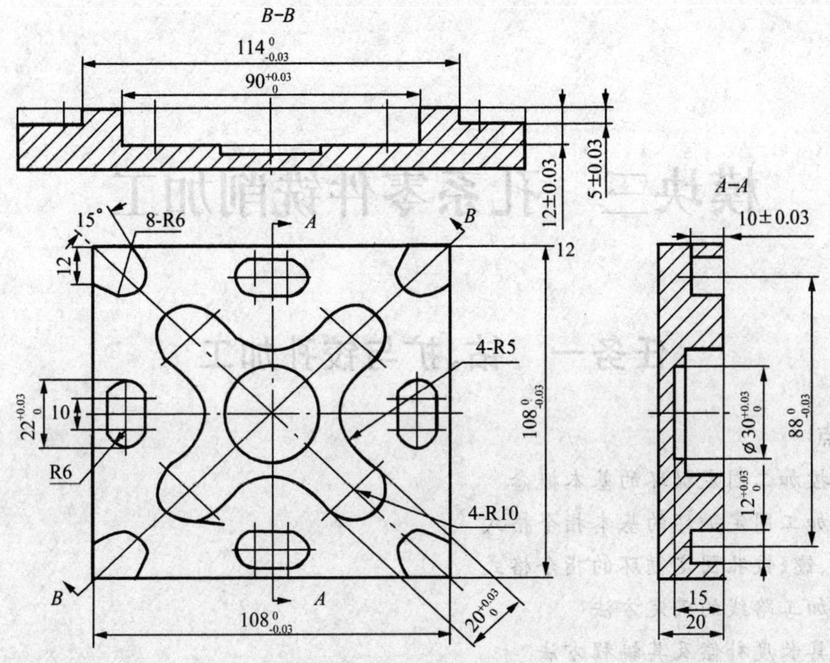

第 15 题图　凹槽零件

16. 试编写下图所示工件(已知毛坯尺寸为 80mm×80mm×35mm)的加工程序，并在数控铣床上进行加工。

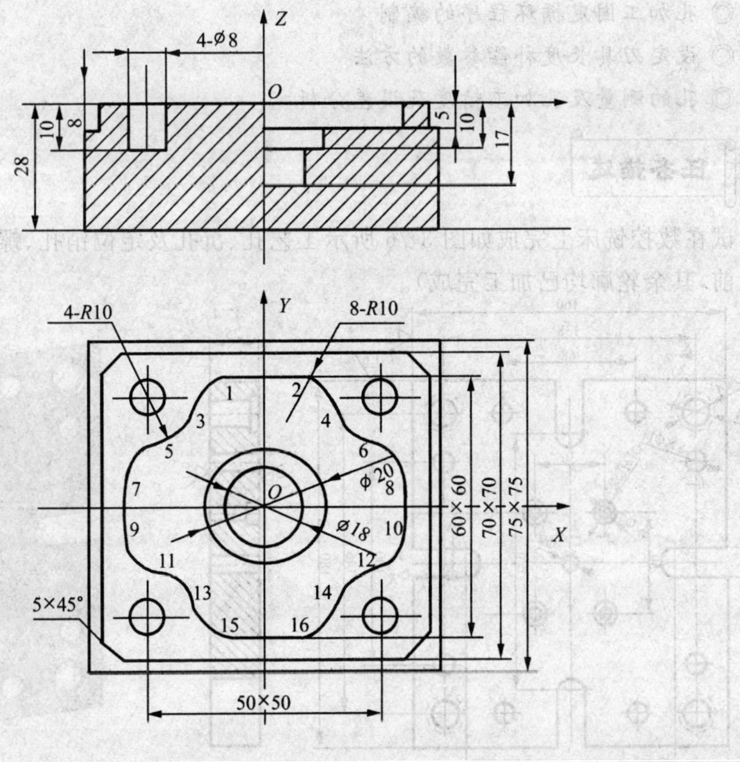

第 16 题图　凹槽零件

模块三　孔系零件铣削加工

任务一　钻、扩与铰孔加工

知识点

◎ 数控加工固定循环的基本概念

◎ 孔加工固定循环的基本指令格式

◎ 钻、锪、铰孔固定循环的指令格式

◎ 孔加工路线的确定方法

◎ 刀具长度补偿及其编程方法

技能点

◎ 孔加工方法的选择

◎ 孔加工刀具的选择

◎ 孔加工固定循环程序的编制

◎ 设定刀具长度补偿参数的方法

◎ 孔的测量及孔加工精度及误差分析

任务描述

试在数控铣床上完成如图 3-76 所示工艺孔、沉孔及定位销孔、螺栓预钻孔的加工（在加工前，其余轮廓均已加工完成）。

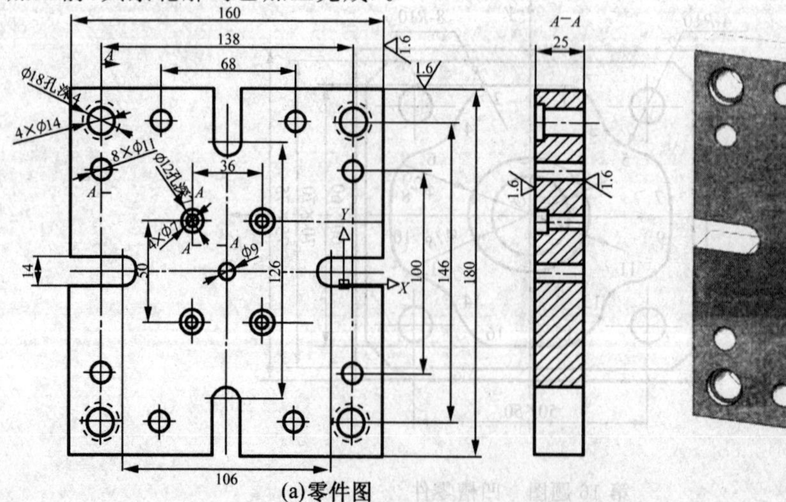

(a)零件图

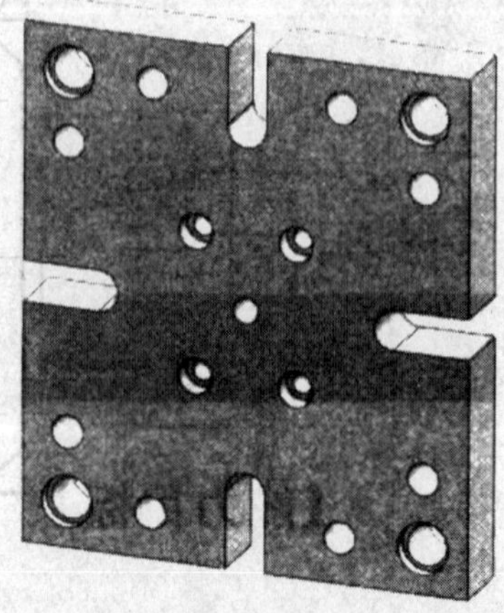
(b) 立体图

图 3-76　钻、扩与铰孔任务图

任务分析

该任务主要涉及钻孔、锪孔及铰孔的加工。因此，在编程过程中需掌握孔加工工艺等理论知识及孔加工固定循环编程方法。在编写孔加工固定循环指令时，要注意避免刀具在进刀与退刀过程中与夹具或工件发生干涉。

孔加工过程中，因一些常见因素会导致孔加工精度降低。因此，在加工前应了解引起孔加工精度降低的常见因素，并在加工过程中加以避免。

知识链接

一、数控铣/加工中心的固定循环指令

孔加工是数控加工中最常见的加工工序，数控铣床和加工中心通常都具有能完成钻孔、镗孔、铰孔和攻螺纹等加工的固定循环功能。该类指令为模态指令，可以在一个程序段内完成某个孔加工的全部动作(孔加工、退刀、孔底暂停等)，从而大大减少编程的工作量。FANUC 0i 系统数控铣床(加工中心)的固定循环指令见表 3-24。

表 3-24　孔加工固定循环指令及其动作一览表

G代码	加工动作	孔底动作	退刀动作	功能
G73	间歇进给	—	快速进给	钻深孔
G74	切削进给	暂停、主轴正转	切削进给	攻左螺纹
G76	切削进给	主轴准停	快速进给	精镗孔
G80	—	—	—	取消固定循环
G81	切削进给	—	快速进给	钻孔
G82	切削进给	暂停	快速进给	钻孔与锪孔
G83	间歇进给	—	快速进给	钻深孔
G84	切削进给	暂停、主轴反转	切削进给	攻右螺纹
G85	切削进给	—	切削进给	铰孔
G86	切削进给	主轴停	快速进给	镗孔
G87	切削进给	主轴正转	快速进给	反镗孔
G88	切削进给	暂停、主轴停	手动	镗孔
G89	切削进给	暂停	切削进给	镗孔

1. 孔加工固定循环指令简介

(1)固定循环指令的基本动作　如图 3-77 所示，孔加工固定循环一般由下述六个动作组成(图中用虚线表示的是快速进给，用实线表示的是切削进给)：

动作 1：X 轴和 Y 轴定位：使刀具快速定位到孔加工的位置。

动作 2：快进到 R 点：刀具自初始点快速进给到 R 点(Reference point)。

动作 3：孔加工：以切削进给的方式执行孔加工的动作。

动作 4：孔底动作：包括暂停、主轴准停、刀具移位等动作。

动作 5:返回到 R 点:继续加工其他孔且可以安全移动刀具时选择返回 R 点。

动作 6:返回到起始点:孔加工完成后一般应选择返回起始点。

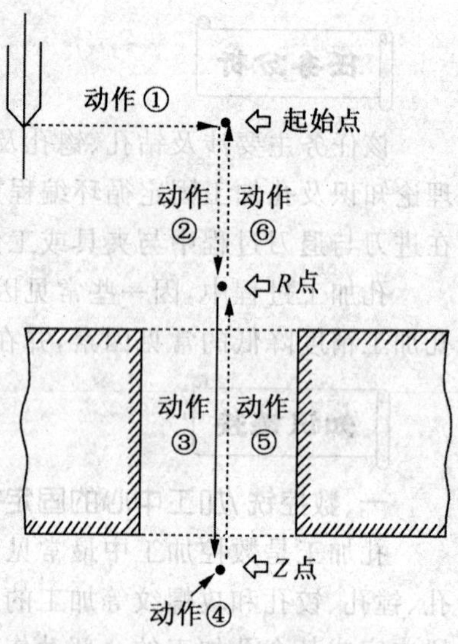

图 3-77　固定循环动作组成

(2)固定循环指令格式

指令格式:

G90/G91 G98/G99 G73～G89 X_Y_Z_R_Q_P_F_L_;

指令说明Ⅰ:

①G_是孔加工固定循环指令,指 G73～G89。

②X_Y_指定孔在 XY 平面的坐标位置(增量或绝对值)。

③Z 指定孔底坐标值。在增量方式时,是 R 点到孔底的距离;在绝对值方式时,是孔底的 Z 坐标值。

④R 在增量方式中是起始点到 R 点的距离;而在绝对值方式中是 R 点的 Z 坐标值。

⑤Q 在 G73,G83 中,是用来指定每次进给的深度;在 G76、G87 中指定刀具位移量。

⑥P 指定暂停的时间,最小单位为 1ms。

⑦F 为切削进给的进给量。

⑧L 指定固定循环的重复次数。只循环一次时,L 可不指定。

⑨G73～G89 是模态指令。一旦指定将一直有效,直到出现其他孔加工固定循环指令,或固定循环取消指令(G80),或 G00,G01,G02,G03 等插补指令才失效。因此,多孔加工时该指令只需指定一次,以后的程序段只给孔的位置即可。

⑩固定循环中的参数(Z,R,Q,P,F)是模态的,当变更固定循环方式时,可用的参数可以继续使用,不需重设。但中间如果隔有 G80 或 G01,G02,G03 指令,不受固定循环的影响。

⑪在使用固定循环编程时一定要在前面程序段中指定 M03(或 M04),使主轴启动。

⑫若在固定循环指令程序段中同时指定一个指令 M 代码(如 M05、M09),则该 M 代码并不是在循环指令执行完成后才被执行,而是执行完循环指令的第一个动作(X、Y 轴向定位)后,即被执行。因此,固定循环指令不能和后指令 M 代码同时出现在同一程序段。

⑬当用 G80 指令取消孔加工固定循环后,那些在固定循环之前的插补模态(如 G01、G02、G03)恢复,M05 指令也自动生效(G80 指令可使主轴停转)。

⑭在固定循环中,刀具半径尺寸补偿(G41,G42)无效。刀具长度补偿(G43,G44)有效。

指令说明Ⅱ:

①固定循环指令中地址 R 与地址 Z 的数据指定与 G90 或 G91 的方式选择有关。选择 G90 方式时 R 与 Z 一律取其终点坐标值;选择 G91 方式时则 R 是指自起始点到 R 点间的距离,Z 是指自 R 点到孔底平面上 Z 点的距离,如图 3-78 所示。

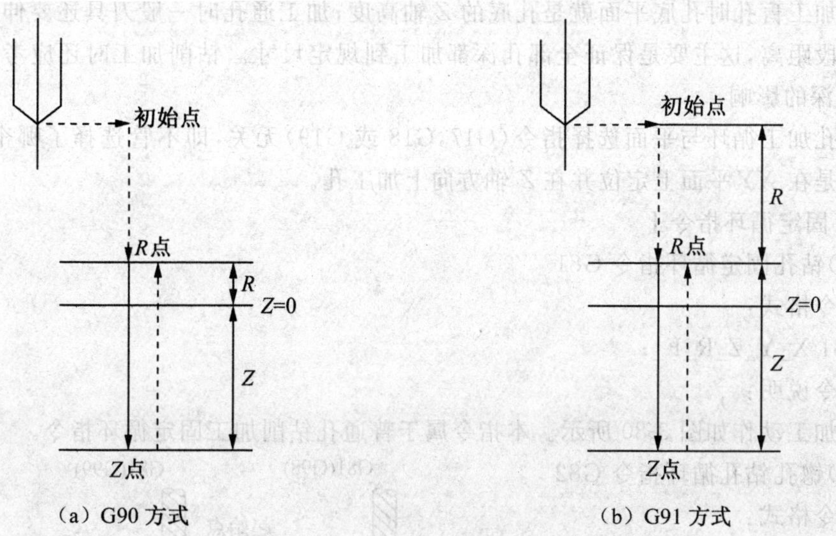

图 3-78 R 点与 Z 点指令

②起始点是为安全下刀而规定的点。该点到零件表面的距离可以任意设定在一个安全的高度上。当使用同一把刀具加工若干孔时，只有孔间存在障碍需要跳跃或全部孔加工完毕时，才使用 G98 功能使刀具返回到起始点，如图 3-79(a)所示。

③R 点又叫参考点，是刀具下刀时自快进转为工进的转换起点。距工件表面的距离主要考虑工件表面尺寸的变化，一般可取 2mm～5mm。使用 G99 时，刀具将返回到该点，见图 3-79(b)所示。

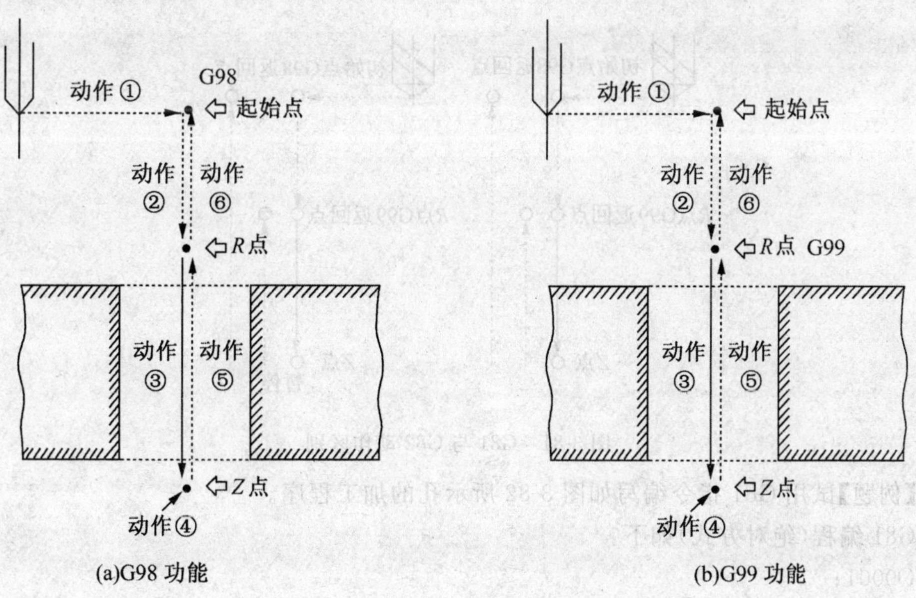

图 3-79 刀具返回指令

④加工盲孔时孔底平面就是孔底的 Z 轴高度;加工通孔时一般刀具还要伸出工件底平面一段距离,这主要是保证全部孔深都加工到规定尺寸。钻削加工时还应考虑钻头钻尖对 L 深的影响。

⑤孔加工循环与平面选择指令(G17,G18 或 G19)无关,即不管选择了哪个平面,孔加工都是在 XY 平面上定位并在 Z 轴方向上加工孔。

2. 固定循环指令 I

(1)钻孔固定循环指令 G81

指令格式:

G81 X_Y_Z_R_F_;

指令说明:

孔加工动作如图 3-80 所示。本指令属于普通孔钻削加工固定循环指令。

(2)锪孔钻孔循环指令 G82

指令格式:

G82 X_Y_Z_R_P_F_;

指令说明:

与 G81 动作轨迹一样,仅在孔底增加了"暂停"时间,因而可以得到准确的孔深尺寸,表面更光滑,适用于锪孔或镗阶梯孔,如图 3-81 所示。

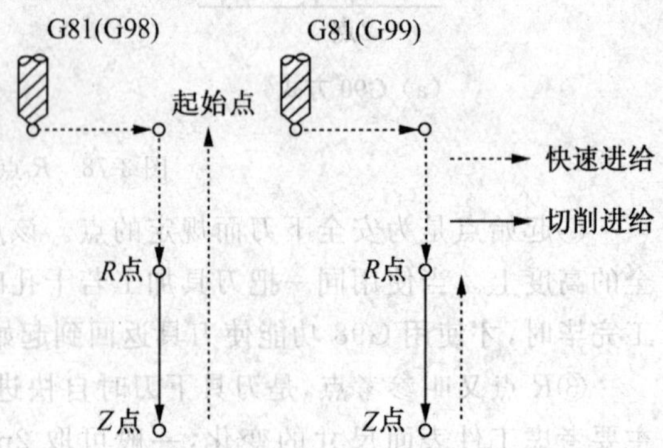

图 3-80 G81 动作图

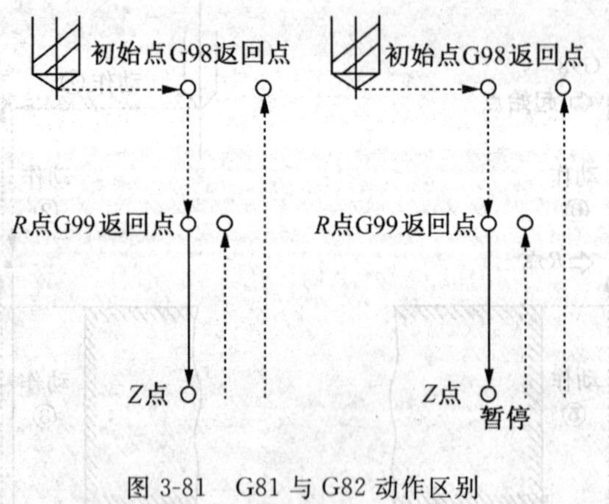

图 3-81 G81 与 G82 动作区别

【例题】试用 G81 指令编写如图 3-82 所示孔的加工程序。

G81 编程(绝对方式)如下:

O0001;

N10G90G94G40G80G21G54;

N20G91G28Z0;

N30M03S200M08;

N40G90G00Z100.0; (刀具快速移动到初始平面 Z100.0)

N50G99 G81 X20.0 Y30.0 Z−25.0 R5.0 F150;(G8l 钻孔循环加工孔 1,返回 R 点)
N60X40.0Y40.0; (钻孔 2)
N70X60.0Y50.0; (钻孔 3)
N80G98 X80.0Y60.0; (钻孔 4,返回初始平面)
N90G80 M09; (取消循环)
N100M05; (主轴停转)
N110M30; (程序结束)

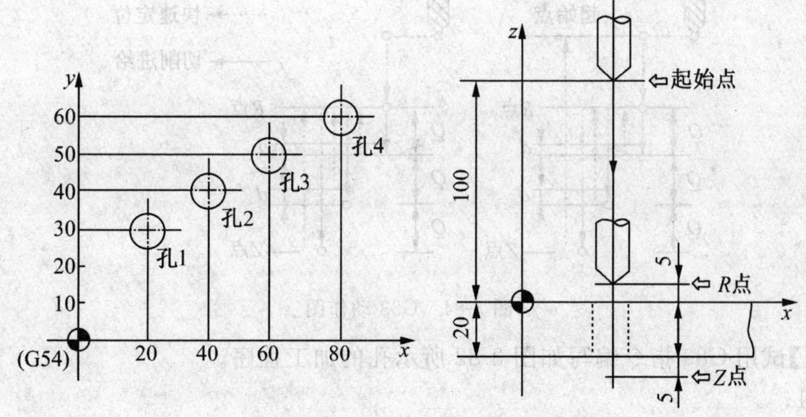

图 3-82

(3)高速深孔钻循环指令 G73

指令格式:

G73 X_Y_Z_R_Q_F_;

指令说明:

孔加工动作如图 3-83 所示。分多次工作进给,每次进给的深度由 Q 指定(一般 2～3mm),且每次工作进给后都快速退回一段距离 d,d 值由参数设定(通常为 0.1 mm)。这种加工方法,通过 Z 轴的间断进给可以比较容易地实现断屑与排屑。

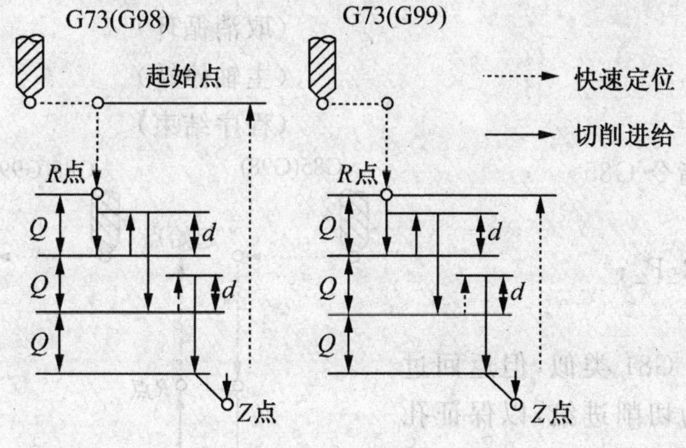

图 3-83 G73 动作图

(4)深孔钻循环指令 G83

指令格式:

G83 X_Y_Z_R_Q_F_;

指令说明：

孔加工动作如图 3-84 所示，本指令适用于加工较深的孔，与 G73 不同的是每次刀具间歇进给后退至 *R* 点，可把切屑带出孔外，以免切屑将钻槽塞满而增加钻削阻力及切削液无法到达切削区。图中的 *d* 值由参数设定，当重复进给时，刀具快速下降，到 *d* 规定的距离时转为切削进给，*Q* 为每次进给的深度。

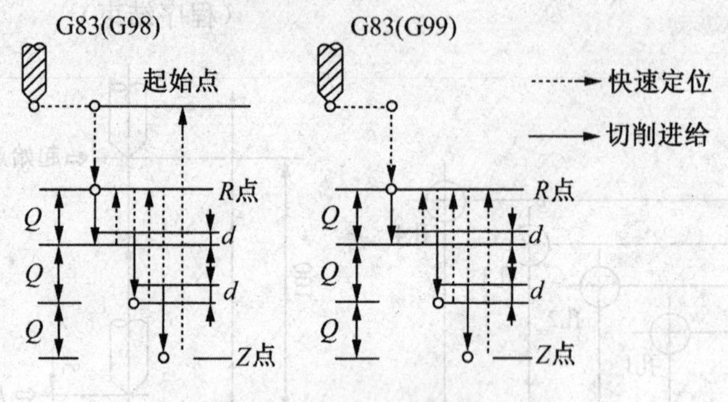

图 3-84 G83 动作图

【例题】试用 G83 指令编写如图 3-82 所示孔的加工程序。

O0001;

N10G90G94G40G80G21G54;

N20G91G28Z0;

N30M03S200M08;

N40G90G00Z100.0; （刀具快速移动到初始平面 Z100.0）

N50G99 G83 X20.0 Y30.0 Z－25.0 R5.0Q5.0 F150;

（G83 钻孔循环加工孔 1，返回 R 点）

N60X40.0Y40.0; （钻孔 2）

N70X60.0Y50.0; （钻孔 3）

N80G98 X80.0Y60.0; （钻孔 4，返回初始平面）

N90G80 M09; （取消循环）

N100M05; （主轴停转）

N110M30; （程序结束）

(5)铰孔循环指令 G85

指令格式：

G85 X_Y_Z_R_F_;

指令说明：

孔加工动作与 G81 类似，但返回过程中，从 *Z*—*R* 点为切削进给，以保证孔壁光滑，其循环动作如图 3-85 所示。此指令常用于铰孔和扩孔加工，也可用于粗镗孔加工。

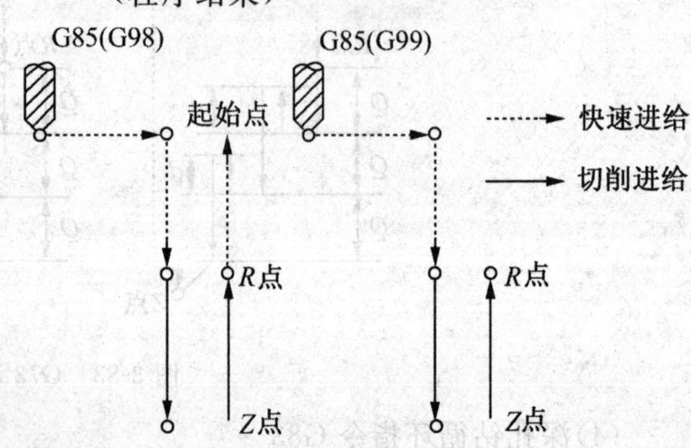

图 3-85 G85 动作图

(6)取消固定循环指令 G80

指令格式：

G80。

指令说明：

当固定循环指令不再使用时，应用 G80 指令取消固定循环，而回复到一般基本指令状态(如 G00、G01、G02、G03 等)，此时固定循环指令中的孔加工数据(如 Z 点、R 点值等)也被取消。

3. 固定循环的重复使用

在固定循环指令最后，用 L 地址指定重复次数。在增量方式 G91 时，如果有间距相同的若干个相同的孔，采用重复次数来编程是很方便的。

采用重复次数编程时，要采用 G91，G99 方式。

【例题】加工如图 3-82 所示的孔，用 G81 编程。

```
O0001;
N10G90G94G40G80G21G54;
N20G91G28Z0;
N30M03S200M08;
N40G90G00Z100.0;                          (刀具快速移动到初始平面 Z100.0)
N50X0Y20.0;                               (XY 平面定位到增量编程的起点)
N50G91G99 G81 X20.0 Y10.0 Z－30.0 R－95.0 F150 L4;
                                          (G81 循环加工孔 1、2、3、4，返回 R 点)
N90G80 M09;                               (取消循环)
N100M05;                                  (主轴停转)
N110M30;                                  (程序结束)
```

应用固定循环时的注意问题：

①指定固定循环之前，必须用辅助功能 M03 使主轴正转，当使用了主轴停止转动指令 M05 之后，一定要重新使主轴旋转后，再指定固定循环。

②指定固定循环状态时，必须给出 X、Y、Z、R 中的每一个数据，固定循环才能执行。

③操作时，若利用复位或急停按钮使数控装置停止，固定循环加工和加工数据仍然存在，所以再次加工时，应该使固定循环剩余动作进行到结束。

④若程序中出现代码 G00、G01、G02、G03 时，循环方式及其加工数据也全部取消。

二、刀具长度补偿指令——G43、G44、G49

数控机床上加工直径、深度不同的孔时，一般采用加工中心进行加工。在实际加工过程中，要加工不同直径的孔，需通过换刀指令选择不同的刀具，这就使刀具的长度发生变化，造成了非基准刀的刀位点起始位置和基准刀的刀位点起始位置不重合。在编程过程中，若对刀具长度的变化不作适当处理，就会造成零件报废、甚至撞刀。因此，在数控加工中引入了刀具长度补偿的概念，以提高编程的工作效率。

刀具长度补偿是使刀具垂直于走刀平面(比如 XY 平面，由 G17 指定)偏移一个刀具长度修正值，因此编程过程中无需考虑刀具长度。

刀具长度补偿在发生作用前，必须先进行刀具参数的设置。设置的方法有机内试切法、机内对刀法、机外对刀法和编程法。有的数控系统补偿的是刀具的实际长度与标准刀具的差,如图 3-86(a)所示。有的数控系统补偿的是刀具相对于相关点的长度,如图 3-86(b)、(c)所示,其中图(c)是圆弧刀的情况。

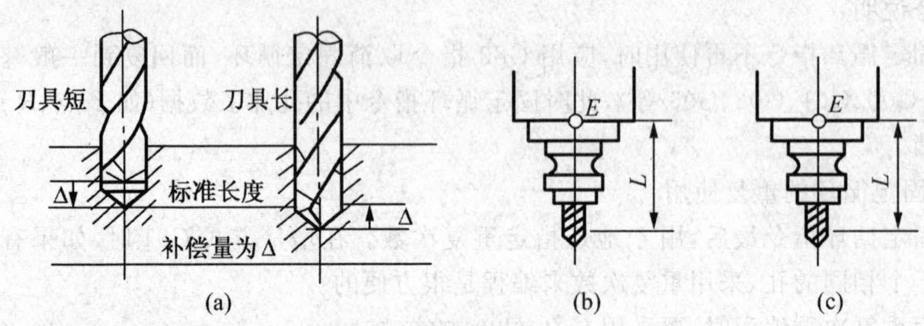

图 3-86　刀具长度补偿

1. 指令格式:

对于 FANUC 系统,刀具长度补偿指令为 G43、G44、G49。G43 为刀具长度正补偿;G44 为刀具长度负补偿;G49 为撤消刀具长度补偿指令。

(1)刀具长度补偿的建立

指令格式:

$$\text{G00(G01)}\left.\begin{matrix}\text{G43}\\\text{G44}\end{matrix}\right\}\text{Z\_}\quad\text{H\_}$$

指令说明:

①Z_值为编程值,H 为长度补偿值的寄存器号码。偏置量与偏置号相对应,由 CRT/MDI 操作面板预先设在偏置存储器中。

②使用 G43、G44 指令时,无论用绝对尺寸还是用增量尺寸编程,程序中指定的 Z 轴移动的终点坐标值,都要与 H(或 D)所指定寄存器中的偏移量进行运算,G43 时相加,G44 时相减,然后把运算结果作为终点坐标值进行加工。G43、G44 均为模态代码。

执行 G43 时:

Z 实际值＝ Z 指令值＋(H××)

执行 G44 时:

Z 实际值＝ Z 指令值－(H××)

式中:H××是指编号为××寄存器中的刀具长度补偿量。

(2)刀具长度补偿取消

指令格式:

G00(G01)G49　Z_

或 G00(G01)G43/G44Z_H00

2. 注意事项

①刀具长度补偿的建立只有在移动指令下才能生效。

②有些数控系统,如 FAGOR 8055M,采用 G43 激活刀具长度补偿(加/减运算取决于寄存器中的偏置量的正、负);G44 取消刀具长度补偿。

三、孔加工刀具及其选择

1. 钻头和绞刀

(1)麻花钻　在数控铣床、加工中心上钻孔,大多是采用普通麻花钻,如图 3-87 所示。麻花钻有高速钢和硬质合金两种。

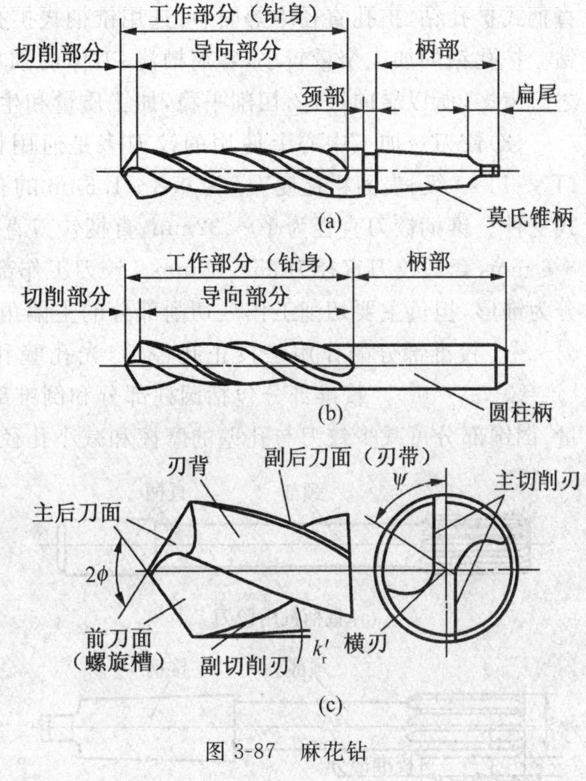

图 3-87　麻花钻

麻花钻的切削部分有两个主切削刃、两个副切削刃和一个横刃。两个螺旋槽是切屑流经的表面,为前刀面;与工件过渡表面(即孔底)相对的端部两曲面为主后刀面;与工件已加工表面(即孔壁)相对的两条刃带为副后刀面。前刀面与主后刀面的交线为主切削刃,前刀面与副后刀面的交线为副切削刃,两个主后刀面的交线为横刃。

横刃与主切削刃在端面上投影之间的夹角称为横刃斜角,横刃斜角 $\psi=50°\sim55°$;主切削刃上各点的前角、后角是变化的,外缘处前角约为 30°,钻心处前角接近 0°,甚至是负值;两条主切削刃在与其平行的平面内的投影之间的夹角为顶角,标准麻花钻的顶角约为 118°。

根据柄部不同,麻花钻有莫氏锥柄和圆柱柄两种。在数控铣床、加工中心上钻孔,因无夹具钻模导向,受两切削刃上切削力不对称的影响,容易引起钻孔偏斜,故钻孔前一般先用中心钻打定位孔。

(2)扩孔刀具　标准扩孔钻一般有 3～4 条主切削刃,如图 3-88 所示,切削部分的材料为高速钢或硬质合金,结构形式有直柄式、锥柄式和套式等。扩孔直径较小时,可选用

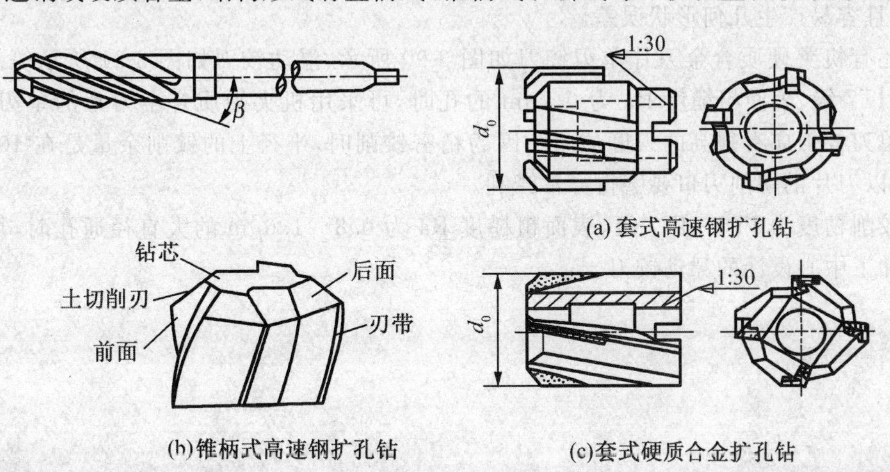

图 3-88　扩孔钻

直柄式扩孔钻，扩孔直径中等时，可选用锥柄式扩孔钻，扩孔直径较大时，可选用套式扩孔钻。扩孔钻的加工余量较小，容屑槽浅、刀体的强度和刚度较好。它无麻花钻的横刃，加之刀齿多，所以导向性好，切削平稳，加工质量和生产率都比麻花钻高。

(3)铰刀　加工中心上使用的铰刀多是通用标准铰刀如图 3-89 所示。加工精度为 IT7～IT10 级、表面粗糙度 Ra 为 0.8～1.6μm 的孔时。通用标准铰刀，有直柄、锥柄和套式三种。锥柄铰刀直径为 10～32mm，直柄铰刀直径为 6～20mm，小孔直柄铰刀直径为 1～6 mm，套式铰刀直径为 25～80mm。铰刀工作部分包括切削部分与校准部分。切削部分为锥形，担负主要切削工作。切削部分的主偏角为 5°～15°，前角一般为 0°，后角一般为 5°～8°。校准部分的作用是校正孔径、修光孔壁和导向。为此，这部分带有很窄的刃带($\gamma_0=0°$，$\alpha_0=0°$)。校准部分包括圆柱部分和倒锥部分。圆柱部分保证铰刀直径和便于测量，倒锥部分可减少铰刀与孔壁的摩擦和减小孔径扩大量。

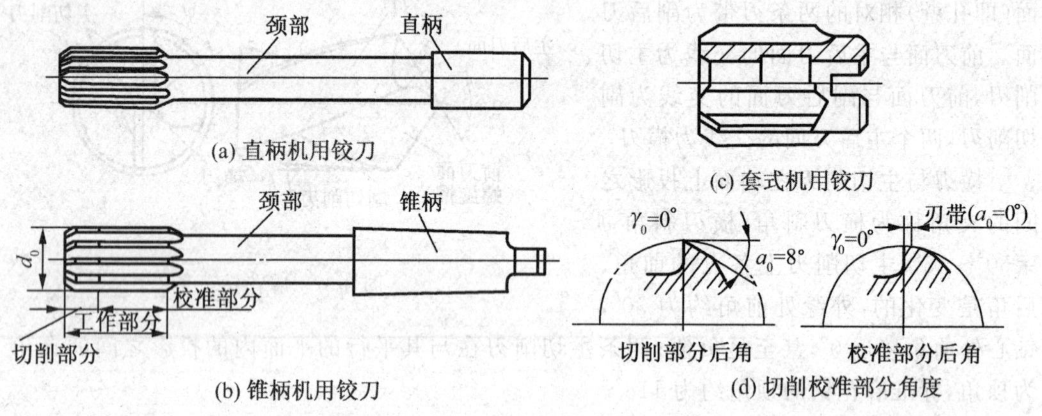

图 3-89　机用铰刀

标准铰刀有 4～12 齿。铰刀的齿数除与铰刀直径有关外，主要根据加工精度的要求选择。齿数过多，刀具的制造重磨都比较麻烦，而且会因齿间容屑槽减小，而造成切屑堵塞和划伤孔壁以致使铰刀折断的后果。齿数过少，则铰削时的稳定性差，刀齿的切削负荷增大，且容易产生几何形状误差。

还有机夹硬质合金刀片单刃铰刀如图 3-90 所示、浮动铰刀如图 3-91 所示等。加工 IT5～IT7 级、表面粗糙度 Ra 为 0.7μm 的孔时，可采用机夹硬质合金刀片的单刃铰刀。机夹单刃铰刀应有很高的刃磨质量。因为精密铰削时，半径上的铰削余量是在 10μm 以下，所以刀片的切削刃口要磨得异常锋利。

铰削精度为 IT6～IT7 级，表面粗糙度 Ra 为 0.8～1.6μm 的大直径通孔时，可选用专为加工中心设计的浮动铰刀。

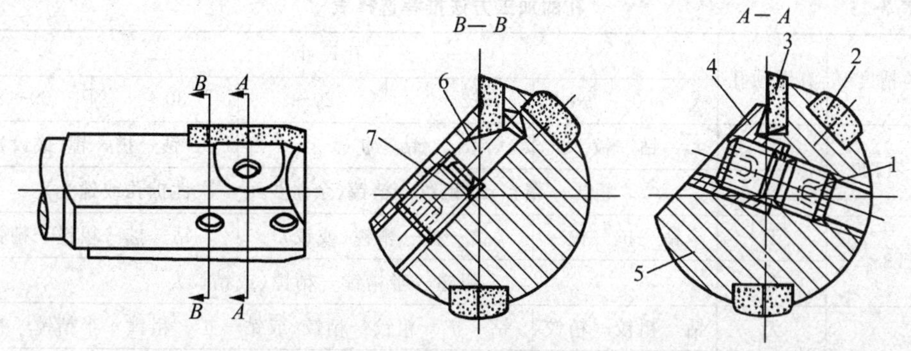

图 3-90 硬质合金单刃铰刀

1、7—螺钉 2—导向块 3—刀片 4—模套 5—刀体 6—铺子

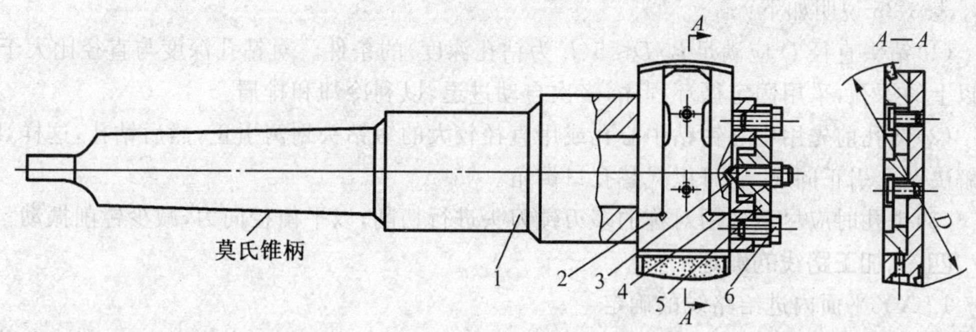

图 3-91 浮动铰刀

(4)锪钻 锪钻用来加工各种沉头孔和锪平端面,如图 3-92 所示。

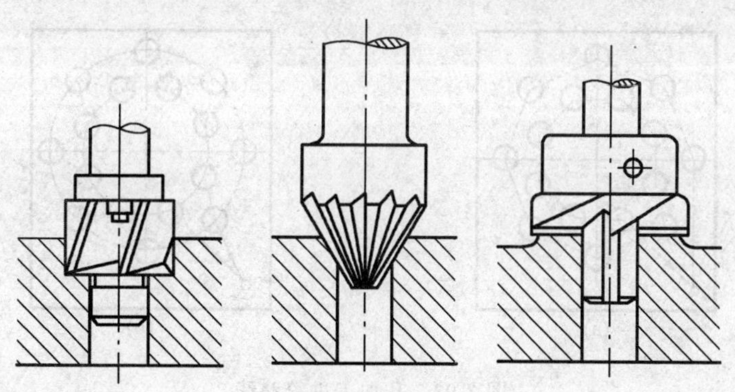

图 3-92 锪钻

2. 孔加工方法的选择

孔加工方法的选择在数控铣床及加工中心上,常用孔加工的方法有钻孔、扩孔、铰孔、粗/精镗孔及攻螺纹等。通常情况下,在数控铣床及加工中心上能较方便地加工出IT7～IT9级精度的孔,对于这些孔的推荐加工方法见表 3-25。

表 3-25 孔的加工方法推荐选择表

孔的精度	有无预孔	孔尺寸				
		0～	12～	20～	30～	60～80
IT9～IT11	无	钻—铰	钻—扩		钻—扩—镗(或铰)	
	有	粗扩—精扩;或粗镗—精镗(余量少可一次性扩孔或镗孔)				
IT8	无	钻—扩—铰	钻—扩—精镗(或铰)		钻—扩—粗镗—精镗	
	有	粗镗—半精镗—精镗(或精铰)				
IT7	无	钻—粗铰—精铰	钻—扩—粗铰—精铰;或钻—扩—粗镗—半精镗—精镗			
	有	粗镗—半精镗—精镗(如仍达不到精度要求还可进一步采用精细镗)				

表 3-25 说明如下:

(1)钻头直径 D 应满足 $L/D\leqslant 5$(L 为钻孔深度)的条件。对钻孔深度与直径比大于 5 倍以上的深孔,采用固定循环程序,多次自动进退,以利冷却和排屑。

(2)钻孔前先用中心钻钻中心孔或用直径较大的短钻头划窝引正,然后钻孔,这样,既可解决钻孔引正问题,还可以代替孔口倒角。

(3)镗孔时应尽量选用对称的多刃镗刀头进行切削,以平衡径向力,减少镗削振动。

四、孔加工路线的确定

1. XY 平面内进给路线的确定

(1)定位要迅速对于圆周均布孔系的加工路线,要求定位精度高,定位过程尽可能快,则需在刀具不与工件、夹具和机床碰撞的前提下,应使进给路线最短,减少刀具空行程时间或切削进给时间,提高加工效率,如图 3-93 所示。

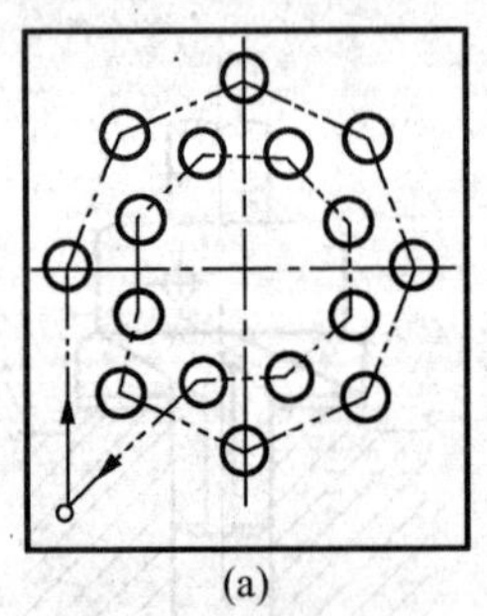
(a)

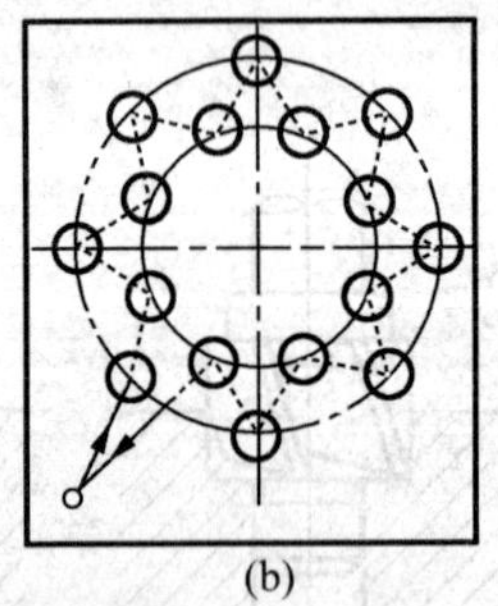
(b)

图 3-93 孔加工进給路线

(2)定位要准确对于位置精度要求高的孔系加工的零件,安排进给路线时,一定要注意孔的加工顺序要和孔定位方向一致,即采用单向趋近定位点的方法,要避免机械进给系统反向间隙对孔位精度的影响。如图 3-94 所示零件上加工六个尺寸相同的孔,有两种加工路线。当按(a)图所示路线加工时,由于 5、6 孔与 1、2、3、4 孔定位方向相反,Y 方向反向间隙会使定位误差增加,而影响 5、6 孔与其他孔的位置精度。按图(b)所示路线,加工完 4 孔后,往上移动一段距离到 P 点,然后再折回来加工 5、6 孔,这样方向一致,可避免反向间隙的引入,提高 5、6 孔与其他孔的位置精度。

对点位控制机床,只要求定位精度高,定位过程尽可能快,而刀具相对于工件的运动路线无关紧要。因此,这类机床应按空行程最短来安排加工路线。但对位置精度要求较高的孔系加工,在安排孔加工顺序时,还应注意各孔定位方向的一致,即采用单向趋近定位的方法,以避免将机床进给机构的反向间隙带入而影响孔的位置精度。

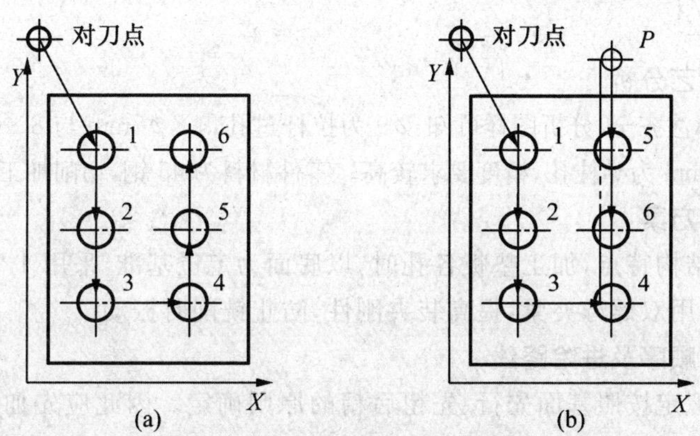

图 3-94 孔加工路线安排

定位迅速和定位准确有时两者难以同时满足。这时应抓主要矛盾,若按最短路线进给能保证定位精度,则取最短路线,反之,应取能保证定位准确的路线。

2. 确定 Z 向(轴向)的进给路线

刀具在 Z 向的进给路线分为快速移动进给路线和工作进给路线。刀具先从初始平面快速运动到距工件加工表面一定距离的 R 平面上,然后按工作进给速度运动进行加工。如图 3-95 所示。

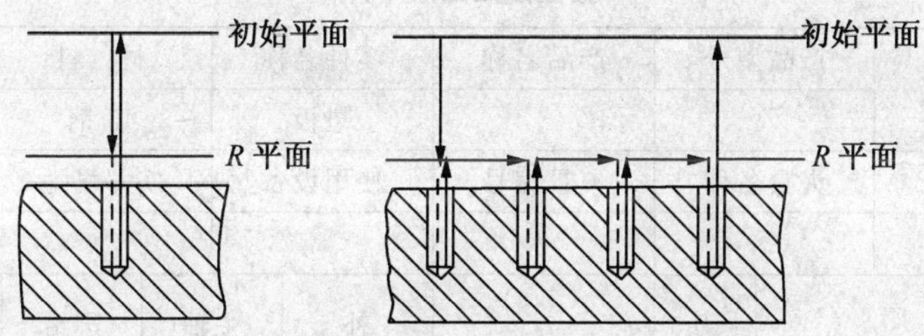

图 3-95 刀具 Z 向进给路线

在工作进给路线中,工作进给距离 Z_F 包括被加工孔的深度 H、刀具的切入距离 Z_a 和切出距离 Zo(加工通孔),如图 3-96 所示。

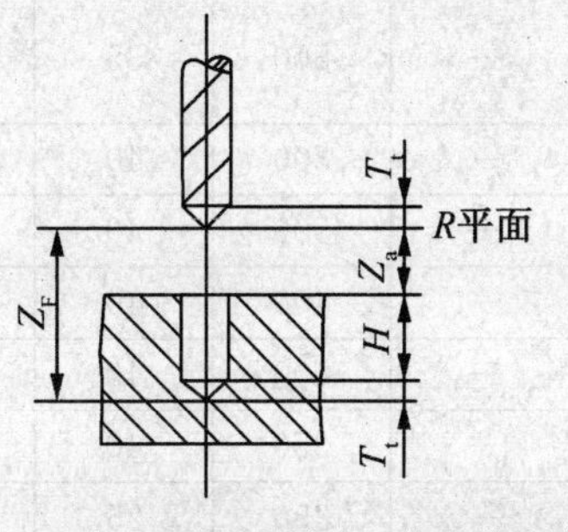

(a) 加工不通孔时的工作进给距离

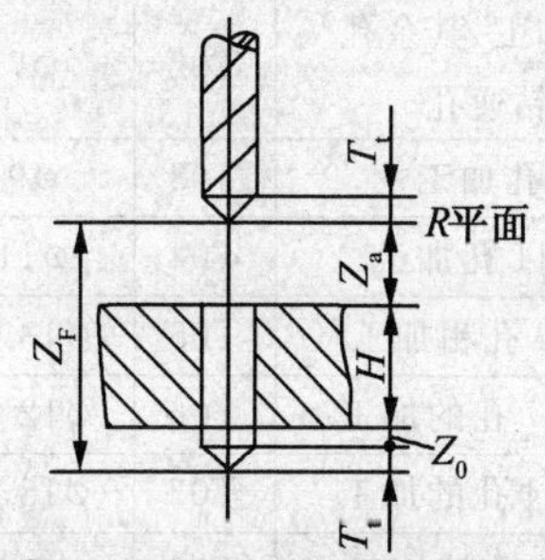

(b) 加工通孔时的工作进给距离

图 3-96

加工不通孔时，工作进给距离为 $Z_F = Z_a + H + Tt$

加工通孔时，工作进给距离为 $Z_F = Z_a + H + Tt + Zo$

任务实施

一、零件图工艺分析

此零件图纸标注齐全，分析图样可知：Ø9 为拉杆过孔，4×Ø7mm 与 8×Ø11mm 各孔均为螺栓过孔，4×Ø14mm 为导柱孔，精度要求较高。零件材料为 45 钢，切削加工性能较好。

二、确定装夹方案

根据零件的结构特点，加工垫板各孔时，以底面为定位基准，采用 4 个 14 mm 宽的 U 型槽压紧定位，采用双螺母夹紧，提高装夹刚性，防止铣削时振动。

三、确定加工顺序及进给路线，

加工顺序的拟定按照基面先行、先粗后精的原则确定。因此应先加工用作定位基准的各中心孔。然后再加工各孔到要求的尺寸。其中 4×Ø14mm 的导柱孔采用钻孔—铰孔方案加工，为保证加工精度，粗、精加工应分开，其余各孔精度要求不高，采用相应规格的钻头直接钻孔即可。

四、刀具及切削用量的选择

根据零件的结构特点，钻削各孔时，钻头、铰刀直径受孔尺寸限制，零件材料为 45 钢，加工性能较好。钻孔加工可选用较快的进给，精加工铰孔时可选用较慢的进给。所选刀具及切削用量，见表 3-26。

表 3-26　数控加工工序卡片

加工工艺卡片		产品型号	产品名称	零件名称	材　料	零件图号
				垫板	45 钢	
	程序编号	夹具名称	夹具编号	使用设备	实习场地	备注

工步号	工步内容	刀具号	刀具规格	补偿号	主轴转速 (r/min)	进给速度 (m/min)	背吃刀量 (mm)	备注
1	钻中心孔	T01	Ø3 中心钻	—	1000	30		
2	Ø7 孔加工、其余孔预钻通孔	T02	Ø7 钻头	—	500	35	3.5	
3	Ø9 孔加工	T03	Ø9 钻头	—	500	40	4.5	
4	8×Ø11 孔加工	T04	Ø11 钻头	—	500	40	5.5	
5	4×Ø14 孔粗加工	T05	Ø13.8 钻头	—	400	40	6.9	
6	Ø12 深 7 孔的加工	T06	Ø12 立铣刀	—	400	40	3	
7	Ø18 深 4 孔的加工	T07	Ø18 立铣刀	—	350	40	4	
8	4×Ø14 孔精加工	T08	Ø14 铰刀	—	250	25		
	审核			共　页			第　页	

五、参考程序

选择工件上表面对称中心线作为编程原点,其加工程序见表 3-27。

表 3-27

零件号	X04	零件名称	垫板	编程原点	上表面的中心
程序号	O040	数控系统	FANUC 0i	编制	
程序内容			简要说明		
N100 G21; N102 G0 G17 G40 G49 G80 G90; N104 T1 M6; N106 G0 G90 G54 X0. Y0. S1000 M3; N108 G43 H1 Z100. M08; N110 G98 G81 Z−7. R10. F30.; N112 X−18. Y−25.; N114 X−64. Y−50.; N116 Y−74.; N118 X−34.; N120 X34.; N122 X64.; N124 Y−50.; N126 X18. Y−25.; N128 Y25.; N130 X64. Y50.; N132 Y74.; N134 X34.; N136 X−34.; N138 X−64.; N140 Y50.; N142 X−18. Y25.; N144 G80 M09; N146 M5; N148 G91 G28 Z0.; N150 G28 X0. Y0.; N152 M01;			钻垫板孔系中各孔的中心孔		

续表

N154 T2 M6； N156 G0 G90 G54 X0. Y0. S500 M3； N158 G43 H2 Z100. M08； N160 G98 G83 Z－30. R10. Q5. F35； N162 X－18. Y－25.； N164 X－64. Y－50.； N166 Y－74.； N168 X－34.； N170 X34.； N172 X64.； N174 Y－50.； N176 X18. Y－25.； N178 Y25.； N180 X64. Y50.； N182 Y74.； N184 X34.； N186 X－34,； N188 X－64. N190 Y50.； N192 X－18,Y25.； N194 G80 M09； N196 M5； N198 G91 G28 Z0.； N200 G28 X0,Y0.； N202 M01；	∅7 孔粗加工、其余孔预钻通孔
N204 T3 M6； N206 G0 G90 G54 X0. Y0. S500 M3； N208 G43 H3 Z100. M08； N210 G98 G83 Z－30. R10. Q5. F40； N212 G80 M09； N214 M5； N216 G91 G28 Z0.； N218 G28 X0. Y0.； N220 M01；	∅9 孔加工

续表

N222 T4 M6; N224 G0 G90 G54 X0. Y0. S500 M5; N226 G43 H4 Z100. M08; N228 G98 G83 X－64. Y－50. Z－30. R10. Q5. F40; N230 X－34. Y－74.; N232 X34.; N234 X64. Y－50.; N236 Y50.; N238 X34. Y74.; N240 X－34.; N242 X－64. Y50.; N244 G80 M09; N246 M5; N248 G91 G28 Z0.; N250 G28 X0. Y0.; N252 M01;	8×ø11 孔加工
N254 T5 M6; N256 G0 G90 G54 X0. Y0. S400 M3; N258 G43 H5 Z100. M08; N260 G98 G83 X－64. Y－74. Z－30. R10. Q5. F40; N262 X64.; N264 Y74.; N268 X－64.; N270 G80 M09; N274 M5; N276 G91 G28 Z0.; N278 G28 X0. Y0.; N280 M01	4×ø14 孔粗加工
N282 T6 M6; N284 G0 G90 G54 X0. Y0. S400 M3; N286 G43 H6 Z100. M08; N288 G98 G82 X－18. Y－25. Z－7. R10. P2000 F40.; N290 X18.; N292 Y25.; N294 X－18.; N296 G80 M09; N298 M5; N300 G91 G28 Z0.; N302 G28 X0. Y0.; N304 M01;	ø12 深 7 沉孔的加工

续表

N306 T7 M6； N308 G0 G90 G54 X0. Y0. S350 M3； N310 G43 H7 Z100. M08； N312 G98 G82 X－64. Y－74. Z－4. R10. P2000 F40； N314 X64.； N316 Y74.； N318 X－64.； N320 G80 M09； N322 M5； N324 G91 G28 Z0.； N326 G28 X0. Y0.； N328 M01；	ø18 深 4 沉孔的加工
N330 T8 M6； N332 G0 G90 G54 X0. Y0. S250 M3； N334 G43 H8 Z100. M08； N336 G98 G81 X－64，Y－74. Z－30. R10. F25； N338 X64.； N340 Y74.； N342 X－64.； N344 G80 M09； N346 M5； N348 G91 G28 Z0.； N350 G28 X0. Y0.； N352 M30；	4×ø14 孔精加工

【操作提示】在本任务编程过程中，要注意 G98 与 G99 指令的合理选择。

六、长度补偿参数的设定

本任务直接将每一把刀具对刀操作得到的刀具长度补偿值存入相对应的刀具长度补偿存储器中。其操作步骤如下：

1. 将系统 G54 坐标系中的 Z 值设为零。
2. 按下 MDI 功能键[OFFSET SETING]。
3. 按下显示屏下软键[OFFSET]，出现如图 3-97 所示显示画面。
4. 向下移动光标，将光标移动到程序中指定的刀具补偿号处，将刀具长度补偿值输入对应的 GEOM(H) 里。
5. 如果刀具使用一段时间后，产生了长度方向的磨损。则可将磨损值输入至对应的 WEAH(H) 中。

注意：在刀具长度补偿参数的输入过程中，一定要注意输入位置不能搞错。

WORK COORDINATES 00001 N0000
OFFSET

NO.	GEOM(H)	WEAR(H)	GEOM(D)	WEAR(D)
001	0.000	0.000	0.000	0.000
002	0.000	0.000	0.000	0.000
003	0.000	0.000	0.000	0.000
004	0.000	0.000	0.000	0.000
005	0.000	0.000	0.000	0.000
006	0.000	0.000	0.000	0.000
007	0.000	0.000	0.000	0.000
008	0.000	0.000	0.000	0.000

[OFFSET] [SETING] [WORK] [ ] [OPRT]

图 3-97 刀具长度补偿设定显示画面

七、孔径的测量及孔加工精度误差分析

1. 孔径的测量

孔径的尺寸精度要求较低时,可采用游标卡尺或内卡钳进行测量。当孔的精度要求较高时,可以用以下几种测量方法。

(1)塞规测量 塞规(如图 3-98 所示),是一种专用量具,一端为通端,另一端为止端。使用塞规检测孔径时,当通端能进入孔内、而止端不能进入孔内时,说明孔径合格,否则孔径不合格。

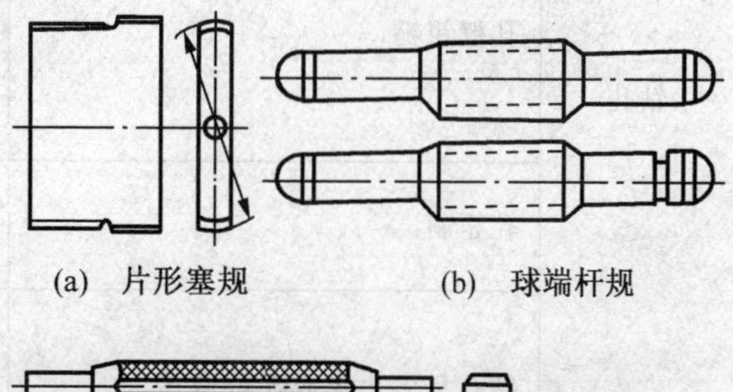

(a) 片形塞规 (b) 球端杆规

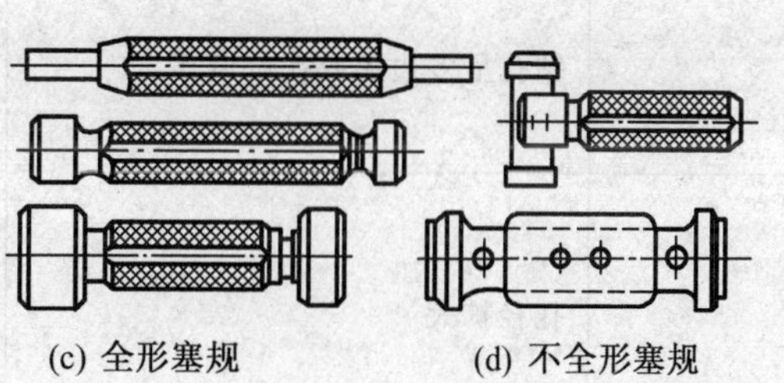

(c) 全形塞规 (d) 不全形塞规

图 3-98 塞规

(2)内卡钳测量 当孔口试切削或位置狭小时,可使用内卡钳测量。

(3)内径百分表测量 内径百分表如图 3-99 所示,测量内孔时,图中左端触头在孔内摆动,读出直径方向的最大读数即为内孔尺寸。内径百分表适用于深度较大的内孔测量。

(4)内径千分尺测量 内径千分尺如图 3-100 所示,其测量方法和千分尺的测量方法相同,但其刻线方向和千分尺相反,测量时的旋转方向也相反。内径千分尺不适合深度较大孔的测量。

图 3-99 内径百分表

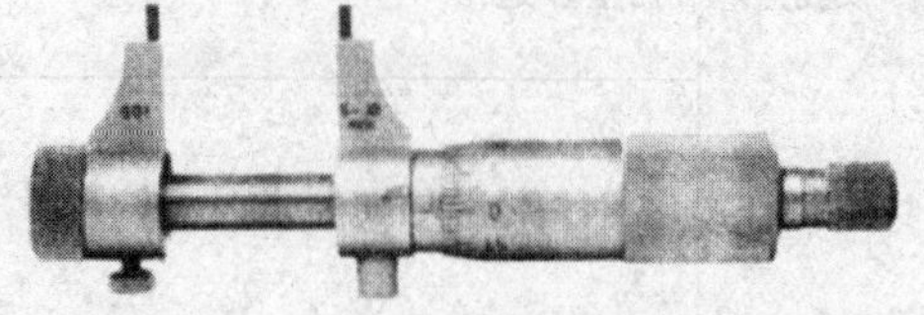

图 3-100 内径千分尺

2. 孔距测量

测量孔距时，通常采用游标卡尺测量。精度较高的孔距可采用内径千分尺和千分尺配合圆柱测量芯棒进行测量。

3. 孔的其他精度测量

除了要进行孔径和孔距测量外，有时还要进行圆度、圆柱度等形状精度的测量以及端面圆跳动、径向圆跳动、端面与孔轴线的垂直度等位置精度的测量。

4. 钻孔与铰孔精度及误差分析

钻孔与铰孔的精度及误差分析见表 3-28。

表 3-28　钻孔与铰孔的精度及误差分析表

项目	出现问题	产生原因
钻孔	孔大于规定尺寸	钻头两切削刃不对称，长度不一致
		钻头本身的质量问题
		工作装夹不牢固，加工过程中工件松动或振动
	孔壁粗糙	钻头不锋利
		进给量过大
		切削液选用不当或供应不足
		加工过程中排屑不畅通
	孔歪斜	工件装夹后校正不正确，基准面与主轴不垂直
		进给量过大使钻头弯曲变形
	钻孔呈多边形或孔位偏移	对刀不正确
		钻头角度不对
		钻头两切削刃不对称，长度不一致
铰孔	孔径扩大	铰孔中心与底孔中心不一致
		进给量或铰削余量过大
		切削速度太高，铰刀热膨胀
		切削液选用不当或没加切削液
	孔径缩小	铰刀磨损或铰刀已钝
		铰铸铁时
	孔呈多边形	铰削余量太大，铰刀振动
		铰孔前钻孔不圆
	表面粗糙度不符合要求	铰孔余量太大或太小
		铰刀切削刃不锋利
		切削液选用不当或没加切削液
		切削速度过大，产生积屑瘤
		孔加工固定循环选择不合理，进退刀方式不合理
		容屑槽内切屑堵塞

配分权重

加工如图 3-76 所示零件,成绩评分标准见表 3-29。

表 3-29 钻、扩与铰孔加工配分权重表

工件编号				总得分		
项目与权重	序号	技术要求	配分	评分标准	检测记录	得分
加工操作(30%)	1	尺寸精度符合要求	10	不合格每处扣 4 分		
	2	表面粗糙度符合要求	10	不合格每处扣 2 分		
	3	形状精度符合要求	5	不合格每处扣 2 分		
	4	位置精度符合要求	5	不合格每处扣 2 分		
程序与工艺(45%)	5	固定循环程序格式规范	10	不规范每处扣 4 分		
	6	程序正确	10	不正确每处扣 5 分		
	7	加工路线合理	5	不合理全扣		
	8	加工工艺参数合理	5	不合理每处扣 2 分		
	9	孔测量方法合理	10	不合理每处扣 5 分		
	10	孔质量分析合理	5	不合理全扣		
机床操作(15%)	11	对刀正确	5	不正确全扣		
	12	机床操作规范	5	不规范每次扣 2—5 分		
	13	刀具选择正确	5	不正确全扣		
文明生产(10%)	14	安全操作	5	出错每次倒扣 2—10 分		
	15	工作场所整理	5	不合格全扣		

任务二 镗孔与攻螺纹加工

知识点

◎ 镗孔与攻螺纹加工固定循环编程的方法

◎ 镗孔与攻螺纹的加工工艺

◎ 镗孔与攻螺纹加工用刀具

◎ 镗孔与攻螺纹加工的精度测量方法

技能点

◎ 编制镗孔类零件的加工程序

◎ 控制镗孔尺寸

◎ 镗孔与攻螺纹精度分析

任务描述

试在数控铣床上完成如图 3-101 所示工件中孔的加工(在加工前,其余轮廓均已加工完成)。

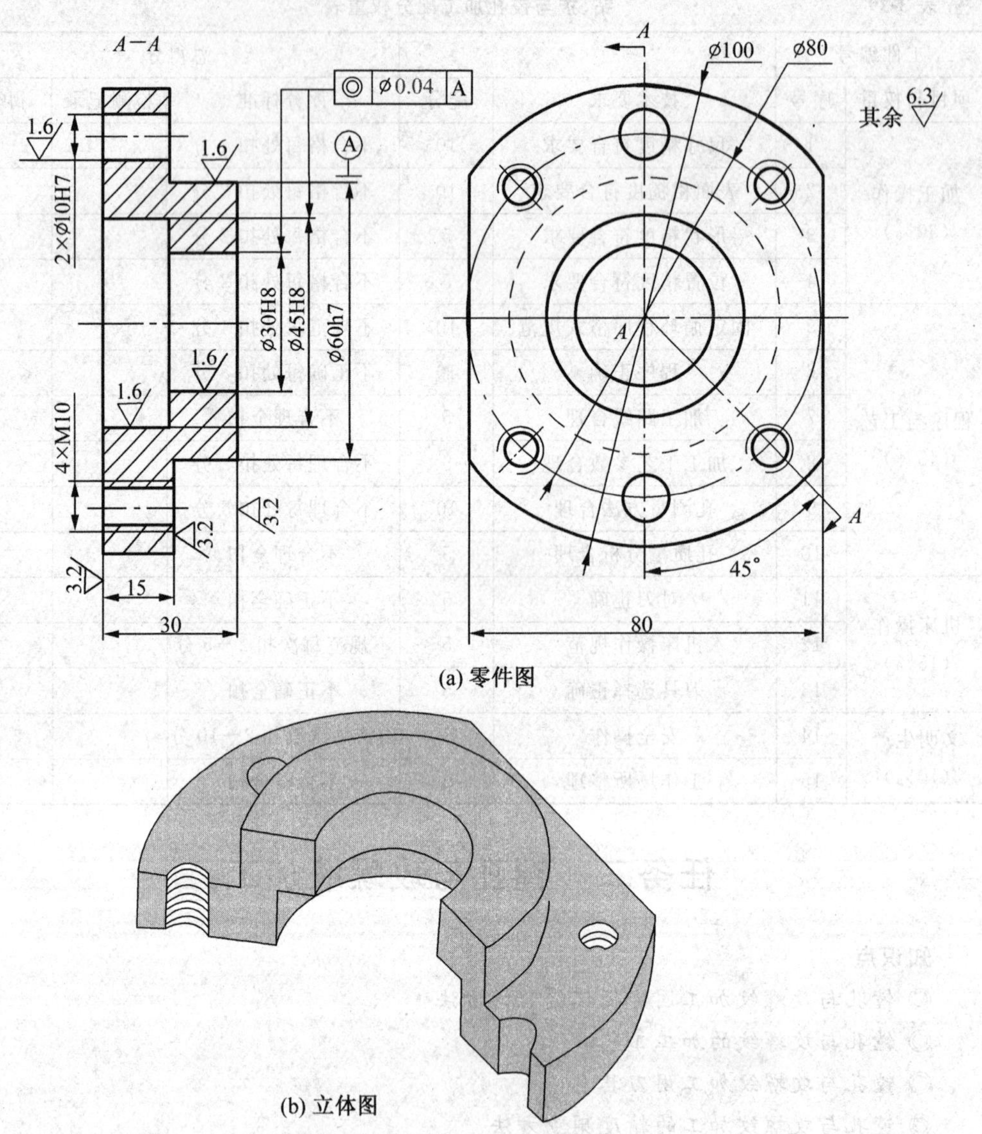

(a) 零件图

(b) 立体图

图 3-101　镗孔与攻螺纹加工图

任务分析

该零件加工内容包含了钻孔、扩孔、铰孔、镗孔与攻螺纹等。其中镗孔与攻螺纹为该任务要求掌握的内容,加工时主要使用镗孔与攻螺纹固定循环进行编程。这些指令与前一任务的指令格式有类似之处。不同之处在于镗孔和攻螺纹的加工工艺及其加工精度的测量方法不同。

在镗孔加工过程中,保证孔径的尺寸是通过对镗刀头的调整来实现的,粗镗刀刀头尺寸的调整,完全靠手感来保证。所以在实习中一定要加强该方面基本功的训练,才能镗出合格的孔径尺寸。

一、镗孔加工关键技术

镗孔加工的关键技术是解决镗刀杆的刚性问题和排屑问题。

1. 刚性问题的解决方案

(1)选择截面积大的刀杆　镗刀刀杆的截面积通常为内孔截面积的1/4。因此,为了增加刀杆的刚性,应根据所加工孔的直径和预孔的直径,尽可能选择截面积大的刀杆。

通常情况下,孔径在Ø30mm～Ø120mm 范围内,镗刀杆直径一般为孔径的 0.7～0.8 倍。

孔径小于Ø30mm 时,镗刀杆直径取孔径的 0.8～0.9 倍。

(2)刀杆的伸出长度尽可能短　镗刀刀杆伸得太长,会降低刀杆刚性,容易引起振动。因此,为了增加刀杆的刚性,选择刀杆长度时,只需选择刀杆伸出长度略大于孔深即可。

(3)选择合适的切削角度　为了减小切削过程中由于受径向力作用而产生的振动,镗刀的主偏角一般应选得较大。镗铸铁孔或精镗时,一般取 $k_r=90°$;粗镗钢件孔时,取 $k_r=60°\sim75°$,以提高刀具的使用寿命。

2. 排屑问题的解决方案

排屑问题主要通过控制切屑流出方向来解决。精镗孔时,要求切屑流向待加工表面(即前排屑)。此时,选择正刃倾角的镗刀。加工盲孔时,通常向刀杆方向排屑,此时,选择负刃倾角的镗刀。

二、攻螺纹的加工工艺

1. 普通螺纹简介　普通螺纹是我国应用最为广泛的一种三角形螺纹,牙型角 60°。

普通螺纹分粗牙普通螺纹和细牙普通螺纹。粗牙普通螺纹螺距是标准螺距,其代号用字母“M”及公称直径表示,如 M16、M12 等。细牙普通螺纹代号用字母“M”及公称直径×螺距表示,如 M24×1.5、M27×2 等。

普通螺纹有左旋螺纹和右旋螺纹之分,左旋螺纹应在螺纹标记的末尾处加注“LH”字样,如 M20×1.5LH 等,未注明的是右旋螺纹。

2. 攻螺纹前钻底孔直径和深度的确定以及孔口的倒角

(1)底孔直径的确定　丝锥在攻螺纹的过程中,切削刃主要是切削金属,但还有挤压金属的作用,因而造成金属凸起并向牙尖流动的现象,所以攻螺纹前,钻削的孔径(即底孔)应大于螺纹内径。底孔的直径可查手册或按下面的经验公式计算:

脆性材料(铸铁、青铜等):钻孔直径 $Do=D$(螺纹外径)$-1.1P$(螺距)

塑性材料(钢、紫铜等):钻孔直径 $Do=D$(螺纹外径)$-P$(螺距)

(2)钻孔深度的确定　攻盲孔(不通孔)的螺纹时,因丝锥不能攻到底,所以孔的深度要大丁螺纹的长度,盲孔的深度可按下面的公式计算:

孔的深度＝所需螺纹的深度$+0.7D$(螺纹外径)

(3)孔口倒角　攻螺纹前要在钻孔的孔口进行倒角,以利于丝锥的定位和切入。倒角的深度大于螺纹的螺距。

3. 螺纹加工方法选择

内螺纹的加工根据孔径的大小，一般情况下，M6～M20 之间的螺纹，通常采用攻螺纹的方法加工。因为加工中心上攻小直径螺纹丝锥容易折断，M6 以下的螺纹，可在加工中心上完成底孔加工再通过其他手段攻螺纹。对于外螺纹或 M20 以上的内螺纹，一般采用铣削加工方法。

铣削加工有别于螺纹车削加工，这是因为螺纹数控铣削加工主要是通过机床的三轴联动和螺旋插补加工来实现的，即在二轴作圆弧铣削加工的同时，第三轴作直线进给运动，其轴向的移动距离正好是螺纹的螺距。采用可转位螺纹车刀进行螺纹铣削加工，是单刃铣削加工，故其进刀方式最好采用径向直接进刀切削方式，这样两切削刃同时切削，受力较均匀，能保证螺纹精度，并且数控编程较为简便。

三、镗孔与螺纹孔加工刀具

1. 镗孔刀具

镗孔所用刀具为镗刀。镗刀种类很多，按切削刃数量可分为单刃镗刀和双刃镗刀。

单刃镗（如图 3-102）刀刚性差，切削时易引起振动，所以镗刀的主偏角选得较大，以减小径向力。镗孔径的大小要靠调整刀具的悬伸长度来保证，调整麻烦，效率低，只能用于单件小批生产。但单刃镗刀结构简单，适应性较广，粗、精加工都适用。

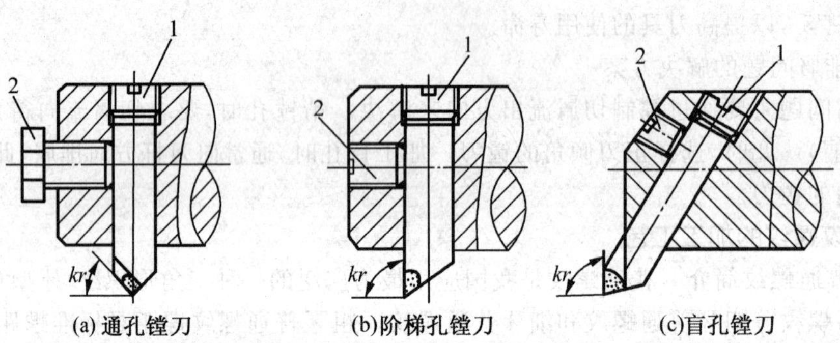

图 3-102　单刃镗刀

1—调节螺钉　2—紧固螺钉

在孔的精镗中，多选用精镗微调镗刀，这种镗刀的径向尺寸可以在一定范围内进行微调，调节方便，且精度高，其结构如图 3-103 所示。

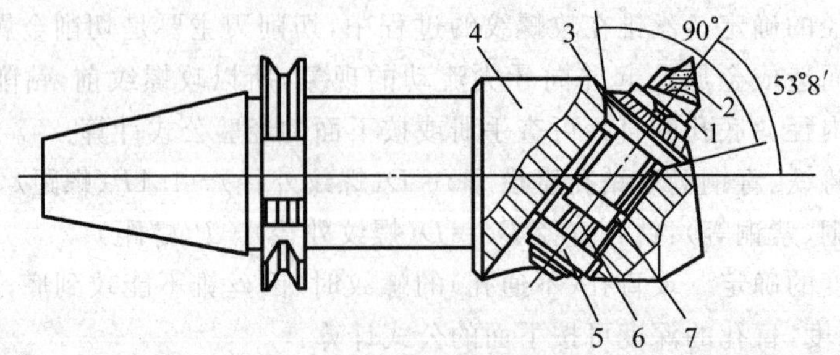

图 3-103　微调镗刀

1—刀体　2—刀片　3—调节螺母　4—刀杆　5—螺母　6—拉紧螺钉　7—导向键

镗削大直径的孔可选用双刃镗刀,如图 3-104。

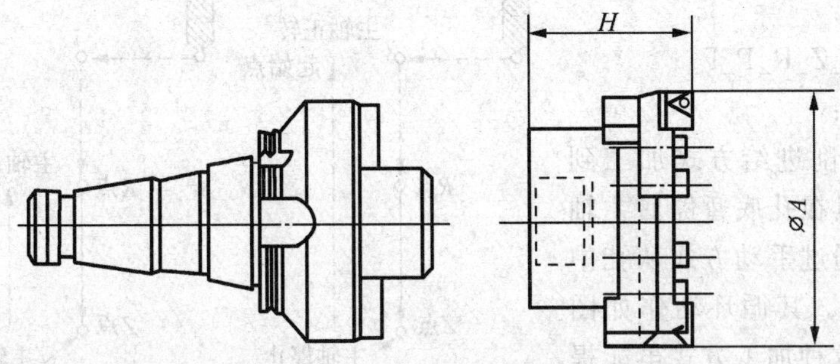

图 3-104 大直径双刃镗刀

2. 螺纹孔加工刀具

(1)丝锥 丝锥是用来加工较小直径内螺纹的成形刀具,一般选用合金工具钢 9SiGr 制成,并经热处理制成。通常 M6～M24 的丝锥一套为两支,称头锥、二锥;M6 以下及 M24 以上一套有三支、即头锥、二锥和三锥。

如图 3-105 所示,丝锥是由工作部分和柄部组成。工作部分是由切削部分和校准部分组成。轴向有几条(一般是三条或四条)容屑槽,相应地形成几瓣刀刃(切削刃)和前角。切削部分(即不完整的牙齿部分)是切削螺纹的重要部分,常磨成圆锥形,以便使切削负荷分配在几个刀齿上。头锥的锥角小些,有 5～7 个牙;二锥的锥角大些,有 3～4 个牙。校准部分具有完整的牙齿,用于修光螺纹和引导丝锥沿轴向运动。柄部有方头,其作用是与铰扛相配合并传递扭矩。

(2)攻螺纹刀柄 刚性攻螺纹中通常使用浮动攻螺纹刀柄,如图 3-106 所示,这种攻螺纹刀柄采用棘轮机构来带动丝锥,当攻螺纹扭矩超过棘轮机构的扭矩时,丝锥在棘轮机构中打滑,从而防止丝锥折断。

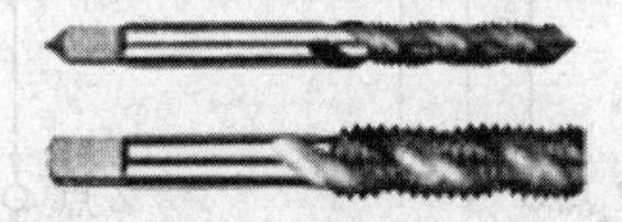

图 3-105 机用丝锥

图 3-106 浮动攻螺纹刀柄

四、固定循环指令Ⅱ

1. 粗镗孔循环指令 G86

指令格式:

G86 X_Y_Z_R_P_F_;

指令说明:

指令的格式与 G81 完全类似,但进给到孔底后,主轴停止,返回到 R 点(G99)或起始点(G98)后主轴再重新启动,其循环动作如图 3-107 所示。采用这种方式加工,如果连续加工的孔间距较小,则可能出现刀具已经定位到下一个孔加工的位置而主轴尚未到达规定的转速的情况,为此可以在各孔动作之间加入暂停指令 G04,以使主轴获得规定的转速。

2. 粗镗孔循环指令 G88

指令格式：

G88 X_Y_Z_R_P_F_;

指令说明：

刀具以切削进给方式加工到孔底，然后刀具在孔底暂停后主轴停转，这时可通过手动方式从孔中安全退出刀具。其循环动作如图 3-108 所示。这种加工方式虽能提高孔的加工精度，但加效率较低。因此，该指令常在单件加工中采用。

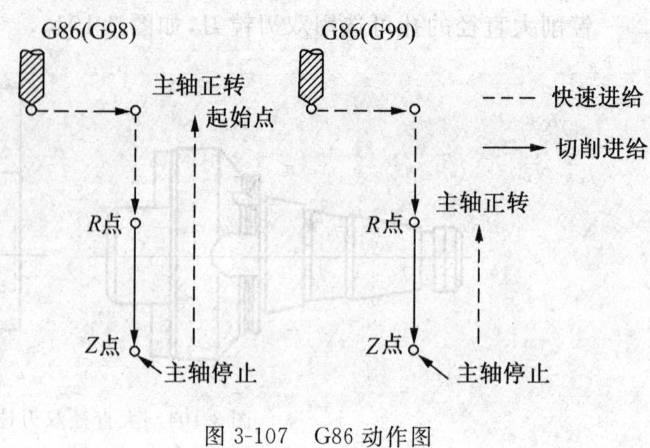

图 3-107　G86 动作图

3. 粗镗孔循环指令 G89

指令格式：

G89 X_Y_Z_R_P_F_;

指令说明：

G89 指令动作与前节介绍的 G85 指令动作类似，不同的是 G89 指令动作在孔底增加了暂停，因此该指令常用于阶梯孔的加工，其循环动作如图 3-109 所示。

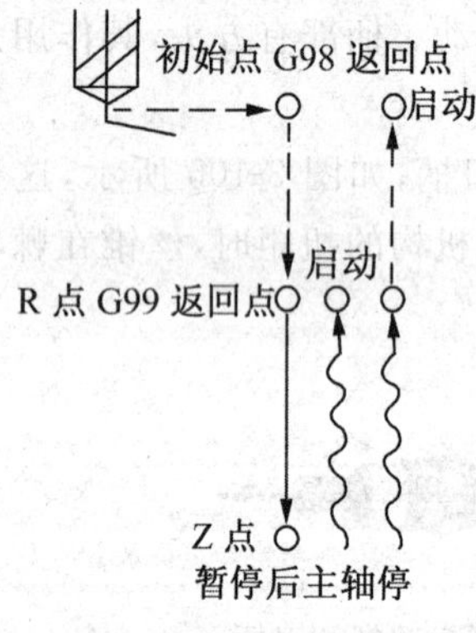

图 3-108　G88 动作图

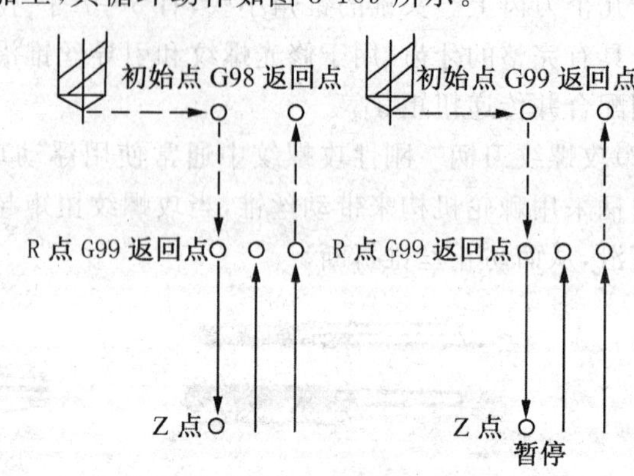

图 3-109　G85 与 G89 动作区别

4. 精镗孔循环指令 G76

指令格式：

G76 X_Y_Z_R_Q_P_F_;

指令说明：

孔加工动作如图 3-110 所示。图中 P 表示在孔底有暂停，OSS 表示主轴准停，Q 表示刀具移动量。采用这种方式镗孔可以保证提刀时不至于划伤内孔表面。执行 G76 指令时，镗刀先快速定位至 X、Y 坐标点，再快速定位到 R 点，接着以 F 指定的进给速度镗孔至 Z 指定的深度后，主轴定向停止，使刀尖指向一固定的方向后，镗刀中心偏移使刀尖离开加工孔面(如图 3-111)，这样镗刀以快速定位退出孔外时，才不至于刮伤孔面。当镗刀退回到 R 点或起始点时，刀具中心即回复原来位置，且主轴恢复转动。

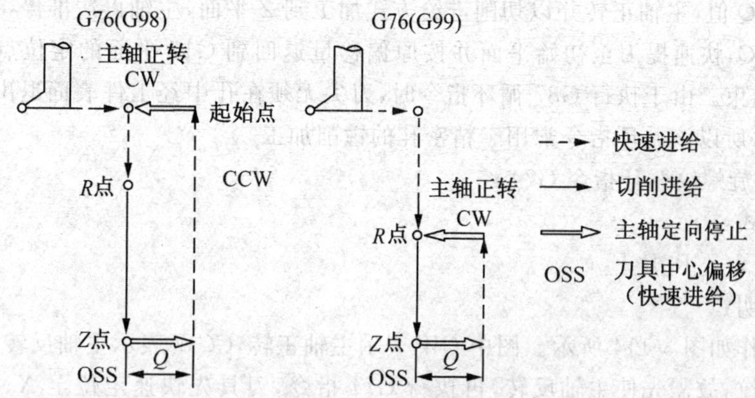

图 3-110 G76 动作图

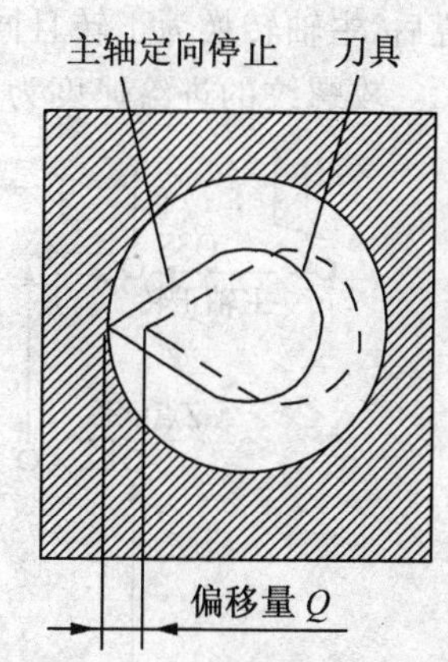

图 3-111 主轴定向停止与偏移

应注意偏移量 Q 值一定是正值,且 Q 不可用小数点方式表示数值,如欲偏移 1.0mm,应写成 Ql000。偏移方向可用参数设定选择 +X,+Y,−X,及 −Y 的任何一个方向,一般设定为 +X 方向。指定 Q 值时不能太大,以避免碰撞工件。

这里要特别指出的是,镗刀在装到主轴上后,一定要在 CRT/MDI 方式下执行 M19 指令使主轴准停后,检查刀尖所处的方向,如图 3-111 所示,若与图中位置相反(相差 180°)时,须重新安装刀具使其按图中的定位方向定位。

【例题】

如图 3-112 所示零件,试用精镗孔循环指令 G76 编写加工程序。

加工程序:

```
O0001;
……
M03S600M08;
G98 G76 X30.0Y25.0Z−15. R5.Q1000 P1000 F60;
X50.0;
G80M09;
G91 G28 Z0;
M30;
```

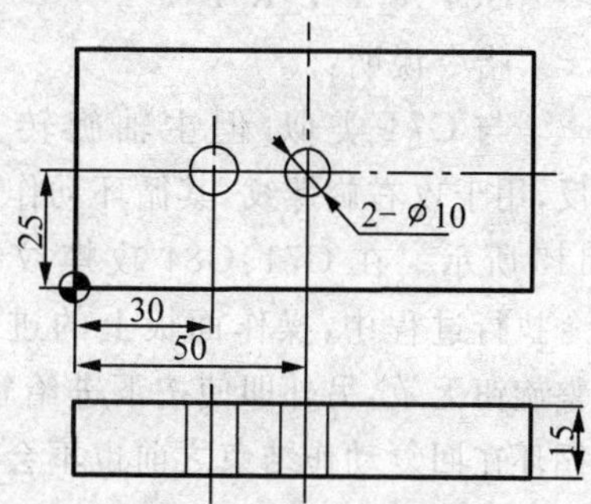

图 3 112 孔板类零件

5. 反镗孔循环指令 G87

指令格式:

G87 X_Y_Z_R_Q_F_

指令说明:

反镗孔动作指令如图 3-113 所示。执行 G87 循环指令时,刀具在 G17 平面内快速定位后,主轴准停,刀具向刀尖相反方向偏移 Q,然后快速移动到孔底(R 点),在这个位置刀具按原偏移量反向

移动相同的 Q 值，主轴正转并以切削进给方式加工到 Z 平面，主轴再次准停，并沿刀尖相反方向偏移 Q，快速提刀至初始平面并按原偏移量返回到 G17 平面的定位点，主轴开始正转，循环结束。由于执行 G87 循环指令时，刀尖无须在孔中经工件表面退出，故加工表面质量较好，所以该循环指令常用于精密孔的镗削加工。

6. 攻左旋螺纹循环指令 G74

指令格式：

G74 X_Y_Z_R_P_F_;

指令说明：

加工动作如图 3-114 所示。图中 CW 表示主轴正转，CCW 表示主轴反转。此指令用于攻左旋螺纹，故需先使主轴反转，再执行 G74 指令，刀具先快速定位至 X、Y 所指定的坐标位置，再快速定位到 R 点，接着以 F 所指定的进给速度攻螺纹至 Z 所指定的坐标位置后，主轴转换为正转且同时向 Z 轴正方向退回至 R，退至 R 点后主轴恢复原来的反转。

攻螺纹的进给速度为：V_F(mm/min)＝螺纹导程 P(mm)×主轴转速 n(r/mm)。

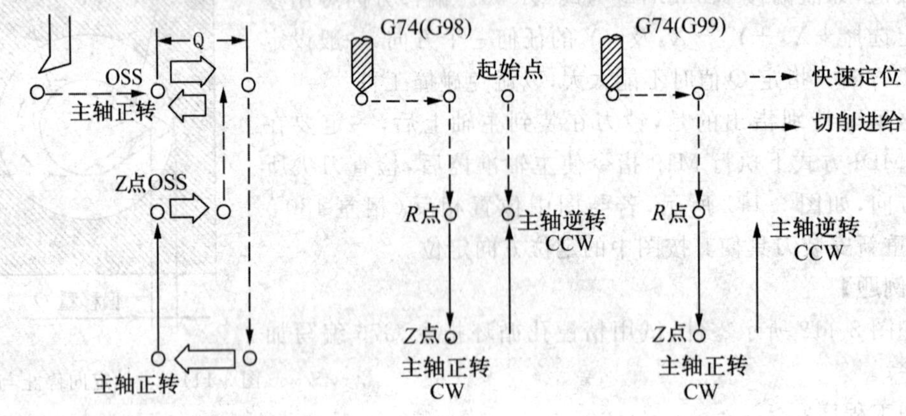

图 3-113　G87 动作图　　　图 3-114　G74 动作图

7. 攻右旋螺纹循环指令 G84

指令格式：

G84 X_Y_Z_R_P_F_;

指令说明：

与 G74 类似，但主轴旋转方向相反，用于攻右旋螺纹，其循环动作如图 3-115 所示。在 G74、G84 攻螺纹循环指令执行过程中，操作面板上的进给率调整旋钮无效，另外即使按下进给暂停键，循环在回复动作结束之前也不会停止。

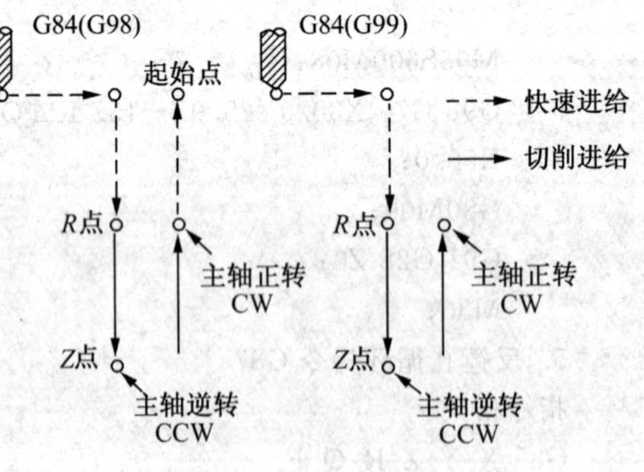

图 3-115　G84 动作图

【例题】如图 3-116 所示，试用攻螺纹循环指令编写 2－M10×1.5 螺纹通孔的加工程序。

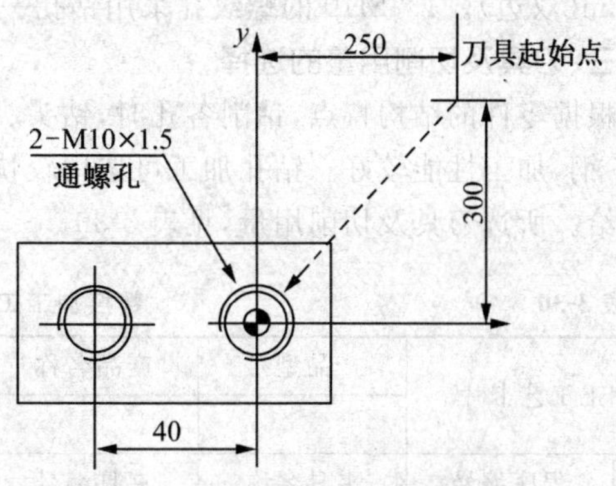

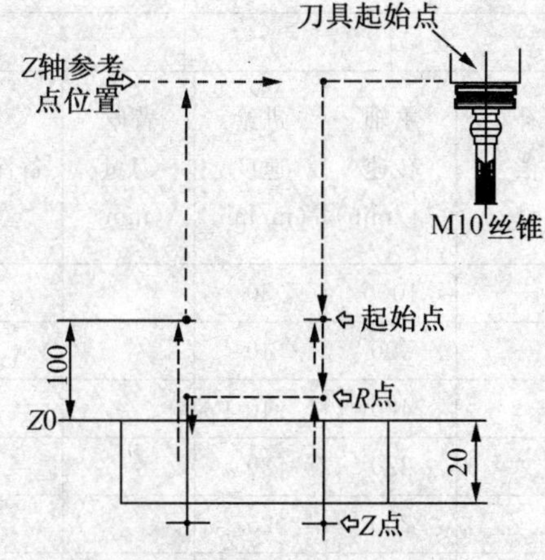

Z 轴方向走刀路线

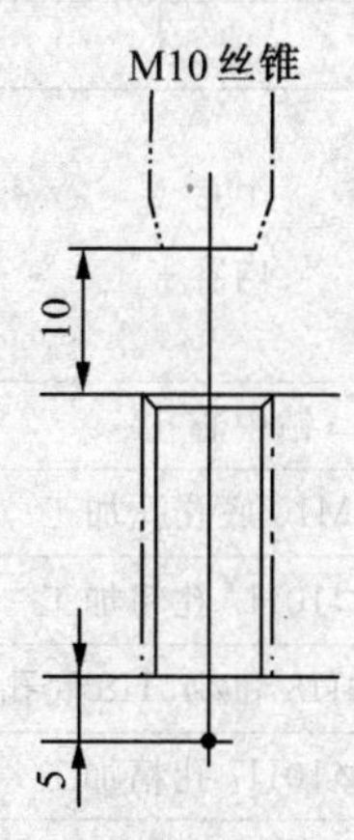

刀具的R点与Z点位置

图 3-116 攻螺纹指令示例

```
O0006;
……
M03 S100 M09;
G99 G84 X0 Y0 Z-25.0 R10.0 F500;    (孔 1 攻螺纹,刀具返回 R 点)
G98 X-40.0;                          (孔 2 攻螺纹,刀具返回起始点)
G80 G00 X250.0 Y300.0;               (取消攻螺纹循环,回起始位置)
G91 G28 Z0;                          (Z 轴回参考点)
```

任务实施

一、零件图工艺分析

此零件图纸标注齐全,分析图样可知:2×⌀10 为定位孔,4×M10 为连接用的螺纹孔,⌀30H8 和⌀45H8 为要使用的孔,精度要求较高。零件材料为 45 钢,切削加工性能较好。

二、确定加工顺序及进给路线,

加工顺序的拟定按照基面先行、先粗后精的原则确定。因此应先加工用作定位基准的各中心孔,然后再加工各孔到要求的尺寸。其中 2×⌀10H7 的孔采用钻孔—铰孔方案加工,⌀30H8 和⌀45H8 孔采用钻孔—扩孔—粗镗孔—精镗孔的加工方案,精镗孔余量取

0.3mm(双边)。4×M10 的螺纹孔采用钻孔—攻螺纹的加工方案。

三、刀具及切削用量的选择

根据零件的结构特点,钻削各孔时,钻头、铰刀、镗刀杆直径受孔尺寸限制,零件材料为 45 钢,加工性能较好。钻孔加工可选用较快的进给,精加工铰孔时可选用铰刀用较慢的进给。所选刀具及切削用量,见表 3-30。

表 3-30 数控加工工序卡片

加工工艺卡片		产品型号	产品名称	零件名称	材料	零件图号
				垫板	45 钢	
	程序编号	夹具名称	夹具编号	使用设备	实习场地	备注

工步号	工步内容	刀具号	刀具规格	补偿号	主轴转速/(r/min)	进给速度/(m/min)	背吃刀量(mm)	备注
1	钻中心孔	T01	Ø3 中心钻	—	1000	30		
2	4×M10 底孔孔加工	T02	Ø8.5 钻头	—	500	40		
3	2×Ø10H7 孔粗加工	T03	Ø9.8 钻头	—	400	40		
4	钻Ø30H8 和Ø45H8 底孔	T04	Ø28 钻头		220	30		
5	2×Ø10H7 孔精加工	T05	Ø10 铰刀	—	250	25		
6	粗镗孔Ø30H8	T06	镗刀		800	50		
7	粗镗孔Ø45H8	T07	镗刀		800	50		
8	精镗孔Ø30H8	T08	镗刀		128	10		
9	精镗孔Ø45H8	T09	镗刀		128	10		
10	攻 4×M10 螺纹	T10	M10 丝锥	—	200			
	审核			共 页			第 页	

四、参考程序(部分)

加工程序见表 3-31。

表 3-31

程序号	加工程序	程序说明
	00010;	镗孔精加工程序(精镗刀)
N10	G90 G94 G80 G21 G17 G54;	
N20	G91 G28 Z0;	
N30	G90 G00 Z50.0;	初始平面
N40	S800 M03 M08;	精镗孔时,选择较高的转速
N50	G76 X0 Y0 Z−15.0 R5.0 Q1000 P1000 F60;	加工Ø45mm 台阶孔,采用 G76 指令

续表

N100	G80 M09；	取消固定循环
N110	G91 G28 Z0；	
N120	M30；	
	攻螺纹程序	
	O0050	(M10 丝锥)
N10	G90 G94 G80 G21 G17 G54；	仍为 G94 格式
N20	G91 G28 Z0；	
N30	G90 G00 Z50.0；	
N40	M03 S200 M08；	攻螺纹取较小转速
N50	G99 G84 X－28.28 Y－28.28 Z－20.0 R5.0 F1.5；	螺状纹导入量为 5mm，导出量为 5mm
N60	X28.28；	依法加工 4 个螺纹孔
N70	Y28.28；	
N80	G98 X－28.28	
N90	G80 M09；	
	……	

五、镗孔尺寸的控制

1. 粗镗孔尺寸的控制

孔径尺寸的控制通过调整镗刀刀尖位置来进行。粗镗刀刀尖位置的调整。一般采用敲刀法来实现，敲出的量大多凭手感经验来控制，也有借助百分表来控制敲出量的. 如图 3-117 所示。采用以上方法控制镗削孔尺寸时，常通过试切法来获得准确的孔径。试切时。先在孔口镗深 1～2mm，经测量检查。认为尺寸符合要求后再正式镗孔。

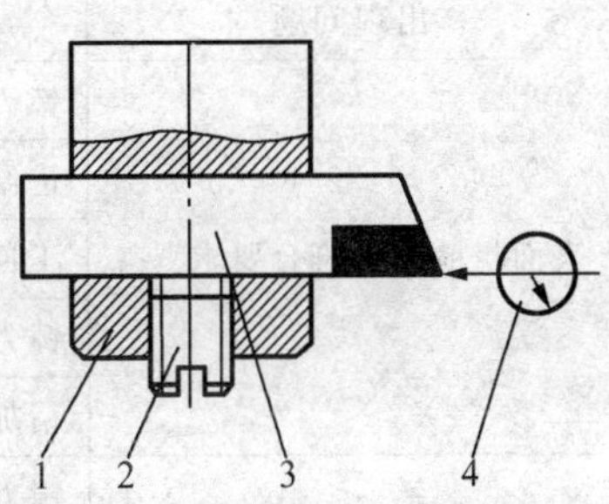

图 3-117 用百分表控制敲出量
1—镗刀杆 2—紧固螺钉
3—镗刀头 4—百分表

2. 精镗孔尺寸的控制

精镗孔尺寸控制通常采用如下两种方法来控制：一种是试切削调整法，先用粗调好的精镗刀在孔口试切，根据试切后的尺寸调节带刻度的螺母，然后进行精镗。第二种方法是机外调整法，将精镗刀在机外对刀仪上对刀并调整至要求尺寸，再将精镗刀装人主轴进行加工。

3. 镗孔及螺纹测量和误差分析

(1)镗孔精度的测量 镗孔精度测量请参阅模块三任务一的相关内容。

(2)螺纹的测量 螺纹的主要测量参数有螺距、大径、小径和中径尺寸。

①大、小径的测量 外螺纹大径和内螺纹小径的公差一般较大，可用游标卡尺或千分尺测量。

②螺距的测量 螺距一般可用钢直尺或螺距规测量。由于普通螺纹的螺距一般较小，所以采用钢直尺测量时，最好测量 10 个螺距的长度，然后除以 10，就得出一个较正确

的螺距尺寸。

③中径的测量　对精度较高的普通螺纹，可用外螺纹千分尺直接测量，如图 3-118 所示，所测得的千分尺的读数就是该螺纹中径的实际尺寸。

④综合测量　综合测量是指用螺纹塞规或螺纹环规（图 3-119）综合检查内、外普通螺纹是否合格。使用螺纹塞规和螺纹环规对，应按其对应的公差等级进行选择。

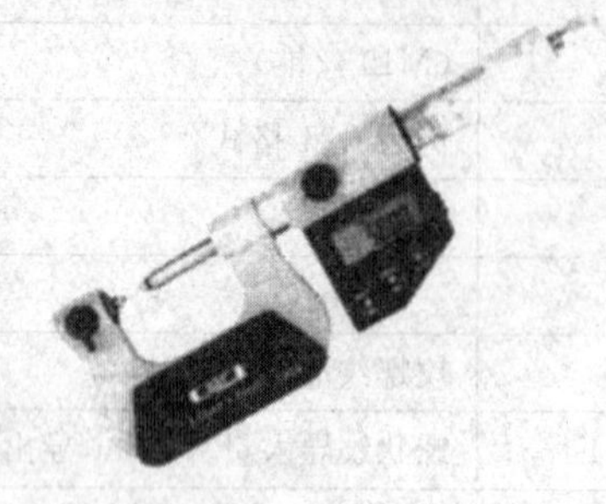

图 3-118　外螺纹千分尺

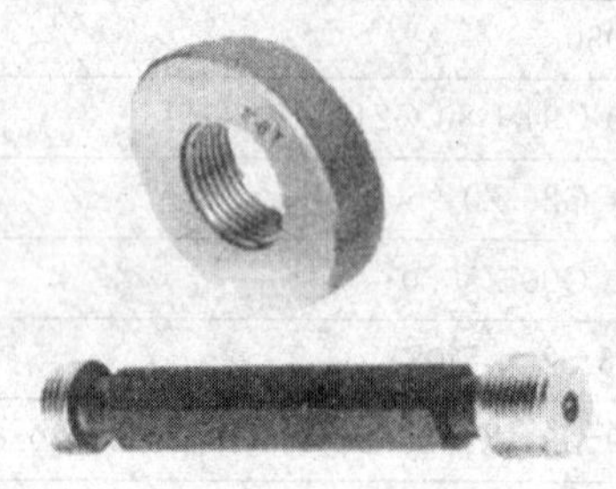

图 3-119　螺纹塞规与螺纹环规

（3）镗孔误差分析

镗孔误差分析见表 3-32。

表 3-32　　镗孔误差分析表

出现问题	产生原因
表面粗糙度不符合要求	镗刀刀尖角或刀尖圆弧太小
	进给量过大或切削液使用不当
	工件装夹不牢固，加工过程中工件松动或振动
	镗刀刀杆刚性差，加工过程中产生振动
	精加工时采用不合适的镗孔固定循环指令，进、退刀时划伤工件表面
孔径超差或孔呈锥形	镗刀回转半径调整不当，与所加工孔直径不符
	测量不正确
	镗刀在加工过程中磨损
	镗刀刚性不足，镗刀偏让
	镗刀刀头锁紧不牢固
孔轴线与基准面不垂直	工件装夹与找正不正确
	工件定位基准选择不当

（4）攻螺纹误差分析

攻螺纹误差分析见表 3-33

表 3-33 攻螺纹误差分析表

出现问题	产生原因
螺纹乱牙或滑牙	丝锥夹紧不牢固,造成乱牙
	攻不通孔螺纹时,固定循环中的孔底平面选择过深
	切屑堵塞,没有及时清理
	固定循环程序选择不合理
丝锥折断	底孔直径太小
	底孔中心与攻螺纹主轴中心不重合
	攻螺纹夹头选择不合理,没有选择浮动夹头
尺寸不正确或螺纹不完整	丝锥磨损
	底孔直径太大,造成螺纹不完整
表面粗糙度不符合要求	转速太快,导致进给速度太快
	切削液选择不当或使用不合理
	切屑堵塞,没有及时清理
	丝锥磨损

配分权重

加工如图 3-101 所示零件,成绩评分标准见表 3-34。

表 3-34 镗孔与攻螺纹配分权重表

工作编号 项目与权重	序号	技术要求	配分	总得分 评分标准	检测记录	得分
加工操作(45%)	1	尺寸精度符合要求	20	不合格每处扣 4 分		
	2	形状精度符合要求	10	不合格每处扣 4 分		
	3	位置精度符合要求	5	不合格每处扣 2 分		
	4	表面粗糙度符合要求	10	不合格每处扣 2 分		
程序与工艺(40%)	5	程序格式规范	5	不规范每处扣 2 分		
	6	螺纹与镗孔程序正确	15	出错每处扣 5 分		
	7	切削用量参数正确	5	不合理每处扣 2 分		
	8	刀具选择正确	5	不正确全扣		
	9	精度测量与误差分析正确	10	出错每次扣 2 分		
机床操作(15%)	10	粗、精镗刀的调整方法正确	5	不正确全扣		
	11	机床操作正确、规范	5	出错每次扣 2—5 分		
	12	对刀正确	5	不正确全扣		
文明生产	13	安全操作	倒扣	出错每次倒扣 2—10 分		
	14	工作场所整理		不合格倒扣 2—10 分		

思考与练习

1. 什么是初始平面、R 点平面和孔底平面？如何定义这几个平面的 Z 向高度？
2. G81 和 G82 指令的功能是什么？有什么区别。
3. 如何确定攻螺纹时底孔直径？
4. 什么是刀具长度补偿？在什么情况下使用刀具长度补偿功能？
5. 如下图所示，利用钻孔循环指令钻孔深度 20mm，编写、调试程序并加工。

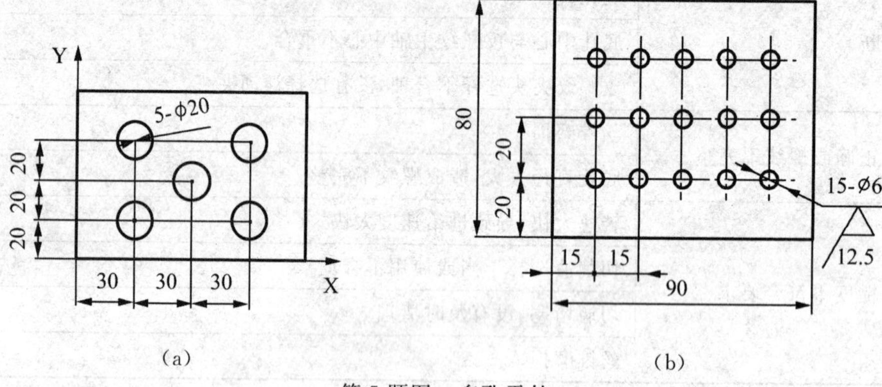

第 5 题图　多孔零件

6. 在数控机床上下图所示零件，钻孔时快进行程 20mm，对刀点在 A 点，主轴转速选择 S30，进给速度选择 F120，根据孔径选用Ø8mm 的钻头，由于其长度磨损需要长度补偿，补偿量 $b=-3$mm，刀补号为 H01。补偿号 H00 的补偿量为 0，可以用作撤销刀补，试编写加工程序单。

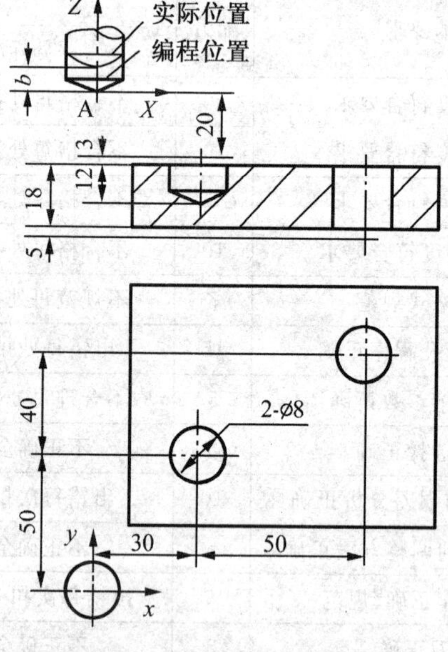

第 6 题图　孔加工零件

7. 如下图所示,钻铰孔加工在数控铣床上进行,请编制数控加工程序。要求零件各孔加工按下列工序加工:钻Ø3.15mm 深 4mm 的中心孔——钻Ø19.8mm 的通孔——铰Ø20mm 的通孔。

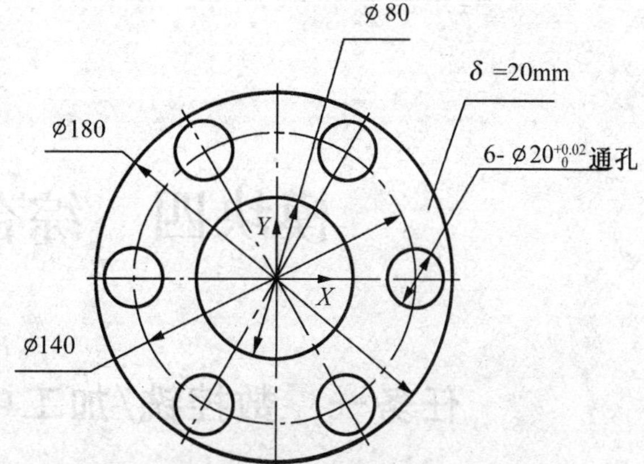

第 7 题图　多孔零件

8. 试用 FANUC 系统编程指令编制端盖零件的孔加工程序,如下图所示。毛坯材料为材料为 45 钢。

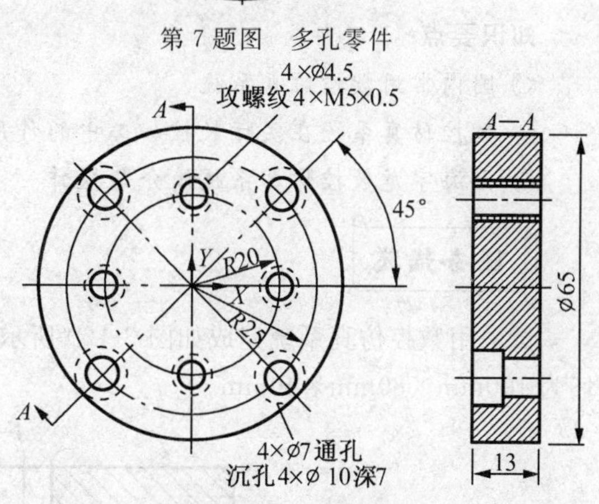

第 8 题图　多孔零件

9. 试在数控铣床上完成如下图所示泵盖零件工艺孔、沉孔及定位销孔、螺纹孔的加工。毛坯材料为 45 钢。(已知毛坯尺寸为 170mm×110mm×60mm ,在加前,其余轮廓均已加工完成)。

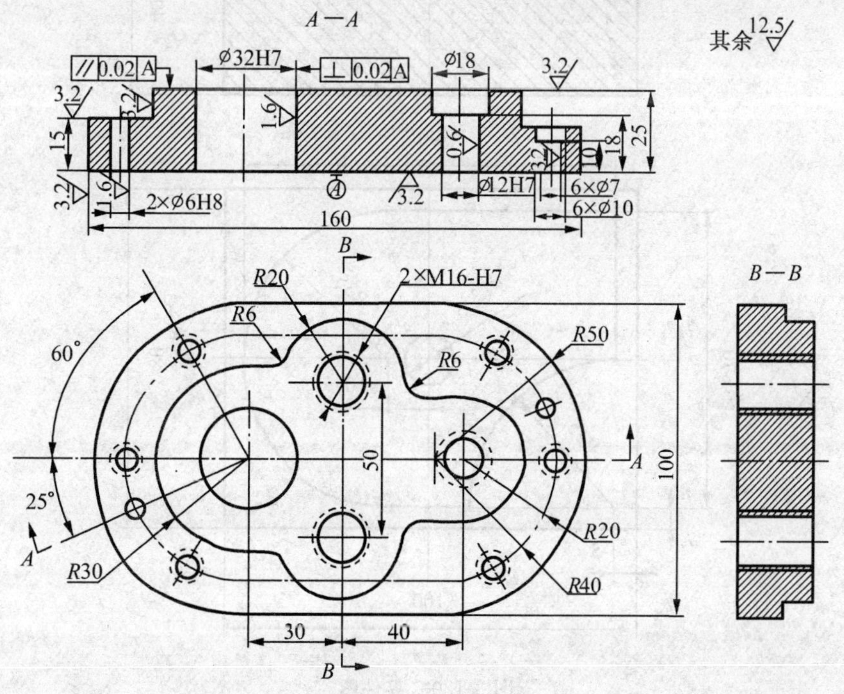

第 9 题图　综合练习零件

模块四　综合训练一

任务一　数控铣/加工中心综合训练(一)

知识要点

◎ 国内常用数控仿真系统

◎ 数控仿真系统在实际数控加工中的作用

◎ 上海宇龙数控仿真系统简介与操作

任务描述

试采用数控仿真系统完成如图 3-120 所示零件的仿真加工。零件的材料为 45 钢，毛坯为 100mm×80mm×40mm。

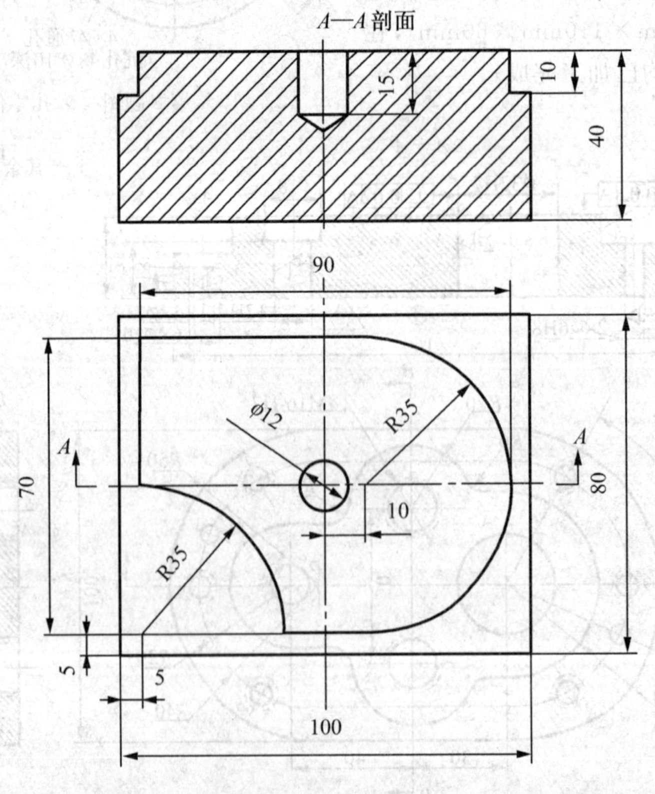

图 3-120　零件图

任务分析

该零件为平面凸轮廓类零件,结构简单,编写加工工艺及数控加工程序。通过仿真软件检验零件加工工艺及数控加工程序。

知识链接

一、国内常用数控仿真系统

数控加工仿真系统的软件形式很多,国外的软件所能适应的数控系统和数控机床不多,不适合中国国情,国内的目前比较常见的有天傲 TNS-Ver 2.0、北京斐克 VNUC、南京宇航、浙大辰光、上海宇龙,广州超软等数控仿真软件。

1. 南京宇航数控加工仿真系统的教学软件

是国家"863"计划课题项目之一,由中国南京宇航自动化技术研究所于 1995 年推入市场。中国南京宇航自动化技术研究所由南京东南大学、南京航空航大学联合组建,结合机床厂家实际加工制造经验,开发 FANUC、SIEMENS、三菱数控系统、广州数控系统、华中数控系统、北京凯恩帝等车、铣及加工中心模拟仿真教学软件,以及数控系统元器件装配仿真软件。通过该软件既可以使学生达到实物操作训练的目的,又可大大减少昂贵的设备投入。是一种富有价值的教学辅助工具。CNC 系统增至为 7 大系列,26 个系统,55 个控制面板(国内知名的机床厂家)。

2. 北京斐克科技有限公司的数控加工仿真系统的教学软件

(1)由劳动和社会保障部评审认定,是权威性最高的数控加工仿真软件。

(2)全国数控技能大赛唯一指定软件、国家高技能人才培训工程推荐使用软件。

(3)优秀的三维图形软件技术人员与经验丰富的数控专家鼎立之作。

(4)唯一集成了劳动部认可的数控技能培训远程教学与考试系统的数控仿真加工软件,与职业技能培训紧密结合。

(5)由国内外数控设备厂商、数控机床厂家共同协助开发、测试、评估。

3. 上海宇龙软件工程有限公司的《数控加工仿真系统》

它是一个应用虚拟现实技术于数控加工操作技能培训和考核的仿真软件。该软件经历了五年多时间、三十多万人的大量使用,已经成为较成熟的数控仿真软件。

它们都可以实现对数控车床、数控铣床和数控加工中心加工零件全过程的仿真,其中包括毛坯定义、夹具刀具定义与选用,零件基准测量和设置,数控程序输入、编辑和调试,对刀和操作面板的训练,具有多系统、多机床、多零件的加工仿真模拟功能。操作的安全性很高,不会因为学生的错误操作而造成人身伤害,更不会损坏机床;不需要原材料,投入资金少,占地小,不会造成资源的浪费;利用网络可以搭建交流的平台,为师生的交互提供了方便等。根据本校的具体情况选购不同的软件。

二、数控仿真系统在实际数控加工中的作用

数控加工仿真系统是结合机床厂家实际加工制造经验与高校(含职业技术学院、中等专业学校、技工学校和职业学校)教学训练一体所开发的一种机床控制虚拟仿真系统软件。它可以对数控机床进行仿真操作,尤其适于初学者的入门过程。通过该软件可以使

学生达到实物操作训练的目的，并且安全可靠。

1. 利用数控仿真软件可以弥补设备的不足

由于大部分的实训活动可以在仿真系统中实现，使用仿真软件将大大减少在数控机床设备上的资金投入，同时使学生的实际上机时间大大增加，从而可以加快对学生的培训速度。由于使用仿真软件，也大大减少工件材料和能源的消耗，从而可以降低培训成本。

2. 提供了多种机床和多种系统

当前数控机床的种类和系统厂家众多，数控仿真软件提供了基本涵盖当今我国数控加工中常见的数控机床和主流的数控系统，教学时可根据需要选择相应的机床和系统对学生进行授课，提高学生对不同数控系统及不同数控机床的适应能力，使学生到了工厂后能在最短的时间内融入到生产当中。

3. 安全性高，便于学生学习

由于数控加工仿真系统不存在安全问题，不会因为学生的错误操作而损坏机床，更不会造成人身伤害，学生可以大胆地、独立地进行学习和练习。软件中不仅具有对学生编制的数控程序进行自动检测、具体指出错误原因的功能，还具有在真实设备上无法实现的三维测量功能。这些功能使得学生可以进行自我学习，自我检测加工零件几何形状的精度。

4. 方便教师授课

实习教学中，如果教师仅仅在课堂上讲解，学生会难以理解，所以较多的授课内容是需要教师进行示范的，教师在机床上对学生进行示范时，很难保证所有的学生能够听清、看清，教学效果往往不太理想。而数控加工仿真软件的互动教学功能使得教师可以以广播的方式在每个学生的屏幕上演示其教学内容，使所有的学生均能清楚地观看并进行模仿，同时教师也可以在自己屏幕上看到每个学生的操作情况，实时了解教学情况并对学生进行指导。

5. 可在计算机上完成所编程序的检验，减少实际操作出错的概率

在实际操作时，我们一般利用机床的图形模拟校验功能来检验程序的正确性，每个学生占用机床时间较长，同时，由于图形模拟也只能观看零件的大致轮廓，对于程序中的一些细小处的错误判断不出。所以在实际操作前，学生可以在数控仿真软件上输入程序，将校验的步骤放在计算机上完成，观察零件的加工情况，最后将正确的程序通过键盘或数据传输方式输入到数控机床中，这样既可节省时间，又提高了加工中的安全性。

任务实施

一、数控仿真系统基本功能

1. 进入数控仿真系统

(1)鼠标左键点击“开始”按钮，在“程序”目录中弹出“数控加工仿真系统”的子目录，在接着弹出的下级子目录中点击“数控加工仿真系统”，如图 3-121 所示。

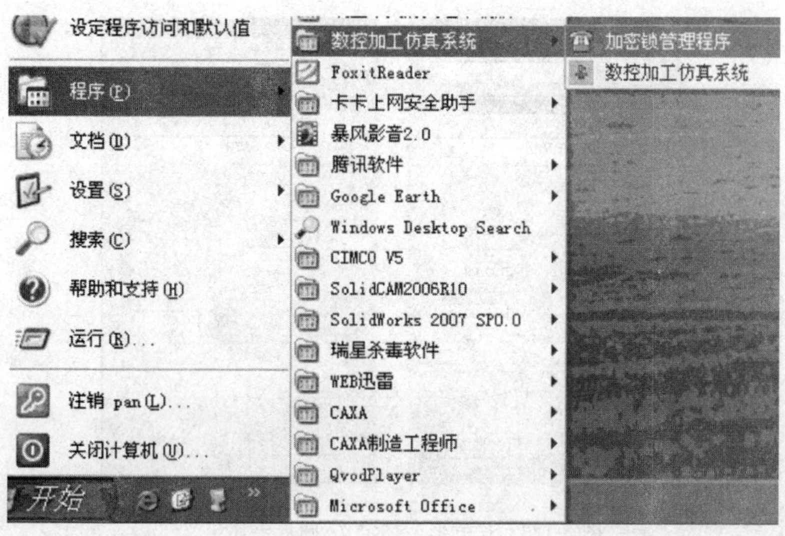

图 3-121 数控加工仿真系统

(2)系统弹出"用户登录"界面，点击"快速登录"按钮或输入用户名和密码，再点击"登录"按钮，进入数控加工仿真系统。

2. 选择机床类型

打开菜单"机床/选择机床"或单击 ，在选择机床对话框中选择控制系统类型和相应的机床并按确定按钮，此时界面如图 3-122 所示。

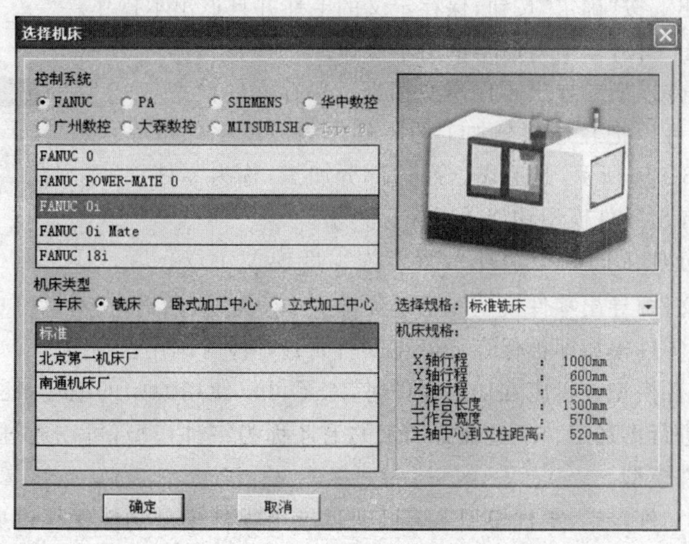

图 3-122 选择机床对话框

3. 工件的使用

(1)定义毛坯　打开菜单"零件/定义毛坯"或在工具条上选择" "，系统打开图 3-123 所示对话框。

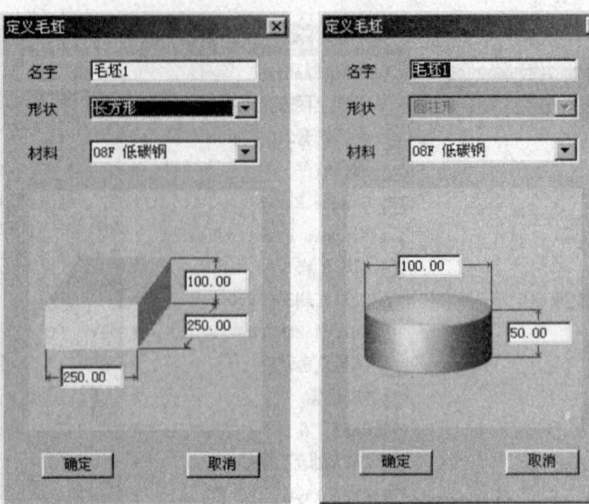

图 3-123　长方形毛坯定义、圆形毛坯定义

①名字输入　在毛坯名字输入框内输入毛坯名，也可使用缺省值。

②选择毛坯形状　铣床、加工中心有两种形状的毛坯供选择：长方形毛坯和圆柱形毛坯。可以在“形状”下拉列表中选择毛坯形状。

③选择毛坯材料　毛坯材料列表框中提供了多种供加工的毛坯材料，可根据需要在“材料”下拉列表中选择毛坯材料。

④参数输入　尺寸输入框用于输入尺寸，单位：毫米。

⑤保存退出　按“确定”按钮，保存定义的毛坯并且退出本操作。

⑥取消退出　按“取消”按钮，退出本操作。

(2)导出零件模型　导出零件模型相当于保存零件模型，利用这个功能，可以把经过部分加工的零件作为成型毛坯予以存放。如图 3-124 所示，此毛坯已经过部分加工，称为零件模型。可通过导出零件模型功能予以保存。

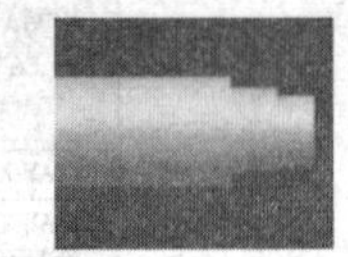

图 3-124　导出零件模型

若经过部分加工的成型毛坯希望作为零件模型予以保存，打开菜单“文件/导出零件模型”，系统弹出“另存为”对话框，在对话框中输入文件名，按保存按钮，此零件模型即被保存。可在以后放置零件时调用。

(3)导入零件模型　机床在加工零件时，除了可以使用原始的毛坯，还可以对经过部分加工的毛坯进行再加工。经过部分加工的毛坯称为零件模型，可以通过导入零件模型的功能调用零件模型。

打开菜单“文件/导入零件模型”，若已通过导出零件模型功能保存过成型毛坯，则系统将弹出“打开”对话框，在此对话框中选择并且打开所需的后缀名为“PRT”的零件文件，则选中的零件模型被放置在工作台面上。此类文件为已通过“文件/导出零件模型”所保存的成型毛坯。

(4)使用夹具

①打开菜单“零件/安装夹具”命令或者在工具条上选择图标，打开操作对话框。

②在“选择零件”列表框中选择毛坯。在“选择夹具”列表框中间选夹具，长方体零件

可以使用工艺板或者平口钳,圆柱形零件可以选择工艺板或者卡盘。如图 3-125 所示。

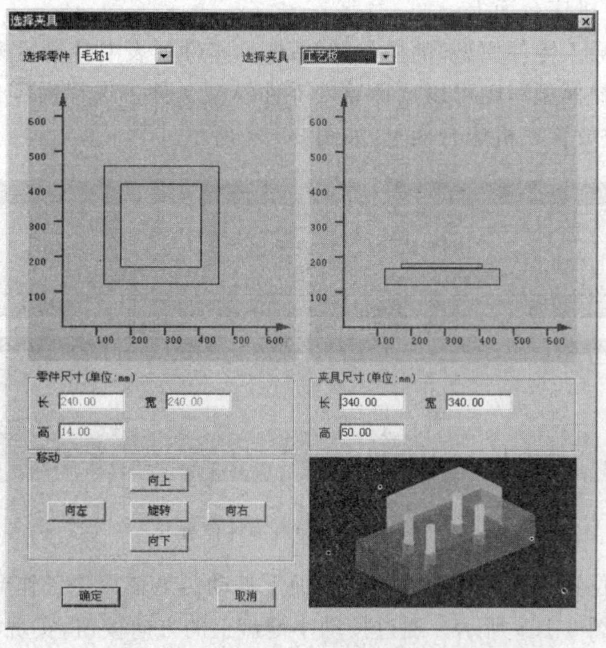

图 3-125　定义夹具列表框

夹具尺寸:成组控件内的文本框仅供用户修改工艺板的尺寸。

移动:成组控件内的按钮供调整毛坯在夹具上的位置。

铣床和加工中心可以不使用夹具。

(5)放置零件

①打开菜单"零件/放置零件"命令或者在工具条上选择图标 系统弹出操作对话框。如图 3-126 所示。

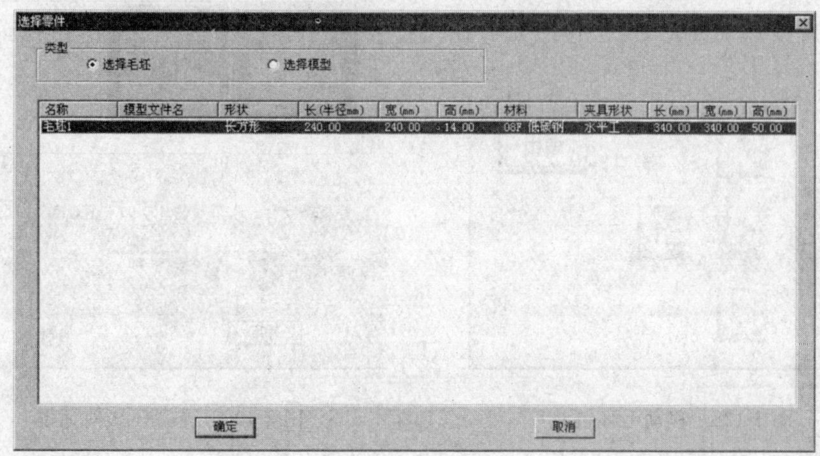

图 3-126　选择零件对话框

②在列表中点击所需的零件,选中的零件信息加亮显示,按下"确定"按钮,系统自动关闭对话框,零件和夹具(如果已经选择了夹具)将被放到机床上。对于卧式加工中心还

可以在上述对话框中选择是否使用角尺板。如果选择了使用角尺板，那么在放置零件时，角尺板同时出现在机床台面上。

③如果经过“导入零件模型”的操作，对话框的零件列表中会显示模型文件名，若在类型列表中选择“选择模型”，则可以选择导入零件模型文件。选择后零件模型即经过部分加工的成型毛坯被放置在机床台面上，如图 3-127 所示。

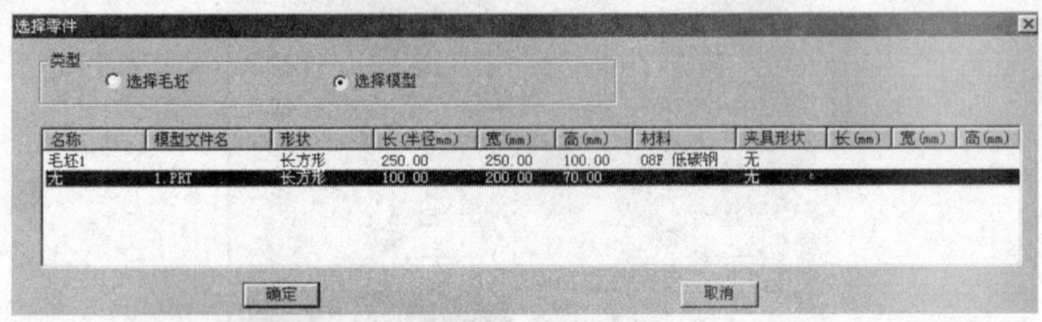

图 3-127　导入零件模型

(6)调整零件位置　零件可以在工作台面上移动。毛坯放上工作台后，系统将自动弹出一个小键盘，如图 3-128 所示。通过按动小键盘上的方向按钮，实现零件的平移和旋转或车床零件调头。小键盘上的“退出”按钮用于关闭小键盘。选择菜单“零件/移动零件”也可以打开小键盘。

(7)使用压板　当使用工艺板或者不使用夹具时，可以使用压板。

①安装压板　打开菜单“零件/安装压板”。系统打开“选择压板”对话框。图 3-129 对话框中列出各种安装方案，拉动滚动条，可以浏览全部可能方案。选择所需要的安装方案，按下“确定”以后，压板将出现在台面上。

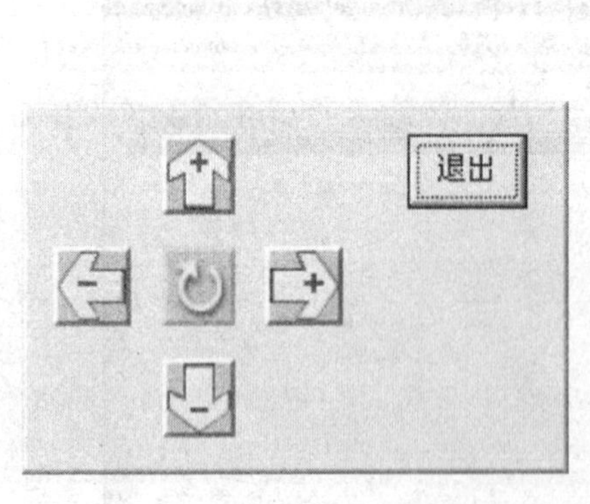

图 3-128　移动毛坯键盘

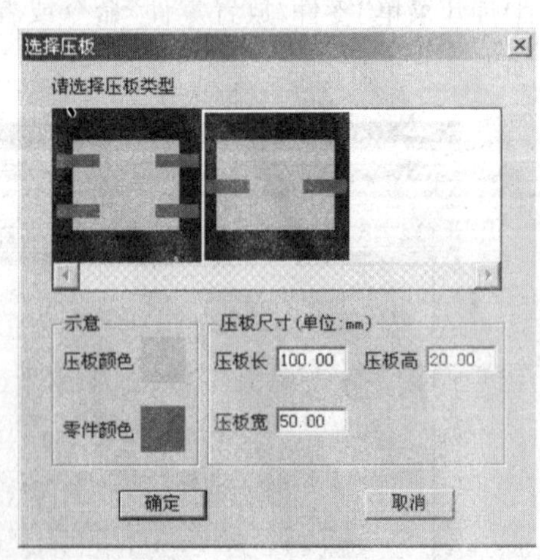

图 3-129　选择压板对话框

在“压板尺寸”中可更改压板长、高、宽。范围：长 30～100；高 10～20；宽 10～50。

②移动压板　打开菜单“零件/移动压板”。系统弹出小键盘，操作者可以根据需要平移压板，(但是不能旋转压板)。首先用鼠标选择需移动的压板，被选中的压板颜色变成

灰色;然后按动小键盘中的方向按钮操纵压板移动。移动压板时被选中的压板颜色变成灰色,如图 3-130 所示。

图 3-130 修改压板

③拆除压板

打开菜单“零件/拆除压板”,可拆除压板。

4. 选择刀具

打开菜单“机床/选择刀具”或者在工具条中选择“ ”,系统弹出刀具选择对话框。

(1)按条件列出工具清单

①在“所需刀具直径”输入框内输入直径,如果不把直径作为筛选条件,请输入数字“0”。

②在“所需刀具类型”选择列表中选择刀具类型。可供选择的刀具类型有平底刀,平底带 R 刀,球头刀,钻头,镗刀等。

③按下“确定”,符合条件的刀具在“可选刀具”列表中显示。

(2)指定序号 在对话框的下半部中指定序号(图 3-131)。这个序号就是刀库中的刀位号。卧式加工中心允许同时选择 20 把刀具;立式加工中心允许同时选择 24 把刀具。铣床只有一个刀位。

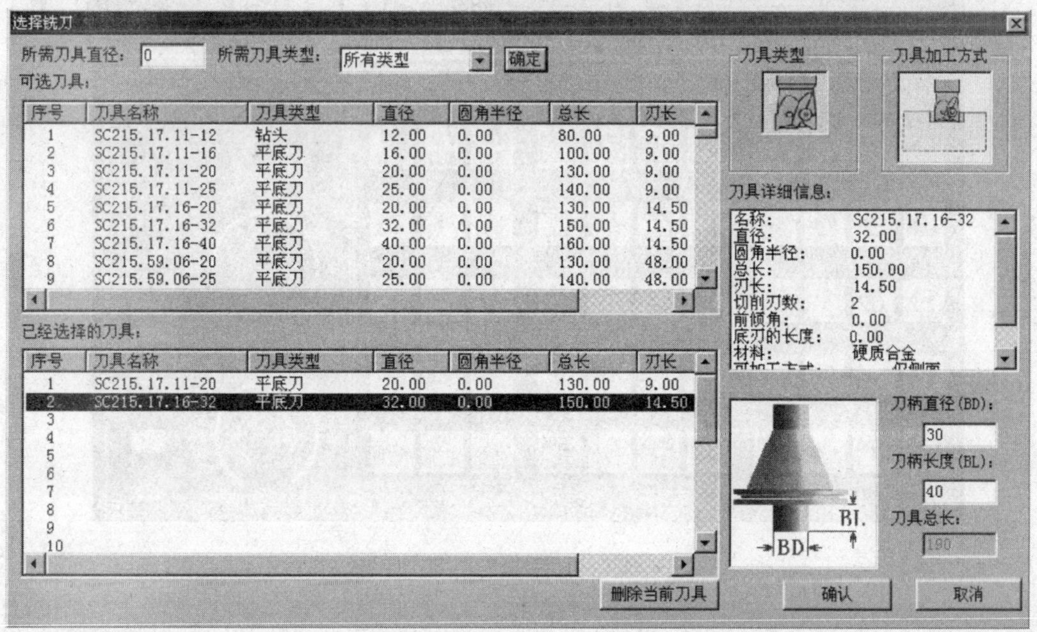

图 3-131 加工中心指定刀位号

(3)选择需要的刀具　先用鼠标点击“已经选择刀具”列表中的刀位号，再用鼠标点击“可选刀具”列表中所需的刀具，选中的刀具对应显示在“已经选择刀具”列表中选中的刀位号所在行，按下“确定”完成刀具选择。

(4)输入刀柄参数　操作者可以按需要输入刀柄参数。参数有直径和长度两个。总长度是刀柄长度与刀具长度之和。

(5)删除当前刀具　按“删除当前刀具”键可删除此时“已选择的刀具”列表中光标停留的刀具。

(6)确认选刀　选择完刀具，按“确认”键完成选刀。或者按“取消”键退出选刀操作。

立式加工中心的刀具全部在刀库中；卧式加工中心装载刀位号最小的刀具，其余刀具放在刀架上，通过程序调用；铣床的刀具装在主轴上。

二、机床台面操作

1. 操作面板简介

(1)FUNAC 0i 的操作面板如图 3-132 所示。

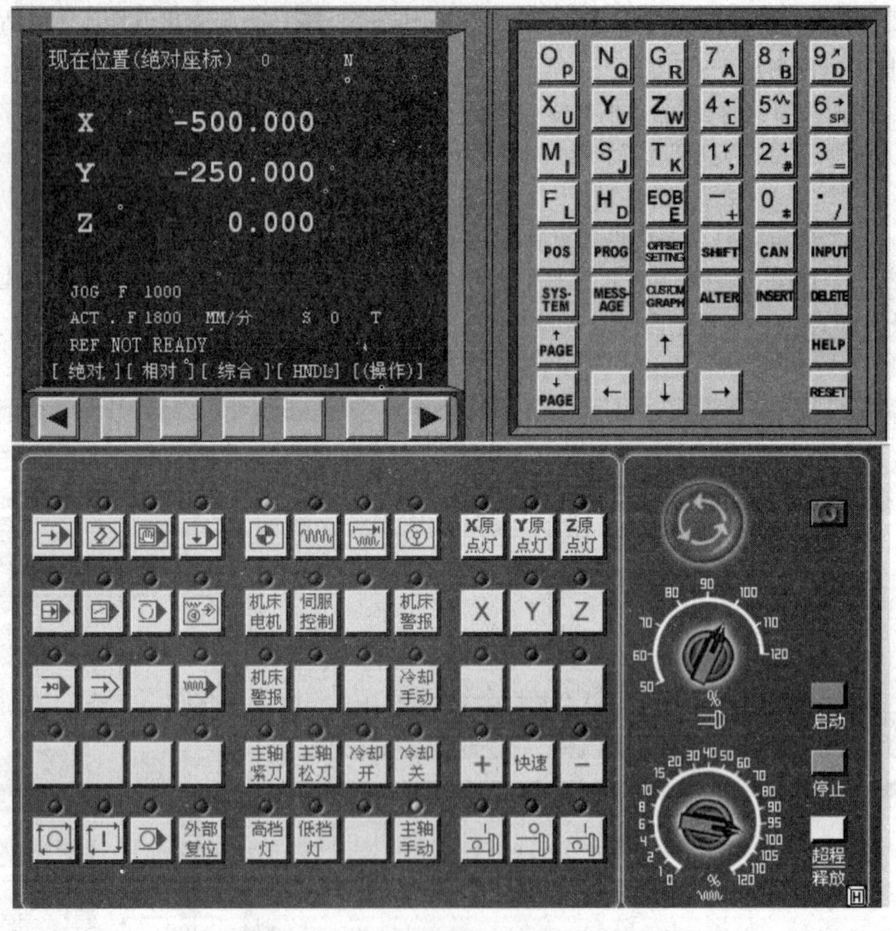

图 3-132　FUNAC 0i 的操作面板

(2)机床操作面板按钮功能,如表3-35所示。

表3-35 机床操作面板按钮功能表

按钮	名称	功能说明
	自动运行	此按钮被按下后,系统进入自动加工模式
	编辑	此按钮被按下后,系统进入程序编辑状态,用于直接通过操作面板输入数控程序和编辑程序
	MDI	此按钮被按下后,系统进入MDI模式,手动输入并执行指令
	远程执行	此按钮被按下后,系统进入远程执行模式即DNC模式,输入输出资料
	单节	此按钮被按下后,运行程序时每次执行一条数控指令
	单节忽略	此按钮被按下后,数控程序中的注释符号"/"有效
	选择性停止	当此按钮按下后,"M01"代码有效
	机械锁定	锁定机床
	试运行	机床进入空运行状态
	进给保持	程序运行暂停,在程序运行过程中,按下此按钮运行暂停。按"循环启动"恢复运行 
	循环启动	程序运行开始;系统处于"自动运行"或"MDI"位置时按下有效,其余模式下使用无效
	循环停止	程序运行停止,在数控程序运行中,按下此按钮停止程序运行
	回原点	机床处于回零模式;机床必须首先执行回零操作,然后才可以运行
	手动	机床处于手动模式,可以手动连续移动
	手动脉冲	机床处于手轮控制模式

续表

	手动脉冲	机床处于手轮控制模式
X	X 轴选择按钮	在手动状态下，按下该按钮则机床移动 X 轴
Z	Z 轴选择按钮	在手动状态下，按下该按钮则机床移动 Z 轴
+	正方向移动按钮	手动状态下，点击该按钮系统将向所选轴正向移动。在回零状态时，点击该按钮将所选轴回零
-	负方向移动按钮	手动状态下，点击该按钮系统将向所选轴负向移动
快速	快速按钮	按下该按钮，机床处于手动快速状态
	主轴倍率选择旋钮	将光标移至此旋钮上后，通过点击鼠标的左键或右键来调节主轴旋转倍率
	进给倍率	调节主轴运行时的进给速度倍率
	急停按钮	按下急停按钮，使机床移动立即停止，并且所有的输出如主轴的转动等都会关闭
超程释放	超程释放	系统超程释放
	主轴控制按钮	从左至右分别为：正转、停止、反转
H	手轮显示按钮	按下此按钮，则可以显示出手轮面板
	手轮面板	点击 H 按钮将显示手轮面板
	手轮轴选择旋钮	手轮模式下，将光标移至此旋钮上后，通过点击鼠标的左键或右键来选择进给轴
	手轮进给倍率旋钮	手轮模式下将光标移至此旋钮上后，通过点击鼠标的左键或右键来调节手轮步长。X1、X10、X100 分别代表移动量为 0.001mm、0.01mm、0.1mm

续表

	手轮	将光标移至此旋钮上后，通过点击鼠标的左键或右键来转动手轮
	启动	启动控制系统
	关闭	关闭控制系统

2. 开机和回零模式

(1)激活机床

①点击“启动”按钮，此时车床电机和伺服控制的指示灯变亮。

②检查“急停”按钮是否松开至状态，若未松开，点击“急停”按钮，将其松开。

(2)机床回参考点

①检查操作面板上回原点指示灯是否亮，若指示灯亮，则已进入回原点模式；若指示灯不亮，则点击“回原点”按钮，转入回原点模式。

②在回原点模式下，先将 Z 轴回原点，点击操作面板上的“Z 轴选择”按钮 Z，使 Z 轴方向移动指示灯变亮，点击“正方向移动”按钮 +，此时 Z 轴将回原点，Z 轴回原点灯变亮，CRT 上的 Z 坐标变为“0.000”。同样，再点击“Y 轴选择”按钮 Y，使指示灯变亮，点击 +，Y 轴将回原点，Y 轴回原点灯变亮；再点击“X 轴选择”按钮 X，使指示灯变亮，点击 +，X 轴将回原点，X 轴回原点灯变亮，此时 CRT 界面如图 3-133 所示。

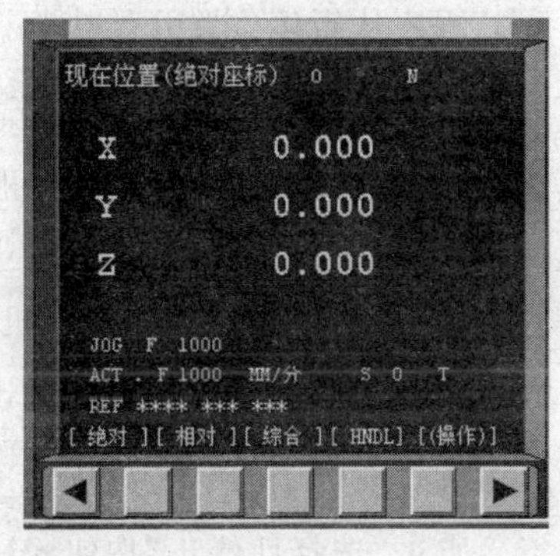

图 3-133 CRT 界面

3. 手动操作和自动加工方式

(1)手动方式操作

①点击操作面板上的“手动”按钮，使其指示灯亮，机床进入手动模式。

②分别点击 X，Y，Z 键，选择移动的坐标轴。

③分别点击 +，- 键，控制机床的移动方向。

④点击控制主轴的转动和停止。

注意：刀具切削零件时，主轴需转动。加工过程中刀具与零件发生非正常碰撞后（非正常碰撞包括车刀的刀柄与零件发生碰撞；铣刀与夹具发生碰撞等），系统弹出警告对话框，同时主轴自动停止转动，调整到适当位置，继续加工时 需再次点击按钮，使主轴重新转动。

(2)手动脉冲方式

①在手动/连续方式下,需精确调节机床时,可用手动脉冲方式调节机床。

②点击操作面板上的"手动脉冲"按钮或,使指示灯变亮。

③点击按钮,显示手轮。

④鼠标对准"轴选择"旋钮,点击左键或右键,选择坐标轴。

⑤鼠标对准"手轮进给速度"旋钮,点击左键或右键,选择合适的脉冲当量。

⑥鼠标对准手轮,点击左键或右键,精确控制机床的移动。

⑦点击控制主轴的转动和停止。

⑧点击,可隐藏手轮。

(3)自动加工方式

①自动/连续方式

a. 自动加工流程　检查机床是否回零,若未回零,先将机床回零。导入数控程序或自行编写一段程序。点击操作面板上的"自动运行"按钮,使其指示灯变亮。点击操作面板上的"循环启动"按钮,程序开始执行。

b. 中断运行　数控程序在运行过程中可根据需要暂停,急停和重新运行。

数控程序在运行时,按"进给保持"按钮,程序停止执行;再点击"循环启动"按钮,程序从暂停位置开始执行。

数控程序在运行时,按下"急停"按钮,数控程序中断运行,继续运行时,先将急停按钮松开,再按"循环启动"按钮,余下的数控程序从中断行开始作为一个独立的程序执行。

②自动/单段方式　检查机床是否机床回零。若未回零,先将机床回零。再导入数控程序或自行编写一段程序。点击操作面板上的"自动运行"按钮,使其指示灯变亮。点击操作面板上的"单节"按钮。点击操作面板上的"循环启动"按钮,程序开始执行。点击"选择性停止"按钮,则程序中 M01 有效。

注意:(1)自动/单段方式执行每一行程序均需点击一次"循环启动"按钮。

(2) 点击"单节跳过"按钮,则程序运行时跳过符号"/"有效,该行成为注释行,不执行;

可以通过"主轴倍率"旋钮和"进给倍率"旋钮来调节主轴旋转的速度和移动的速度。

4. MDI 操作模式

(1)MDI 键盘说明图 3-134 所示为 FANUC0i 系统的 MDI 键盘(右半部分)和 CRT 界面(左半部分)。MDI 键盘用于程序编辑、参数输入等功能。MDI 键盘上各个键的功能列于表 3-36 所示。

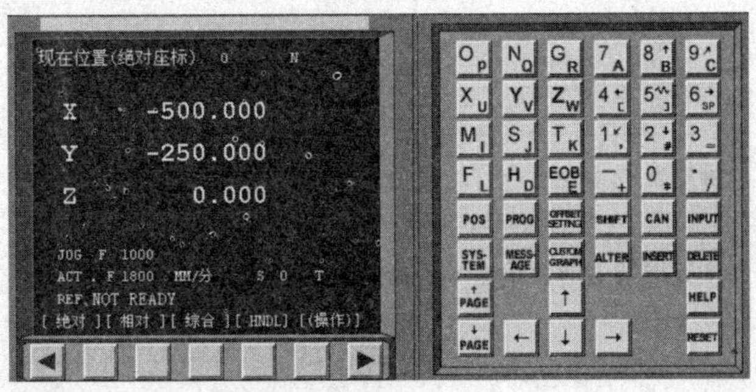

图 3-134 FANUC0i MDI 键盘

表 3-36 **MDI 键盘功能表**

MDI 软键	功 能
↑PAGE ↓PAGE	软键 ↑PAGE 实现左侧 CRT 中显示内容的向上翻页;软键 ↓PAGE 实现左侧 CRT 显示内容的向下翻页
↑ ← ↓ →	移动 CRT 中的光标位置。软键 ↑ 实现光标的向上移动;软键 ↓ 实现光标的向下移动;软键 ← 实现光标的向左移动;软键 → 实现光标的向右移动
O_P N_Q G_R X_U Y_V Z_W M_I S_J T_K F_L H_D EOB_E	实现字符的输入,点击 SHIFT 键后再点击字符键,将输入右下角的字符。例如:点击 O_P 将在 CRT 的光标所处位置输入“O”字符,点击软键 SHIFT 后再点击 O_P 将在光标所处位置处输入 P 字符;软键 EOB_E 中的“EOB”将输入“;”号表示换行结束
7 8 9 4 5 6 1 2 3 - 0 .	实现字符的输入,例如:点击软键 5 将在光标所在位置输入“5”字符,点击软键 SHIFT 后再点击 5 将在光标所在位置处输入“]”
POS	在 CRT 中显示坐标值
PROG	CRT 将进入程序编辑和显示界面
OFFSET SETTING	CRT 将进入参数补偿显示界面
SYS-TEM	本软件不支持
MESS-AGE	本软件不支持
CUSTOM GRAPH	在自动运行状态下将数控显示切换至轨迹模式

续表

SHIFT	输入字符切换键
CAN	删除单个字符
INPUT	将数据域中的数据输入到指定的区域
ALTER	字符替换
INSERT	将输入域中的内容输入到指定区域
DELETE	删除一段字符
HELP	本软件不支持
RESET	机床复位

(2)MDI 模式　点击操作面板上的 MIDI 键按钮,使其指示灯变亮,进入 MDI 模式。在 MDI 键盘上按 PROG 键,进入编辑页面。输入数据指令:在输入键盘上点击数字/字母键,可以作取消、插入、删除等修改操作。按数字/字母键键入字母“O”,再键入程序号,但不可以与已有程序号的重复。输入程序后,用回车换行键 EOB E 结束一行的输入后换行。移动光标按 PAGE PAGE 上下方向键翻页。按方位键 ↑ ↓ ← → 移动光标。按 CAN 键,删除输入域中的数据;按 DELETE 键,删除光标所在的代码。按键盘上 INSERT 键,输入所编写的数据指令。输入完整数据指令后,按循环启动按钮运行程序。用 RESET 清除输入的数据。

(3)轨迹模式　检查运行轨迹。NC 程序导入后,可检查运行轨迹。

点击操作面板上的“自动运行”按钮,使其指示灯变亮,转入自动加工模式,点击 MDI 键盘上的 PROG 按钮,点击数字/字母键,输入“Ox”(x 为所需要检查运行轨迹的数控程序号),按 ↓ 开始搜索,找到后,程序显示在 CRT 界面上。点击 CUSTOM GRAPH 按钮,进入检查运行轨迹模式,点击操作面板上的“循环启动”按钮,即可观察数控程序的运行轨迹,此时也可通过“视图”菜单中的动态旋转、动态放缩、动态平移等方式对三维运行轨迹进行全方位的动态观察。

三、对刀

数控程序一般按工件坐标系编程,对刀的过程就是建立工件坐标系与机床坐标系之间关系的过程。

下面具体说明铣床/立式加工中心对刀的方法。其中将工件上表面对称中心点(铣床及加工中心)设为工件坐标系原点。将工件上其他点设为工件坐标系原点的对刀方法类似。

立式加工中心在选择刀具后,刀具被放置在刀架上。对刀时,首先要使用基准工具在 X,Y 轴方向对刀,再拆除基准工具,将所需刀具装载在主轴上,在 Z 轴方向对刀。

1. X,Y 轴对刀

一般铣床及加工中心在 X,Y 方向对刀时使用的基准工具包括刚性靠棒和寻边器两种。

点击菜单“机床/基准工具”,弹出的基准工具对话框中,左边的是刚性靠棒基准工具,右边的是寻边器。如图 3-135 所示。

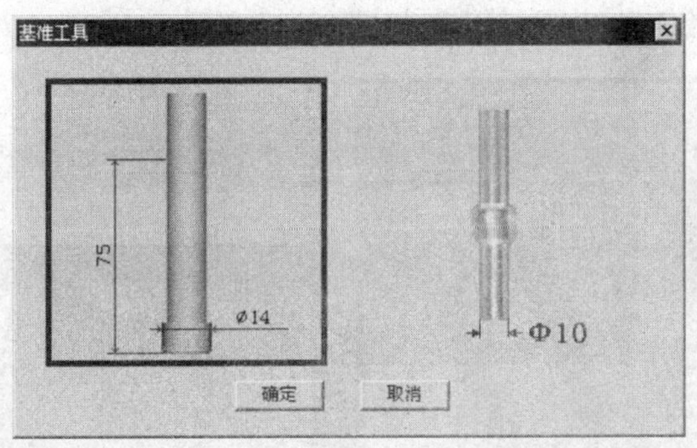

图 3-135 基准工具

(1)刚性靠棒

刚性靠棒采用检查塞尺松紧的方式对刀,具体过程如下(我们采用将零件放置在基准工具的左侧(正面视图)的方式)。

①X 轴方向对刀

a. 点击操作面板中的按钮进入“手动”方式。

b. 点击 MDI 键盘上的 POS ,使 CRT 界面上显示坐标值;借助“视图”菜单中的动态旋转、动态放缩、动态平移等工具,适当点击 X , Y , Z 按钮和 + , - 按钮,将机床移动到如图 3-136 所示的大致位置。

图 3-136 靠近对刀面

c.移动到大致位置后,可以采用手轮调节方式移动机床,点击菜单"塞尺检查/1mm",基准工具和零件之间被插入塞尺。图3-139所示的局部放大图(紧贴零件的红色物件为塞尺)。

d.点击操作面板上的手动脉冲按钮或,使手动脉冲指示灯变亮,,采用手动脉冲方式精确移动机床,点击显示手轮,将手轮对应轴旋钮置于X档,调节手轮进给速度旋钮,在手轮上点击鼠标左键或右键精确移动靠棒。使得提示信息对话框显示"塞尺检查的结果:合适",如图3-137所示。

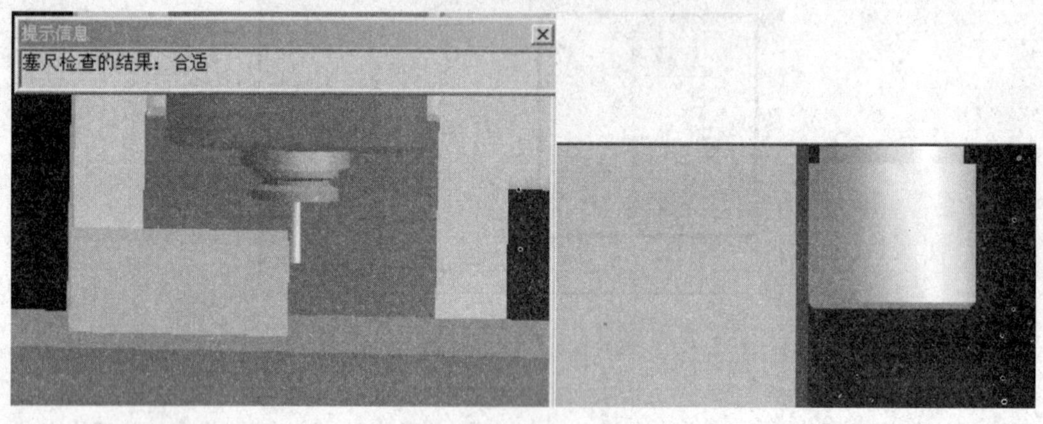

图3-137 塞尺检查

e.记下塞尺检查结果为"合适"时CRT界面中的X坐标值,此为基准工具中心的X坐标,记为X_1;将定义毛坯数据时设定的零件的长度记为X_2;将塞尺厚度记为X_3;将基准工件直径记为X_4(可在选择基准工具时读出)。

f.则工件上表面中心的X的坐标为基准工具中心的X的坐标－零件长度的一半－塞尺厚度－基准工具半径。即$X_1-X_2/2-X_3-X_4/2$。结果记为X。

②Y方向对刀采用同样的方法。得到工件中心的Y坐标,记为Y。

③完成X,Y方向对刀后,点击菜单"塞尺检查/收回塞尺"将塞尺收回,点击,机床转入手动操作状态,点击 Z 和 + 按钮,将Z轴提起,再点击菜单"机床/拆除工具"拆除基准工具。

注:塞尺有各种不同尺寸,可以根据需要调用。本系统提供的赛尺尺寸有0.05mm,0.1mm,0.2mm,1mm,2mm,3mm,100mm(量块)。

(2)寻边器　寻边器有固定端和测量端两部分组成。固定端由刀具夹头夹持在机床主轴上,中心线与主轴轴线重合。在测量时,主轴以400rpm旋转。通过手动方式,使寻边器向工件基准面移动靠近,让测量端接触基准面。在测量端未接触工件时,固定端与测量端的中心线不重合,两者呈偏心状态。当测量端与工件接触后,偏心距减小,这时使用点动方式或手轮方式微调进给,寻边器继续向工件移动,偏心距逐渐减小。当测量端和固定端的中心线重合的瞬间,测量端会明显的偏出,出现明显的偏心状态。这是主轴中心位置距离工件基准面的距离等于测量端的半径。

①X 轴方向对刀

a. 点击操作面板中的按钮进入"手动"方式；

b. 点击 MDI 键盘上的 POS 使 CRT 界面显示坐标值；借助"视图"菜单中的动态旋转、动态放缩、动态平移等工具，适当点击操作面板上的 X，Y，Z 按钮和 +，- 按钮，将机床移动到如图 9-2-1-2 所示的大致位置。

c. 在手动状态下，点击操作面板上的或按钮，使主轴转动。未与工件接触时，寻边器测量端大幅度晃动。

d. 移动到大致位置后，可采用手动脉冲方式移动机床，点击操作面板上的手动脉冲按钮或，使手动脉冲指示灯变亮，，采用手动脉冲方式精确移动机床，点击 H 显示手轮，将手轮对应轴旋钮置于 X 档，调节手轮进给速度旋钮，在手轮上点击鼠标左键或右键精确移动寻边器。寻边器测量端晃动幅度逐渐减小，直至固定端与测量端的中心线重合，如图 3-138 所示，若此时用增量或手轮方式以最小脉冲当量进给，寻边器的测量端突然大幅度偏移，如图 3-139 所示。即认为此时寻边器与工件恰好吻合。

图 3-138 中心线重合

图 3-139 间隙合适

e. 记下寻边器与工件恰好吻合时 CRT 界面中的 X 坐标，此为基准工具中心的 X 坐标，记为 X_1；将定义毛坯数据时设定的零件的长度记为 X_2；将基准工件直径记为 X_3。(可在选择基准工具时读出)。

f. 则工件上表面中心的 X 的坐标为基准工具中心的 X 的坐标－零件长度的一半－基准工具半径。即 $X_1-X_2/2-X_3/2$。结果记为 X。

②Y 方向对刀采用同样的方法。得到工件中心的 Y 坐标，记为 Y。

③完成 X,Y 方向对刀后，点击 Z 和 + 按钮，将 Z 轴提起，停止主轴转动，再点击菜单"机床/拆除工具"拆除基准工具。

2. Z 轴对刀

铣床 Z 轴对刀时采用实际加工时所要使用的刀具。

(1)塞尺检查法

①点击菜单“机床/选择刀具”或点击工具条上的小图标，选择所需刀具。

②装好刀具后，点击操作面板中的按钮进入“手动”方式。

③利用操作面板上的 X，Y，Z 按钮和 +，- 按钮，将机床移到如图 3-140 的大致位置。

④类似在 X,Y 方向对刀的方法进行塞尺检查，得到“塞尺检查的结果：合适”时 Z 的坐标值，记为 $Z1$，如图 3-141 所示。则工件中心的 Z 坐标值为 $Z1$－塞尺厚度。得到工件表面一点处 Z 的坐标值，记为 Z。

图 3-140　靠近对刀面

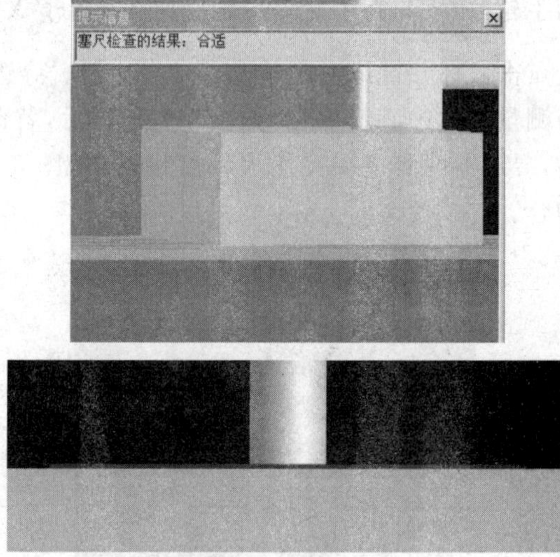

图 3-141　塞尺检查

(2)试切法

①点击菜单“机床/选择刀具” 或点击工具条上的小图标，选择所需刀具。

②装好刀具后，利用操作面板上的 X，Y，Z 按钮和 +，- 按钮，将机床移到如图 3-142 的大致位置。

③打开菜单“视图/选项”中“声音开”和“铁屑开”选项。

④点击操作面板上或使主轴转动；点击操作面板上的 Z 和 - ，切削零件的声音刚响起时停止，使铣刀将零件切削小部分，记下此时 Z 的坐标值，记为 Z，此为工件表面一点处 Z 的坐标值。

(3)立式加工中心的 Z 轴对刀　立式加工中心 Z 轴对刀时首先要将已放置在刀架上的刀具放置在主轴上，再采用与铣床及卧式加工中心类似的办法逐把对刀。

①装刀　立式加工中心需采用 MDI 操作方式装刀。

a. 点击操作面板上的“MDI”按钮，使其指示灯变亮，进入 MDI 运行模式。

b. 点击 MDI 键盘上的 PROG 键，CRT 界面，如图 3-142 所示。

c.利用 MDI 键盘输入“G28Z0.00”,按INSERT键,将输入域中的内容输到指定区域。CRT 界面,如图 3-143 所示。

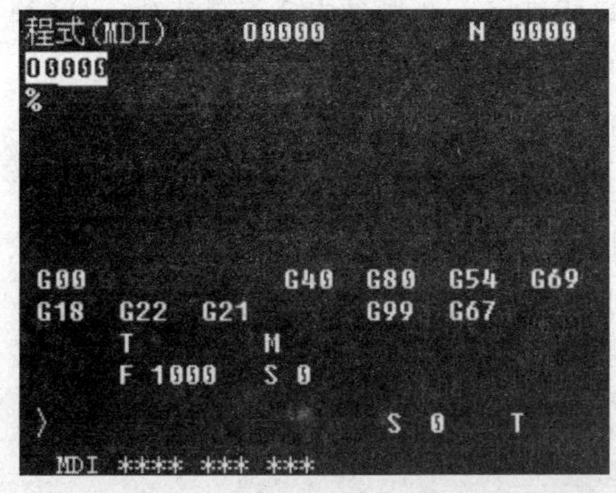

图 3-142 MDI 运行模式

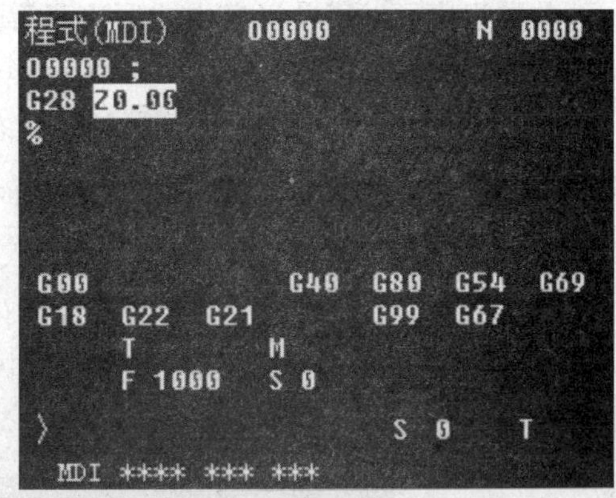

图 3-143 MDI 键盘输入

d.点击按钮,主轴回到换刀点,如图 3-144 所示。

e.利用 MDI 键盘输入“T01M06”,按INSERT键,将输入域中的内容输到指定区域。

f.点击按钮,一号刀被装载在主轴上,如图 3-145 所示。

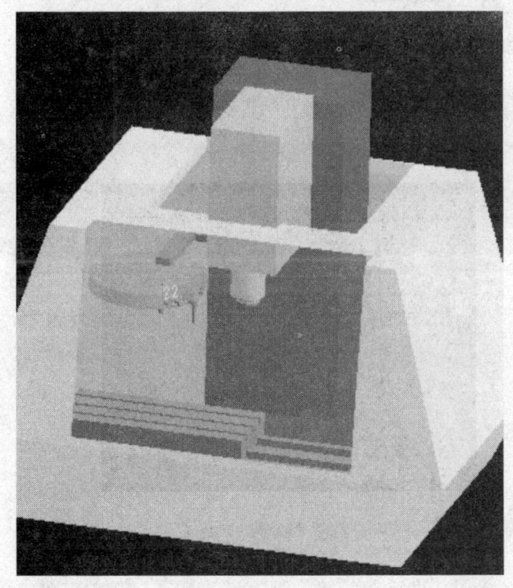

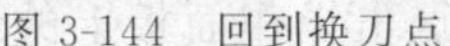
图 3-144 回到换刀点

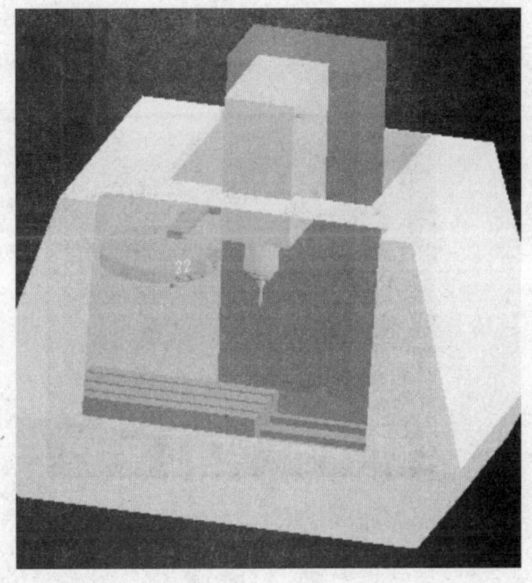

图 3-145 换刀完成

②对刀

装好刀具后,可对 Z 轴刀进行对刀,方法同铣床 Z 轴对刀方法。

注:其他各把刀再进行对刀时只需依次重复上述步骤。

通过对刀得到的坐标值(X、Y、Z)即为工件坐标系原点在机床坐标系中的坐标值。

四、数控程序的处理

1. 程序的导入

数控程序可以通过记事本或写字板等编辑软件输入并保存为文本格式(*.txt 格式)文件,也可直接用 FANUC 0i 系统的 MDI 键盘输入。

点击操作面板上的编辑键,编辑状态指示灯变亮,此时已进入编辑状态。点击 MDI 键盘上的 PROG,CRT 界面转入编辑页面。再按菜单软键“操作”,在出现的下级子菜单中按软键▶,按菜单软键“READ”,转入如图 3-147 所示界面,点击 MDI 键盘上的数字/字母键,输入“Ox”(x 为任意不超过四位的数字),按软键“EXEC”;点击菜单“机床/DNC 传送”,在弹出的对话框,如图 3-146 中选择所需的 NC 程序,按“打开”确认,则数控程序被导入并显示在 CRT 界面上。

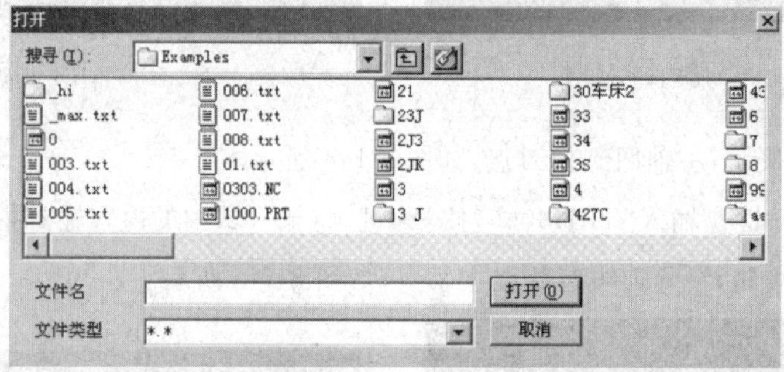

图 3-146 打开对话框

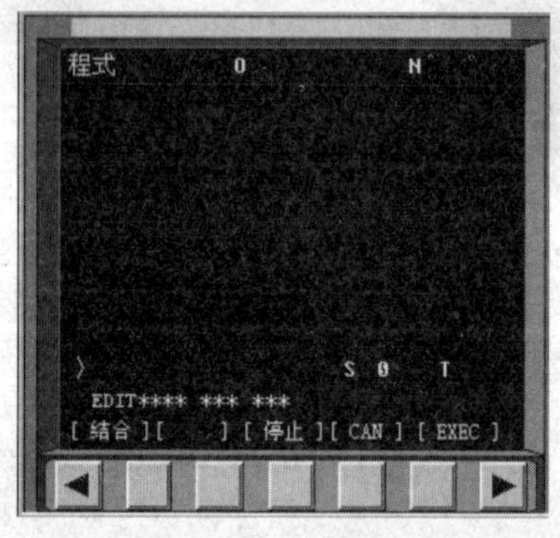

图 3-147 程序显示界面

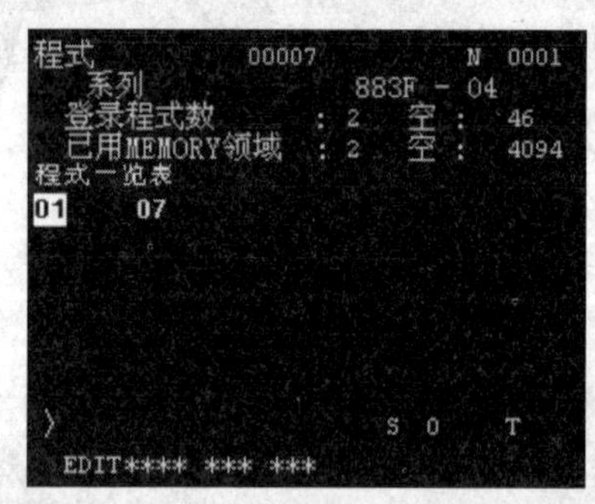

图 3-148 程序名列表

2. 程序的管理

(1)显示数控程序目录 经过导入数控程序操作后,点击操作面板上的编辑键,编辑状态指示灯变亮,此时已进入编辑状态。点击 MDI 键盘上的 PROG,CRT 界面转入编辑页面。按菜单软键“LIB”,经过 DNC 传送的数控程序名列表显示在 CRT 界面上,如图 3-148 所示。

(2)选择一个数控程序 经过导入数控程序操作后,点击 MDI 键盘上的 PROG,CRT 界面转入编辑页面。利用 MDI 键盘输入“Ox”(x 为数控程序目录中显示的程序号),按↓键开始搜索,搜索到后“OX”显示在屏幕首行程序号位置,NC 程序将显示在屏幕上。

(3)删除一个数控程序　点击操作面板上的编辑键 ,编辑状态指示灯变亮 ,此时已进入编辑状态。利用MDI键盘输入"Ox"(x为要删除的数控程序在目录中显示的程序号),按DELETE键,程序即被删除。

(4)新建一个NC程序　点击操作面板上的编辑键 ,编辑状态指示灯变亮 ,此时已进入编辑状态。点击MDI键盘上的PROG,CRT界面转入编辑页面。利用MDI键盘输入"Ox"(x为程序号,但不能与已有程序号的重复)按INSERT键,CRT界面上将显示一个空程序,可以通过MDI键盘开始程序输入。输入一段代码后,按INSERT键则数据输入域中的内容将显示在CRT界面上,用回车换行键EOB E结束一行的输入后换行。

(5)删除全部数控程序　点击操作面板上的编辑键 ,编辑状态指示灯变亮 ,此时已进入编辑状态。点击MDI键盘上的PROG,CRT界面转入编辑页面。利用MDI键盘输入"O-9999",按DELETE键,全部数控程序即被删除。

3. 编辑程序

(1)点击操作面板上的编辑键 ,编辑状态指示灯变亮 ,此时已进入编辑状态。点击MDI键盘上的PROG,CRT界面转入编辑页面。选定了一个数控程序后,此程序显示在CRT界面上,可对数控程序进行编辑操作。

(2)移动光标　按↑PAGE和↓PAGE用于翻页,按方位键↑↓←→移动光标。

(3)插入字符　先将光标移到所需位置,点击MDI键盘上的数字/字母键,将代码输入到输入域中,按INSERT键,把输入域的内容插入到光标所在代码后面。

(4)删除输入域中的数据　按CAN键用于删除输入域中的数据。

(5)删除字符　先将光标移到所需删除字符的位置,按DELETE键,删除光标所在的代码。

(6)查找　输入需要搜索的字母或代码;按↓开始在当前数控程序中光标所在位置后搜索。(代码可以是:一个字母或一个完整的代码。例如:"N0010","M"等。)如果此数控程序中有所搜索的代码,则光标停留在找到的代码处;如果此数控程序中光标所在位置后没有所搜索的代码,则光标停留在原处。

(7)替换　先将光标移到所需替换字符的位置,将替换成的字符通过MDI键盘输入到输入域中,按ALTER键,把输入域的内容替代光标所在处的代码。

4. 保存程序

编辑好程序后需要进行保存操作。点击操作面板上的编辑键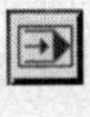,编辑状态指示灯变亮 ,此时已进入编辑状态。按菜单软键"操作",在下级子菜单中按菜单软键"Punch",在弹出的对话框中输入文件名,选择文件类型和保存路径,按"保存"按钮,如图3-149所示。

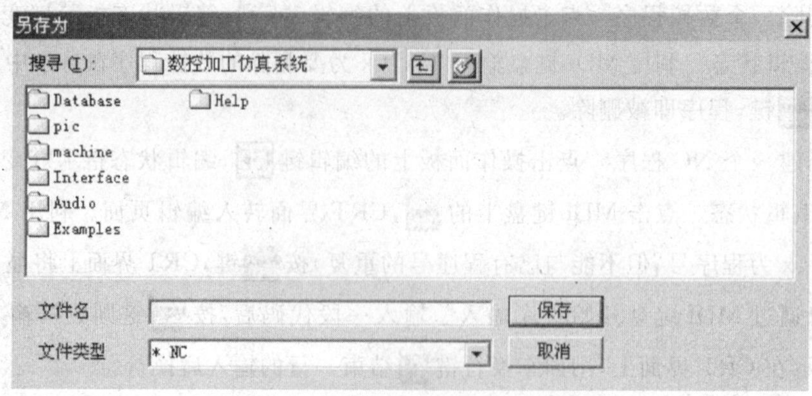

图 3-149　保存对话框

五、参数设置

1. G54—G59 参数设置

在 MDI 键盘上点击 OFFSET SETTING 键，按菜单软键“坐标系”，进入坐标系参数设定界面，输入“0x”，(01 表示 G54，02 表示 G55，以此类推)按菜单软键“NO 检索”，光标停留在选定的坐标系参数设定区域，如图 3-150 所示。

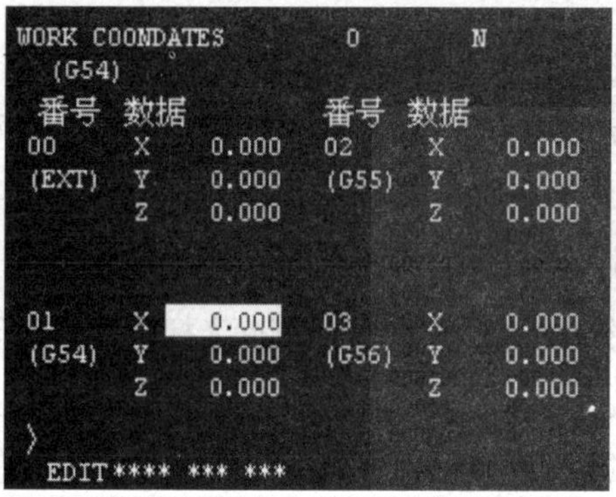

图 3-150　坐标系选择

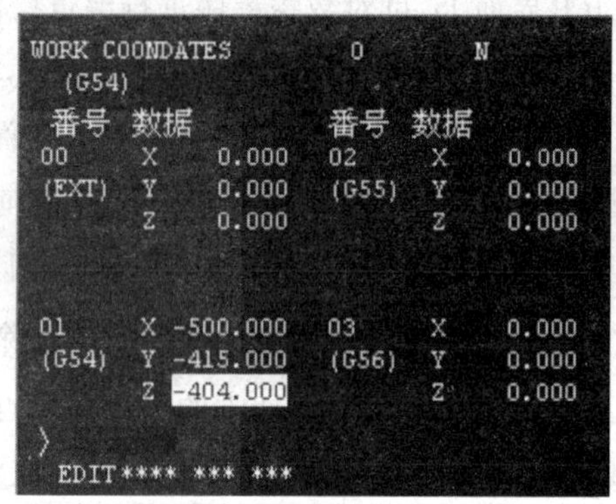

图 3-151　参数输入

也可以用方位键 ↑ ↓ ← → 选择所需的坐标系和坐标轴。利用 MDI 键盘输入通过对刀所得到的工件坐标原点在机床坐标系中的坐标值。设通过对刀得到的工件坐标原点在机床坐标系中的坐标值(如－500，－415，－404)，则首先将光标移到 G54 坐标系 X 的位置，在 MDI 键盘上输入“－500.00”，按菜单软键“输入”或按 INPUT，参数输入到指定区域。按 CAN 键可逐个字符删除输入域中的字符。点击 ↓，将光标移到 Y 的位置，输入“－415.00”，按菜单软键“输入”或按 INPUT，参数输入到指定区域。同样可以输入 Z 坐标值。此时 CRT 界面如图 3-151 所示。

注意：X 坐标值为－100，须输入“X－100.00”；若输入“X－100”，则系统默认为－0.100。

如果按软键“＋输入”，键入的数值将和原有的数值相加以后输入。

2. 设置铣床及加工中心刀具补偿参数

铣床及加工中心的刀具补偿包括刀具的半径和长度补偿。

(1)输入直径补偿参数　FANUC 0i 的刀具直径补偿包括形状直径补偿和摩耗直径补偿。

①在 MDI 键盘上点击 OFFSET SETTING 键,进入参数补偿设定界面,如图 3-152 所示。

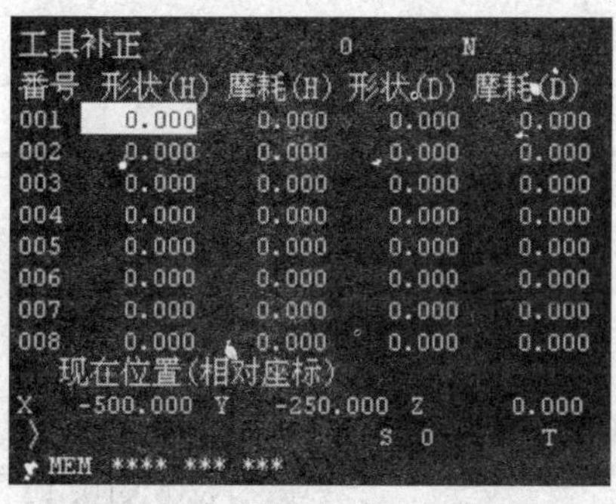

图 3-152　参数补偿设定界面

②用方位键 ↑ ↓ 选择所需的番号,并用 ← → 确定需要设定的直径补偿是形状补偿还是摩耗补偿,将光标移到相应的区域。

③点击 MDI 键盘上的数字/字母键,输入刀尖直径补偿参数。

④按菜单软键"输入"或按 INPUT,参数输入到指定区域。按 CAN 键逐个字符删除输入域中的字符。

注意:直径补偿参数若为 4mm,在输入时需输入"4.000",如果只输入"4",则系统默认为"0.004"。

(2)输入长度补偿参数　长度补偿参数在刀具表中按需要输入。FANUC 0i 的刀具长度补偿包括形状长度补偿和摩耗长度补偿。

①在 MDI 键盘上点击 OFFSET SETTING 键,进入参数补偿设定界面,如图 3-152 所示。

②用方位键 ↑ ↓ ← → 选择所需的番号,并确定需要设定的长度补偿是形状补偿还是摩耗补偿,将光标移到相应的区域。

③点击 MDI 键盘上的数字/字母键,输入刀具长度补偿参数

④按软键"输入"或按 INPUT,参数输入到指定区域。按 CAN 键逐个字符删除输入域中的字符。

六、仿真加工操作

1. 刀具及切削用量的选择见表 3-37。

表 3-37　数控加工工序卡片

加工工艺卡片		产品型号	产品名称	零件名称	材　料	零件图号
				垫板	45 钢	
	程序编号	夹具名称	夹具编号	使用设备	实习场地	备注

续表

工步号	工步内容	刀具号	刀具规格	补偿号	主轴转速(r/min)	进给速度(m/min)	背吃刀量(mm)	备注
1	铣外轮廓	T01	ø25mm 立铣刀	D01	800	120		
2	钻孔	T02	ø12mm 钻头		600	60		
	审核			共　页			第　页	

2. 参考程序

主程序

```
O1234;
N10 G54 G90 G94 G40 G17;
N20 G28 Z0;
N30 T1 M6;
N40 S800 M3;
N50 G54 G0 X-70.135.00;
N60 Z5;
N70 G1 Z-5. F200;
N80 M98 P0001;
N90 G1 Z-10. F200;
N100 M98 P0001;
N110 G0 Z100.;
N120 M5;
N130 G53;
N140 G28 Z0;
N150 T2 M6;
N160 S600 M3;
N170 G54 G0 X0 Y0;
N180 G0 G43 H02 Z100.;
N190 G99 G83 X0 Y0 Z-18. R5. Q8. F60;
N200 G0 G49 Z100.;
N210 M5;
N220 M30;
```

子程序

```
O0001;
N10 G1 G41 D1 X-45. Y35. F120;
N20 X10.;
N30 G2 Y-35. R35. F120;
N40 G1 X-45. F120;
N50 Y-25.;
N60 X-25.;
N70 Y-35.;
N80 Y-10.;
N90 G3 X-45. Y0. R35. F120;
N100 G1 Y40.;
N110 G0 G40 X-70. Y35.;
N120 M99;
```

以路径 D:\Docunents and Settings\My Documents\1234.cut 保存加工程序。

3. 选择机床

点击菜单“机床”或工具条中选择机床图标，在选择机床对话框中（如图 3-153 所示）控制系统选择 FANUC 0i，机床类型选择立式加工中心，操作面板选择北京第一机床厂 XKA714/B 并按确定按钮，此时界面如图 3-154 所示。

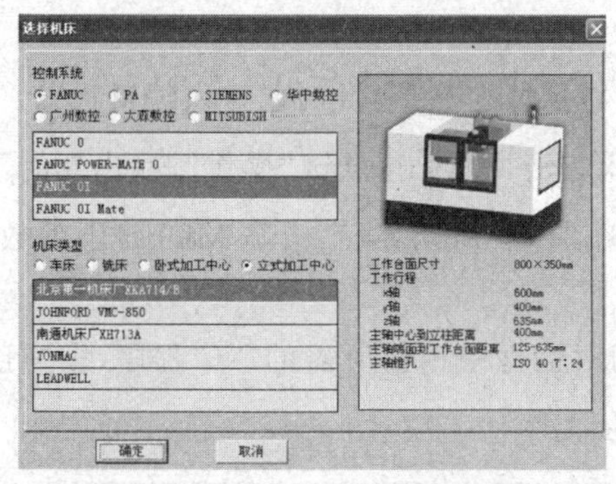

图 3-153　选择机床种类

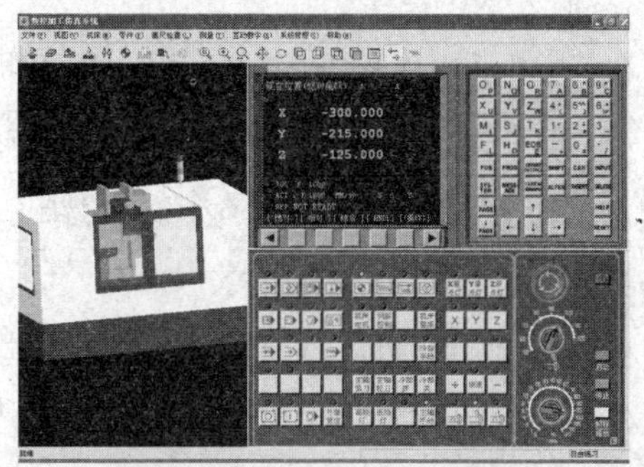

图 3-154　选择机床型号

4. 启动机床

(1)点击系统启动按钮，此时机床电机和伺服控制的指示灯变亮。

(2)检查急停按钮是否松开至状态，若未松开，点击急停按钮，将其松开。

5. 机床回参考点

(1)检查操作面板上回原点指示灯是否亮，若指示灯亮，则已进入回原点模式。

(2)先将 Z 轴回原点，点击操作面板上的 +Z 按钮，此时 Z 轴将回原点，Z 轴回原点灯变亮，CRT 上的坐标变为“0.000”。同样，再分别点击 X 轴、Y 轴方向移动按钮 +X 、+Y，此时 X 轴、Y 轴将回原点，X 轴、Y 轴回原点灯变亮。此时 CRT 界面如图 3-155 所示。

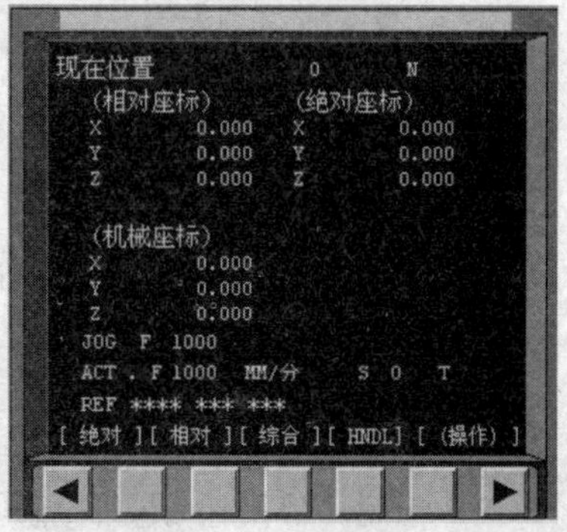

图 3-155　机床位置显示

6. 安装刀具

点击菜单“机床/选择刀具”或点击工具条上的小图标弹出“刀具选择”对话框，根据加工方式选择所需的刀具和刀柄，1 号刀为⌀25mm 立铣刀、2 号刀为⌀12mm 钻头确定后退出。刀具安装如图 3-156 所示。

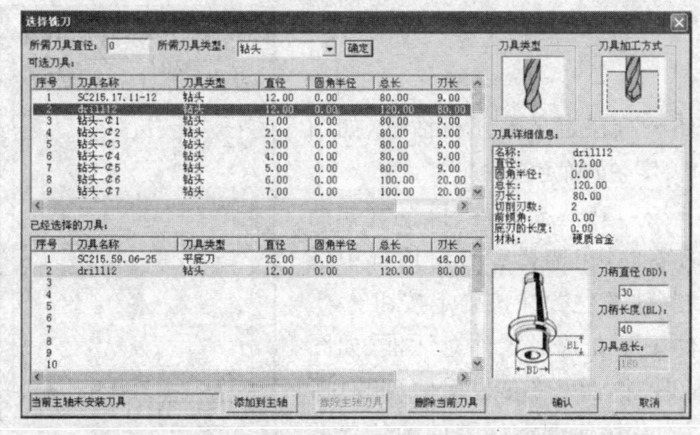

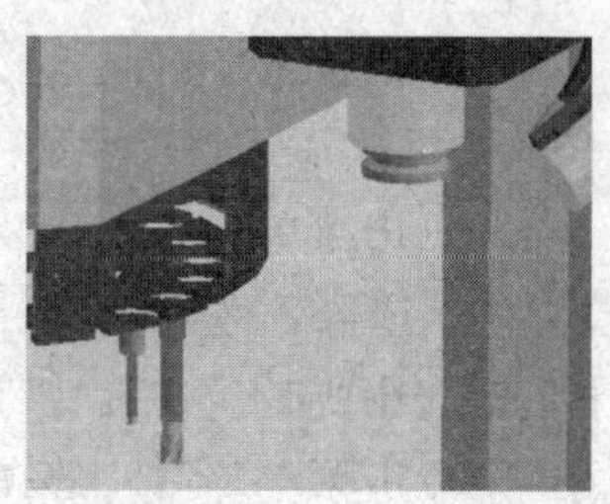

图 3-156　刀具安装

7. 输入 NC 程序

(1)点击操作面板上的编辑，编辑状态指示灯变亮，此时已进入编辑状态。

(2)点击 MDI 键盘上的，CRT 界面转入编辑页面。按软键“操作”，在出现的下级子菜单中按软键，按软键“READ”，转入如图 3-157 所示界面，点击 MDI 键上的数字/字母键，输入“O1”，按软键“EXEC”；

(3)点击菜单“机床/DNC 传送”，在弹出的对话框中选择所需的 NC 程序，按“打开”确认，则数控程序被导入并显示在 CRT 界面上。

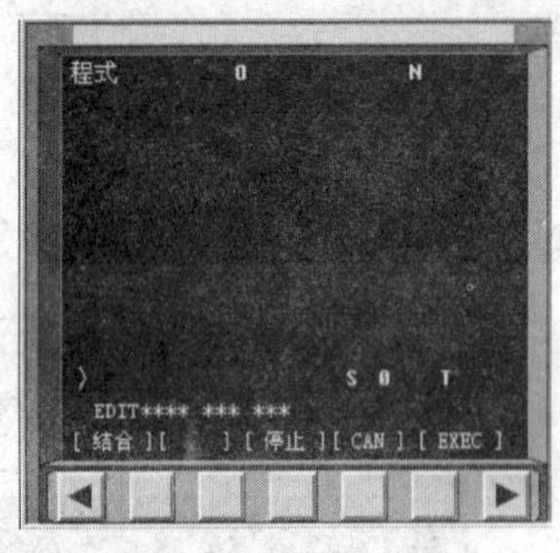

图 3-157　程序传输

8. 检查运行轨迹

(1)点击操作面板上的自动运行按钮，使其指示灯变亮，转入自动加工模式。

(2)点击 MDI 键盘上的按钮，点击数字/字母键，输入“O1”，按 ↓ 开始搜索，找到后，程序显示在 CRT 界面上。

(3)点击按钮，进入检查运行轨迹模式，点击操作面板上的循环启动按钮，即可观察数控程序的运行轨迹，此时也可通过“视图”菜单中的动态旋转、动态放缩、动态平移等方式对三维运行轨迹进行全方位的动态观察。仿真结果如图 3-158 所示。

图 3-158　轨迹检验

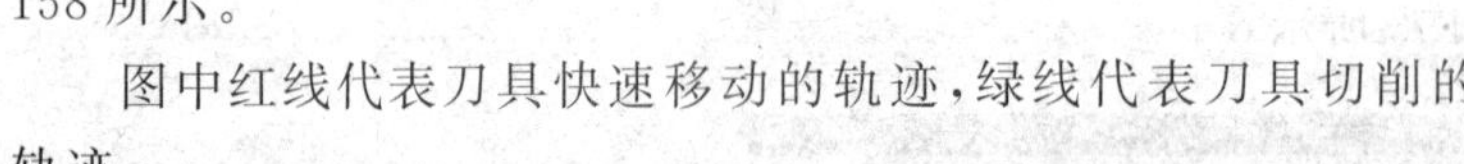

图中红线代表刀具快速移动的轨迹，绿线代表刀具切削的轨迹。

9. 安装零件

(1)点击菜单“零件/定义毛坯…”，在定义毛坯对话框(如图 3-159)中可改写零件尺寸高度和长度，按确定按钮。

(2)点击菜单“零件/安装夹具…”，在选择零件对话框(如图 3-160)中，选取名称为“毛坯 1”的零件，在选择夹具对话框中选“平口钳”，用“向上”、“旋转”调整零件的位置并按确定按钮。

(3)点击菜单“零件/选择零件…”，在选择零件对话框(如图 3-161)中，选取名称为“毛坯 1”的零件，单击“安装零件”此时所选零件出现在机床上，用上、下、左、右按钮调整好零件的位置并退出。

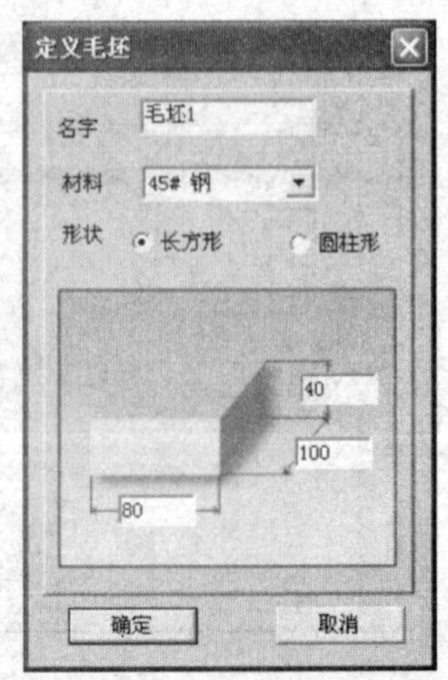

图 3-159　定义毛坯

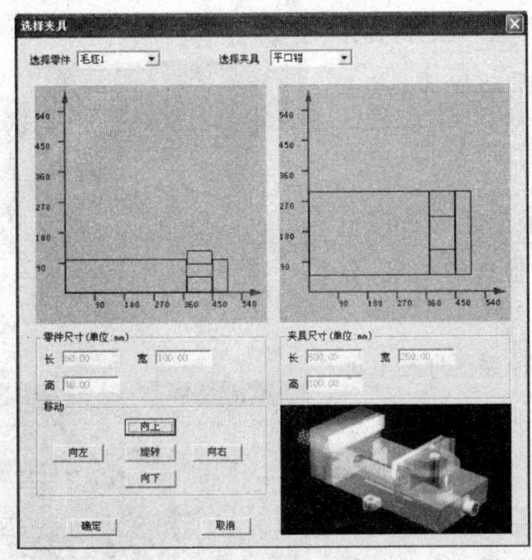

图 3-160　放置夹具

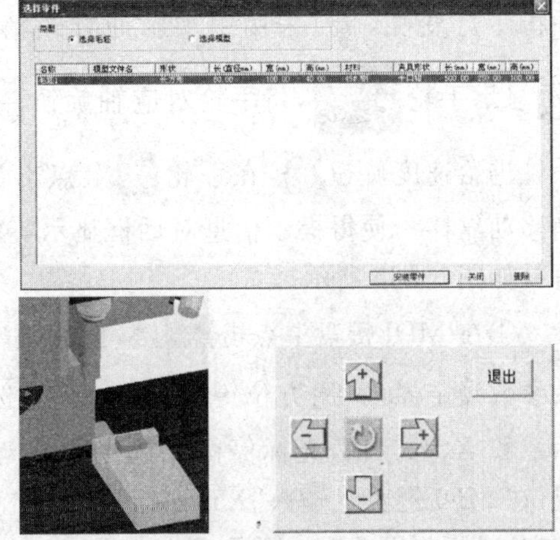

图 3-161　移动零件面板及机床上的零件

10. 对刀操作

数控程序一般按工件坐标系编程,对刀的过程就是建立工件坐标系与机床坐标系之间关系的过程。工件上表面中心点为工件坐标系原点。

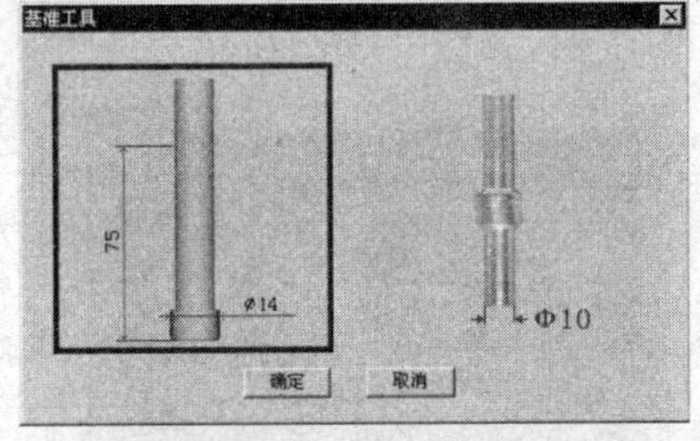

图 3-162　选择对刀工具

(1)点击菜单“机床/基准工具…”,弹出的基准工具对话框中,选取左边的刚性靠棒基准工具并确定。如图 3-162。

(2)X 轴方向对刀

①点击操作面板中的按钮进入“手动”方式,点击 MDI 键盘上的 POS,使 CRT 界面上显示坐标值;借助“视图”菜单中的动态旋转、动态放缩、动态平移等工具,适当点击 +X,+Y,+Z 按钮和 -X,-Y,-Z 按钮,将机床移动到如下图所示的大致位置。如图 3-163所示。

②移动到大致位置后,可以采用手轮调节方式移动机床,点击菜单“塞尺检查/1mm”,基准工具和零件之间被插入塞尺。在机床下方显示如图 3-164 所示的局部放大图。(紧贴零件的红色物件为塞尺)

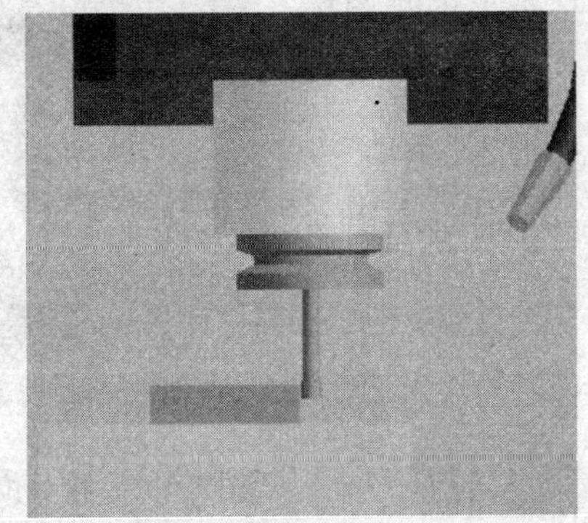

图 3-163　X 轴对刀

图 3-164　塞尺检查

③点击操作面板上的手动脉冲按钮或，使手动脉冲指示灯变亮，，采用手动脉冲方式精确移动机床，点击显示手轮，将手轮对应轴旋钮置于 X 挡，调节手轮进给速度旋钮，在手轮上点击鼠标左键或右键精确移动靠棒。使得提示信息对话框显示“塞尺检查的结果：合适”，如图 3-165 所示。

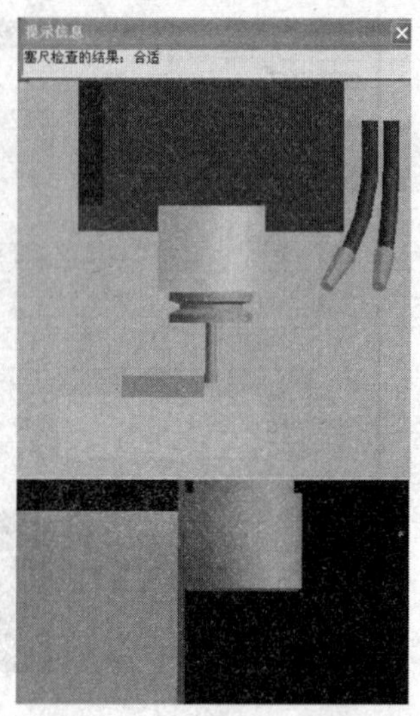

图 3-165　塞尺检查结果

④在 MDI 键盘上点击键，按软键“坐标系”进入坐标系参数设定界面，用方位键 ↑ ↓ ← → 选择所需的 G54 坐标系和 X 坐标轴，光标停留在选定的 X 坐标系参数设定区域，在 MDI 键盘上输入“X58. 0”，按软键“测量”，参数输入到指定区域，如图 3-166 所示。

(3) Y 轴方向对刀　Y 方向对刀采用同 X 方向的对刀操作步骤，如图 3-167 所示。

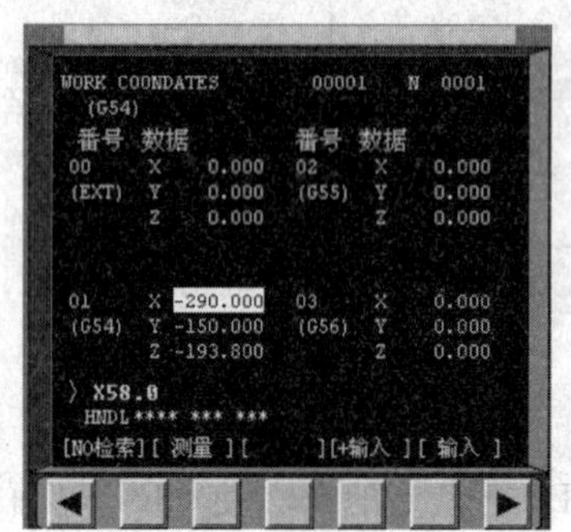

图 3-166　坐标系设定

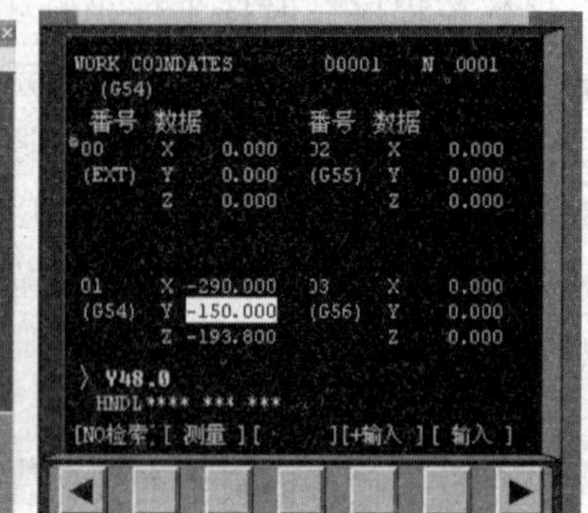

图 3-167　Y 轴对刀

完成 X，Y 方向对刀后，点击菜单“塞尺检查/收回塞尺”将塞尺收回，点击，机床转入手动操作状态，点击 +Z 按钮，将 Z 轴提起，再点击菜单“机床/拆除工具”拆除基准工具。

(4) Z 轴对刀

①点击菜单“机床/选择刀具”或点击工具条上的小图标，选择所需 1 号刀具。

②装好刀具后，点击操作面板中的按钮进入“手动”方式，利用操作面板上的 +X，+Y，+Z 按钮和 -X，-Y，-Z 按钮，将机床移到如图 3-168 的大致位置。

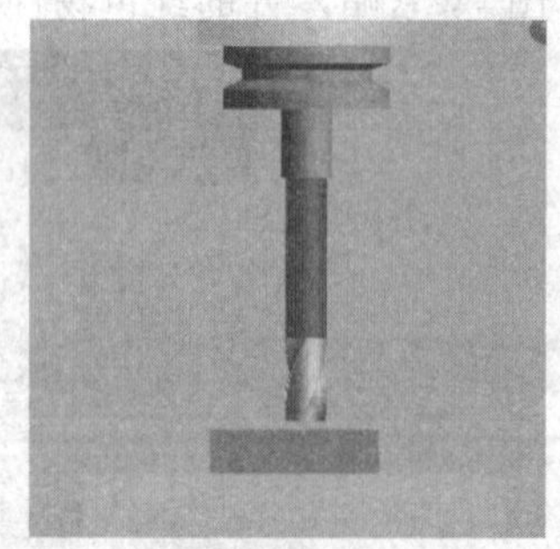
图 3-168　移动位置示意

③对刀步骤同上，如图 3-169 图 3-170 所示。

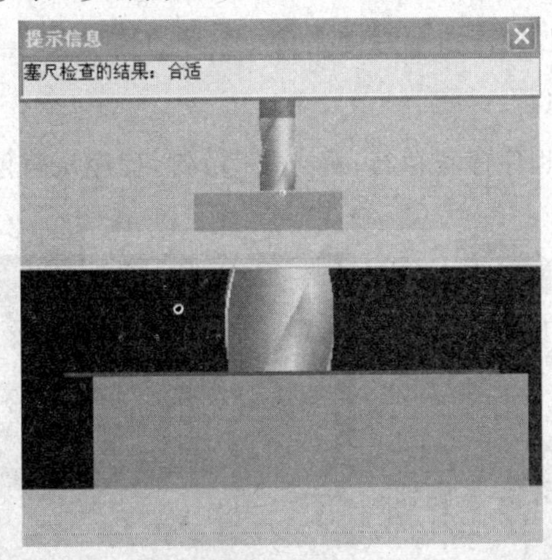

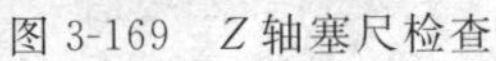
图 3-169　Z 轴塞尺检查

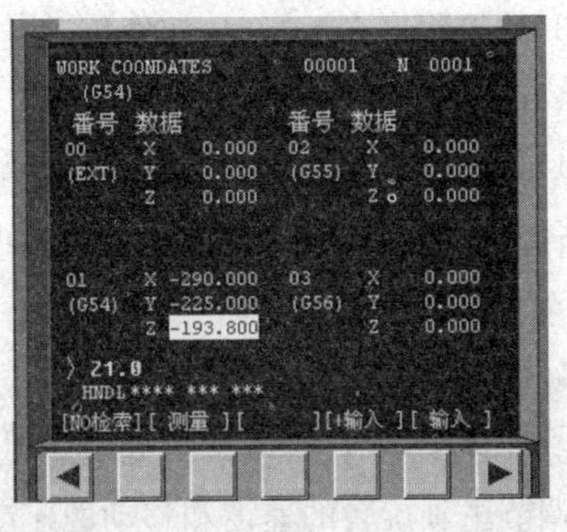

图 3-170　G54 坐标系偏置值输入

(5)设置刀具补偿参数

①换 2 号刀具到主轴采用步骤 3 的操作方法得到与 1 号刀具在 Z 轴方向相比较的长度补偿数值。如图 3-171 所示。

②在 MDI 键盘上点击 OFFSET SETTING 键，进入参数补偿设定界面。如图 3-172 所示。

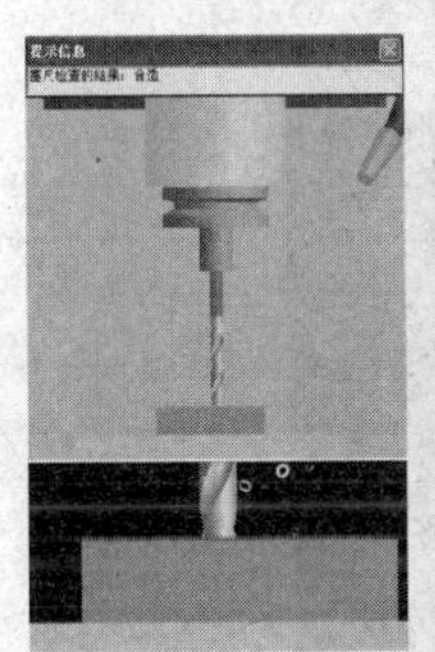

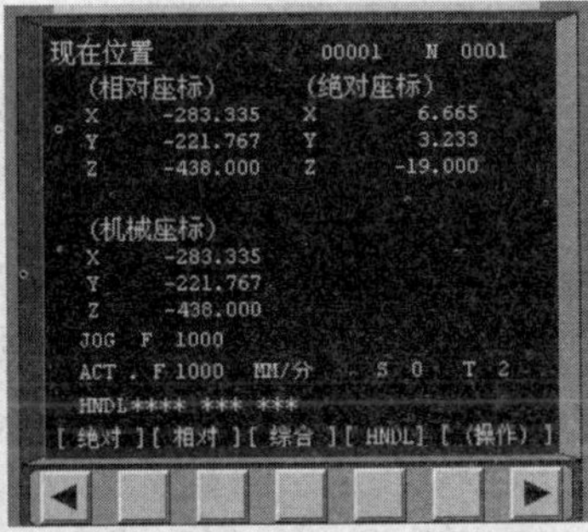

图 3-171　刀具长度补偿设置

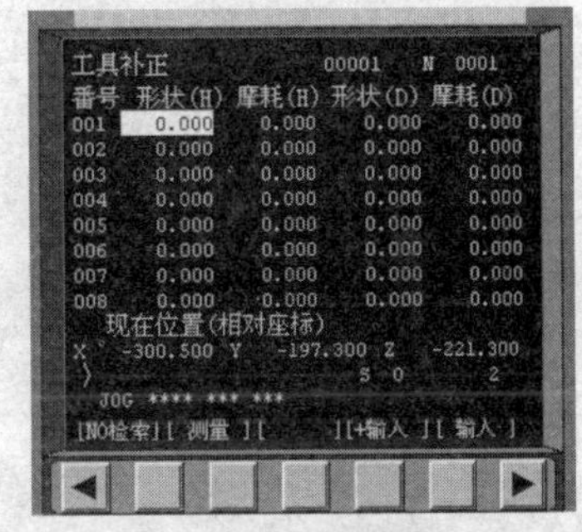

图 3-172　刀具长度补偿值输入

③用方位键 ↑ ↓ 选择所需的 001 番号，并用 ← → 确定需要设定的形状(H)补偿。

④点击 MDI 键盘上的数字/字母键，输入刀尖形状补偿参数－19.0。

⑤按软键“输入”或按 INPUT，参数输入到指定区域。

⑥用 ← → 确定需要设定的形状(D)补偿，输入刀具形状补偿参数 12.5，按软键“输入”或按 INPUT，参数输入到指定区域。如图 3-173 所示。

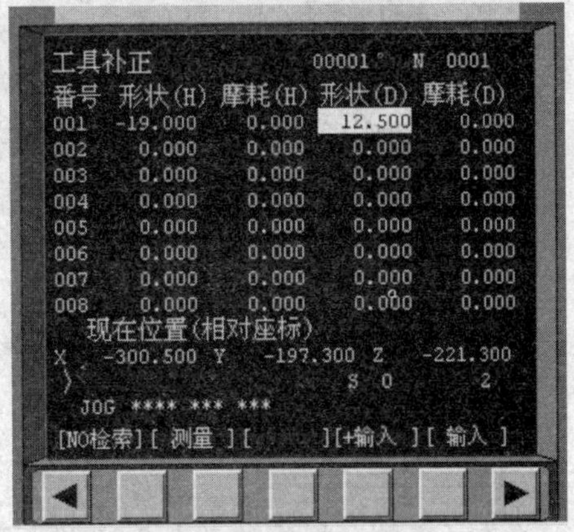

图 3-173　刀具半径补偿输入

11. 自动加工

(1)点击操作面板上的“自动运行”按钮,使其指示灯变亮。

(2)点击操作面板上的,程序开始执行。

(3)数控程序在运行时,按暂停键,程序停止执行;再点击键,程序从暂停位置开始执行。

(4)数控程序在运行时,按下急停按钮,数控程序中断运行,继续运行时,先将急停按钮松开,再按按钮,余下的数控程序从中断行开始作为一个独立的程序执行。

(5)可以通过主轴倍率旋钮和进给倍率旋钮来调节主轴旋转的速度和移动的速度。

(6)仿真结果如图 3-174 所示。

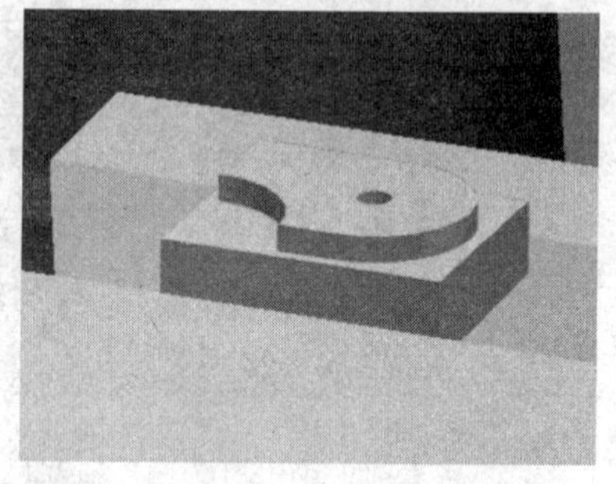

图 3-174 仿真结果

12. 测量

零件加工完成后,单击下拉式菜单“测量/剖面图测量…”,弹出测量对话框,如图 3-175 所示可以分别观察其轮廓尺寸,以便校验编程和加工的正确性。

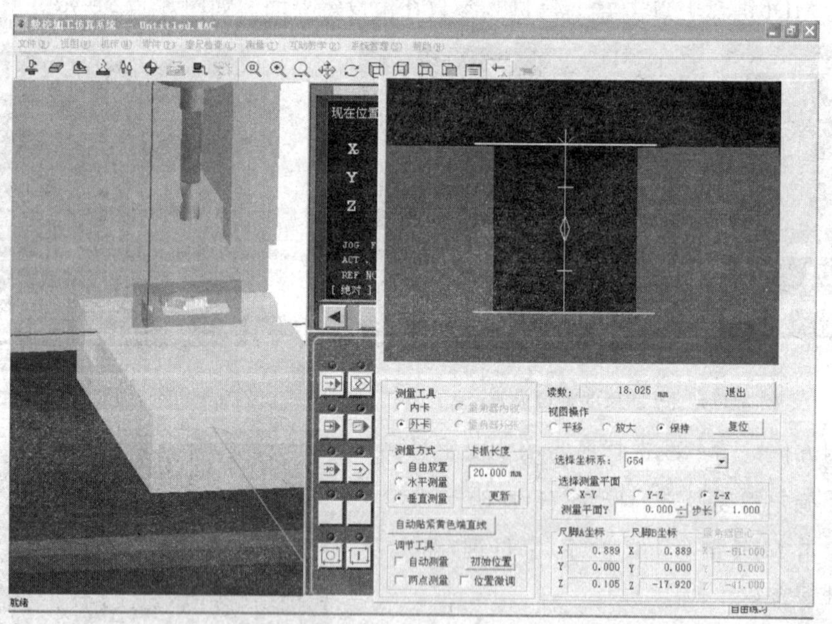

图 3-175 零件检验

七、数控加工

配分权重

本任务配分权重参考表 3-13 进行配分。

任务二　数控铣/加工中心综合训练(二)

知识要点

◎ 加工中心的换刀程序

◎ 加工中心加工阶段的划分方法

◎ 加工中心工序与工步的划分方法

技能要点

◎ 确定零件加工工艺过程分析

◎ 编写零件的加工程序

◎ 简单零件的数控铣加工方法

任务描述

试编写如图 3-176 所示工件轮廓(已知毛坯尺寸为 80mm×80mm×30 mm)的加工程序,并在数控铣床上进行加工。

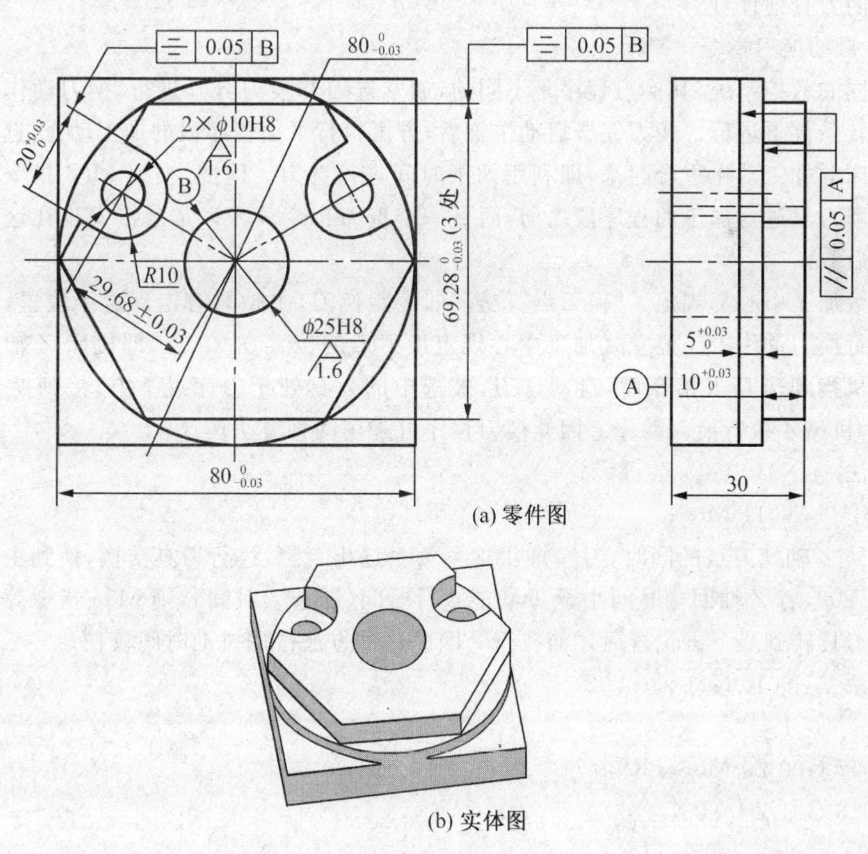

(a) 零件图

(b) 实体图

图 3-176　凸模板

任务分析

该任务是数控铣床/加工中心职业技能鉴定课题。在该任务的加工过程中，需采用多把刀具进行加工。因此，建议在加工中心上采用自动换刀方式来完成该任务。此外，为了提高加工速度和加工效率.在该任务的加工过程中应合理安排好加工顺序。

知识链接

一、加工中心自动换刀系统

在零件的加工过程中，有时需要用到几种不同的刀具来加工同一种零件。这时，如果为单件生产或较少批量（通常指少于 10 件）生产，则采用手动换刀较为合适；而如果是批量较大的生产，则采用加工中心自动换刀的方式较为合适。

1. 刀具的选择—T××

刀具的选择是指把刀库上指定了刀号的刀具转到换刀的位置，为下次换刀做好准备。这一动作的实现，是通过选刀指令——T 功能指令实现的。T 指令后跟的两位数字，是将要更换的刀具地址号。

2. 自动换刀指令—M06

不同的数控系统，其换刀程序是不同的，通常选刀和换刀分开进行，换刀动作必须在主轴停转条件下进行。换刀完毕启动主轴后，方可执行下面程序段的加工动作，选刀动作可与机床的加工动作重合起来，即利用切削时间进行选刀。因此，换刀 M06 指令必须安排在用新刀具进行加工的程序段之前，而下一个选刀指令 T××常紧接安排在这次换刀指令之后。

多数加工中心都规定了“换刀点”位置，即定距换刀，主轴只有走到这个位置，机械手才能执行换刀动作。一般立式加工中心规定换刀点的位置在 Z0 处（即机床 *Z* 轴零点），当控制机接到选刀 *T* 指令后，自动选刀，被选中的刀具处于刀库最下方；接到换刀 M06 指令后，机械手执行换刀动作。因此换刀程序可采用两种方法设计。

方法一：N010 G00 Z0 T02；

N011 M06；

返回 *Z* 轴换刀点的同时，刀库将 T02 号刀具选出，然后进行刀具交换，换到主轴上的刀具为 T02，若 *Z* 轴回零时间小于 T 功能执行时间（即选刀时间），则 M06 指令等刀库将 T02 号刀具转到最下方位置后才能执行。因此这种方法占用机动时间较长。

方法二：N010 G01 Z…T02

⋮

N017 G00 Z0 M06

N018 G01 Z…T03

⋮

N017 程序段换上 N010 程序段选出的 T02 号刀具；在换刀后，紧接着选出下次要用的 T03 号刀具，在 N010 程序段和 N018 程序段执行选刀时，不占用机动时间，所以这种方式较好。

3. 子程序换刀

在加工中心上,换刀是不可避免的。但机床出厂时都有一个固定的换刀点,不在换刀位置,便不能够换刀,而且换刀前,刀补和循环都必须取消掉,主轴停止,冷却液关闭。条件繁多,如果每次手动换刀前,都要保证这些条件,不但易出错而且效率低,因此FANUC系统中常自带有换刀子程序,子程序号通常为O8999,其程序内容为:

```
O8999;              (立式加工中心换刀子程序)
M05 M09;            (主轴停转,切削液关)
G80;                (取消固定循环)
G91 G28 Z0;         (Z 轴返回机床原点)
G49 M06;            (取消刀具长度补偿,刀具交换)
M99;                (返回主程序)
```

SIEMENS系统换刀子程序号通常为L6,其内容与上述子程序相类似。

采用子程序换刀时,其主程序调用格式为:

```
T06 M98 P8999;
```

二、加工阶段的划分

为了保证零件的加工质量、生产效率和经济性,通常在安排工艺路线时,将其划分成几个阶段。对于一般精度零件,可划分成粗加工、半精加工和精加工三个阶段。对精度要求高和特别高的零件,还需安排精密加工(含光整加工)和超精密加工阶段。各阶段的主要任务是:

1. 加工阶段的性质

(1)粗加工阶段　主要去除各加工表面的大部分余量,并加工出精基准。

(2)半精加工阶段　减少粗加工阶段留下的误差,使加工面达到一定的精度,为精加工做好准备,并完成一些精度要求不高表面的加工。

(3)精加工阶段　主要是保证零件的尺寸、形状、位置精度及表面粗糙度,这是相当关键的加工阶段。大多数表面至此加工完毕,也为少数需要进行精密加工或光整加工的表面做好准备。

(4)精密和超精密加工阶段　精密和超精密加工采用一些高精度的加工方法,如精密磨削、珩磨、研磨、金刚石车削等,进一步提高表面的尺寸、形状精度,降低表面粗糙度,最终达到图纸的精度要求。

2. 划分加工阶段的原因

(1) 保证加工质量　粗加工时,由于加工余量大,所受的切削力、夹紧力也大,将引起较大的变形,如果不划分阶段连续进行粗精加工,上述变形来不及恢复,将影响加工精度。所以,需要划分加工阶段,使粗加工产生的误差和变形,通过半精加工和精加工予以纠正,并逐步提高零件的精度和表面质量。

(2)合理使用设备　粗加工要求采用刚性好、效率高而精度较低的机床,精加工则要求机床精度高。划分加工阶段后,可避免以精干粗,可以充分发挥机床的性能,延长使用寿命。

(3)便于安排热处理工序,使冷热加工工序配合得更好　粗加工后,一般要安排去应力的时效处理,以消除内应力。精加工前要安排淬火等最终热处理,其变形可以通过精加工予以消除。

(4)有利于及早发现毛坯的缺陷(如铸件的砂眼气孔等)　粗加工时去除了加工表面的大部分余量,若发现了毛坯缺陷,及时予以报废,以免继续加工造成工时的浪费。

三、加工工序的安排

1. 加工工序顺序的安排原则

在安排加工顺序时一般应遵循以下原则:

(1)先基准面后其他

应首先安排被选作精基准的表面的加工,再以加工出的精基准为定位基准,安排其他表面的加工。该原则还有另外一层意思,是指精加工前应先修一下精基准。例如,精度要求高的轴类零件,第一道加工工序就是以外圆面为粗基准加工两端面及顶尖孔,再以顶尖孔定位完成各表面的粗加工;精加工开始前首先要修整顶尖孔,以提高轴在精加工时的定位精度,然后再安排各外圆面的精加工。

(2)先粗后精　这是指先安排各表面粗加工,后安排精加工。

(3)先主后次　表面一般指零件上的设计基准面和重要工作面。这些表面是决定零件质量的主要因素,对其进行加工是工艺过程的主要内容,因而在确定加工顺序时,要首先考虑加工主要表面的工序安排,以保证主要表面的加工精度。在安排好主要表面加工顺序后,常常从加工的方便与经济角度出发,安排次要表面的加工。此外,次要表面和主要表面之间往往有相互位置要求,常常要求在主要表面加工后,以主要表面定位进行加工。

(4)先面后孔　这主要是指箱体和支架类零件的加工而言。一般这类零件上既有平面,又有孔或孔系,这时应先将平面(通常是装配基准)加工出来,再以平面为基准加工孔或孔系。此外,在毛坯面上钻孔或镗孔,容易使钻头引偏或打刀。此时也应先加工面,再加工孔,以避免上述情况的发生。

2. 热处理和表面处理工序的安排

(1)为改善材料切削性能而进行的热处理工序(如退火、正火等),应安排在切削加工之前进行。

(2)为消除内应力而进行的热处理工序(如退火、人工时效等),最好安排在粗加工之后,精加工之前进行;有时也可安排在切削加工之前进行。

(3)为改善工件材料的力学物理性质而进行的热处理工序(如调质、淬火等)通常安排在粗加工后、精加工前进行。其中渗碳淬火一般安排在切削加工后,磨削加工前进行。而表面淬火和渗氮等变形小的热处理工序,允许安排在精加工后进行。

(4)为了提高零件表面耐磨性或耐蚀性而进行的热处理工序以及以装饰为目的的热处理工序或表面处理工序(如镀铬、镀锌、氧化等)一般放在工艺过程的最后。

3. 检验工序的安排

在工艺规程中,应在下列情况下安排常规检验工序:

(1)重要工序的加工前后。

(2)不同加工阶段的前后,如粗加工结束、精加工前;精加工后、精密加工前。

(3)工件从一个车间转到另一个车间前后。

(4)零件的全部加工结束以后。

4. 工序的划分

在数控机床上加工零件,工序可以比较集中,在一次装夹中尽可能完成大部分或全部工序。一般工序划分有以下几种方式:

(1)按零件装卡定位方式划分工序　由于每个零件结构形状不同,各加工表面的技术要求也有所不同,故加工时,其定位方式则各有差异。一般加工外形时,以内形定位;加工内形时又以外形定位。因而可根据定位方式的不同来划分工序。

(2)粗、精加工划分工序　根据零件的加工精度、刚度和变形等因素来划分工序时,可按粗、精加工分开的原则来划分工序,即先粗加工再精加工。此时可用不同的机床或不同的刀具进行加工。通常在一次安装中,不允许将零件某一部分表面加工完毕后,再加工零件的其他表面。

(3)按所用刀具划分工序　为了减少换刀次数,压缩空程时间,减少不必要的定位误差,可按刀具集中工序的方法加工零件,即在一次装夹中,尽可能用同一把刀具加工出可能加工的所有部位,然后再换另一把刀加工其他部位。在专用数控机床和加工中心中常采用这种方法。

5. 工步的划分

工步的划分主要从加工精度和效率两方面考虑。在一个工序内往往需要采用不同的刀具和切削用量,对不同的表面进行加工。为了便于分析和描述较复杂的工序,在工序内又细分为工步。下面以加工中心为例来说明工步划分的原则:

(1)同一表面按粗加工、半精加工、精加工依次完成,或全部加工表面按先粗后精加工分开进行。

(2)对于既有铣面又有镗孔的零件,可先铣面后镗孔,使其有一段时间恢复,可减少由变形引起的对孔的精度的影响。

(3)按刀具划分工步。某些机床工作台回转时间比换刀时间短,可采用按刀具划分工步,以减少换刀次数,提高加工生产率。

总之,工序与工步的划分要根据具体零件的结构特点、技术要求等情况综合考虑。

一、加工中心 MDI 方式换刀

加工中心 MDI 方式换刀 以转盘式刀库、不带机械手的加工中心为例,其 MDI 方式下换刀的操作步骤如下:

1. 按下模式选择按钮“MDI”。

2. 按下 MDI 面板上的功能按钮[PROG]。

3. 输人字符“M06T01”后.按下按键[INSERT]。

4. 按下循环启动按钮[CYCLE START]主轴中的刀具即与刀库中1号刀位上的刀具进行交换。

【操作提示】上述换刀方式采用了刀座编码方式,因此刀库中刀具的安装顺序必须要与加工程序中刀具的编写顺序一一对应。

二、零件图工艺分析

该零件为平面凸轮廓类零件。图纸标注齐全,分析图样可知:2×ø12H8、ø35 孔的加工精度要求较高。零件材料为 45 钢,切削加工性能较好。

三、确定装夹方案

零件毛坯外形为规则的正方形,加工时选择平口机用虎钳。装夹高度为 18mm,因此需在虎钳定位基面加垫铁。

四、确定加工顺序及进给路线,

加工顺序的拟定按照基面先行、先主后次、先粗后精的原则。因此应先加工工件上表面;然后再加工工件外形轮廓;最后加工各孔到要求的尺寸。其中 2×Ø10H8 的孔采用钻孔—铰孔方案加工;Ø35 的孔采用钻孔—扩孔—镗孔方案加工,为保证加工精度,粗、精加工应分开。

五、刀具及切削用量的选择

本任务要完成对工件上表面、外轮廓及各孔的加工。因此,上表面的加工,选择Ø50 mm 的可转位硬质合金刀片端铣刀;工件外轮廓的加工,选用Ø14mm 高速钢普通立铣刀,以提高加工效率。钻削各孔时,钻头、铰刀直径受孔尺寸限制,零件材料为 45 钢,加工性能较好。钻孔加工可选用较快的进给,精加工铰孔时可选用铰刀用较慢的进给。所选刀具及切削用量,见表 3-38。

表 3-38　　数控加工工序卡片

<table>
<tr><td colspan="2" rowspan="2">加工工艺卡片</td><td>产品型号</td><td colspan="2">产品名称</td><td colspan="2">零件名称</td><td>材　料</td><td colspan="2">零件图号</td></tr>
<tr><td></td><td colspan="2"></td><td colspan="2">垫板</td><td>45 钢</td><td colspan="2"></td></tr>
<tr><td rowspan="2"></td><td>程序编号</td><td>夹具名称</td><td colspan="2">夹具编号</td><td colspan="2">使用设备</td><td>实习场地</td><td colspan="2">备注</td></tr>
<tr><td></td><td></td><td colspan="2"></td><td colspan="2"></td><td></td><td colspan="2"></td></tr>
<tr><td>工步号</td><td colspan="2">工步内容</td><td>刀具号</td><td>刀具规格</td><td>补偿号</td><td>主轴转速 (r/min)</td><td>进给速度 (m/min)</td><td>背吃刀量 (mm)</td><td>备注</td></tr>
<tr><td>1</td><td colspan="2">粗、精加工上表面</td><td>T01</td><td>Ø50 面铣刀</td><td>—</td><td>500</td><td>280</td><td></td><td></td></tr>
<tr><td>2</td><td colspan="2">粗加工外形轮廓</td><td>T02</td><td>Ø14 立铣刀</td><td>—</td><td>600</td><td>200</td><td></td><td></td></tr>
<tr><td>3</td><td colspan="2">精加工外形轮廓</td><td>T03</td><td>Ø12 立铣刀</td><td>—</td><td>2000</td><td>200</td><td></td><td></td></tr>
<tr><td>4</td><td colspan="2">打三个中心孔</td><td>T04</td><td>Ø3 中心钻</td><td>—</td><td>1000</td><td>30</td><td></td><td></td></tr>
<tr><td>5</td><td colspan="2">粗铣Ø35 的孔</td><td>T02</td><td>Ø14 立铣刀</td><td>—</td><td>600</td><td>200</td><td></td><td></td></tr>
<tr><td>6</td><td colspan="2">2×Ø10 孔精加工</td><td>T05</td><td>Ø10 铰刀</td><td>—</td><td>250</td><td>25</td><td></td><td></td></tr>
<tr><td>7</td><td colspan="2">精镗加工Ø35 孔</td><td>T06</td><td>镗刀</td><td>—</td><td>128</td><td>10</td><td></td><td></td></tr>
<tr><td colspan="2"></td><td>审核</td><td colspan="2"></td><td colspan="3">共　　页</td><td colspan="2">第　　页</td></tr>
</table>

六、参考程序(部分)

选择工件上表面对称中心线作为编程原点,其加工程序见表 3-39。

表 3-39

程序号段	FANUC 0i 系统程序	SIEMENS 802D 系统程序	程序说明
	O0011;	AA010. MPF;	程序号
N10	G90 G94 G21 G40 G54 F100;	G90 G94 G71 G40 G54 F100;	程序初始化
N20	G91 G28 Z0;	G74 Z0;	
N30	M03 S600;	T1D1 M03 S600;	主轴正转,600r/min
N40	G90 G00 X−60. Y−60.0;	G00 X−60.0 Y−60.0;	快速定位至起刀点
N50	Z30.0;		
N60	G01 Z−10.0;		背吃刀量为 10mm
N70	G41 G01 X40.0 Y0 D01;	G41 G01 X−40.0 Y0;	加工六边形轮廓
N80	X−35.0 Y8.66;		
N90	X−30.67 Y6.16;		
N100	G30 X−20.67 Y23.48 R10.0;	G03 X−20.67 Y23.48 CR=10.0;	
N110	G01 X−25.0 Y25.98;		
N120	X−20.0 Y34.64;		
N130	X20.0;		
N140	X25.0 Y25.98;		
N150	X20.67 Y23.48;		
N160	G03 X30.67 Y6.16 R20.0;	G03 X30.67 Y6.16 CR=20.0;	
N170	G01 X35.0 Y8.66;		
N180	X40.0 Y0;		
N190	X20.0 Y−34.64;		
N200	X−20.0;		
N210	X−40.0 Y0;		
N220	G40 G01 X−50.0;		
N230	Z−15.0;		加工圆形外轮廓
N240	G41 G01 X−40.0 Y0 D01;		
N250	G02 I40.0 J0;		
N260	G40 G01 X−50.0;		
N270	G91 G28 Z0;		程序结束部分
N280	M30		
	O0012;	AA012. MPF;	精镗孔程序
N10	G90 G94 G21 G40 G54 F50;	G90 G94 G71 G40 G54 F50;	程序开始部分
N20	G91 G28 Z0;	G74 Z0;	
N30	M03 S1000;	T1D1 M03 S1000;	
N40	G90 G00 Z50.0;	G00 Z50.0;	
N50	G76 X0 Y0 Z−35.0 R5.0 Q1000 P1000 F50.0;	MCALL CYCLE86(30.0,0,5.0,−35.0,2,3,1,0,2,180);	模态调用镗孔程序
N60		G00 X0 Y0;	镗孔
N70	G80;	MCALL;	取消孔加工循环
N80	G91 G28 Z0;	G74 Z0;	程序结束部分
N90	M30;		

配分权重

加工如图 3-176 所示的零件，成绩评分标准见表 3-40。

表 3-40　配分权重表

工作编号				总得分			
项目与配分		序号	技术要求	配分	评分标准	检测记录	得分
工件加工评分（80%）	外形轮廓	1	$69.28_{-0.03}^{\ 0}$	3×3	超 0.01 扣 2 分		
		2	$\varnothing 80_{-0.03}^{\ 0}$	3	超 0.01 扣 2 分		
		3	$20_{\ 0}^{+0.03}$	3×2	超 0.01 扣 2 分		
		4	$10_{\ 0}^{+0.03}$	3	超 0.01 扣 2 分		
		5	$5_{\ 0}^{+0.03}$	3	超 0.01 扣 2 分		
		6	平行度 0.05	3×2	超 0.01 扣 2 分		
		7	对称度 0.05	2×5	超 0.01 扣 2 分		
		8	$R_a1.6\mu m$	8	每处 1 分		
		9	$R10$ 等一般尺寸	2	每处 1 分		
	内孔	10	Ø10H8	3×2	超差全扣		
		11	Ø25H8	6	超差全扣		
		12	29.68±0.03	3×2	超差全扣		
		13	$R_a1.6\mu m$	2×3	每处 2 分		
	其他	14	工件按时完成	6	超时 10 分钟扣 2 分		
		15	工件无缺陷	3	缺陷一处扣 3 分		
程序与工艺（20%）		16	程序合理正确	0	2～10 分/每处		
		17	工艺合理正确				
机床操作		18	机床操作正确合理	倒扣	不规范每处扣 2 分		
文明生产（倒扣）		19	工件缺陷	倒扣	2～10 分/每处		
		20	安全文明生产				

任务三　数控铣/加工中心综合训练(三)

知识要点

◎ 挖槽中的进刀方式

◎ 数控加工工艺文件

技能要点

◎ 分析零件图

◎ 零件的加工工艺分析

◎ 编写数控加工工序卡片

◎ 编写数控铣加工程序

◎ 零件的加工与测量

任务描述

试编写如图 3-177 所示工件(已知毛坯尺寸为 100mm×100mm×25mm,六面为已加工表面)的加工程序,并在数控铣床上进行加工。

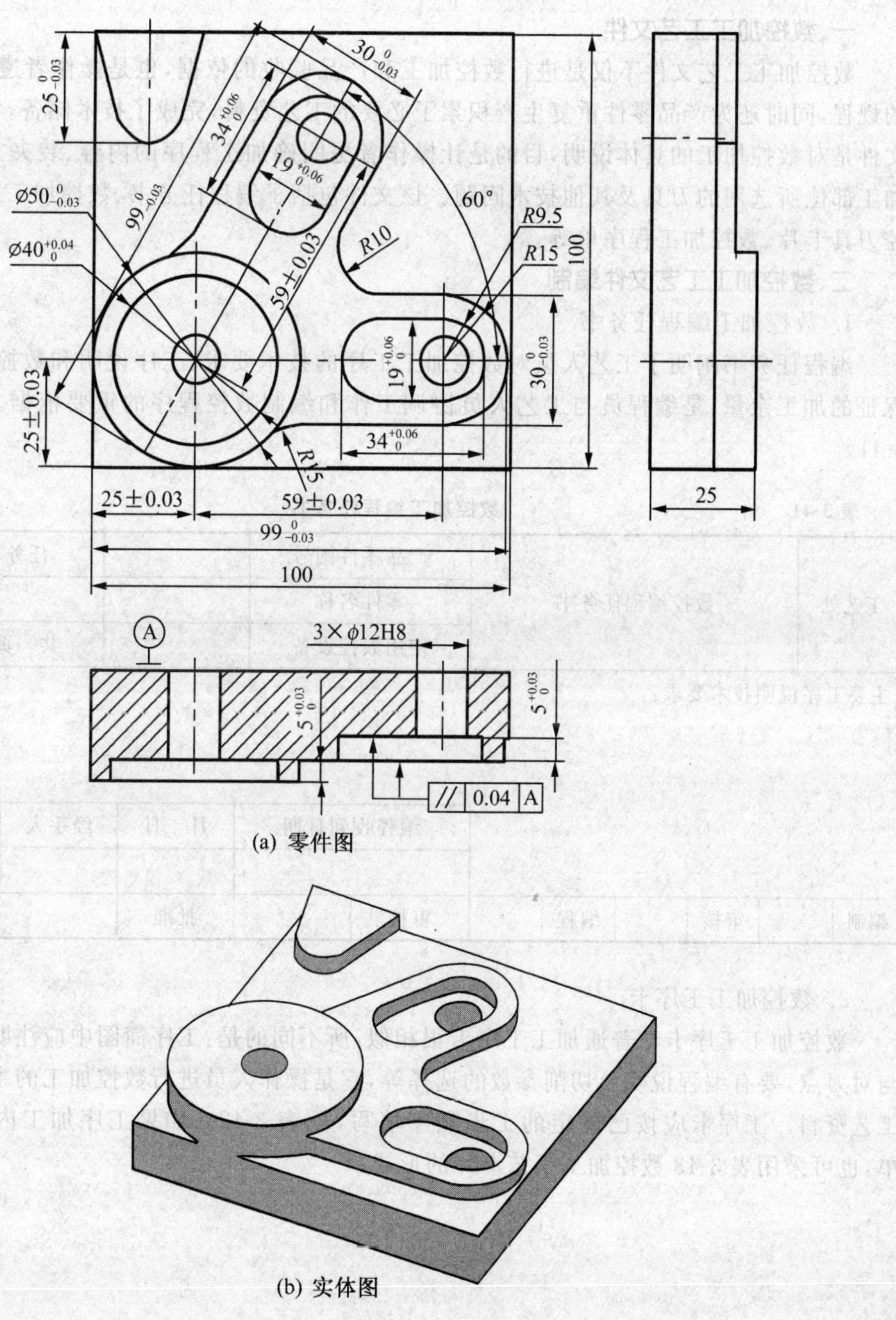

(a) 零件图

(b) 实体图

图 3-177

任务分析

该任务的目的是为了进一步提高学生读图分析零件图、分析零件加工工艺、编程及加工能力。所以要熟悉数控工艺文件的基础知识，并学会编写数控加工工序卡等工艺文件。

知识链接

一、数控加工工艺文件

数控加工工艺文件不仅是进行数控加工和产品验收的依据，也是操作者遵守和执行的规程，同时还为产品零件重复生产积累了必要的工艺资料，完成了技术储备。这些技术文件是对数控加工的具体说明，目的是让操作者更明确加工程序的内容、装夹方式、各个加工部位所选用的刀具及其他技术问题。该文件包括了编程任务书、数控加工工序卡、数控刀具卡片、数控加工程序单等。

二、数控加工工艺文件编制

1. 数控加工编程任务书

编程任务书阐明了工艺人员对数控加工工序的技术要求、工序说明和数控加工前应保证的加工余量，是编程员与工艺人员协调工作和编制数控程序的重要依据之一，见表 3-41。

表 3-41　数控加工编程任务书

<table>
<tr><td rowspan="3" colspan="2">工艺处</td><td rowspan="3" colspan="4">数控编程任务书</td><td colspan="2">产品零件图号</td><td></td><td colspan="2">任务书编号</td></tr>
<tr><td colspan="2">零件名称</td><td></td><td colspan="2"></td></tr>
<tr><td colspan="2">使用数控设备</td><td></td><td colspan="2">共　页第　页</td></tr>
<tr><td colspan="11">主要工序说明技术要求：</td></tr>
<tr><td rowspan="2" colspan="6"></td><td colspan="2">编程收到日期</td><td>月　日</td><td>经手人</td><td></td></tr>
<tr><td colspan="2"></td><td></td><td></td><td></td></tr>
<tr><td>编制</td><td></td><td>审核</td><td></td><td>编程</td><td></td><td>审核</td><td></td><td>批准</td><td></td><td></td></tr>
</table>

2. 数控加工工序卡

数控加工工序卡与普通加工工序卡很相似，所不同的是：工序简图中应注明编程原点与对刀点，要有编程说明及切削参数的选择等，它是操作人员进行数控加工的主要指导性工艺资料。工序卡应按已确定的工步顺序填写，见表 3-42。如果工序加工内容比较简单，也可采用表 3-43 数控加工工艺卡片的形式。

表 3-42 数控加工工序卡片

单位	数控加工工序卡片	产品名称或代号				零件名称		零件图号
工序简图		车间				使用设备		
		工艺序号				程序编号		
		夹具名称				夹具编号		
工步号	工步作业内容	加工面	刀具号	刀补量	主轴转速	进给速度	背吃刀量	备注
编制	审核	批准		年 月 日		共 页		第 页

表 3-43 数控加工工艺卡片

单位名称		产品名称或代号		零件名称		零件图号	
工序号	程序编号	夹具名称		使用设备		车 间	
工步号	工 步 内 容	刀具号	刀具规格	主轴转速	进给速度	背吃刀量	备注
编制	审核	批准		年 月 日		共 页	第 页

3. 数控刀具卡片

数控加工刀具卡主要反映刀具名称、编号、规格、长度等内容。它是组装刀具、调整刀具的依据(见表 3-44)。

表 3-44　数控加工刀具卡片

产品名称或代号			零件名称		零件图号	
序号	刀具号	刀具规格名称	数量	加工表面		备注
编制		审核		批准	共　页	第　页

4. 数控加工程序单

数控加工程序单是编程员根据工艺分析情况,按照机床特点的指令代码编制的。它是记录数控加工工艺过程、工艺参数的清单,有助于操作员正确理解加工程序内容。格式见表 3-45。

表 3-45　数控加工程序单

零件号			零件名称		编制		审核		
程序号					日期		日期		
N	G	X(U)	Z(W)	F	S	T	M	CR	备注

任务实施

一、挖槽中的进刀方式

对于封闭槽的加工,下刀方式主要有垂直下刀、螺旋下刀和斜线下刀三种。

1. 垂直下刀

使用键槽铣刀直接垂直下刀并进行切削。虽然键槽铣刀其端部刀刃通过铣刀中心,有垂直吃刀的能力,但由于键槽铣刀只有两刃切削,加工时的平稳性也就较差,因而表面粗糙度较大;同时在同等切削条件下,键槽铣刀较立铣刀的每刃切削量大,因而刀刃的磨损也就较大,在大面积切削中的效率较低。所以,采用键槽铣刀直接垂直下刀并进行切削的方式,通常只用于小面积切削或被加工零件表面粗糙度要求不高的情况。

2. 螺旋下刀

螺旋下刀方式是现代数控加工应用较为广泛的下刀方式,特别在模具制造行业中应用最为常见。刀片式合金模具铣刀可以进行高速切削,但和高速钢多刃立铣刀一样在垂直进刀时没有较大切深的能力。但可以通过螺旋下刀的方式,通过刀片的侧刃和底刃的切削,避开刀具中心无切削刃部分与工件的干涉,使刀具沿螺旋朝深度方向渐进,从而达到进刀的目的。这样,可以在切削的平稳性与切削效率之间取得一个较好的平衡点,如图 3-178 所示。

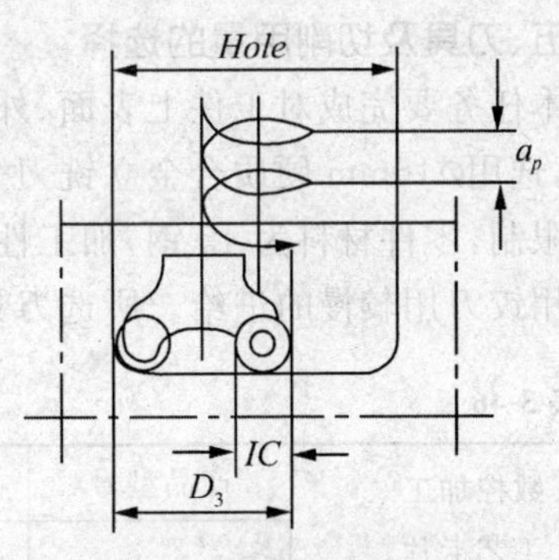

图 3-178 螺旋下刀

螺旋下刀也有其固有的弱点,比如切削路线较长、在比较狭窄的槽加工中往往因为切削范围过小无法实现螺旋下刀等,所以有时需采用较大的下刀进给或钻下刀孔等方法来弥补,所以选择螺旋下刀方式时要注意灵活运用。

3. 斜线下刀

斜线下刀时刀具快速下至加工表面上 1 个距离后,改为以 1 个与工件表面成一角度的方向,以斜线的方式切入工件来达到 Z 向进刀的目的。如图 3-179 所示。

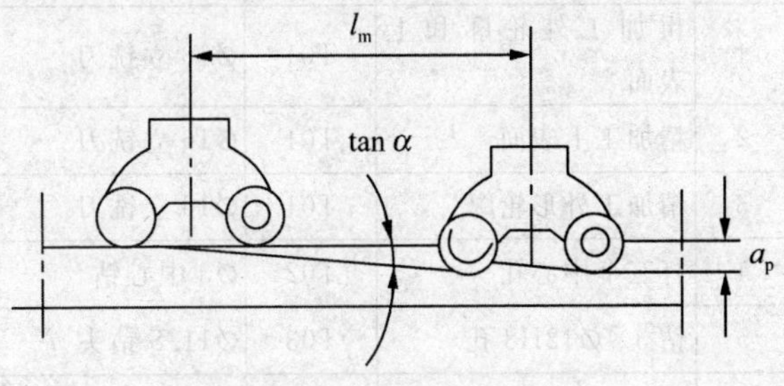

图 3-179 斜线下刀

斜线下刀方式作为螺旋下刀方式的一种补充,通常用于因范围的限制而无法实现螺旋下刀时的长条形的型腔加工。斜线下刀主要的参数有:斜线下刀的起始高度、切入斜线的长度、切入和反向切入角度。起始高度一般设在加工面上方 1～1.5mm;切入斜线的长度要视型腔空间大小及铣削深度来确定,一般是斜线越长,进刀的切削路程就越长;切入角度选取得太小,斜线数增多,切削路程加长;角度太大,又会产生不好的端刃切削的情况,一般选 5°～200°为宜。通常进刀切入角度和反向进刀切入角度取相同的值。

二、零件图工艺分析

此零件图纸标注齐全，分析图样可知：零件轮廓比较复杂包含了圆弧凸台、圆凸台、槽等特征。且两个槽外形相同，可以考虑用子程序。该零件材料为 45 钢，切削加工性能较好。

三、确定装夹方案

零件毛坯外形为规则的正方形，且毛坯的六面为已加工表面。加工时选择平口机用虎钳。装夹高度为 15mm，需在虎钳定位基面加垫铁。

四、确定加工顺序及进给路线，

加工顺序的拟定按照基面先行、先主后次、先粗后精的原则。因此应先粗加工外形轮廓和上表面；然后精加工上表面和外形轮廓；最后加工孔和槽。其中 3×Ø12H8 的孔采用钻孔—铰孔方案加工。

五、刀具及切削用量的选择

本任务要完成对工件上表面、外轮廓、槽及各孔的加工。因此，上表面、工件外轮廓的加工，选用Ø16mm 硬质合金立铣刀分别进行粗、精加工；钻削各孔时，钻头、铰刀直径受孔尺寸限制，零件材料为 45 钢，加工性能较好。钻孔加工可选用较快的进给，精加工铰孔时可选用铰刀用较慢的进给。所选刀具及切削用量，见表 3-46。

表 3-46　数控加工工序卡片

数控加工工艺卡片		产品型号	产品名称	零件名称		材　料	零件图号	
				凸模版		45 钢		
	程序编号	夹具名称	夹具编号	使用设备		实习场地	备注	
工步号	工步内容	刀具号	刀具规格	补偿号	主轴转速(r/min)	进给速度(m/min)	切削深度(mm)	加工余量(mm)
1	粗加工外轮廓和上表面	T01	Ø16 立铣刀		1600	300		
2	精加工上表面	T01	Ø16 立铣刀	D01	1600	250		
3	精加工外形轮廓	T01	Ø16 立铣刀	D01	1600	250		
4	打三个中心孔	T02	Ø3 中心钻	—	1000	30		
5	钻 3×Ø12H8 孔	T03	Ø11.8 钻头	—	600	200		
6	粗加工两凹槽	T01	Ø16 立铣刀		1200	200		
7	精加工两凹槽	T01	Ø16 立铣刀	D01	1600	200		
6	3×Ø12H8 孔精加工	T04	Ø12 铰刀	—	250	25		
		审核		共　页			第　页	

六、参考程序(部分)

选择工件上表面对称中心线作为编程原点，其加工程序见表 3-47。

表 3-47

程序段号	FAUNC oi 系统程序	SIEMENS 802D 系统程序	程序说明
	O0100；	AA100. MPF；	程序号
N10	G90 G94 G21 G40 G54 F100；	G90 G94 G71 G40 G54 F100；	程序初始化
N20	G91 G28 Z0；	G74 Z0；	
N30	M03 S600；	T1D1 M03 S600；	主轴正转，600r/min
N40	G90 G00 X－60. 0 Y60. 0	G00 X－60. 0 Y60. 0	快速定位至起刀点
N50	Z30. 0 M08；		
N60	G01 Z00 F100；		
N70	M98 P101 L2；	L101 P2	
N80	G01 Z10. 0；		
N90	G00 X60. 0 Y－60. 0；		
N100	G01 Z0. 0 F100；		
N110	M98 P102 L2；	L102 P2	
N120	G01 X10. 0；		
N130	G00 X－60. 0 Y20. 0；		
N140	G01 Z0. 0 F100；		
N150	M98 P103；	L103；	调用子程序
N160	G01 Z10. 0；		
N170	G00 X4. 5 Y26. 096；		
N180	G01 Z0. 0 F100；		
N190	M98 P104；	L104；	
N200	G01 Z10. 0；		
N210	G00 X34. 0 Y－25. 0		
N220	G01 Z0. 0 F100；		
N230	M98 P105；	L105；	
N240	G91 G28 Z0；	G74 Z0；	
N250	M30；		
	O0101；	L101. SPF；	凸台子程序
N10	G91 G01 Z－5. 0		每次切深 5mm
N20	G90 G41 G01 X－22. 321 D01；	G90 G41 G01 X－22. 321；	延长线上建立刀补

续表

N30	X－30.197 Y30.604；		
N40	G02 X－44.803 R7.56；	G02 X－44.803 CR＝7.56	凸台轮廓铣削
N50	G01 X－52.680 Y60.0；		
N60	G40 G01 X－60.0 Y60.0；		取消刀具半径补偿
N70	M99；	M17；	返回主程序
	O0102；	L102.SPF；	轮廓子程序
N10	G91G01 Z－5.0；		每次切深 5mm
N20	G90 G41 G01 X60.0 Y－40.0 D01；	G90 G41 G01 X60.0 Y－40.0；	
N30	X1.458；		
N40	G03 X－8.464 Y－43.75 R15.0	G03 X－8.464 Y－43.75 CR＝15.0；	
N50	G02 X－32.97 Y－1.302 R－25.0；	G02 X－32.97 Y－1.305 CR＝－25.0	
N60	G03 X－24.762 Y5.413 R15.0	G03 X－24.762 Y5.413 CR＝15.0	
N70	G01 X－8.490 Y33.596；		轮廓加工
N80	G02 X17.490 Y18.596 R15.0；	G02 X17.490 Y18.596 CR＝15.0；	
N90	G01 X9.641 Y5.0；		
N100	G03 X18.301 Y－10.0 R10.0；	G03 X18.301 Y10.0 CR＝10.0；	
N110	G01 X34.0 Y－10.0		
N120	G02 X34.0 Y－40.0 R15.0；	G02 X34.0 Y－40.0 CR＝15.0	
N130	G40 G01 X60.0 Y－60.0；		取消刀具半径补偿
N140	M99；	M17；	返回主程序
	O0103；	L103.SPF；	圆凸台轮廓子程序
N10	G91 G01 Z－5.0；		切深 5mm
N20	G90 G41 G01 X－32.97 Y8.696 D01；	G90 G41 G01 X－32.97 Y8.696；	建立刀补
N30	G03 X－32.97 Y－1.305 R5.0；	G03 X－32.97 Y－1.305 CR＝5.0；	圆弧引入
N40	G02 X－8.464 Y－43.75 R25.0；	G02 X－8.464 Y－43.75 CR＝25.0；	圆弧凸台轮廓加工
N60	G40 G01 X0 Y－60.0；		取消刀具半径补偿
N70	M99；	M17；	返回主程序
	O0104；	L104.SPF；	腰形内轮廓子程序

续表

N10	G91 G01 Z－10.0；		切深10mm
N20	G90 G41 G01 X－0.25 Y17.868 D01；	G90 G41 G01 X－0.25 Y17.868；	切线切入
N30	G03 X－3.727 Y30.846 R－9.5；	G03 X－3.727 Y30.846 CR=－9.5；	腰形内轮廓加工
N40	G01 X－11.227 Y17.855；		
N50	G03 X5.227 Y8.355 R9.5；	G03 X5.227 Y8.355 CR=9.5；	
N60	G01 X12.727 Y21.346；		
N70	G40 G01 X－50.0 Y－50.0		取消刀具半径补偿
N80	M99；	M17；	返回主程序
	O0104；	L104.SPF；	腰形内轮廓子程序
N10	G91 G01 Z－10.0；		切深10mm
N20	G90 G41 G01 X24.5 Y－25.0 D01；	G90 G41 G01 X24.5 Y－25.0	切线切入
N30	G03 X34.0 Y－15.5 R－9.5；	G03 X34.0 Y－15.5 CR=－9.5；	腰形内轮廓加工
N40	G01 X19.0；		
N50	G03 Y－34.5 R9.5；	G03 Y－34.5 CR=9.5；	
N60	G01 X34.0；		
N70	G40 G01 X34.0 Y－25.0；		取消刀具半径补偿
N80	M99；	M17；	返回主程序

加工如图 3-177 所示零件，成绩评分标准见表 3-48。

表 3-48　　配分权重表

工件编号				总得分			
项目与配分		序号	技术要求	配分	评分标准	检测记录	得分
工件加工评分（80%）	外形轮廓	1	$99^{0}_{-0.03}$	2×4	超差全扣		
		2	$30^{0}_{-0.03}$	2×4	超差全扣		
		3	$25^{0}_{-0.03}$	4	超差全扣		
		4	$\varnothing 50^{0}_{-0.03}$	4	每错一处扣 3 分		
		5	平行度 0.04	4	每错一处扣 3 分		
		6	侧面 Ra1.6μm	4	每错一处扣 1 分		
		7	底面 Ra3.2μm	4	每错一处扣 1 分		
		8	*R*15、*R*10、60°	6	每错一处扣 2 分		
	内轮廓与孔	9	$\varnothing 40^{+0.04}_{0}$	4	超差全扣		
		10	孔距 59±0.03	2×2	超差全扣		
		11	孔距 25±0.03	2×2	超差全扣		
		12	$19^{+0.05}_{0}$	4	超差全扣		
		13	$34^{+0.06}_{0}$	2×4	每错一处扣 2 分		
		14	孔径∅12H8	2×3	每错一处扣 2 分		
		15	$5^{+0.03}_{0}$	2×2	每错一处扣 4 分		
	其他	16	工件按时完成	3	未按时完成全扣		
		17	工件无缺陷	3	缺陷一处扣 3 分		
程序与工艺（10%）		18	程序正确合理	5	每错一处扣 2 分		
		19	加工工序卡	5	不合理每处扣 2 分		
机床操作（10%）		20	机床操作规范	5	出错一次扣 2 分		
		21	工件、刀具装夹	5	出错一次扣 2 分		
安全文明生产（倒扣分）		22	安全操作	倒扣	安全事故停止操作或酌扣 5～30 分		
		23	机床整理	倒扣			

思考与练习

1. 加工中心的自动换刀通过哪些方式实现？
2. 划分加工阶段的原因有哪些？
3. 在安排加工工序时一般应遵循哪些原则？
4. 一般工序划分有哪几种方式？
5. 挖槽时进刀的方式有哪几种？
6. 试编写如下图所示工件（已知毛坯尺寸为 120mm×120mm×25mm）的加工程序，

并在数控铣床上进行加工。

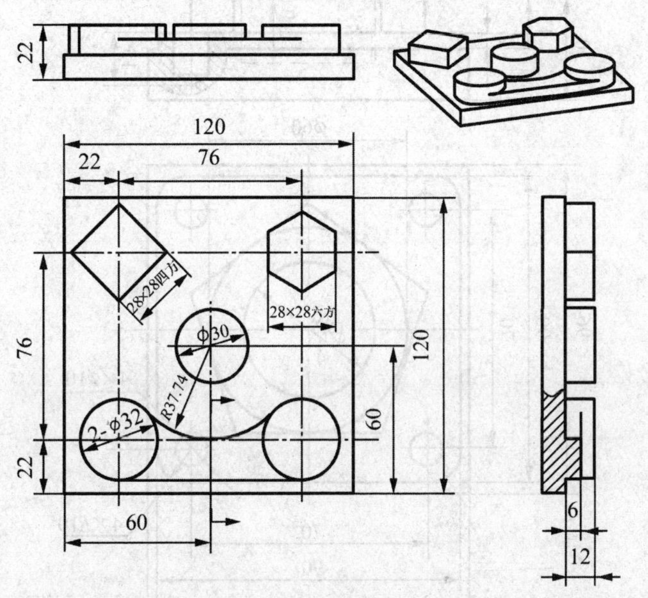

第 6 题图　外轮廓加工零件

7. 试在数控铣床上完成如下图所示零件工艺孔、沉孔及螺纹孔的加工。毛坯材料为 45 钢(已知毛坯尺寸为 110mm×80mm×30mm)。

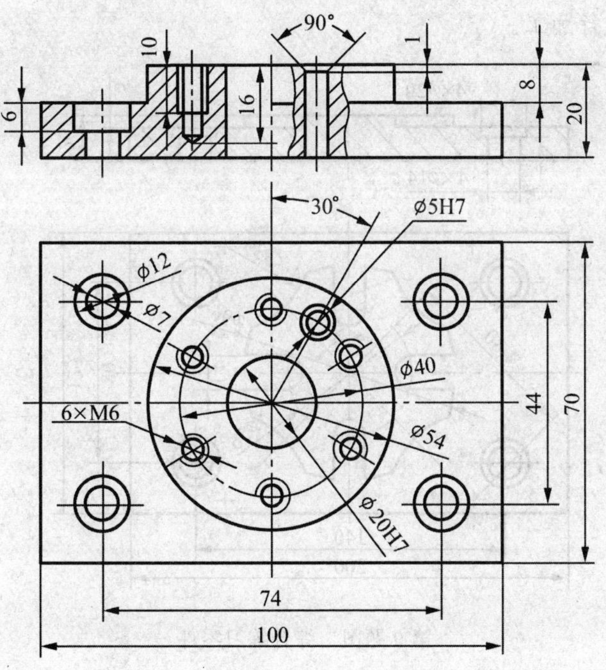

第 7 题图　内孔加工零件

8. 试编写如图所示工件(已知毛坯尺寸为 110mm×110mm×35mm)的加工程序,并在数控铣床上进行加工。

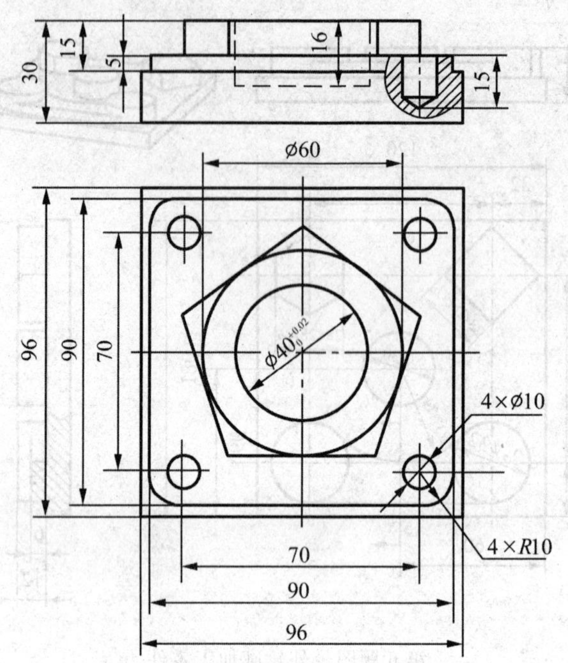

第 8 题图　外轮廓加工零件

9. 试编写如下图所示工件(已知毛坯尺寸为 210mm×130mm×30mm)的加工程序，并在数控铣床上进行加工。

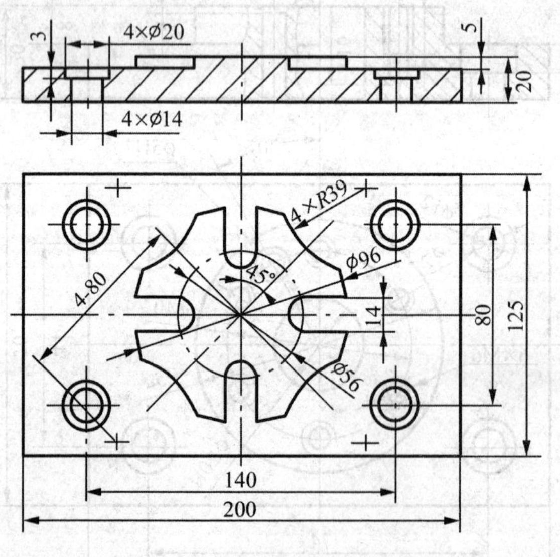

第 9 题图　综合练习零件

模块五　复杂曲面零件加工

任务一　椭圆槽的加工

知识要点

◎椭圆槽的加工方法

◎宏程序、变量等基本概念

◎B 类宏程序中的运算指令和转移指令

◎B 类宏程序的编程方法

技能要点

◎确定零件的加工方法

◎采用 B 类宏程序指令编写数控加工程序

任务描述

试编写图 3-180 所示工件椭圆槽的加工程序,并在数控铣床上进行加工。零件除椭圆槽和球面未加工外,其他部分已加工。

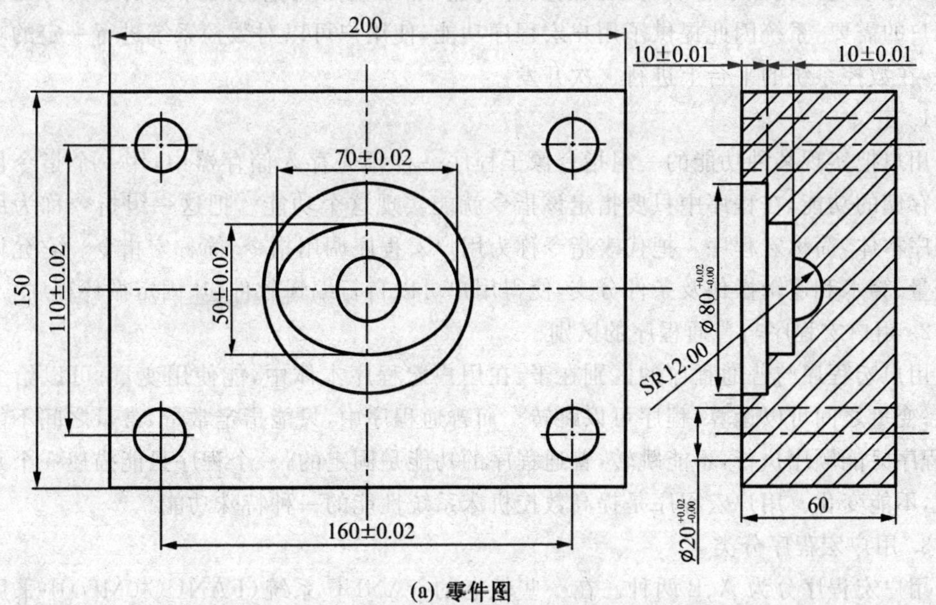

(a) 零件图

(b) 立体图

图 3-180

任务分析

加工如图 3-180 所示椭圆槽，椭圆长半轴为 35mm，短半轴为 25mm，其深度为 10mm。

因为大部份轮廓形状是由直线与圆弧组成的，所以数控系统一般只提供直线插补指令 G01 和圆弧插补指令 G02、G03，没有提供椭圆加工指令。编制椭圆加工程序时，可以利用宏程序的转移与循环语句进行宏程序的编制。

知识链接

一、宏程序

一般意义上所讲的数控指令即代码的功能是固定的，它们是由系统生产厂家开发，使用者按照指令格式编程，但有时系统生产厂家提供的这些指令不能满足用户的需要，比如一般数控系统只提供了直线与圆弧的插补功能，加工椭圆及抛物线等形状零件时无法满足用户的需要，系统因此提供了用户宏程序功能，使用户可以对数控系统进行一定的功能扩展，在数控系统的平台上进行二次开发。

1. 定义

用户把实现某种功能的一组指令像子程序一样预先存入储存器中，用一个指令代表这个存储的功能，在程序中只要指定该指令就能实现这个功能。把这一组指令称为用户宏程序本体，简称宏程序。把代表指令称为用户宏程序调用指令，简称宏指令。它允许使用变量、算术和逻辑操作及条件分支，使得用户可以自行编辑软件包、固定循环程序。

2. 用户宏程序与普通程序的区别

用户宏程序与普通程序的区别在于：在用户宏程序本体中，能使用变量；可以给变量赋值；变量之间可以运算；程序可以跳转。而普通程序中，只能指定常量，常量之间不能运算，程序只能顺序执行，不能跳转，普通程序的功能是固定的，一个程序只能描述一个几何形状，不能变化。用户宏程序是提高数控机床系统性能的一种特殊功能。

3. 用户宏程序分类

用户宏程序分为 A、B 两种。在一些较老的 FANUC 系统（FANUC-0MD）中采用的 A 类宏程序，现在使用较少，而现在的数控系统一般采用 B 类宏程序。在这里，对 A 类宏程序不作介绍。

二、变量

1. 变量概述

普通程序总是将一个具体的数值赋给一个地址，例如 G01 和 X120.0，为了使程序更具通用性，灵活性，用户宏程序中引用了变量。当使用变量时，变量值可以由程序或 MDI 面板设定。

例：＃1＝＃2＋10；

G01 X＃1 F500；

2. 变量的表示方法

一个变量由变量符号“＃”和变量号组成，如＃i(i＝0，1，2，3，…)。

例：＃1；＃100。

变量号也可以用表达式指定，这时表达式要用方括号括起来，如＃[＃1＋10]；

3. 变量值的表示

在程序中定义变量时，可以省略小数点。例：当＃1＝123 被定义时，变量＃1 的实际值为 123.000。

当变量的值未定义时，这样的一个变量被看作“空”变量。

4. 变量的类型

变量根据变量号分为空变量、局部变量、公共变量、系统变量四种，如表 3-49 所示：

表 3-49　　FANUC 0i 变量类型

变量类型	变量号	功　能
空变量	＃0	该变量总是为空，不能赋值。
局部变量	＃1～＃33	局部变量只能在宏程序中存储数据，例如：运算结果。当断电时，局部变量被初始化成"空"。调用宏程序时，自变量对其赋值。局部变量是一个在宏程序中局部使用的变量。
公共变量	＃100～＃199 ＃500～＃999	公共变量在不同的宏程序中意义相同，当断电时，＃100～＃199 初始化为空，＃500～＃999 的数据保存，即使断电也不丢失。
系统变量	＃1000 以上	用于读和写 CNC 运行时的各种数据，是具有固定用途的变量，它的值决定系统的状态。例如刀具的位置和补偿值等。

5. 变量的引用

(1)为了在程序中引用变量，指定一个地址字其后跟一个变量号。

例：G01 X＃1；

(2)当用表达式指定一个变量时，须用方括号括起来。

例：G01 X[＃1＋＃2] F＃3；

(3)取引用的变量值的相反值，可以在＃号前加“—”号。

例：G00 X—＃1；

(4)当引用一个未定义的变量时，忽略变量及引用变量的地址。

例：＃1＝0，＃2＝“空”，则 G00 X＃1 Y＃2；的执行结果是 G00 X0；

(5)程序号“O”、顺序号“N”、任选段跳跃号“/“不能使用变量。

例:O＃11;N＃13 Y200.0;

三、常用运算指令

在表 3-50 中列出的运算可以在变量中执行。运算符右边的表达式,可以含有常量和/或由函数或运算符组成的变量。表达式中的变量＃J 和＃K 可以用常数替换。左边的变量也可以用表达式赋值。

表 3-50　FANUC Oi 算术和逻辑运算一览表

功　能	格　式	备注/示例
定义、转换	＃i=＃j	＃100=＃1,＃100=20.0
加法	＃i=＃j+＃k	＃100=＃101+＃102
减法	＃i=＃j-＃k	＃101=80-＃103
乘法	＃i=＃j*＃k	＃102=＃1*＃2
除法	＃i=＃j/＃k	＃103=＃101/25.0
正弦	＃i=SIN[＃j]	角度以度为单位,如:80°30′分表示成 80.5° ＃100=SIN[＃101] ＃100=COS[38.3+24.8] ＃100=TAN[＃1/＃2]
反正弦	＃i=ASIN[＃j]	
余弦	＃i=COS[＃j]	
反余弦	＃i=ACOS[＃j]	
正切	＃i=TAN[＃j]	
反正切	＃i=ATAN[＃j]	
平方根	＃i=SQRT[＃j]	＃105=SQRT[＃100]
绝对值	＃i=ABS[＃j]	＃106=ABS[-＃102]
舍入	＃i=ROUND[＃j]	＃107=ROUND[3.414]
上取整	＃i=FIX[＃j]	＃108=FIX[3.4]
下取整	＃i=FUP[＃j]	＃109=FUP[3.4]
自然对数	＃i=LN[＃j]	＃110=LN[＃3]
指数函数	＃i=EXP[＃j]	＃111=EXP[＃12]
OR(或)	＃i=＃jOR＃k	逻辑运算一位一位地按二进制执行
XOR(异或)	＃i=＃jXOR＃k	
AND(与)	＃i=＃jAND＃k	
将 BCD 码转换成 BIN 码	＃i=BIN[＃j]	用于与 PMC 间信号的交换
将 BIN 码转换成 BCD 码	＃i=BCD[＃j]	

1. 角度单位

在函数 SIN,COS,TAN 等的角度单位是度。

例:30°18′表示为 30.3°

2. 缩写方式

在程序中指令函数时,可用函数名的前两个字符指令该函数。

例:ROUND→RO,SIN→SI

3. 运算次序

宏程序数学计算的次序依次为:函数运算(SIN、COS、TAN 等),乘和除运算(*,/,AND 等),加法和减法运算(+,-,OR,XOR 等)。

例:#100=#101-#102*COS[#103];

数学运算次序为:①函数 COS[#103]。

②乘除#102*COS[#103]。

③加减#101-#102*COS[#103]。

4. 方括号嵌套

方括号用于改变运算的次序。函数中的括号允许嵌套使用,最多可用五层。

例:#1=SIN[[#2-#3]*#4+#5]/#6]

注意:方括号用于封闭表达式,圆括号用于注释。

5. ROUND 功能

(1)当 ROUND 功能包含在算术或逻辑操作、IF 语句、WHILE 语句中时,将保留小数点后一位,其余位进行四舍五入。

例:#1=ROUND[#2];其中#2=1.2345,则#1=1.0

(2)当 ROUND 出现在 NC 语句地址中时,进位功能根据地址的最小输入增量四舍五入指定的值。

例:编一个程序,根据变量#1、#2 的值进行切削,然后返回到初始点。假定增量系统是 1/1000mm,#1=1.2345,#2=2.3456。

则:G00 G91 X—#1;移动 1.235mm;

G01 X—#2 F300;移动 2.346mm;

G00 X[#1+#2];因为 1.2345+2.3456=3.5801 移动 3.580mm,不能返回到初始位置。而换成 G00X[ROUND[#1]+ROUND[#2]]能返回到初始点。

6. 上取整和下取整

数控系统处理数值运算时,若操作产生的整数大于原数时为上取整,反之则为下取整。

例:#1=1.2,#2=-1.2

则:#3=FUP[#1],结果#3=2.0;

#3=FIX[#1],结果#3=1.0;

#3=FUP[#2],结果#3=-2.0;

#3=FIX[#2],结果#3=-1.0。

四、转移与循环与语句

在一个程序中,控制程序的流向可以用 GOTO、IF 语句改变。有三种转移与循环语句可供使用:

GOTO 语句(无条件转移)。

IF 语句(条件转移:IF…,THEN…)。

WHILE 语句(循环语句 WHILE…)。

1. 无条件转移(GOTO 语句)

功能：无条件转移到标有顺序号为 n 的程序段。

格式：GOTO n；　　n 是顺序号(1～9999)

例：GOTO 100；表示跳转到程序段号为 100 的程序段。

2. 条件转移(IF 语句)

(1)功能：如果指定的条件表达式满足时，转移到标有顺序号 n 的程序段，如果指定的条件表达式不满足时，则执行下一个程序段。

如图 3-181 所示，如果＃1 的值大于 100，则转移到顺序号 N10 的程序段，如果＃1 的值小于 100，则顺序执行下一程序段。

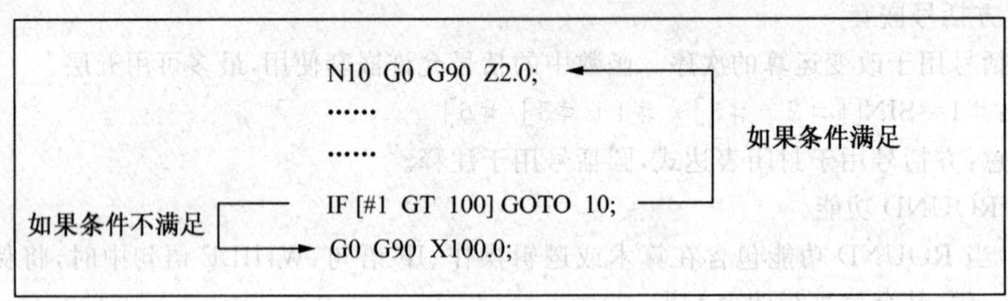

图 3-181　条件转移语句

(2)格式：IF[条件表达式]GOTO n；

n：程序段号

条件表达式：一个条件表达式一定要有一个运算符，这个运算符插在两个变量或一个变量和一个常量之间，并且要用方括号括起来，既[表达式　操作符　表达式]。

运算符见下表 3-51。

表 3-51　　**运算符**

运算符	含义
EQ	等于(＝)
NE	不等于(≠)
GT	大于(＞)
GE	大于或等于(≥)
LT	小于(＜)
LE	小于或等于(≤)

3. 循环(WHILE 语句)

(1)功能：在 WHILE 后指定一个条件表达式，当条件满足时，执行 DO 到 END 之间的程序段，否则执行 END 后的程序段。

如图 3-182 所示，当＃100＜50 时，执行 DO 到 END 之间的程序，否则执行 END1 后的程序段。

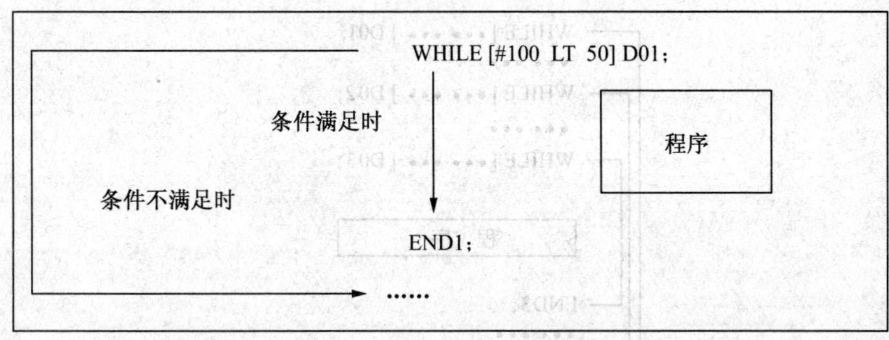

图 3-182 WHILE 语句举例

(2)格式:WHILE[条件表达式] DO m;(m=1,2,3)

……

END m;

m 只能为 1、2、3 中取值。

(3)嵌套:在 DO~END 循环中的标号 1~3 可根据需要多次使用。但是,当程序有交叉重复循环(DO 范围的重叠)时,出现 P/S 报警。结果如下所示:

①标号(1~3)可以根据要求多次使用

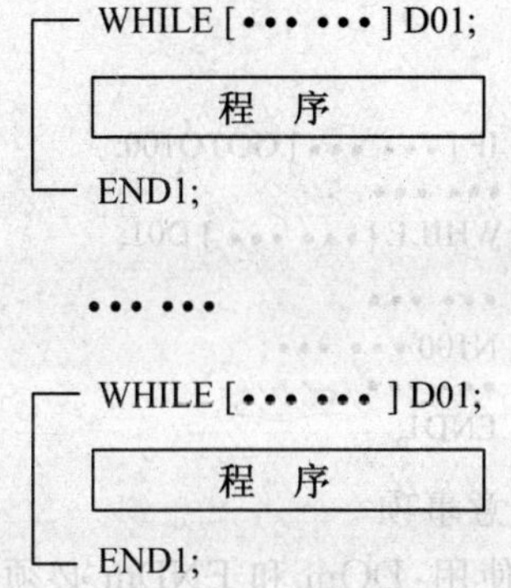

②DO 的范围不能交叉。

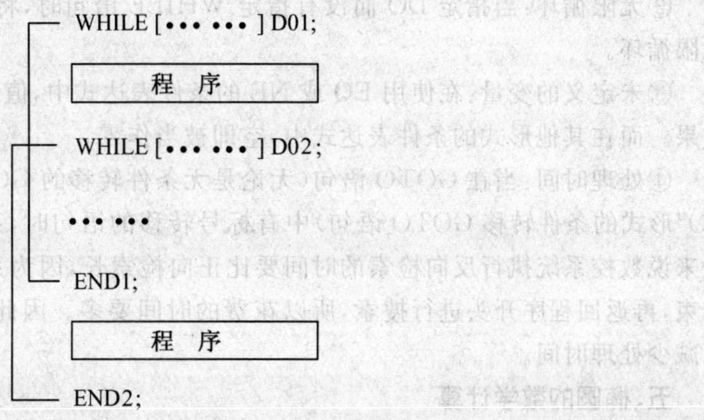

③DO 循环可以嵌套 3 级。

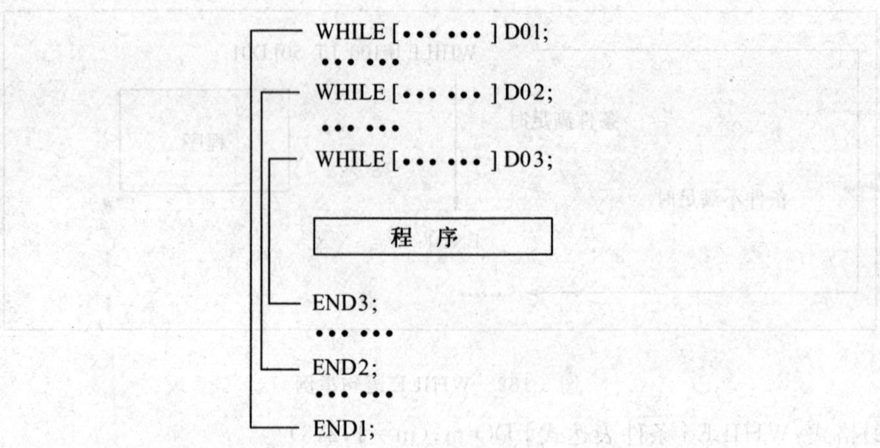

④控制可以转到循环的外边。

```
WHILE [••• •••] D01;
••• •••
IF [••• •••] GOTO100;
••• •••
END1;
••• •••
N100 ••• •••;
```

⑤转移不能进入循环区内。

```
IF [••• •••] GOTO100;
••• •••
WHILE [••• •••] D01;
••• •••
N100 ••• •••;
••• •••
END1;
```

(4)循环(WHILE 语句)的注意事项

①DOm 和 ENDm 必须成对使用:DOm 和 ENDm 必须成对使用,而且 DOm 一定要在 ENDm 指令之前。

②无限循环:当指定 DO 而没有指定 WHILE 语句时,将产生从 DO 到 END 之间的无限循环。

③未定义的变量:在使用 EQ 或 NE 的条件表达式中,值为空和值为零将会有不同的效果。而在其他形式的条件表达式中,空即被当作零。

④处理时间:当在 GOTO 语句(无论是无条件转移的 GOTO 语句,还是“IF……GOTO”形式的条件转移 GOTO 语句)中有标号转移的语句时,系统将进行顺序号检索。一般来说数控系统执行反向检索的时间要比正向检索长,因为系统通常先正向搜索到程序结束,再返回程序开头进行搜索,所以花费的时间要多。因此,用 WHILE 语句实现循环可减少处理时间。

五、椭圆的数学计算

如图 3-183 所示:

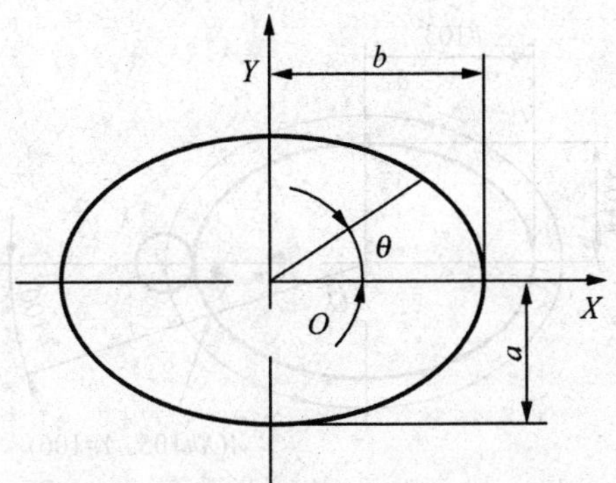

图 3-183 椭圆

1. 椭圆标准方程 $X^2/a^2+Y^2/b^2=1$

2. 椭圆参数方程 $X=a\cos\theta$ $Y=b\sin\theta$

一、工艺分析

工件坐标系原点(X0 Y0)定义在毛坯中心,其 Z0 定义在毛坯上表面。采用Ø25 高速钢立铣刀,分粗精加工,粗加工预留 0.2mm 精加工余量,粗加工时主轴转速 S220r/min,进给速度 F150mm/min,精加工时主轴转速 S260r/min,进给速度 F120mm/min。

二、数学计算

因数控指令里没有椭圆插补加工指令,我们在这里采用近似方法加工椭圆,将椭圆均分若干微小直线段,如图 3-184 所示,各节点坐标可通过椭圆参数方程 $X=a\cos\theta$ $Y=a\cos\theta$ 求出,通过 G01 插补指令近似加工椭圆。

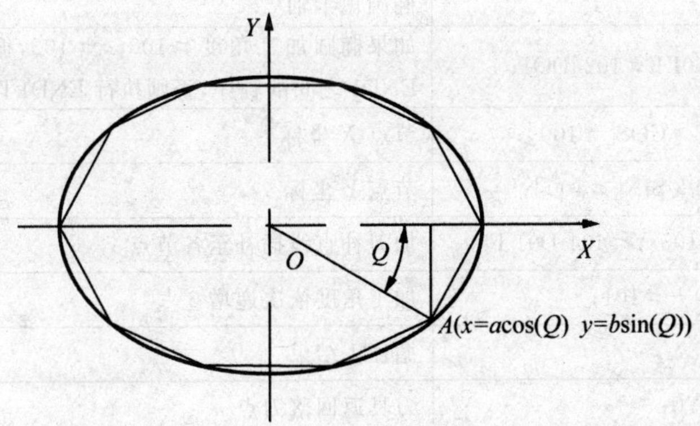

图 3-184 椭圆类零件

三、零件加工程序:

利用 WHILE 循环语句进行椭圆零件的加工。加工路线图如图 3-185 所示,详见表 3-52。

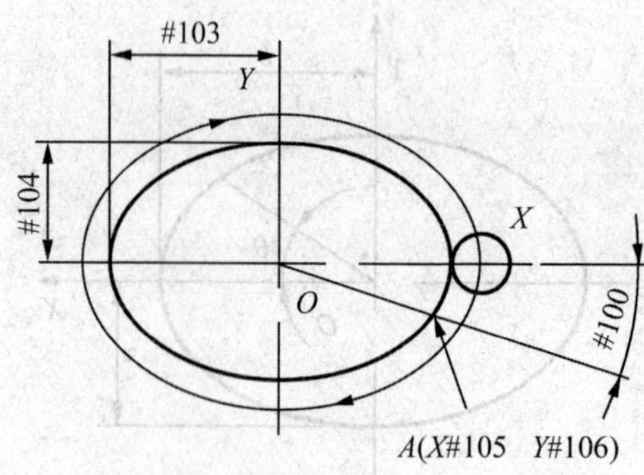

图 3-185 椭圆加工路线

表 3-52 椭圆零件加工程序

程序内容	说明
O0001；	程序名
N10 G94 G97 G40；	设定编程环境
N20 G0 G28 G91 Z0；	刀具返回 Z 轴机床参考点
N30 G0 G90 G54 X0Y0；	刀具快速定位至落刀点，
N40 G43 Z100.0 H01 M03 S300；	刀具下降至安全平面 Z100mm 处
N50 M08；	开切削液
N60 G0 G90 Z2.；	刀具快速下降至 Z2mm 处
N70 G01 Z－20.0 F80；	刀具下降至 Z－20.0mm 处，进给速度为 80mm/min
N80 ＃100＝0；	椭圆加工起始角度
N90 ＃101＝3；	角度每次递增量
N100 ＃102＝360；	椭圆加工终止角度
N110 ＃103＝35；	椭圆长半轴
N120 ＃104＝25；	椭圆短半轴
N130 WHILE[＃100LE＃102]DO1；	如果椭圆加工角度＃100≥＃102，循环执行从 DO1 至 END1 之间的程序，否则执行 END1 以后的程序
N140 ＃105＝＃103＊COS[＃100]；	节点 X 坐标
N150 ＃106＝＃104＊SIN[＃100]；	节点 Y 坐标
N160 G01 G41 X＃105 Y＃104 D01 F80；	加刀补直线插补至各节点
N170 ＃100＝＃100＋＃101；	加工角度依次递增 3°
N180 END1；	循环 1 结束
N190 G01 G40 X0 Y0；	刀具返回落刀点
N200 G0 G90 Z100.0；	刀具升高至安全平面 Z100.0mm 处
N210 M05；	主轴停转
N220 M09；	切削液停
N230 M30；	程序结束

四、实操加工

加工注意事项：

1. 如果每次递增角度太小，会增加系统运算量，将会影响零件的加工速度，使加工速度变慢，角度递增太大，将会影响零件的形状精度。

2. 使用跳转语句(IF 语句)时，将会增加系统的搜索时间，而影响零件的加工质量。

3. 每次递增量＃101 设置的数据必须能被＃102 整除。

任务二　球面的加工

知识要点

◎球面的加工方法

◎宏程序调用

◎球头立铣刀的选用

技能要点

◎确定零件的加工方法

◎采用 B 类宏程序指令编写数控加工程序

任务描述

试编写图 3-180 所示工件半圆球面的加工程序，并在数控铣床上进行加工。零件其他部分已加工。

任务分析

加工如图 3-180 所示半圆球曲面，半圆球曲面尺寸为 SR12mm，已预钻落刀工艺孔。

此轮廓形状为一半圆球体，属于比较规则的三维曲面加工，在模具零件的加工中经常会遇到此类形状的零件，利用宏程序编制半圆球曲面加工程序，采用球头铣刀近似加工。

知识链接

一、宏程序调用

1. 概述

用户宏指令是调用用户宏程序的指令，用户宏程序用以下方法调用宏程序：

(1)非模态调用(G65)。

(2)模态调用(G66、G67)。

(3)用 *G* 代码调用宏程序。

(4)用 *M* 代码调用宏程序。

(5)用 *M* 代码调用子程序。

(6)用 *T* 代码调用了程序。

宏调用和子程序调用之间的区别：

①用 G65，可以指定一个自变量(传递给宏程序的数据)，而 M98 没有这个功能。

②当 M98 段含有另一个 NC 语句时(如:G01 X100.0M98Pp),则执行命令之后调用子程序,而 G65 无条件调用一个宏。

③当 M98 段含有另一个 NC 语句时(如:G01 X100.0M98Pp),在单段方式下机床停止,而使用 G65 时机床不停止。

④用 G65 地方变量的级要改变,而 M98 不改变。

2. 非模态调用(G65)

(1)功能　G65 被指定时,地址 P 所指定的用户宏程序被调用,数据(自变量)能传递到用户宏程序中。

(2)格式　G65 P_ L_ <自变量指定>;

P:调用的程序号。

L:调用次数,*L*1 可以省略不写。

<自变量指定>:传递到宏程序的数据,如图 3-186 所示。

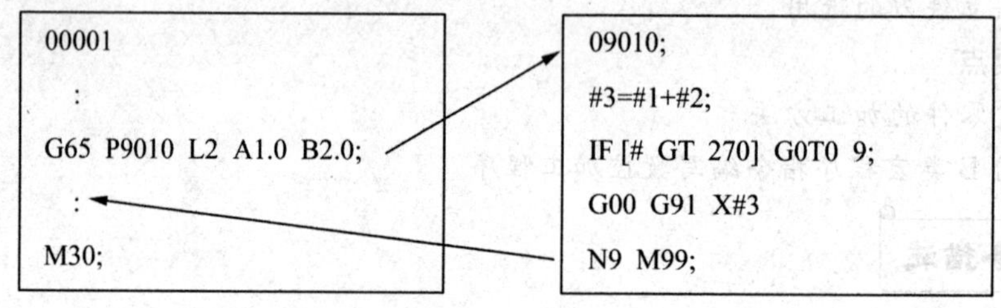

图 3-186　非模态调用 G65

(3)自变量指定　若要向用户宏程序本体传递数据时,须由自变量来指定,这里使用的是局部变量(♯1～ 量指定有两种类型:自变量指定Ⅰ、自变量指定Ⅱ。

自变量指定Ⅰ:用英文字母后加数值进行赋值,除了 G、L、O、N 和 P 之外,其余所有 21 个英文字母可以给自变量赋值,每个字母赋值一次,赋值不必按字母顺序进行,但使用 I、J、K 时,必须按字母顺序指定,不赋值的地址可以省略;如表 3-53 所示。

表 3-53　FANUE Oi 地址与局部变量的对应关系

地址	变量号
A	♯1
B	♯2
C	♯3
D	♯7
E	♯8
F	♯9
H	♯11

地址	变量号
I	♯4
J	♯5
K	♯6
M	♯13
Q	♯17
R	♯18
S	♯19

地址	变量号
T	♯20
U	♯21
V	♯22
W	♯23
X	♯24
Y	♯25
Z	♯26

与自变量指定Ⅰ、Ⅱ:与自变量指定Ⅰ类似,也是用英文字母后加数值进行赋值,但只用了A、B、C和I、J、K这6个字母,具体用法是:使用A、B、C各一次,I、J、K各10次,在这里I、J、K是分组定义的,同组的I、J、K必须按字母顺序指定,不赋值的地址可以省略;如表3-54所示。

表 3-54　　FANUE Oi 地址与局部变量的对应关系

类别二:

地址	变量号	地址	变量号	地址	变量号
A	#1	K3	#12	J7	#23
B	#2	I4	#13	K7	#24
C	#3	J4	#14	I8	#25
I1	#4	K4	#15	J8	#26
J1	#5	I5	#16	K8	#27
K1	#6	J5	#17	I9	#28
I2	#7	K5	#18	J9	#29
J2	#8	I6	#19	K9	#30
K2	#9	J6	#20	I10	#31
I3	#10	K6	#21	J10	#32
J3	#11	I7	#22	K10	#33

注:I、J、K的下标用于确定自变量指定的顺序,在实际编程中不写。

(4)自变量赋值的说明

①自变量指定Ⅰ、Ⅱ可以混合　CNC内部自动识别自变量指定Ⅰ、Ⅱ,如果自变量指定Ⅰ、Ⅱ混合指定,较后指定的自变量类型有效。如图3-187所示。

②小数点的问题　没有小数点的自变量数据的单位为各地址的最小设定单位。传递的没有小数点的自变量,其值将会根据机床实际的系统配置而变化。因此在调用宏程序使用小数点可使兼容性好。

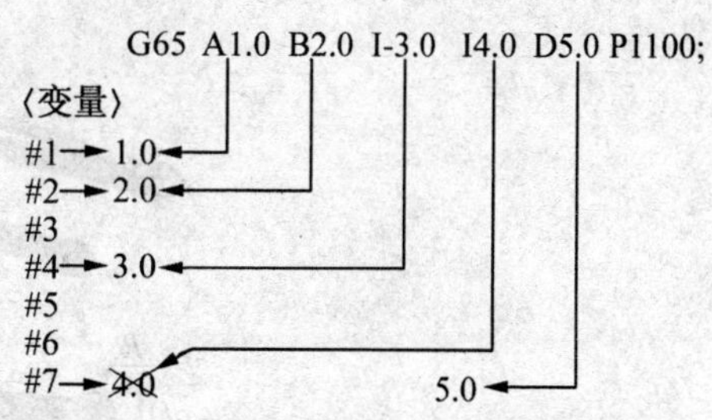

图 3-187　自变量指定Ⅰ、Ⅱ混合使用举例

③调用嵌套　调用可以嵌套四级,包括非模态调用(G65)和模态调用(G66),但不包括子程序调用(M98)。

④局部变量的级别　局部变量嵌套从0至4级,主程序是0级。用G65(G66)调用宏程序,每调用一次局部变量级别加1,前一级的局部变量值保存在CNC中。当宏程序中执行M99时,控制返回到调用的程序。此时,局部变量级别减1,并恢复宏程序调用时保存的局部变量值。局部变量嵌套的级别如图3-188所示。

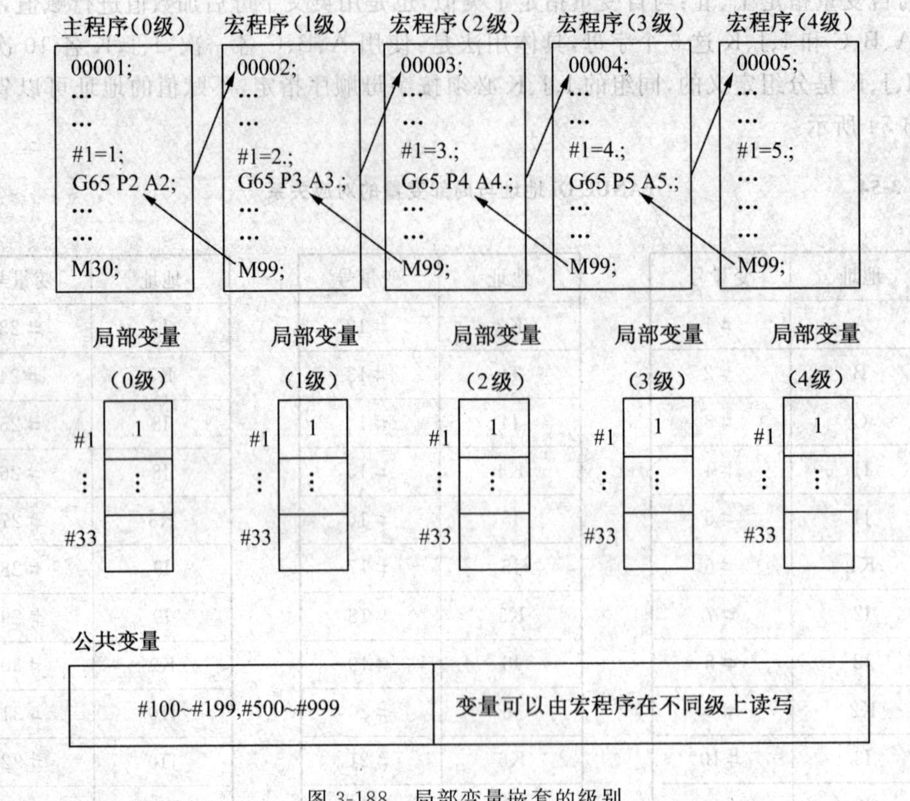

图 3-188　局部变量嵌套的级别

二、球头立铣刀

球头立铣刀如图 3-189 所示，为模具行业常用刀具，其底部切削刃圆弧切削刃，可以作径向和轴各进给。铣刀工作部分用高速钢或硬质合金制造。国家标准规定直径 $d=4\sim63$mm。小规格的球头立铣刀多制成整体结构，⌀16mm 以上直径的，一般多制成机夹式可转位刀片结构。

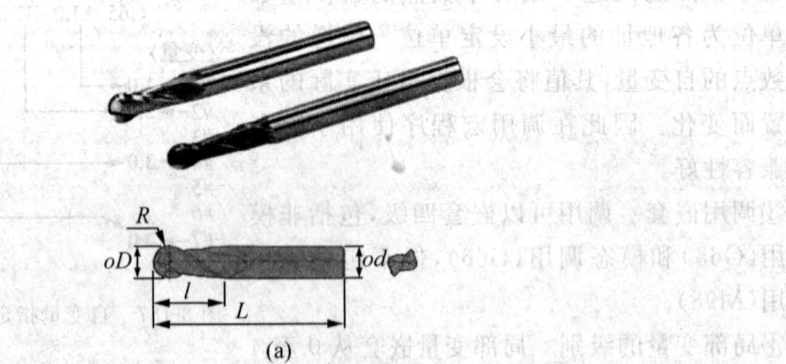

(a)

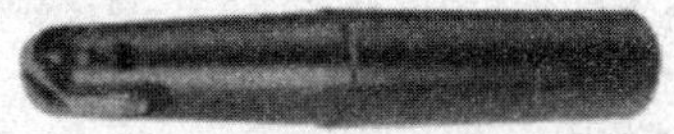

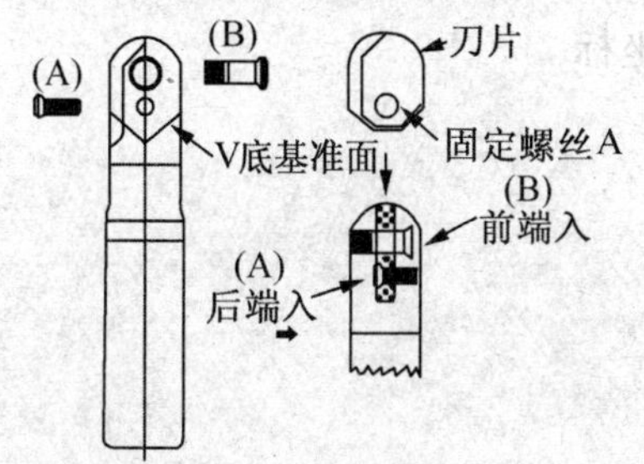

(b)

图 3-189 球头铣刀

三、圆的数学计算

如图 3-190 所示。

1. 圆标准方程 $X^2+Y^2=R^2$

2. 圆参数方程 $X=R\cos\theta\ Y=R\cos\theta$

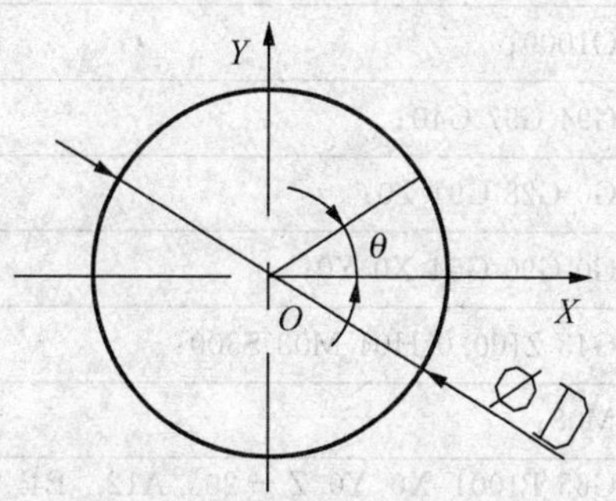

图 3-190 圆的方程

一、工艺分析

工件坐标系原点(X0 Y0)定义在毛坯中心,其Z0 定义在毛坯上表面。由于零件需加工 SR12mm 半圆球曲面,采用⌀8 硬质合金球头铣刀,主轴转速S2800r/min,进给速度 F600mm/min。采用近似方法加工半圆球面,将半圆球面按角度分层,球头铣刀在每一层上进行圆弧插补加工,加工路线如图 3-191 所示。

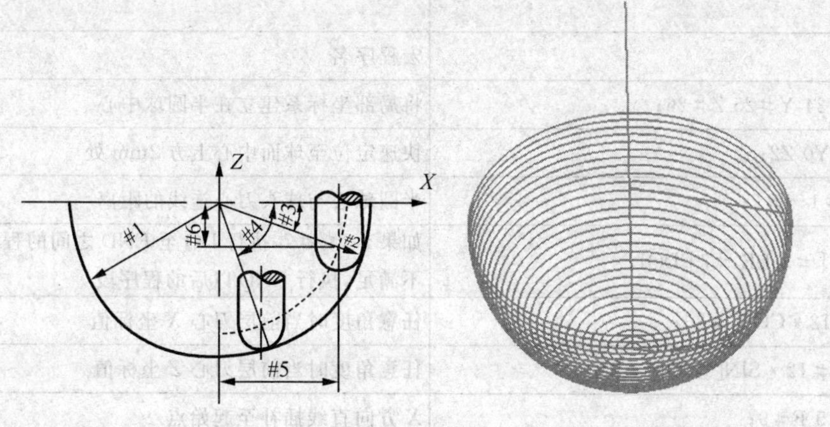

图 3-191 半圆球加工轨迹

二、零件加工程序:

表 3-54 为球面加工程序。

调用格式:G65 P1001 Xx Yy Zz Aa Bb Cc Dd Ee Ff;

自变量说明:*X*(#24) 球心在 G54 中的 *X* 坐标

Y(#25) 球心在 G54 中的 *Y* 坐标

Z(#26) 球心在 G54 中的 *Z* 坐标

A(#1) 半圆球面的圆弧半径

B(#2) 球头铣刀半径

C(#3) 球面初始加工角度

D(#7) 球面终止加工角度

E(#8) 加工角度每次递增量

F(#9) 切削进给速度

表 3-54　　球面加工程序

程序内容	说　明
O1000;	主程序名
G94 G97 G40;	设定编程环境
G0 G28 G91 Z0;	刀具返回 *Z* 轴机床参考点
G0 G90 G54 X0 Y0;	刀具快速定位至落刀点,
G43 Z100.0 H01 M03 S300;	刀具下降至安全平面 Z100mm 处
M08;	开切削液
G65 P1001 X0 Y0 Z-20. A12. B4. C0 D90 E3. F600;	非模态调用宏程序 O1001
G0 G90 Z100.;	刀具返回到安全平面 Z100mm 处
M05;	主轴停转
M30;	程序结束
O1001;	宏程序名
G52 X#24 Y#25 Z#26;	将局部坐标系建立在半圆球中心
G00 X0 Y0 Z2;	快速定位至球面中心上方 2mm 处
#12=#1-#2;	半圆球心与球头刀心连线的距离
WHILE [#3 LE #7] DO1;	如果#3≤#7,执行 DO 至 END 之间的程序段,如果不满足,执行 END 以后的程序段
#5=#12*COS[#3];	任意角度时当前层刀心 *X* 坐标值
#6=-#12*SIN[#3]-#2	任意角度时当前层刀心 *Z* 坐标值
G01 X#5 F#9;	*X* 方向直线插补至起始点
Z#6;	*Z* 方向直线插补至起始点
G03 I-#5;	沿球面走整圆

续表

＃3＝＃3＋＃8	角度＃3 每次递增＃8
END1；	循环 1 结束
G00 Z10.；	快速抬刀至 10mm 处
G52 X0 Y0 Z0；	取消局部坐标系
M99；	宏程序结束，并返回主程序

三、实操加工

操作提示：

1. 此半圆球曲面零件粗加工时可改变自变量 A 值。
2. 如半圆球曲面表面粗糙度太差，可将每次递增角度减小。

任务三　正余弦曲线的加工

知识要点

◎华中数控系统宏程序编程理论知识、宏程序编程方法

◎利用宏编制固定循环程序

◎正余弦曲面加工方法

技能要点

◎确定零件的加工方法

◎采用 B 类宏程序指令编写数控加工程序

任务描述

图 3-192 是第三届全国数控大赛的一个零件，其中上边有两条正弦曲线形成的曲面，试编写该曲面的加工程序，并在数控铣床上进行加工。

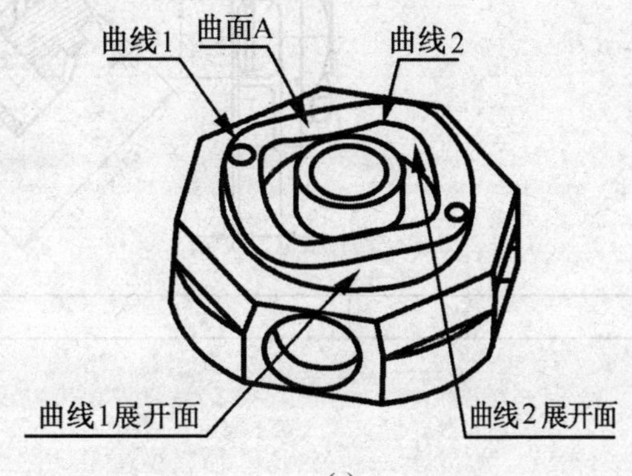

(a)

曲线1展开为正弦曲线：
曲线2展开为正弦曲线：
ø8孔 1.5，其余 1.2
曲线1
曲面A
曲线2
曲线1展开面
曲线2展开面
A-A
技术要求：
1. 曲面A是由曲线1和曲线2拉出的直纹曲面，即由过曲线1和曲线2起点的直线沿两条曲线运动形成曲面A。
2. 曲面A与旋钮的曲面几何上重合。
3. 外型锐过倒角0.2。
姓名
机床
裁判
接收
基座
第三届全国数控技能大赛
比例 1:2
材料 45钢
图号 XJ/A0401
第 张共 张

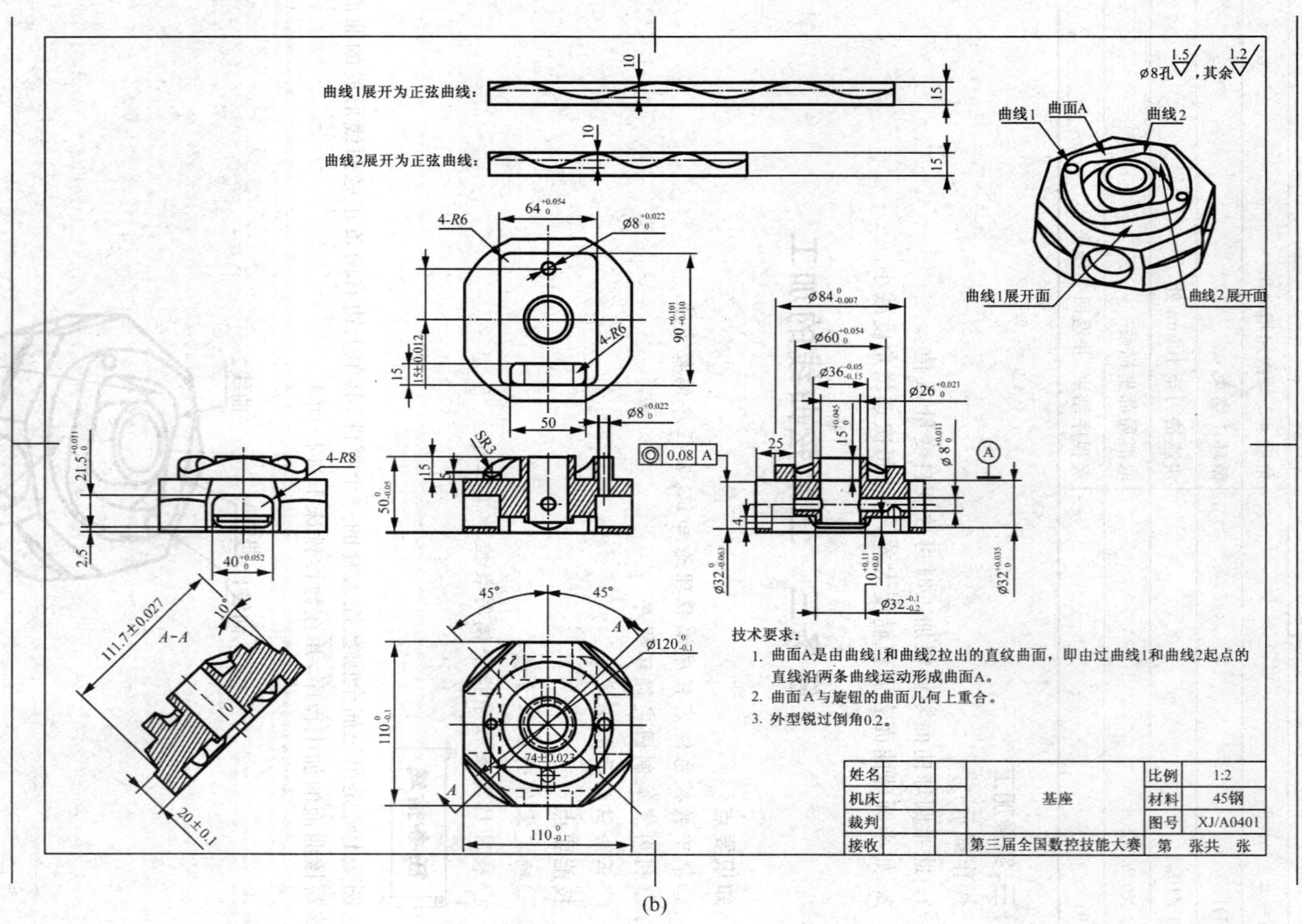

(b)

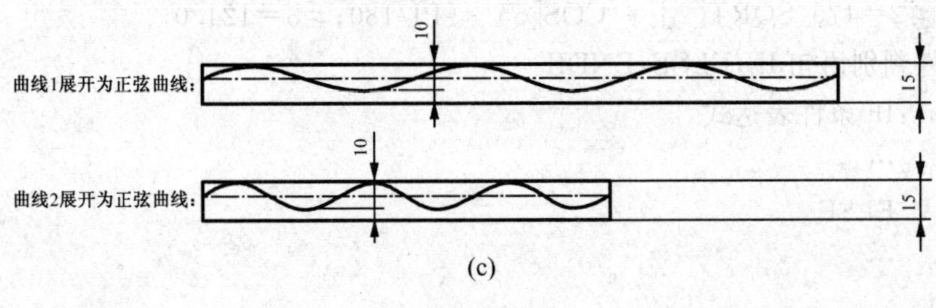

(c)

图 3-192

任务分析

编写该曲面加工程序我们要用到正弦曲线的数学知识，包括正弦曲线的振幅、周期等知识。加工曲面时我们采用环切法，因此要选用较小的行距，减小环切残留面积，提高工件表面加工质量。

知识链接

一、华中数控系统宏程序编程理论知识

1. 宏变量及常量

(1)宏变量　HNC-21/22T 华中世纪星数控系统变量表示形式为＃后跟 1～4 位数字，变量种类有三种：(1)局部变量：＃0～＃49 是在宏程序中局部使用的变量，用于存放宏程序中的数据，断电时丢失为空。(2)全局变量：用户可以自由使用＃50～＃199，它对于由主程序调用的各子程序及各宏程序来说是可以公用的，可以人工赋值。其中＃100～＃199 又可为刀补号 100～199 的补偿值。HNC-21/22T 子程序嵌套调用的深度最多可以有 8 层，每一层子程序都有自己独立的局部变量(变量个数为 50)。0 层局部变量为＃200～＃249；1 层局部变量＃250～＃299；依此类推。此外还有，刀具长度寄存器 H0～H99 为＃600～＃699；刀具半径寄存器 D0～D99 为＃700～＃799；刀具寿命寄存器为＃800～＃899。(3)系统变量：系统变量为＃1000～＃1199，它能获取包含在机床处理器或 NC 内存中的只读或读/写信息，包括与机床处理器有关的交换参数、机床状态获取参数、加工参数等系统信息。

(2)常量　PI：圆周率 π；TRUE：条件成立(真)；FALSE：条件不成立(假)

2. 运算符与表达式

(1)算术运算符：＋，－，＊，/

(2)条件运算符：EQ(＝)，NE(≠)，GT(＞)，GE(≥)，LT(＜＝)，LE(≤)

(3)逻辑运算符：AND，OR，NOT

(4)函数：SIN，COS，TAN，ATAN，ATAN2，ABS，INT，SIGN，SQRT，EXP

(5)表达式：用运算符连接起来的常数，宏变量构成表达式。

例如：175/SQRT[2] * COS[55 * PI/180]；＃3＊6 GT 14

3. 赋值语句

格式：宏变量＝常数或表达式

把常数或表达式的值送给一个宏变量称为赋值。

例如：＃2＝175/SQRT[2] ＊ COS[55 ＊ PI/180；＃3＝124.0

4. 条件判别语句 IF,ELSE,ENDIF

格式(i)：IF 条件表达式

　　…

　　ELSE

　　…

ENDIF

格式(ii)：IF 条件表达式

　　…

ENDIF

5. 循环语句 WHILE,ENDW

格式：WHILE 条件表达式

…

ENDW

条件判别语句和循环语句的使用参见宏程序编程举例。

6. 宏程序/子程序调用的参数传递规则

G 代码在调用宏时，系统会将当前程序段各字段(A～Z 共 26 个字段，如果没有定义则为零)的内容拷贝到宏执行时的局部变量＃0～＃25。表 3-55 列出了宏当前局部变量＃0～＃25 所对应的宏调用者传递的字段参数名。

宏程序的调用格式为：M98 P(宏程序名)＜变量赋值＞或 G65 P(宏程序名)＜变量赋值＞。

表 3-55　宏调用时所传递的字段参数名与当前宏局部变量对照表

字段名	宏变量	字段名	宏变量	字段名	宏变量	字段名	宏变量
A	＃0	H	＃7	O	＃14	V	＃21
B	＃1	I	＃8	P	＃15	W	＃22
C	＃2	J	＃9	Q	＃16	X	＃23
D	＃3	K	＃10	R	＃17	Y	＃24
E	＃4	L	＃11	S	＃18	Z	＃25
F	＃5	M	＃12	T	＃19		
G	＃6	N	＃13	U	＃20		

二、华中系统宏程序编程实例

【例一】用 B 类宏程序编写如图椭圆加工程序。

使用Ø10 的刀具精加工如图 3-194 所示长半轴、短半轴分别为 40、30 的椭圆的外轮廓，加工深度为 5mm。

1. 因为系统没有椭圆插补功能，因此要用到逼近法(图 3-193)，显然直线逼近法比圆弧逼近法简单，故用直线逼近法。设椭圆上有一个动点 M，α 从 0°开始 360°，M 的坐标为：

$Mx = a\cos\alpha \quad My = b\sin\alpha$

$\alpha = \alpha + 1$

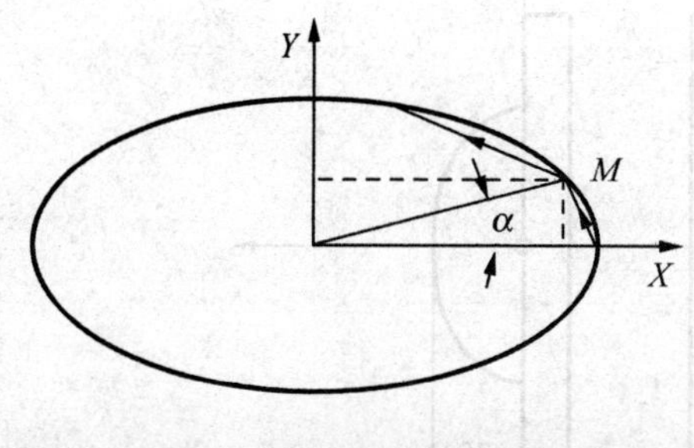

图 3-193 直线逼近法原理图

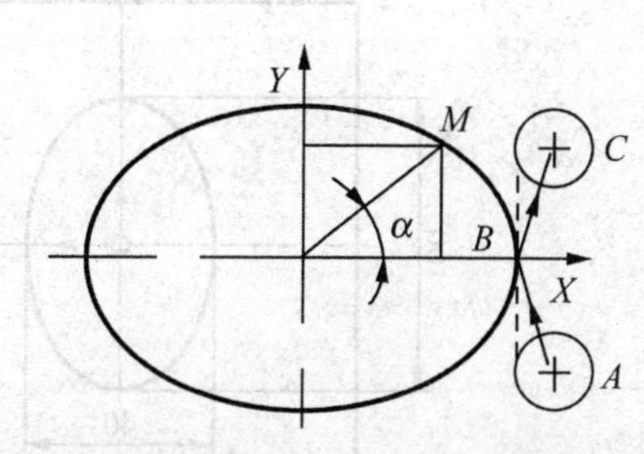

图 3-194 宏指令编程图例

2. 变量说明：#2 为动点 M 从 X 轴起逆时针的旋转角度；#11 为动点 M 的 X 坐标值；#12 为动点 M 的 Y 坐标值。程序如表 3-56。

表 3-56

程序内容	说明
%1000；	
G92 X0 Y0 Z30	
M03 S800	
G00 X45 Y－15 M08；	快速定位至 A 点
Z3	
G01 Z－5 F100	
#2＝0；	给角度 赋 0 初值
WHILE #2 LE 360；	当角度 ≤360 度时，执行循环体内容
#11＝40 * COS[#2 * PI/180]；	用椭圆的标准参数方程求动点 M 的 X 坐标值
#12＝30 * SIN[#2 * PI/180]；	用椭圆的标准参数方程求动点 M 的 Y 坐标值
G42 G64 G01 X[#11] Y[#12] D01；	用直线插补指令加工至 M 点，即用直线段逼近椭圆
#2＝#2＋1	角度 的递增步长取 1 度
ENDW	切出椭圆至 C 点
G40 G01 X45 Y15；	
Z3 M09	
G00 Z30	
X0 Y0 M05	
M30	

【例二】椭圆球面宏程序的编写。

编写如图 3-195 所示椭圆球面的宏程序：刀具 R3 球刀。

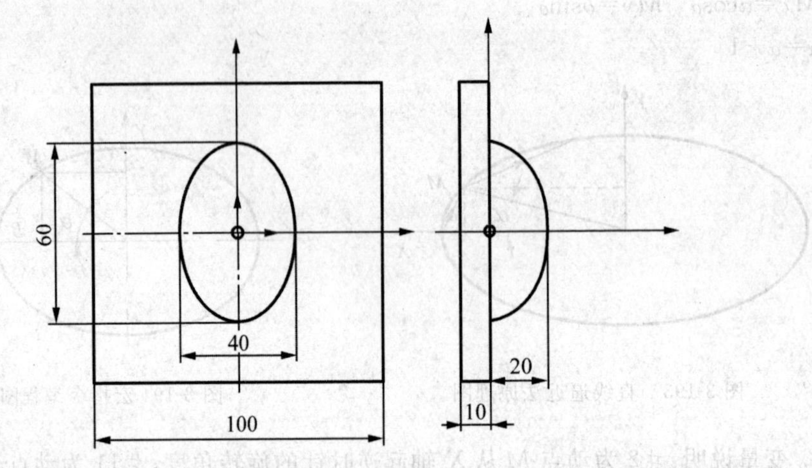

图 3-195　椭圆球

椭圆半球宏程序编写：

根据机械制图知识可知：用平行与坐标轴的平面去切割椭圆球，在任意平面得到的都是长短半轴不一的椭圆。

在这里如果我们在 X 轴正方向下刀，需要求出一下动点 M 的坐标（即 X、Z 每次下刀点的坐标）。刀具在 XZ 平面的走刀示意图，如图 3-196 所示。

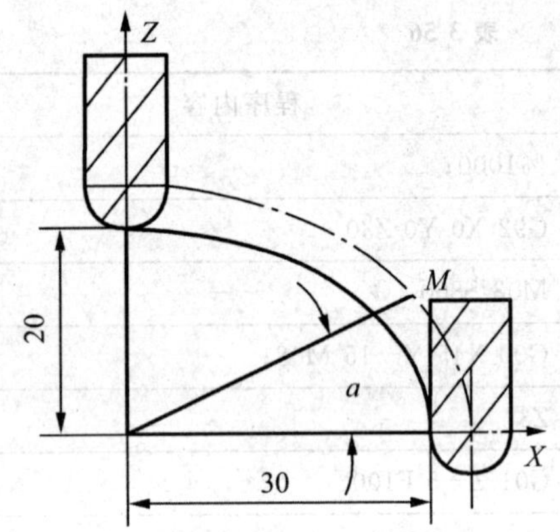

图 3-196　走刀轨迹

$X = A\cos a$

$Z = B\sin a$

其中，A 为椭圆的长轴，B 为椭圆的短轴。

编制参考宏程序如表 3-57。

表 3-57

程序内容	说　明
#1=0	刀具结束角度
#2=20	椭圆短半轴
#3=30	椭圆长半轴
#4=1	每次进刀的增加角度
#5=90	刀具开始角度
WHILE [#5 GE #1] DO1	循环条件
#6=[#3+3]*COS[#5*PI/180]	
#7=[#2+3]*SIN[#5*PI/180]	

续表

G01X[#6]F800	刀具到达 X 点
Z[#7]	下刀
#8=360	椭圆的结束角度
#9=0	椭圆的开始角度
WHILE [#9 LE #8] DO2	
#10=#6*COS[#9*PI/180]	
#11=#6*SIN[#9*PI/180]*2/3	
G01X[#10]Y[#11]F800	直线插补走椭圆
#9=#9+1(计数器)	
END1	
#5=#5-#4(计数器)	
END2	
M99	

在上例中可看出,角度每次增加的大小和最后工件的加工表面质量有较大关系,即记数器的每次变化量与加工的表面质量和效率有直接关系。希望读者在实际应用中注意。

三、利用宏编制固定循环程序

数控系统的固定循环功能可以大大简化程序,方便用户使用。但由于数控公司提供的固定循环功能有限,且各数控公司定义的固定循环含义也不尽一致,所以如果用户可以按自己的要求来编制固定循环功能,将十分方便。利用宏就可以编制固定循环程序。

如华中数控系统的高速钻孔循环功能指令 G73 即是采用宏程序的方法来实现的。以下就以其为例说明利用宏编制固定循环程序的方法,读者可以举一反三,用于实际的循环加工。

G73 高速钻孔循环功能共有六个固定、连续的基本动作,如图 3-197 所示。其程序见表 3-58。

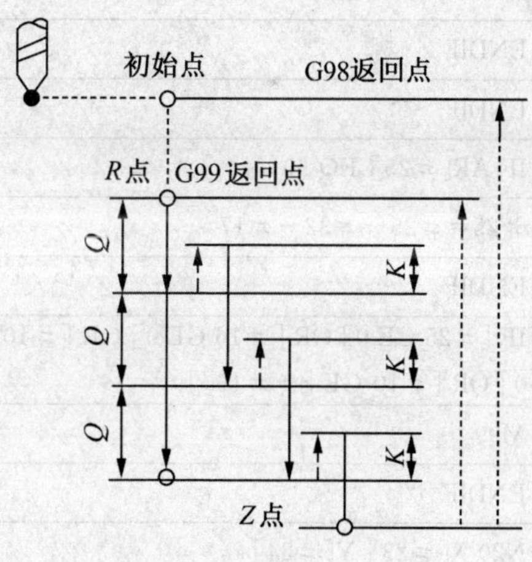

图 3-197 固定循环宏程序

表 3-58 G73 高速钻孔循环的宏程序

程 序	说 明
%0073	G73 宏程序实现源代码调用本程序之前必须转动主轴 M03 或 M04
IF [AR[#25] EQ 0] OR [AR[#16] EQ 0] OR [AR[#10] EQ 0]	

续表

M99	如果没有定义孔底 Z 值每次进给深度 Q 值或退刀量 K 则返回
ENDIF	
N10 G91	用增量方式编写宏程序
IF AR[＃23] EQ 90	如果 X 值是绝对方式 G90
＃23＝＃23－＃30	将 X 转换为增量，＃30 为调用本程序时 X 的绝对坐标
ENDIF	
IF AR[＃24] EQ 90	如果 Y 值是绝对方式 G90
＃24＝＃24－＃31	将 Y 转换为增量，＃31 为调用本程序时 Y 的绝对坐标
ENDIF	
IF AR[＃17] EQ 90	如果参考点平面 R 值是绝对方式 G90
＃17＝＃17－＃32	将 R 转换为增量，＃32 为调用本程序时 Z 的绝对坐标
ELSE	
IF AR[＃26] NE 0	初始 Z 平面模态值存在
＃17＝＃17＋＃26－＃32	则将 R 值转换为增量方式
ENDIF	
ENDIF	
IF AR[＃25] EQ 90	如果孔底 Z 值是绝对方式 G90
＃25＝＃25－＃32－＃17	将 Z 值转换为增量
ENDIF	
IF [＃25 GE 0] OR [＃16 GE 0] OR [＃10 LE 0] OR [＃10 GE [－＃16]]	如果增量方式的 Z、$Q \geqslant 0$ 或退刀量 $K \leqslant 0$ 或 $K > Q$ 的绝对值
M99	则返回
ENDIF	
N20 X[＃23] Y[＃24]	移到 XY 孔加工位
N30 Z[＃17]	移到参考点 R
＃40＝－＃25	循环变量＃40,其初始值为参考点到孔底的位移量
＃41＝0	循环变量＃41,为退刀量
WHILE ＃40 GT [－＃16]	如果还可以进刀一次
N50 G01 Z[＃16－＃41]	进刀
N55 G04 P0.1	暂停

续表

N60 G00 Z[＃10]	退刀
N65 G04 P0.1	暂停
＃41＝＃10	退刀量
＃40＝＃40＋＃16	进刀量为负数，＃40 将减少
ENDW	
N70 G01 Z[－＃40－＃41]	最后一刀到孔底
N80 G04 P[＃15]	在孔底暂停
IF ＃1165 EQ 99	如果第 15 组 G 代码模态值为 G99
N90 G00 Z[－＃25]	即返回参考点 *R* 平面
ELSE	否则
IF AR[＃26] EQ 0	
N90 G00 Z[－＃25－＃17]	返回初始平面，注＃25 及＃17 均为负数
ELSE	
N90 G90 G00 Z[＃26]	否则返回初始平面
ENDIF	
ENDIF	
M99	

任务实施

一、工艺分析

工件坐标系原点 *X*、*Y* 轴位于零件的中心，*Z* 轴在曲面最高处。加工有两条正弦曲线形成的曲面，采用Ø6 硬质合金球头铣刀，主轴转速 S3000r/min，进给速度 F800mm/min。

二、曲面加工参考程序

加工如图 3-192 所示零件的程序见表 3-59。

表 3-59

程序内容	说　明
%0001	
＃1＝45	曲线 1 所在圆的半径
＃6＝30	曲线 2 所在园的半径
WHILE＃1GE＃6	循环条件
＃2＝0	直线插补圆的开始角度
＃3＝360	直线插补圆的结束角度
WHILE[＃2LE＃3]	循环条件
＃3＝5＊SIN[3＊＃2＊PI/180]－5	*Z* 轴的插补(注意：3＊＃2)，在图中可以看出 *Z* 轴在 0－360 度的范围内周期变化 3 次。

续表

＃4＝＃1＊COS[＃2＊PI/180]	X 轴的插补
＃5＝＃1＊SIN[＃2＊PI/180]	Y 轴的插补
G01 X[＃4] Y[＃5] Z[＃3] F800	
＃2＝＃2＋0.5	
ENDW	
＃1＝＃1－0.3	
ENDW	
G00 Z200	
M30	

三、实操加工

【加工注意事项】

1. 如果每次递增角度或步距太小，会增加系统运算量，将会影响零件的加工速度，使加工速度变慢，角度或步距递增太大会影响，将会影响零件的形状精度。

2. 编写宏程序时，自变量不要设置太多，其余变量均通过自变量来进行计算。

思考与练习

1. 什么是宏程序？数控手工编程中为什么要采用宏程序？

2. 宏程序和普通程序有哪些区别？

3. 宏程序的变量可以分为哪几类？各有何特点？

4. 简要说明 A 类宏程序与 B 类宏程序之间的区别？

5. 利用宏指令指令编写和调试如下图所示的内轮廓和如下图所示的外轮廓加工程序并加工，加工深 3mm。

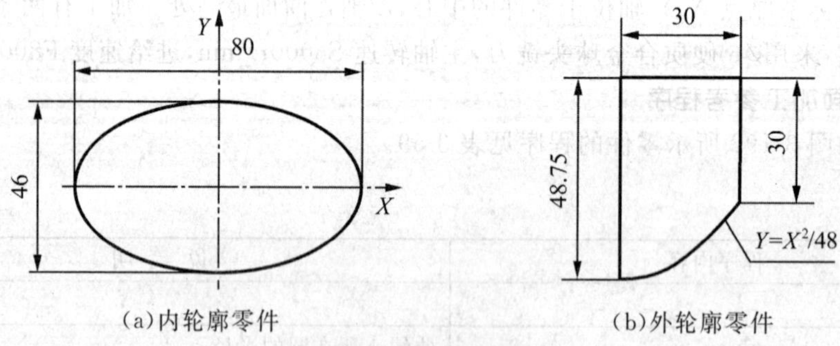

(a)内轮廓零件　　(b)外轮廓零件

第 5 题图　内、外轮廓零件

6. 试编写如下图所示工件的加工程序，并在机床上进行加工。

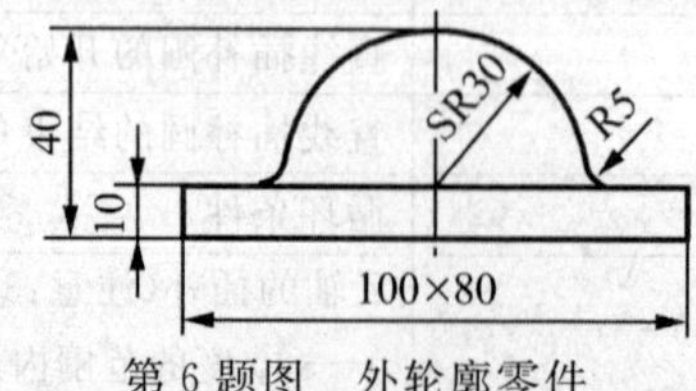

第 6 题图　外轮廓零件

模块六　综合训练二

任务一　数控铣/加工中心综合训练(一)

知识要点

◎局部坐标的指令格式

◎局部坐标系的编程方法及应用

◎圆弧倒角的编程方法

技能要点

◎确定零件的加工方法

◎采用局部坐标编写数控加工程序

◎采用B类宏程序指令编写圆弧倒角加工程序

任务描述

试编写如图3-198所示工件轮廓(已知毛坯尺寸为 75mm × 75mm × 25mm)的加工程序,并在数控铣床上进行加工。

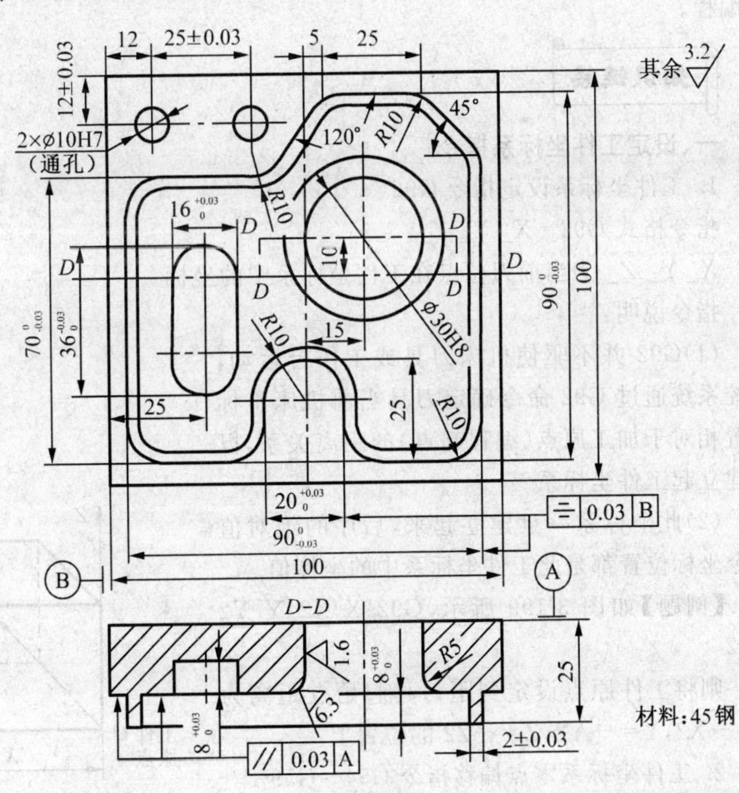

(a) 零件图

(b) 立体图

图 3-198 薄壁零件图

任务分析

由于该工件涉及薄壁的加工，在加工过程中要注意选择合适的加工路线，并进行合理的结构工艺性分析，提高加工精度和加工效率。

分析图样，该零件包含几个相互独立的轮廓，为了简化编程，我们采用局部坐标系进行编程。

知识链接

一、设定工件坐标系指令

1. 工件坐标系设定指令 G92

指令格式 G92 X_ Y_ Z_

*X_ Y_ Z_* 为当前刀位点在工件坐标系中的坐标。

指令说明：

(1)G92 并不驱使机床刀具或工作台运动，数控系统通过 G92 命令确定刀具当前机床坐标位置相对于加工原点(编程起点)的距离关系，以求建立起工件坐标系。

(2)此坐标系一旦建立起来，后序的绝对值指令坐标位置都是此工件坐标系中的坐标值。

【例题】如图 3-199 所示，G92 X X2 Y Y2 Z Z2

则将工件原点设定到距刀具起始点距离为 X=－X2，Y=－Y2，Z=－Z2 的位置上。

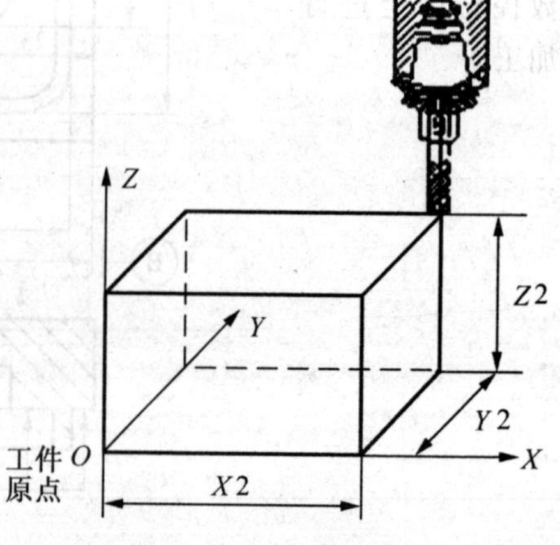

图 3-199 G92 指令

2. 工件坐标系零点偏移指令 G54～G59

与前面介绍的 G54 指令相类似，通过对刀操作及输入不同的零点偏移参数，可以设定 G54～

G59 六个不同的工件坐标系。这六个预定工件坐标系的原点在机床坐标系中的值(工件零点偏置值)可用 MDI 方式输入,系统自动记忆。工件坐标系一旦选定,后续程序段中绝对值编程时的指令值均为相对此工件坐标系原点的值。采用 G54~G59 选择工件坐标系方式如图 3-200 所示。

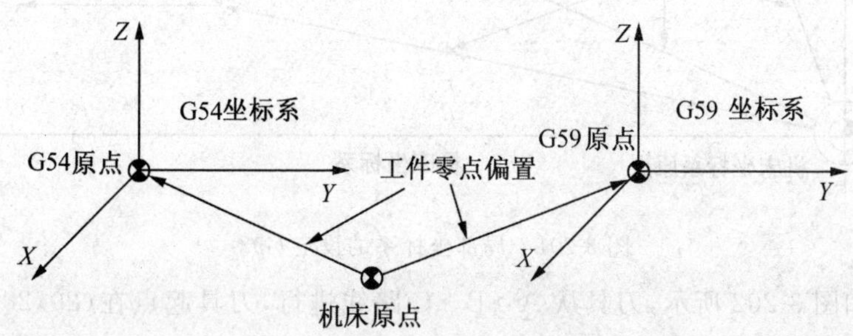

图 3-200 选择坐标系指令 G54~G59

指令说明:

(1)G54~G59 是系统预置的六个坐标系,可根据编程需要选用。

(2)该指令执行后,所有坐标值指定的坐标尺寸都是选定的工件加工坐标系中的位置。1~6 号工件加工坐标系是通过 CRT/MDI 方式设置的。

(3)G54~G59 预置建立的工件坐标原点在机床坐标系中的坐标值可用 MDI 方式输入,系统自动记忆。

(4)使用该组指令前,必须先回参考点。

(5)G54~G59 为模态指令,可相互注销。

二、局部坐标系编程

在工件坐标系中编程时,在工件坐标系内设有子坐标系,这样比较便利于编程。把这个子坐标系称为局部坐标系。

1. 指令格式

格式:G52 X_Y_Z_;

式中:X 、Y、Z 为局部坐标系原点在当前工件坐标系中的坐标值。

G52 X0 Y0 Z0 表示取消局部坐标系。

2. 指令说明

(1)G52 指令能在所有的工件坐标系(G92、G54~G59)内形成子坐标系即局部坐标系如图 3-201 所示。含有 G52 指令的程序段中,绝对值编程方式的指令值就是在该局部坐标系中的坐标值。

(2)设定局部坐标系后工件坐标系和机床坐标系保持不变。

(3)G52 指令为非模态指令。

(4)在缩放及旋转功能下,不能使用 G52 指令,但在 G52 下能进行缩放及坐标系旋转。

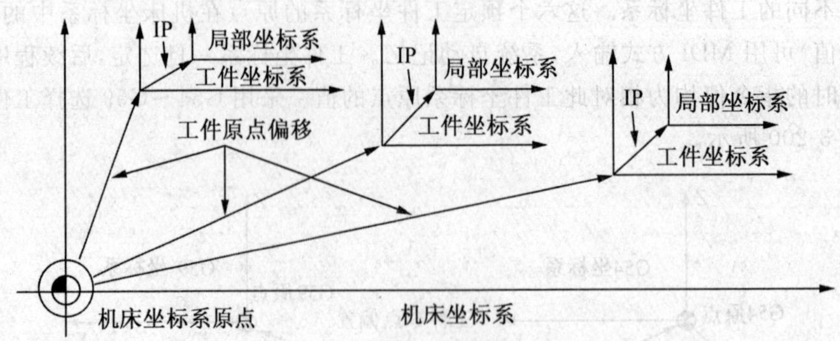

图 3-201　局部坐标系的设定 G52

【例题】如图 3-202 所示，刀具从 A→B→C 路线进行，刀具起点在(20,20,0)处，可编程如下：

N02 G92 X20.0 Y20.0 Z0；	设定 G92 为当前工作坐标系
N04 G90 G00 X10.0 Y10.0；	快速定位到 G92 工作坐标系中的 A 点
N06 G54；	将 G54 置为当前坐标系
N08 G90 G00 X10.0 Y10.0；	快速定位到 G54 工作坐标系中的 B 点
N10 G52 X20.0 Y20.0；	在当前工作坐标系 G54 中建立局部坐标系 G52
N12 G90 G00 X10.0 Y10.0；	定位到 G52 中的 C 点

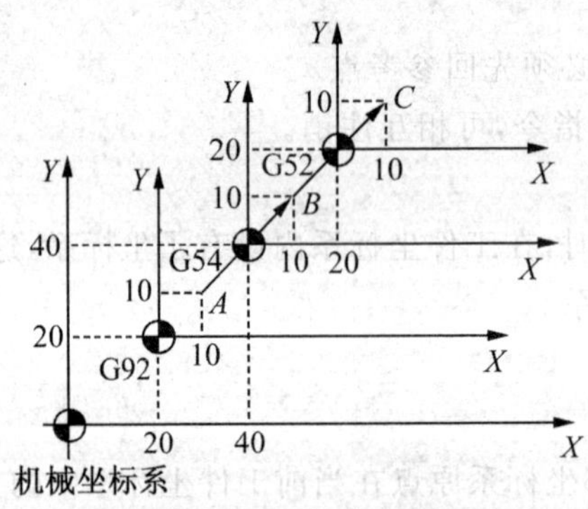

图 3-202　局部坐标系的设定

一、零件图工艺分析

此零件图纸标注齐全，分析图样可知：该零件为薄壁件，且薄壁表面粗糙度均为 Ra3.2，要求较高。型腔底面粗糙度为 Ra3.2，且有平行度要求。圆弧倒角处粗糙度要求不高为 Ra6.3。该零件材料为 45 钢，切削加工性能较好。

二、选择加工方案

根据零件形状及加工精度要求，一次装夹完成所有加工内容。以底面为基准(毛坯底面已加工)，可选择先内后外、先粗后精的原则。轮廓加工方案如下：

1. 粗加工薄壁内轮廓。

2. 粗加工上表面及薄壁外轮廓。

3. 粗加工内孔和键槽。

4. 精加工上表面。

5. 精加工薄壁内轮廓。

6. 精加工薄壁外轮廓。

7. 精加工键槽。

8. 精加工内孔。

9. 粗、精加工圆弧倒角。

三、确定装夹方案

零件毛坯外形为规则的正方形,加工时选择平口机用虎钳。装夹高度为 12mm,因此需在虎钳定位基面加垫铁。

四、刀具及切削用量的选择

本任务主要加工工件上表面、薄壁、内孔和键槽。因此,上表面、薄壁及键槽选用 Ø12mm硬质合金立铣刀分别进行粗、精加工。加工圆弧倒角选用 R3 球头刀。刀具及切削用量选择见工艺文件如表 3-60。

表 3-60 数控加工工序卡片

数控加工工艺卡片	产品型号	产品名称	零件名称	材 料	零件图号
			凸模版	45 钢	
	程序编号	夹具名称	夹具编号	使用设备	实习场地	备注

工步号	工步内容	刀具号	刀具规格	补偿号	主轴转速 (r/min)	进给速度 (m/min)	切削深度 (mm)	加工余量 (mm)
1	粗加工薄壁内轮廓	T01	Ø12mm 立铣刀	—	1200	330	1.5	0.3
2	粗加工上表面及薄壁外轮廓	T01		—	1200	330	1.5	0.3
3	粗加工内孔和键槽	T01		—	1200	330	1.5	0.3
4	精加工上表面	T01		D01	1500	220	—	—
5	精加工薄壁内轮廓	T01		D01	1500	220	—	—
6	精加工薄壁外轮廓	T01		D01	1500	220	—	—
7	精加工键槽	T01		D01	1500	220	—	—
8	精加工内孔	T02	镗刀		128	12		
9	粗、精加工圆弧倒角	T03	Ø6mm 球头刀		2000	300		
编制		审核		共 页			第 页	

五、编程和加工

1. 薄壁件加工精度和效率

薄壁零件铣削时变形是多方面的。主要由于装夹工件时的夹紧力；切削工件时的切削力；工件阻碍刀具切削时产生的弹性变形和塑性变形，使切削区温度升高而产生热变形。

提高薄壁件加工精度和效率的措施如下：

(1)切削力的大小与切削用量密切相关　从《金属切削原理》中可以知道：背吃刀量、进给量、切削速度是切削用量的三个要素。

背吃刀量和进给量同时增大，切削力也增大，变形也大，对铣削薄壁零件极为不利。

减少背吃刀量，增大进给量，切削力虽然有所下降，但工件表面残余面积增大，表面粗糙度值大，使强度不好的薄壁零件的内应力增加，同样也会导致零件的变形。

所以，粗加工时，背吃刀量和进给量可以取大些；精加工时用尽量高的切削速度，但不易过高。合理选用三要素就能减小切削力，从而减少变形。

(2)合理选用切削液　用高速钢刀具粗加工时，以水溶液冷却，主要降低切削温度；精加工时，采用中、低速加工，选用润滑性能好的极压切削油或高浓度的极压乳化液，主要改善已加工表面的质量和提高刀具使用寿命。硬质台金刀具粗加工时，采用低浓度的乳化液或水溶液，必须连续地、充分地浇注；精加工时采用的切削液与粗加工时基本相同，但应适当提高其润滑性能，在铣削过程中充分使用切削液不仅减小了切削力，刀具的耐用度得到提高，工件表面粗糙度值也降低了，同时工件不受切削热的影响而使其加工尺寸和几何精度发生变化，保证零件的加工质量。

2. 参考程序(部分)

选择工件上表面对称中心线作为编程原点，其加工程序见表 3-61。

表 3-61

程序段号	FANUC Oi 系统程序	SIEMENS 802D 系统程序	程序说明
	O0011；	AA011. MPF；	外轮廓程序
N10	G90 G94 G21 G40 G54 F100；	G90 G94 G71 G40 G54 F100；	程序初始化
N20	G91 G28 Z0；	G74 Z0；	Z 向回参考点
N30	T1 M6；		换 1 号刀
N40	M03 S600；	M03 S600 D1；	主轴正转，600r/min
N50	G90 G00 X－60.0 Y－70.0	G00 X－60.0 Y－70.0；	快速定位至起刀点
N60	Z5.0 M08；		
N70	M98 P0012；	L12；	调用子程序
N80	G00 Z5.0；		Z 向抬刀
N90	X－25.0 Y－20.0；		XY 平面定位
N100	G10 L12 P1 R－6.0；	$TC_DP6[1,1]＝R－6.0；	输入半径补偿值
N110	M98 P0012；	L12；	调用子程序
N120	G00 Z5.0；		Z 向抬刀

续表

N130	X－25.0 Y－20.0；		*XY*平面定位
N140	G10 L12 P1 R6.0；	＄TC_DP6[1,1]＝R6.0；	输入半径补偿值
N150	M98 P0013；	L13；	调用子程序
N160	G91 G28 Z0 M05；	G74 Z0 M05；	返回换刀点
N170	T2 M6；		换2号刀
N180	G00 X15.0 Y10.0；		*XY*平面定位
N190	M03 S1500 Z30.0；		设定返回平面
N200	G76 X15.0 Y10.0 Z－30.0 R3.0 Q1000 F60；	MCALL CYCLE86(30.0，－8.0，5.0，－30.0，，2，3，1，0，2，180)	镗孔
N210		G00 X15.0 Y10.0；	
N220	G80；	MCALL；	取消镗孔
N230	G91 G28 Z0；	G74 Z0；	返回换刀点
N240	T1 M6；		换1号刀
N250	G52 X15.0 Y10.0；	TRANS X15.0 Y10.0；	实现平移
N260	M03 S600 G00 X0 Y0；		*XY*平面定位
N270	Z5.0；		*Z*向快速下刀
N280	M98 P0014；	L14；	调用子程序
N290	G91 G28 Z0；	G74 Z0；	返回*Z*向参考点
N300	M30；		程序结束
	O0012；	L12.SPF；	薄壁外轮廓程序
N10	G01 Z－8.0 F80；		*Z*向下刀
N20	G41 G01 X－45.0 Y－35.0 D01；	G41 G01 X－45.0 Y－35.0；	建立刀补
N30	Y15.0		
N40	G02 X－35.0 Y25.0 R10.0；	G02 X－35.0 Y25.0 CR＝10.0；	
N50	G01 X－12.321；		轮廓加工
N60	G03 X－3.66 Y30.0 R10.0；	G03 X－3.66 Y30.0 CR＝10.0；	
N70	G01 X2.113 Y40.0；		
N80	G02 X10.744 Y45.0 R10.0	G02 X10.744 Y45.0 CR＝10.0；	

续表

N90	G01 X25.858；		轮廓加工
N100	G02 X32.929 Y42.07 R10.0；	G02 X32.929 Y42.071 CR=10.0；	
N110	G01 X42.071 Y32.929；		
N120	G02 X45.0 Y25.858 R10.0；	G02 X45.0 Y25.858 CR=10.0；	
N130	G01 Y−35.0		
N140	G02 X35.0 Y−45.0 R10.0；	G02 X35.0 Y−45.0 CR=10.0	
N150	G01 X20.0；		
N160	G02 X10.0 Y−35.0 R10.0；	G02 X10.0 Y−35.0 CR=10.0；	
N170	G01 Y−30.0；		
N180	G03 X−10.0 R10.0；	G03 X−10.0 CR=10.0；	
N190	G01 Y−35.0；		
N200	G02 X−20.0 Y−45.0 R10.0；	G02 X−20.0 Y−45.0 CR=10.0；	
N210	G01 X−35.0；		
N220	G02 X−45.0 Y−35.0 R10.0；	G022 X−45.0 Y−35.0 CR=10.0；	
N230	G40；		取消刀具半径补偿
N240	M99；	M17；	返回主程序
	O0013；	L13.SPF；	键槽程序
N10	G01 Z−16.0 F80；		*Z* 向下刀
N20	G41 G01 X−25.0 Y−8.0 D01；	G41 G01 X−25.0 Y−8.0；	建立刀补
N30	G03 X−33.0 Y0 R−8.0；	G03 X−33.0 Y0 CR=−8.0；	轮廓加工
N40	G01 Y−20.0；		
N50	G03 X−17.0 R8.0；	G03 X−17.0 CR=8.0；	
N60	G01 Y0；		
N70	G40 G01 X−25.0 Y−10.0；		取消补偿
N80	G00 Z30.0；		*Z* 向抬刀
N90	M99；	M17；	返回主程序
	O0014；	L14.SPF；	倒圆角程序
N10	＃1=0；	R1=0；	设定角度变量
N20	＃2=5.0；	R2=5.0；	设定倒圆角半径
N30	＃3=6.0；	R3=6.0；	设定刀具半径

续表

N40	＃4＝＃2＊[1－COS[＃1]]；	AAA:R4＝R2＊(1－COS(R1))；	刀具切削刃到上表面的距离
N50	＃5＝＃3－＃2＊[1－SIN[＃1]]；	R5＝R3－R2＊(1－SIN(R1))；	刀具中心线到已加工侧轮廓法向距离
N60	G01 Z－＃4 F60；	G01 Z－R4 F60；	Z向到指定深度
N70	G10 L12 P3 R＃5；	$TC_DP6[1,1]＝R5；	输入半径补偿值
N80	G41 G01 X15.0 Y0 D03；		建立刀补
N90	G03 I－15.0；		轮廓加工
N100	G40 G01 X0 Y0；		取消补偿
N110	＃1＝＃1＋2.0；	R1＝R1＋2.0；	计算角度变量
N120	IF[＃1LE90.0]GOTO40；	IF R1＜＝90.0 GOTOB AAA；	判断语句
N130	M99；	M17；	返回主程序

配分权重

加工如图 3-198 所示零件，成绩评分标准见表 3-62。

表 3-62 配分权重表

工件编号			总得分				
项目与配分		序号	技术要求	配分	评分标准	检测记录	得分
工件加工评分(95%)	外形轮廓	1	$99^{0}_{-0.03}$	2×4	超差 0.01 扣 1 分		
		2	$70^{0}_{-0.03}$	5	超差 0.01 扣 1 分		
		3	$20^{+0.03}_{0}$	5	超差 0.01 扣 1 分		
		4	$8^{+0.03}_{0}$	5	超差 0.01 扣 1 分		
		5	对称度 0.03	5	超差 0.01 扣 1 分		
		6	平行度 0.03	5	超差 0.01 扣 1 分		
		7	2±0.03	8	超差 0.01 扣 2 分		
		8	$R10$	2	每错一处扣 4 分		
		9	120°、45°	2	每错一处扣 1 分		
		10	25、5	2	每错一处扣 1 分		
		11	Ra1.6μm	2	每错一处扣 1 分		
		12	Ra3.2μm	1	每错一处扣 1 分		

续表

工件加工评分（95%）	内轮廓与孔	13	孔径Ø30H8	6	超差 0.01 扣 1 分		
		14	孔距 25±0.03	4	超差 0.01 扣 1 分		
		15	孔距 12±0.03	4	超差 0.01 扣 1 分		
		16	$36_{0}^{+0.03}$	5	超差 0.01 扣 1 分		
		17	$16_{0}^{+0.03}$	5	超差 0.01 扣 1 分		
		18	倒圆角 $R5$	6	超差全扣		
		19	Ø10H7	2×2	超差全扣		
		20	25、15、10	3	每错一处扣 1 分		
		21	Ra1.6μm	2	每错一处扣 1 分		
		22	Ra3.2μm	1	每错一处扣 1 分		
	其他	23	工件按时完成	3	未按时完成全扣		
		24	工件无缺陷	2	缺陷一处扣 3 分		
程序与工艺（5%）		25	程序正确合理	2	每错一处扣 1 分		
		26	加工工序卡	3	不合理每处扣 2 分		
机床操作（倒扣分）		27	机床操作规范	倒扣	出错一次扣 2 分		
		28	工件、刀具装夹	倒扣	出错一次扣 2 分		
安全文明生产（倒扣分）		29	安全操作	倒扣	安全事故停止操作或酌扣 5～30 分		
		30	机床整理	倒扣			

任务二　数控铣/加工中心综合训练(二)

知识要点

◎坐标镜像指令的指令格式及编程方法

◎刀具半径补偿在坐标镜像编程中的运用

◎坐标镜像编程的注意事项

◎凹圆弧的编程方法

技能要点

◎确定零件的加工方法

◎采用坐标镜像指令编写零件的加工程序

◎采用 B 类宏程序指令编写凹圆弧加工程序

任务描述

试编写如图 3-203 所示工件轮廓(已知毛坯尺寸为 160mm×118mm×40mm)的加工程序，并在数控铣床上进行加工。

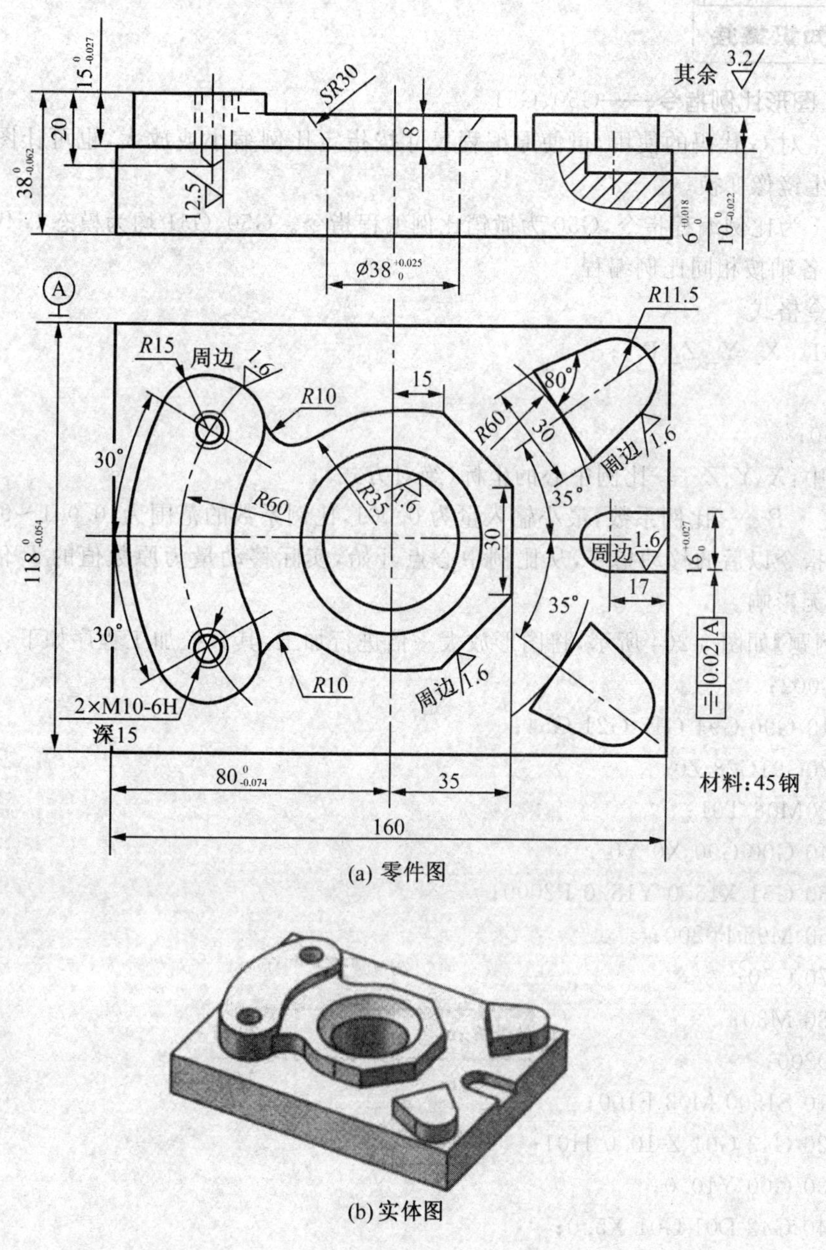

(a) 零件图

(b) 实体图

图 3-203

任务分析

该工件两个半圆凸台轮廓相同。而且这两个半圆凸台沿零件中心线对称分布。因此,如果在编程中运用坐标镜像指令,会简化编程。

当使用坐标镜像指令编程时,一定要注意镜像轴的选择。当坐标字 X 后跟有数字时,表示该镜像轴与 Y 轴平行。

知识链接

一、图形比例指令——G50、G51

这一对 G 代码的使用，可使原编程尺寸按指定比例缩小或放大，也可让图形按指定规律产生镜像变换。

G51 为比例编程指令，G50 为撤销比例编程指令。G50、G51 均为模态 G 代码。

1. 各轴按相同比例编程

指令格式

```
G51  X_ Y_ Z_ P_ ;
…
G50;
```

式中：*X*、*Y*、*Z*——比例中心的坐标（绝对方式）；

P——比例系数，最小输入量为 0.001，比例系数的范围为：0.001～999.999。

该指令以后的移动指令，从比例中心点开始，实际移动量为原数值的 *P* 倍。*P* 值对偏移量无影响。

【例题】如图 3-204 所示，将图形放大一倍进行加工，其数控加工程序如下：

```
O0002;
N10 G90 G94 G17 G21 G54;
N20G91G28 Z0;
N30M06 T01;
N40 G00 G90 X0 Y0 ;
N50 G51 X15.0 Y15.0 P2000;
N60 M98 P0200;
N70 G50;
N80 M30;
O0200;
N10 S1500 M03 F100;
N20 G43 G01 Z-10.0 H01;
N30 G00 Y10.0;
N40 G42 D01 G01 X5.0;
N50 G01 X20.0;
N60 Y20.0;
N70 G03 X10.0 R5.0;
N80 G01 Y10.0;
N90 G40 G00 X0 Y0;
N100 G49 G00 Z300.0;
N110 M99;
```

2. 各轴以不同比例编程

指令格式

G51 X Y Z I J K；

…

G50

式中：X、Y、Z——比例中心坐标；

I、J、K——对应 X、Y、Z 轴的比例系数，在±0.001～±9.999 范围内。

有的系统设定 I、J、K 不能带小数点，比例为 1 时，应输入 1000，并在程序中都应输入，不能省略。比例系数与图形的关系如图 3-205 所示。其中，b/a：X 轴系数；d/c：Y 轴系数；O_1：比例中心。

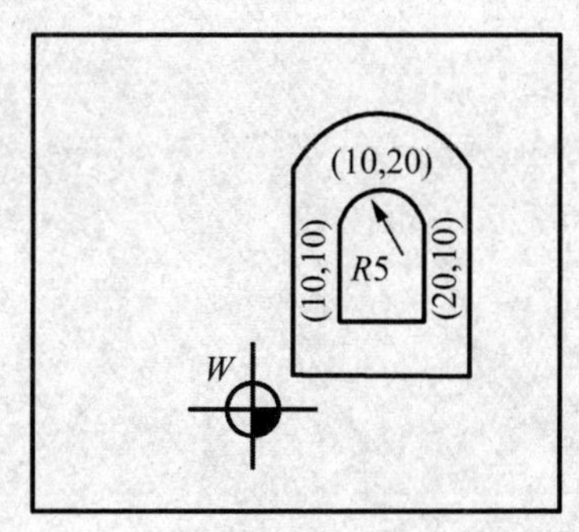

图 3-204 以给定点为缩放中心进行编程

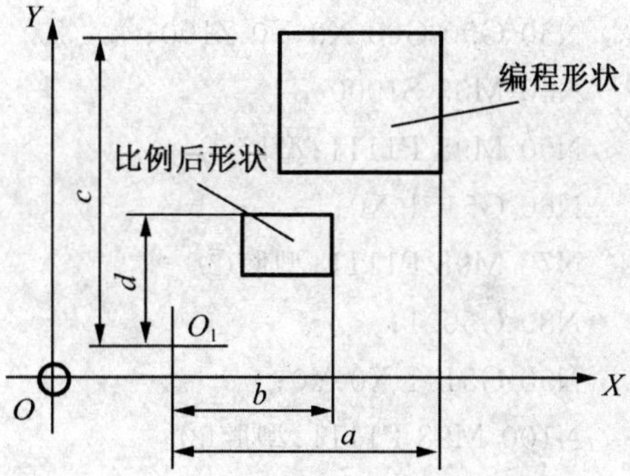

图 3-205 各轴按不同比例编程

3. 比例缩放的注意事项

(1)比例缩放的简化形式如将比例缩放程序“G5l X_ Y_ Z_ P_；”或“X_ Y_ Z_ I_ J_ K_；”简写成“G51；”，则缩放比例由机床系统参数决定，具体值请查阅机床有关参数表。而缩放中心则指刀具刀位点所处的当前位置。

(2)比例缩放对固定循环中 Q 值与 d 值无效

在比例缩放过程中，有时我们不希望进行 Z 轴方向的比例缩放。这时，可修改系统参数，以禁止在 Z 轴方向上进行比例缩放。

(3)比例缩放对工件坐标系零点偏移值和刀具补偿值无效。

(4)在比例缩放状态下。不能指定返回参考点的 G 指令(G27～G30)，也不能指定坐标系设定指令(G52～G59，G92)。若一定要指令这些 G 代码，应在取消缩放功能后指定。

二、镜像功能

当工件具有相对于某一轴对称的形状时，可以利用镜像功能和子程序的方法，只对工件的一部分进行编程，就能加工出工件的整体，这就是镜像功能。不同的系统用不同的指令，有用 M 代码的，有用 G 代码的。

在 FANUC 0i 及更新版本的数控系统中采用 G51 或 G51.1 来实现镜像加工。

1. 指令格式一

G51.1 X_Y_Z_；

…

G50.1

其中 G51.1　镜像设定

G50.1　镜像取消

指令说明：X、Y、Z 用于指定对称轴或对称点。当 G51.1 指令后仅有一个坐标字时，该镜像加工指令是以某一坐标轴为镜像轴。例如程序段 G51.1X0；表示对称轴为 X＝0 的直线，即 Y 轴。程序段 G51.1 X20.0 Y20.0；表示以点(20，20)作为对称点。

【例题】如图 3-206 所示，试用镜像指令编写程序。

```
O3234；(主程序)
N10 G90 G94 G17 G21 G54；
N20G91G28 Z0；
N30 G90 G00 X0 Y0 Z100；
N40 M03 S1000 ；
N50 M98 P1111；型腔①
N60 G51.1 X0；
N70 M98 P1111；型腔②
N80 G50.1；
N90 G51.1 X0 Y0；
N100 M98 P1111；型腔③
N110 G50.1；
N120 G51.1 Y0；
N130 M98 P1111；型腔④
N140 G50.1；
N150 G00 Z100 M09；
N160 M05；
N170 M30；
O1111；(子程序)
N10 G00 X40.0 Y50.0；
N20 G43 Z5.0 H01 M08；
N30 G01 Z-25.0 F30；
N40 X60.0 F100；
N50 G41 X45.0 Y40.0 D01；
N60 G03 X60.0 Y25.0 R15.0；
N70 G03 X60.0Y75.0 R25.0；
N80 G01 X40.0 Y75.0；
N90 G03 X40.0 Y25.0 R25.0；
N100 G01 X60.0 Y25.0；
N110 G03 X75.0 Y40.0 R15.0；
N120 G01 G40 X60.0 Y50.0；
N130 G43 G00 Z10.0；
N140 X0 Y0；
```

N70 M99;

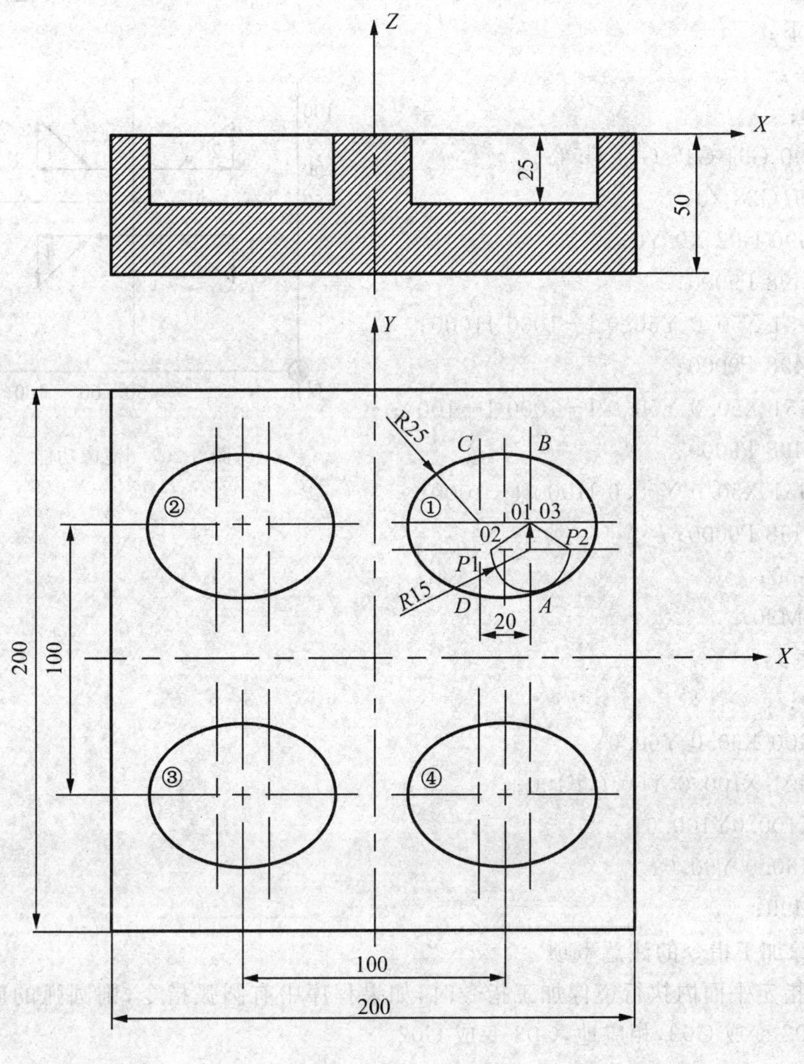

图 3-206

2. 指令格式二

G51X Y Z I J K;

…

G50;

指令说明:(1)X、Y、Z 镜像轴的中心坐标;

(2)I 为 X 轴的镜像比例,J 为 Y 轴的镜像比例,K 为 Z 轴的镜像比例;

(3)G50 撤销镜像;

(4)指令中比例系数一定为负值(−1),如果其值为正值,则该指令变成缩放指令。

(5)如果比例系数是负值但不等于−1,则执行指令时,既进行镜像加工,又进行缩放。

【例题】如图 3-207 所示，其中比例系数取为＋1000 或－1000。设刀具起始点在 O 点，程序如下：

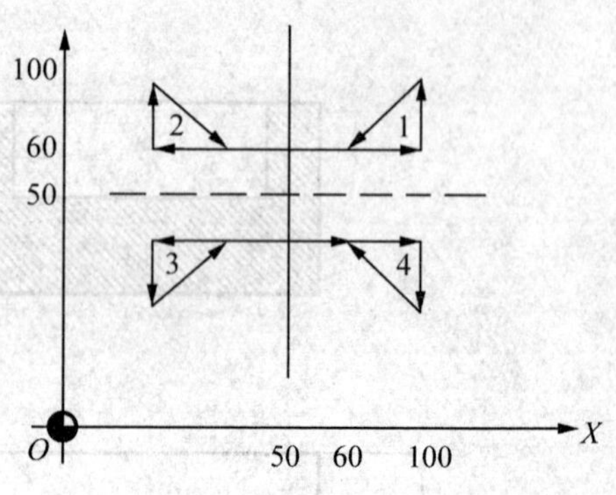

图 3-207　镜像功能

主程序：

```
O1000;
N10G90 G94 G17 G21 G54;
N20G91G28 Z0;
N30 G90 G92 X0 Y0;
N40 M98 P9000;
N50 G51 X50.0 Y50.0 I－1000 J1000;
N60 M98 P9000;
N70 G51 X50.0 Y50.0 I－1000 J－1000;
N60 M98 P9000;
N70 G51 X50.0 Y50.0 I1000 J－1000;
N80 M98 P9000;
N90 G50;
N100 M30;
```

子程序：

```
O9000;
N10 G00 X60.0 Y60.0;
N20 G01 X100.0 Y60.0 F100;
N30 X100.0Y100.0;
N40 X60.0 Y60.0;
N50 M99;
```

3. 镜像加工指令的注意事项

(1)在指定平面内执行镜像加工指令时，如果程序中有圆弧指令，则圆弧的旋转方向相反，即 G02 变成 G03，相应地，G03 变成 G02。

(2)在指定平面内执行镜像加工指令时，如果程序中有刀具半径补偿指令，则刀具半径补偿的偏置方向相反，即 G41 变成 G42，相应地，G42 变成 G41。

(3)在可编程镜像指令中，返回参考点指令(G27，G28，G29，G30)和改变坐标系指令(G54～G59，G92)不能指定。如果要指定其中的某一个，则必须在取消可编程镜像加工指令后指定。

(4)在使用镜像加工功能时，由于数控镗铣床的 Z 轴一般安装有刀具，所以，Z 轴一般都不进行镜像加工。

一、零件图工艺分析

此零件图纸标注齐全，分析图样可知：该零件由凸台、半圆键、凹球面、开口槽及内孔等外形组成，零件结构比较复杂。且凸台、半圆键、开口槽及内孔表面粗糙度均为 Ra1.6，要求较高。开口槽有对称度要求。凹球面处粗糙度为Ra3.2。该零件材料为45钢,切削加工性能较好。

二、选择加工方案

根据零件形状及加工精度要求,一次装夹完成所有加工内容。以底面为基准(毛坯六面已加工),可选择先面后孔、先粗后精的原则。加工方案如下:

1. 铣上表面。
2. 铣月形外形及平台面。
3. 铣整个外形。
4. 铣两个半圆键。
5. 粗铣键槽。
6. 精铣键槽。
7. 钻孔。
8. 铣孔。
9. 镗孔。
10. 铣凹圆球面。

三、确定装夹方案

零件毛坯外形为规则的正方形,加工时选择平口机用虎钳。装夹高度为20mm,因此需在虎钳定位基面加垫铁。

四、刀具及切削用量的选择

本任务主要加工工件上表面、凸台、半圆键、开口槽及内孔。加工凹圆球面选用Ø16mm立铣刀。刀具及切削用量选择见工艺文件如表3-63。

表3-63 数控加工工序卡片

数控加工工艺卡片	产品型号	产品名称	零件名称	材 料	零件图号
			凸模版	45钢	
程序编号	夹具名称	夹具编号	使用设备	实习场地	备注

工步号	工步内容	刀具号	刀具规格	补偿号	主轴转速(r/min)	进给速度(m/min)	切削深度(mm)	加工余量(mm)
1	铣上表面	T1	Ø80面铣刀		800	100		
2	铣月形外形及平台面	T2	Ø16立铣刀		200	50		
3	铣整个外形	T2	Ø16立铣刀		350	40		
4	铣两个半圆键	T2	Ø16立铣刀		350	40		
5	粗铣键槽	T3	Ø12键铣刀		600	45		
6	铣键槽	T2	Ø16立铣刀		350	40		
7	钻孔	T4	Ø8.5钻头		600	35		

续表

8	铣孔		T2	Ø16 立铣刀		350	40		
9	镗孔		T5	Ø38 精镗刀		900	25		
10	铣凹圆球面		T2	Ø16 立铣刀		800	200		
11	铰孔 M10		T8	Ø10 铰刀		200	40		
		审核		共 页				第 页	

五、编程和加工

参考程序(部分):

选择工件上表面对称中心线作为编程原点,其加工程序见表 3-64。

表 3-64

程序段号	FAUNC 0i 系统程序	SIEMENS 802S 系统程序	程序说明
	O0011;	AA011. MPF;	半圆键主程序
N10	G90 G94 G21 G40 G54 F100;	G90 G94 G71 G40 G54 F100;	程序初始化
N20	G91 G28 Z0;	G74 Z0;	程序开始部分
N30	M03 S600;	T1D1 M03 S600;	
N40	G90 G00 X90.0 Y0;	G00 X90.0 Y0;	
N50	Z5.0;		
N60	M98 P0012;	L12;	加工上部分半圆键
N70	G51 X0 Y0 I1.0 J−1.0;	MIRROR Y0;	沿 X 轴镜像
N80	M98 P0012;	L12;	加工下部分半圆键
N90	G00 Z20.0;		Z 向抬刀
N100	G50;	MIRROR;	取消镜像
N110	G91 G28 Z0;	G74 Z0;	程序结束部分
N120	M30;		
	O0012;	L12. SPF;	凸台加工子程序
N10	G01 Z−15.0 F80;		进刀到所需深度
N20	G41 G01 X63.489 Y13.936 D01;	G41 G01 X63.489 Y13.936;	切线切入
N30	G01 X40.546 Y46.702;		轮廓加工
N40	X59.354 Y55.472;		
N50	G02 X72.427 Y36.802 R11.5;	G03 X72.427 Y36.802 CR = 11.5;	
N60	G01 X50.573 Y14.947;		
N70	G40 G01 X90.0 Y0 M09;		取消刀补

续表

N80	M99；	M17；	返回主程序
	O0013；	AA013. MPF；	倒圆角程序
N10	G90 G94 G21 G40 G54 F100；	G90 G94 G71 G40 G54 F100；	程序初始化
N20	G91 G28 Z0；	G74 Z0；	程序开始部分
N30	M03 S1000；	T1D1 M03 S1000；	
N40	G90 G00 X0 Y0；	G00 X0 Y0；	
N50	Z5.0；		
N60	＃1＝－13.0；	R1＝－13.0；	深度参数赋值
N70	＃2＝23.216；	R2＝23.216；	参数赋值
N80	G01 Z＃1 F80；	AAA；G01 Z＝R1 F80；	进刀到所需深度
N90	＃3＝SQRT[900－＃2＊＃2]；	R3＝SQRT(900－R2＊R2)；	计算圆半径
N100	G41 G01 X＃3 Y0 D01；	G41 G01 X＝－R3 Y0；	建立刀补
N110	G03 I＃3；	G03 I＝R3；	轮廓加工
N120	G40 G01 X0Y0 M09；		取消刀补
N130	＃1＝＃1＋0.1；	R1＝R1＋0.1；	深度递增赋值
N140	＃2＝＃2－0.1；	R2＝R2－0.1；	参数递减赋值
N150	IF[＃1LE－4.9] GOTO80；	IF R1＜＝－4.9 GOTOB AAA；	条件判断
N160	G00 Z20.0；		*Z* 向抬刀
N170	G91 G28 Z0；	G74 Z0；	程序结束部分
N180	M30；		

操作提示：按铣刀的形状和用途可分为圆柱铣刀、端铣刀、立铣刀、键槽铣刀、球头铣刀等。在实际的加工中选用何种刀具要遵循长度越短越好、直径越大越好、铣削效率越高越好的原则。

由于一般以刀具为单位进行调试程序，并且在大规模的生产中，工件的加工节拍非常短，而换刀的时间在辅助时间中占有相当大的比例，因此编制程序时尽可能在每次换刀后加工完成全部相关内容，保证加工过程中最少的换刀次数和最短的走到路径，减少辅助时间，提高加工效率。

配分权重

加工如图 3-203 所示的零件,成绩评分标准见表 3-65。

表 3-65 配分权重表

工件编号				总得分			
项目与配分		序号	技术要求	配分	评分标准	检测记录	得分
工件加工评分(95%)	外形轮廓	1	$38^{0}_{-0.062}$	6	超差 0.01 扣 1 分		
		2	$15^{0}_{-0.027}$	6	超差 0.01 扣 1 分		
		3	$10^{0}_{-0.022}$	6	超差 0.01 扣 1 分		
		4	对称度 0.02	8	超差 0.01 扣 1 分		
		5	30.15	3	每错一处扣 1 分		
		6	35°、80°、*R*11.5	6	每错一处扣 1 分		
		7	*R*35、*R*15、10	5	每错一处扣 1 分		
		8	侧面 Ra1.6μm	4	每错一处扣 1 分		
		9	底面 Ra3.2μm	2	每错一处扣 1 分		
	内轮廓与孔	10	$\varnothing 38_{0}^{+0.025}$	8	超差 0.01 扣 1 分		
		11	孔距 $80^{0}_{-0.074}$	6	超差 0.01 扣 1 分		
		12	$6_{0}^{+0.018}$	6	超差 0.01 扣 1 分		
		13	$16_{0}^{+0.027}$	6	超差 0.01 扣 1 分		
		14	孔径∅12H7	2×3	每错一处扣 3 分		
		15	*SR*30	5	超差全扣		
		16	17	2	超差全扣		
		17	侧面 Ra1.6μm	3	每错一处扣 2 分		
		18	底面 Ra3.2μm	2	每错一处扣 1 分		
	其他	19	工件按时完成	2	未按时完成全扣		
		20	工件无缺陷	3	缺陷一处扣 3 分		
程序与工艺(5%)		21	程序正确合理	2	每错一处扣 2 分		
		22	加工工序卡	3	不合理每处扣 2 分		
机床操作(倒扣分)		23	机床操作规范	倒扣	出错一次扣 2 分		
		24	工件、刀具装夹	倒扣	出错一次扣 2 分		
安全文明生产(倒扣分)		25	安全操作	倒扣	安全事故停止操作或酌扣 5～30 分		
		26	机床整理	倒扣			

任务三　数控铣/加工中心综合训练(三)

知识要点

◎坐标旋转指令的指令格式及编程方法

◎坐标旋转编程的注意事项

◎圆弧凸台的编程方法

技能要点

◎确定零件的加工方法

◎采用坐标旋转指令编写零件的加工程序

◎利用宏程序控制连续旋转

◎采用 B 类宏程序指令编写圆弧凸台的加工程序

试编写如图 3-208 所示工件轮廓(已知毛坯尺寸为 150mm×120mm×30mm)的加工程序,并在数控铣床上进行加工。

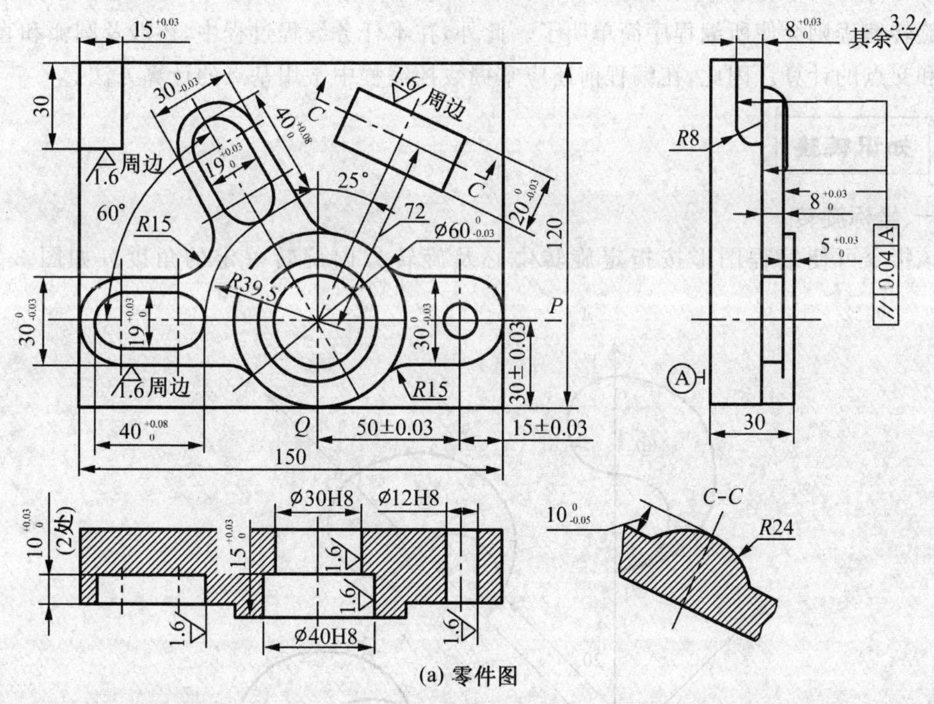

(a) 零件图

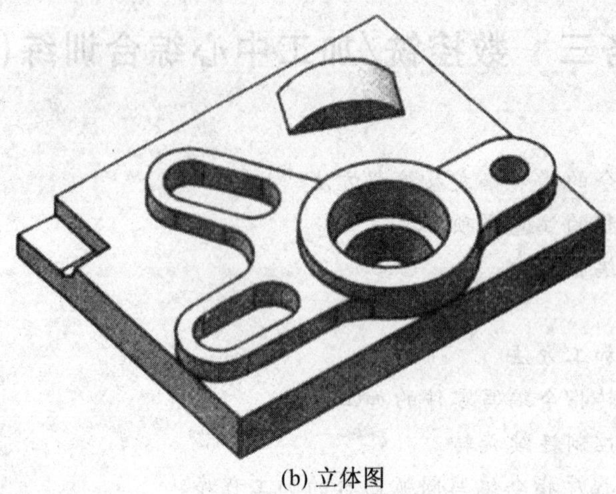

(b) 立体图

图 3-208

任务分析

该工件有两个轮廓相同的键槽和圆弧凸台沿圆周均布。因此，在编程过程中如采用坐标旋转编程则会使所编程序简单明了。此外，在本任务编程过程中，还涉及圆弧和直线切点和交点的计算。因此，在编程前还应掌握数控编程中常用基点的计算方法。

知识链接

一、坐标旋转

该指令可使编程图形按指定旋转中心及旋转方向旋转一定的角度。如图 3-209 所示。

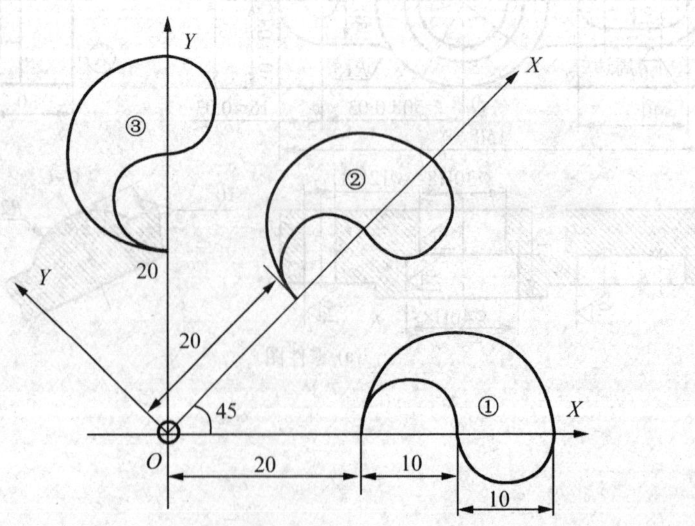

图 3-209

G68 表示开始坐标旋转，G69 用于撤销旋转功能。

指令格式

G68 X_ Y_ R_；

…

G69；

式中：X、Y—旋转中心的坐标值（可以是 X、Y、Z 中的任意两个，由当前平面选择指令确定）。当 X、Y 省略时，G68 指令认为当前的位置即为旋转中心。

R—旋转角度，逆时针旋转定义为正向，一般为绝对值。旋转角度范围：－360.0～＋360.0，单位为 0.001°。当 R 省略时，按系统参数确定旋转角度。

【例题】如图 3-210 所示，试应用旋转指令编写程序。

O0100；

N10 G54 G00 X－5.0 Y－5.0；

N20 G90 G68 X7.0 Y3.0 R60.0；

N30 G90 G01 X0 Y0 F200；

N40 G91 X10.0；

N50 G02 Y10.0 R10.0；

N60 G03 X－10.0 I－5.0 J－5.0；

N70 G01 Y－10.0；

N80 G90 G69 X－5.0 Y－5.0；

N90 M30

1. 坐标系旋转功能与刀具半径补偿功能的关系

旋转平面一定要与刀具半径补偿平面共面。以图 3-211 为例：

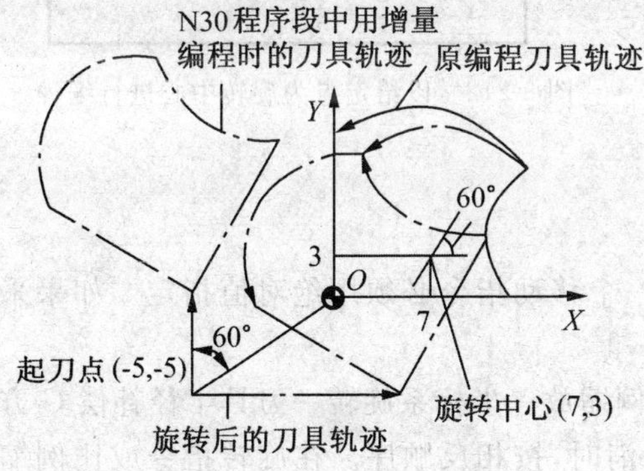

图 3-210 坐标系的旋转

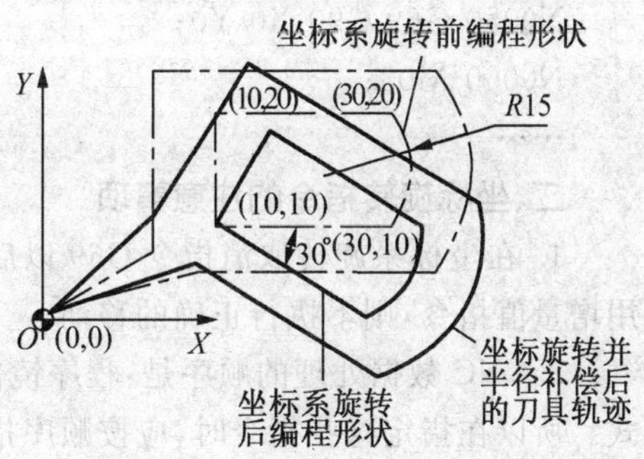

图 3-211 坐标旋转与刀具半径补偿

N10 G54 G00 X0 Y0；

N20 G68 R－30.0；

N30 G42 G90 G00 X10.0 Y10.0 F100 D01；

N40 G91 X20.0；

N50 G03 Y10.0 R15；

N60 G01 X－20.0；

N70 Y－10.0；

N80 G40 G90 X0 Y0；

N90 G69 M30

当选用半径为 R5 的立铣刀时，设置刀具半径补偿偏置号 H01 的数值为 5。

2. 与比例编程方式的关系

在比例模式时，再执行坐标旋转指令，旋转中心坐标也执行比例操作，但旋转角度不受影响，这时各指令的排列顺序如下：

G51…

G68…

G41/G42…

G40…

G69…

G50…

3. 重复指令

可储存一个程序作为子程序，用变换角度的方法来调用该子程序。将图形旋转 60°，进行加工，如图 3-212 所示，其旋转中心的坐标值为(15，15)，数控加工程序如下：

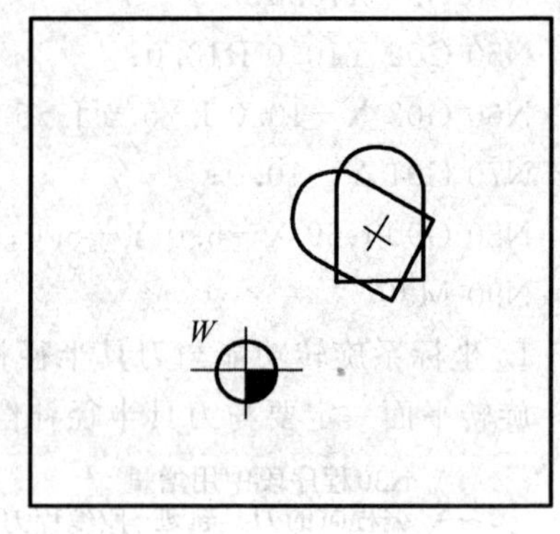

图 3-212　以给定点为旋转中心进行编程

O0004

N0010 G59 T01；

N0020 G00 G90 X0 Y0 M06；

N0030 G68 X15.0 Y15.0 R60；

N0040 M98 P0200；

N0050 G69 G90 X0 Y0；

N0060 M03；

……

二、坐标旋转指令的注意事项

1. 在坐标系旋转取消指令 G69 以后的第一个移动指令必须用绝对值指定。如果采用增量值指令，则不执行正确的移动。

2. CNC 数据处理的顺序是：程序镜像—比例缩放—坐标系旋转—刀具半径补偿 C 方式。所以在指定这些指令时，应按顺序指定，取消时，按相反顺序。在旋转指令或比例缩放指令中不能指定镜像指令，但在镜像指令中可以指定比例缩放指令或坐标系旋转指令。

3. 在指定平面内执行镜像指令时，如果在镜像指令中有坐标系旋转指令，则坐标系旋转方向相反。即顺时针变成逆时针，相应地，逆时针变成顺时针。

4. 如果坐标系旋转指令前有比例缩放指令，则坐标系旋转中心也被缩放，但旋转角度不被比例缩放。

5. 在坐标系旋转指令中，返回参考点指令(G27，G28，G29，G30)和改变坐标系指令(G54～G59，G92)不能指定。如果要指定其中的某一个，则必须在取消坐标系旋转指令后指定。

任务实施

一、零件图工艺分析

在不允许采用成型刀具的情况下,完成倒角或三维曲面的加工是很困难的。只有使用宏程序,以解决这类问题。整个圆弧凸台的加工采用立铣刀走四方的形式来完成。工件的四边为已加工面,所以前后两面在加工过程中可以适当的偏出一段距离,以不接触工件为准。

二、选择加工方案

根据零件形状及加工精度要求,一次装夹完成所有加工内容。以底面为基准(毛坯六面已加工,左侧圆弧轮廓不加工),选择基准先行、先面后孔、先粗后精的原则。加工方案如下:

1. 铣上表面。
2. 粗铣圆凸台。
3. 铣整个外形。
4. 精铣圆凸台。
5. 粗铣键槽。
6. 精铣键槽。
7. 预钻孔。
8. 铣孔。
9. 镗孔Ø30H8、Ø40H8,铰孔Ø12H8。
10. 铣圆弧凸台。

三、确定装夹方案

零件毛坯外形为规则的正方形,加工时选择平口机用虎钳。装夹高度为20mm,因此需在虎钳定位基面加垫铁。

四、刀具及切削用量的选择

本任务主要加工工件上表面、凸台、半圆键、开口槽及内孔。加工圆弧凸台选用Ø12立铣刀。刀具及切削用量选择见工艺文件如表3-66。

表3-66　数控加工工序卡片

数控加工工艺卡片		产品型号	产品名称	零件名称	材料	零件图号		
				凸模版	45钢			
	程序编号	夹具名称	夹具编号	使用设备	实习场地	备注		
工步号	工步内容	刀具号	刀具规格	补偿号	主轴转速(r/min)	进给速度(m/min)	切削深度(mm)	加工余量(mm)
1	铣上表面	T1	Ø80面铣刀		800	100		
2	粗铣圆凸台	T2	Ø16立铣刀		200	50		

续表

3	铣整个外形	T2	Ø16 立铣刀		350	40		
4	精铣圆凸台	T2	Ø16 立铣刀		350	40		
5	粗铣键槽	T3	Ø12 键铣刀		600	45		
6	精铣键槽；	T2	Ø16 立铣刀		350	40		
7	预钻孔	T4	Ø11.8 钻头		600	35		
8	铣孔	T2	Ø16 立铣刀		350	40		
9	镗孔Ø30	T5	Ø30 精镗刀		900	25		
10	镗孔Ø40	T6	Ø40 精镗刀		900	25		
11	铰孔Ø12H8	T8	Ø12 铰刀		200	40		
12	铣圆弧凸台	T7	Ø12 立铣刀		800	200		
	审核			共 页			第 页	

五、编程和加工

1. 手工宏编程的适用范围

三维曲面手工编程较复杂，因为节点的计算很困难，故在复杂的曲面加工中很少用到手工编程。手工编程也只是局限于规则三维曲面，即可以用方程式表达曲线轨迹，如圆球面、椭圆球面、正余弦曲面、二次抛物线曲面等。在手工编程中由于系统没有这些曲线差补，故需利用曲线方程把曲线细分很细小的直线段来逼近曲线轮廓。

2. 利用宏程序控制连续旋转

```
#1=0
WHILE[#1GE 旋转角度]D01；          (判断语句)
G68 X0 Y0 R#1;
……                                (旋转坐标系定义语句)
#1=#1-60;                         (下一步旋转角度)
G69;                              (取消旋转)
END1;                             (循环结束语句)
```

3. 参考程序(部分)

选择工件上表面对称中心线作为编程原点，其加工程序见表 3-67。

表 3-67

程序段号	FAUNC 0i 系统程序	SIEMENS 802D 系统程序	程序说明
	O0011；	AA011. MPF；	键槽主程序
N10	G90 G94 G21 G40 G54 F100；	G90 G94 G71 G40 G54 F100；	程序初始化

续表

N20	G91 G28 Z0；	G74 Z0；	程序开始部分
N30	M03 S600；	T1D1 M03 S600；	
N40	G90 G00 X－49.5 Y－30.0；	G00 X－49.5 Y－30.0；	
N50	Z20.0；		
N60	M98 P0012；	L12；	调用子程序
N70	G00 Z20.0；		Z 向抬刀
N80		TRANS X10.0 Y－30.0	绝对平移
N90	G68 X10.0 Y－30.0 R－60.0；	AROT RPL＝－60.0；	顺时针旋转 60°
N100	M98 P0012；	L12；	调用子程序
N110	G00 Z20.0；		Z 向抬刀
N120	G69；	ROT；	取消旋转
N130	G91 G28 Z0；	G74 Z0；	程序结束部分
N140	M30；		
	O0012；	L12.SPF；	键槽加工子程序
N10	G00 X－49.5 Y－30.0	G00 X－70.0 Y－60.0	定位起点
N20	Z5.0 M08；		快速进刀
N30	G01 Z－15.0 F80；		进刀到所需深度
N40	G41 G01 X－50.5 Y－30.0 D01；	G41 G01 X50.5 Y－30.0	圆弧切入
N50	G03 X－60.0 Y－39.5 R－9.5；	G02 X－60.0 Y－39.5 CR＝－9.5；	轮廓加工
N60	G01 X－39.0；		
N70	G03 Y－20.5 R9.5；	G03 Y－20.5 CR＝9.5	
N80	G01 X－60.0；		
N90	G40 G01 X－49.5 Y－30.0 M09；		取消刀补
N100	M99；	M17；	返回主程序
	O0013；	AA013.MPF；	圆弧凸台加工程序
N10	G90 G94 G21 G40 G54 F100；	G90 G91 G71 G40 G54 F100；	程序初始化
N20	G01 G28 Z0；	G74 Z0；	程序开始部分
N30	M03 S600；	T1D1 M03 S600；	
N40	G90 G00 X－25.0 Y70.0；	G00 X－25.0 Y70.0；	
N50	Z20.0；		

续表

N60		TRANS X10.0 U－30.0；	绝对平移
N70	G68 X10.0 Y－30.0 R－25.0；	AROT RPL＝－25.0；	顺时针旋转 25°
N80	M98 P0014；	L14；	调用子程序
N90	G00 Z20.0；		
N100	G69；	ROT；	取消旋转
N110	G91 G28 Z0；	G74 Z0；	程序结束部分
N120	M30；		
	O0014；	L14.SPF；	圆弧凸台子程序
N10	G00 X－25.0 Y70.0；		定位起点
N20	#1＝－10.0；	R1＝－10.0；	深度参数赋值
N30	#2＝14.0；	R2＝14.0；	参数赋值
N40	Z5.0 M08；		快速进刀
N50	G01 Z#1 F80；	AAA；G01 Z＝R1 F80；	进刀到所需深度
N60	#3＝SQRT[576.0－#2*#2]	R3＝SQRT(24.0*24.0－R2*R2)；	计算凸台长度
N70	G41 G01 X－#3 Y54.0 D01；	G41 G01 X＝－R3 Y54.0；	
N80	Y30.0；		轮廓加工
N90	X#3；	X＝R3；	
N100	Y54.0；		
N110	X－#3；	X＝－R3；	
N120	G40 G01 X－25.0 Y70.0 M09；		取消刀补
N130	#1＝#1＋0.1；	R1＝R1＋0.1；	深度递增赋值
N140	#2＝#2＋0.1；	R2＝R2＋0.1；	参数递增赋值
N150	IF[#1LE0] GOTO50；	IF R1<＝0 GOTOB AAA；	条件判断
N160	M99；	M17；	返回主程序

【操作提示】程序的编制体现编程者对程序结构、数控系统性能、编程格式的灵活掌握程度。好的程序结构清晰、语句简单、运行正确。本题在加工过程中如果不会“坐标系旋转功能”则程序的编制会明显复杂化。

加工如图 3-208 所示的零件，成绩评分标准见表 3-68。

表 3-68　　　　配分权重表

工件编号			总得分			
项目与配分	序号	技术要求	配分	评分标准	检测记录	得分

续表

工件加工评分(95%)	外形轮廓	1	$60^{0}_{-0.03}$	5	超差 0.01 扣 1 分		
		2	$30^{0}_{-0.03}$	5	超差 0.01 扣 1 分		
		3	$20^{0}_{-0.030}$	5	超差 0.01 扣 1 分		
		4	$15^{+0.03}_{0}$	5	超差 0.01 扣 1 分		
		5	$8^{+0.03}_{0}$	5	超差 0.01 扣 1 分		
		6	$5^{+0.03}_{0}$	5	超差 0.01 扣 1 分		
		7	$R15$,$R8$	5	每错一处扣 1 分		
		8	25°、72	2	超差全扣		
		9	Ra1.6μm	2	每错一处扣 1 分		
		10	Ra3.2μm	2	每错一处扣 1 分		
	内轮廓与孔						
		11	孔径∅40H8	5	超差 0.01 扣 1 分		
		12	孔径∅30H8	5	超差 0.01 扣 1 分		
		13	孔距 50±0.03	5	超差 0.01 扣 1 分		
		14	孔距 15±0.03	5	超差 0.01 扣 1 分		
		15	$15^{+0.03}_{0}$	5	超差 0.01 扣 1 分		
		16	$10^{+0.03}_{0}$	5	超差 0.01 扣 1 分		
		17	$40^{+0.08}_{0}$	5	超差 0.01 扣 1 分		
		18	$19^{+0.03}_{0}$	5	超差 0.01 扣 1 分		
		19	∅12H8	3	超差全扣		
		20	$R39.5$,60°	2	每错一处扣 1 分		
		21	Ra1.6μm	3	每错一处扣 1 分		
	其他	22	工件按时完成	3	未按时完成全扣		
		23	工件无缺陷	2	缺陷一处扣 3 分		
程序与工艺(5%)		24	程序正确合理	2	每错一处扣 1 分		
		25	加工工序卡	3	不合理每处扣 2 分		
机床操作(倒扣分)		26	机床操作规范	倒扣	出错一次扣 2 分		
		27	工件、刀具装夹	倒扣	出错一次扣 2 分		
安全文明生产(倒扣分)		28	安全操作	倒扣	安全事故停止操作或酌扣 5~30 分		
		29	机床整理	倒扣			

思考与练习

1. 试分别说明用 G52、G54-G59、G92 指令设定的工件坐标系之间的区别与联系。

2. 试写出比例缩放指令的编程格式，并说明格式中各参数的含义。

3. 镜像加工指令在编程中的注意事项有哪些?

4. 薄壁零件加工过程中应注意哪些问题?

5. 坐标旋转指令的注意事项有哪些?

6. 如下图所示，利用缩放功能指令编写、调试程序并加工，加工深度 3mm，缩放中心及缩放比例由指导教师指定。

7. 如下图所示，利用零点偏置功能指令编写并调试外轮廓加工程序，加工深度 3mm，刀具为∅8 的立铣刀。

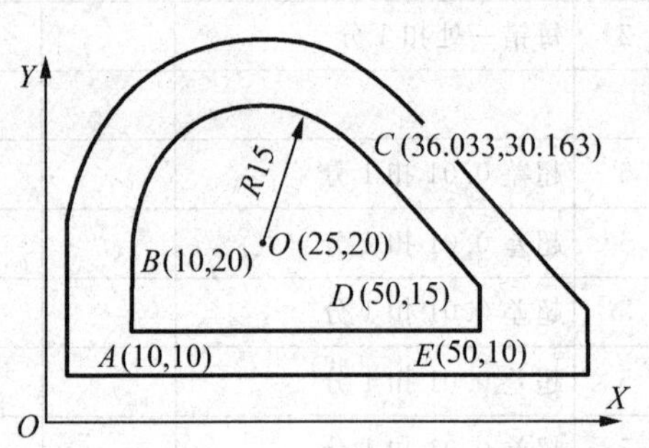

第 6 题图　轮廓加工零件

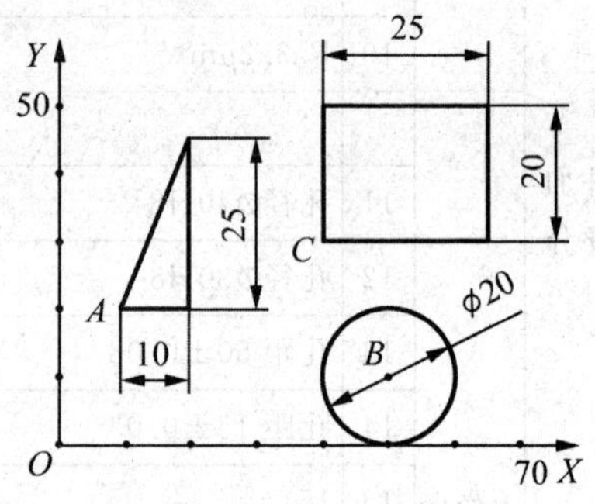

第 7 题图　外轮廓加工零件

8. 试编写下图所示的加工程序。

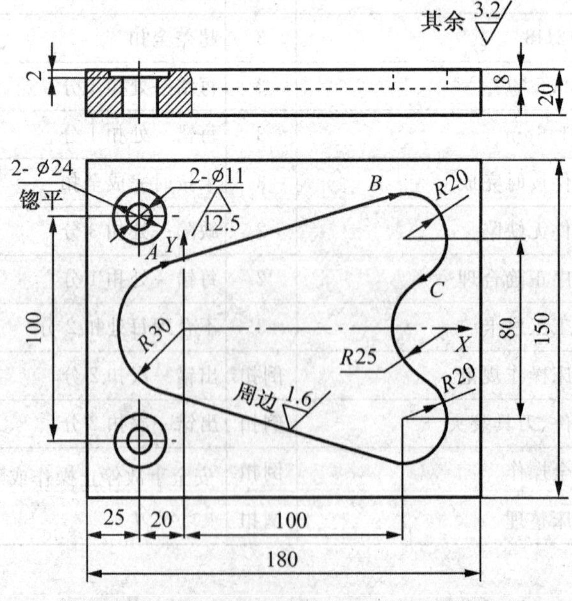

A(-8.507,28.768) B(94.328,59.179) C(109.162,22.222)

(a)

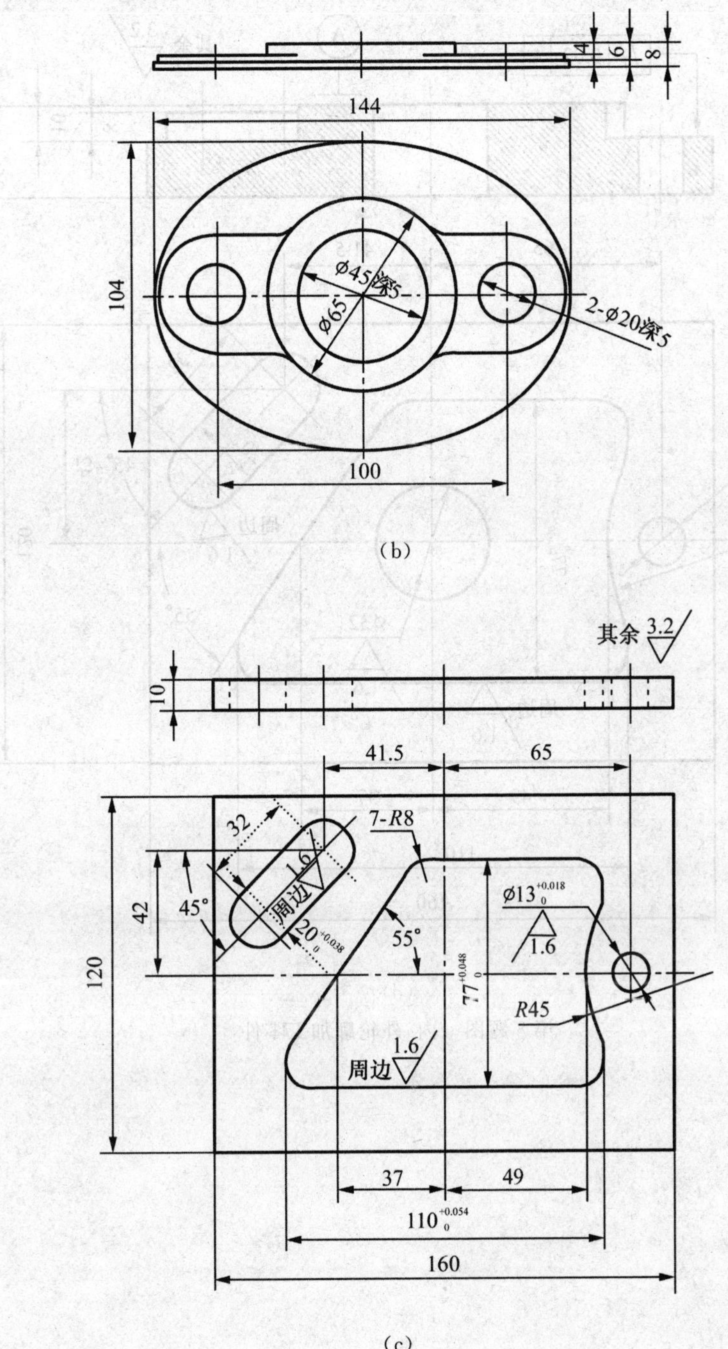

4
6
8
144
104
ø45深5
ø65
2-ø20深5
100
其余 3.2
10
41.5
65
32
7-R8
1.6
周边
45°
42
55°
ø13 +0.018 0
1.6
120
20 +0.038 0
77 +0.048 0
R45
1.6
周边
37
49
110 +0.054 0
160

(b)

(c)

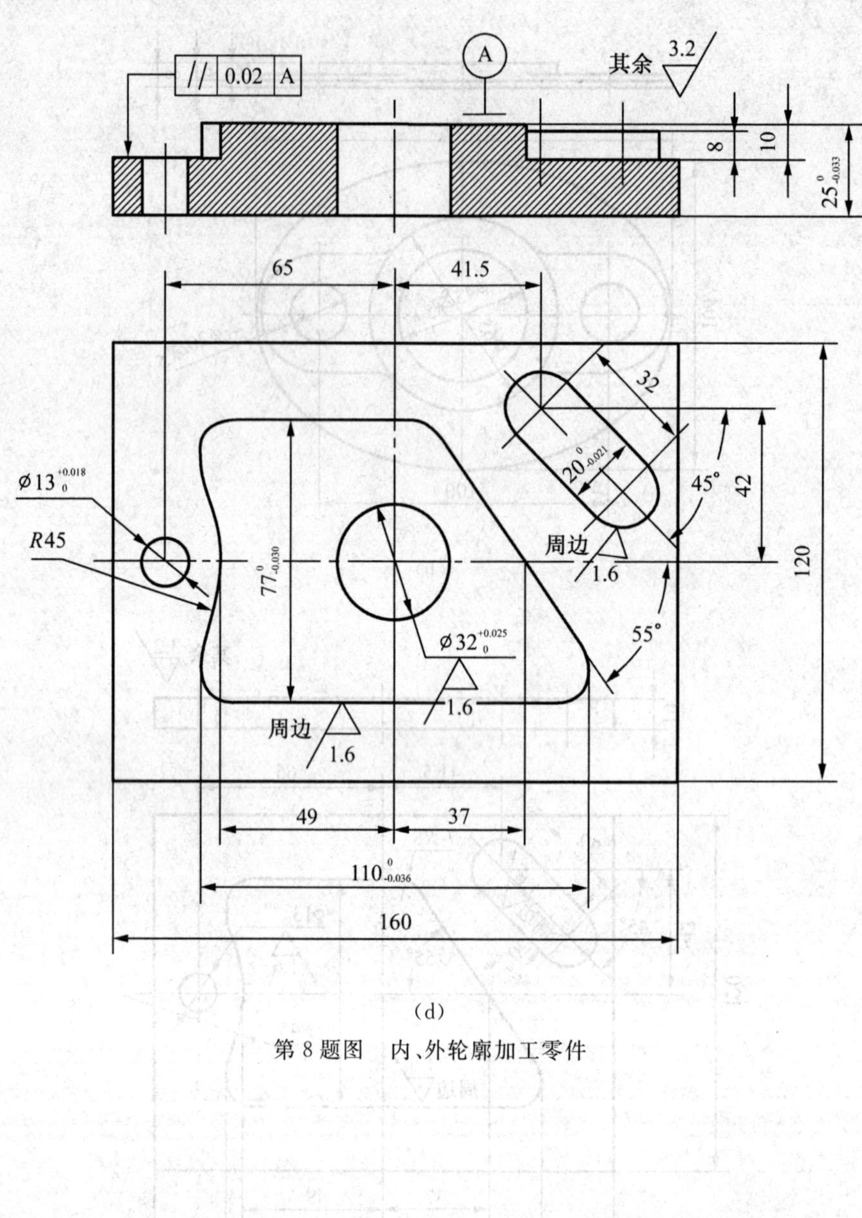

(d)

第 8 题图　内、外轮廓加工零件

9. 试编写如下图所示工件(已知毛坯尺寸为120mm×120mm×45mm)的加工程序,并在数控铣床上进行加工。

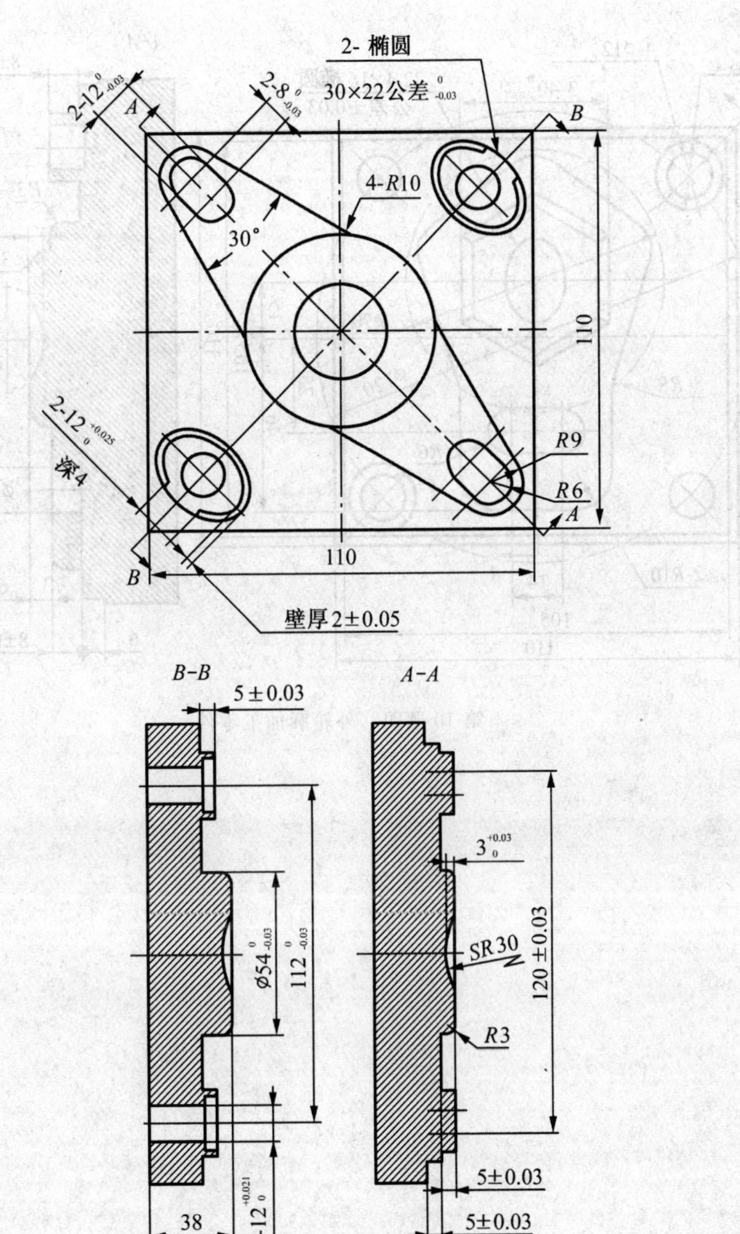

第9题图 外轮廓加工零件

10. 试编写如下图所示工件(已知毛坯尺寸为 120mm×120mm×50mm)的加工程序,并在数控铣床上进行加工。

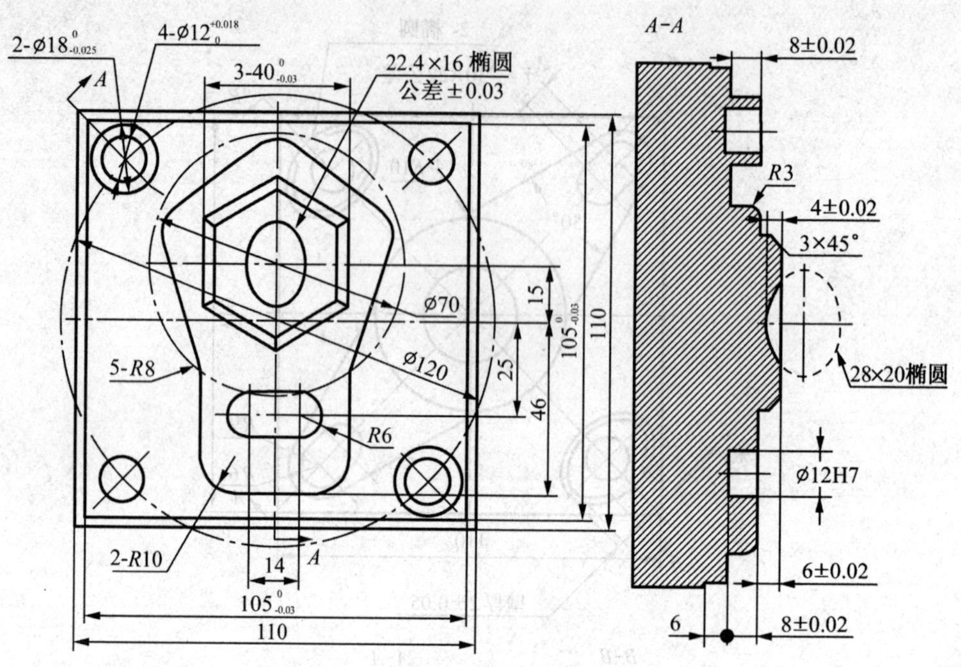

第 10 题图　外轮廓加工零件

11. 试编写如下图所示工件(已知毛坯尺寸为 160mm×120mm×30mm)的加工程序,并在数控铣床上进行加工。

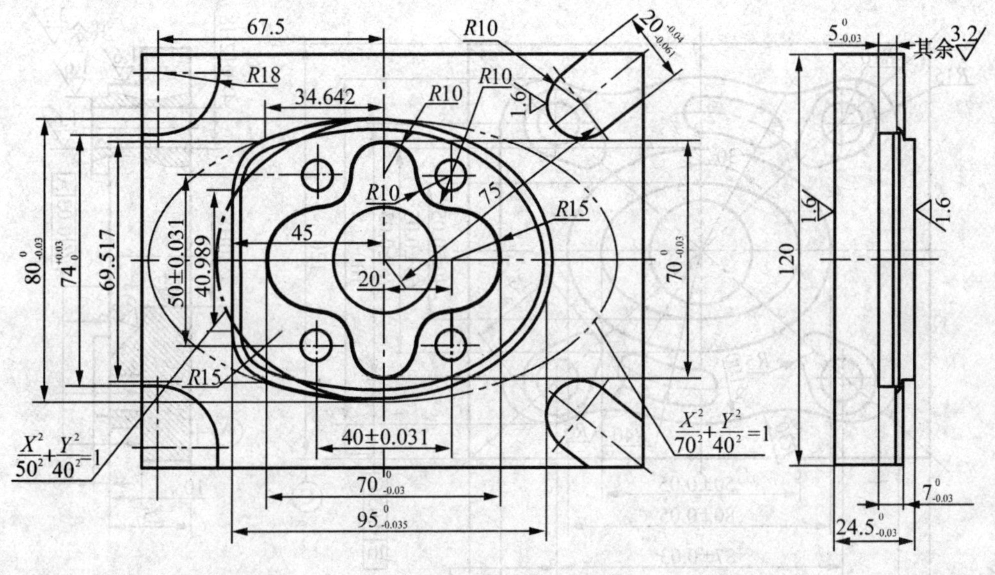

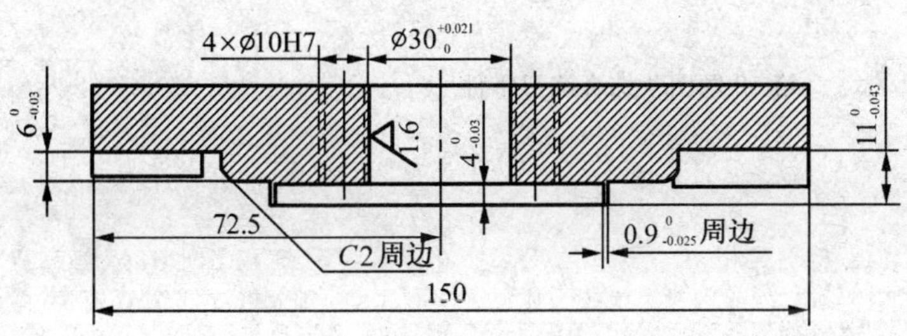

第 11 题图　综合练习零件

12. 试编写如下图所示工件(已知毛坯尺寸为150mm×130mm×40mm)的加工程序,并在数控铣床上进行加工。

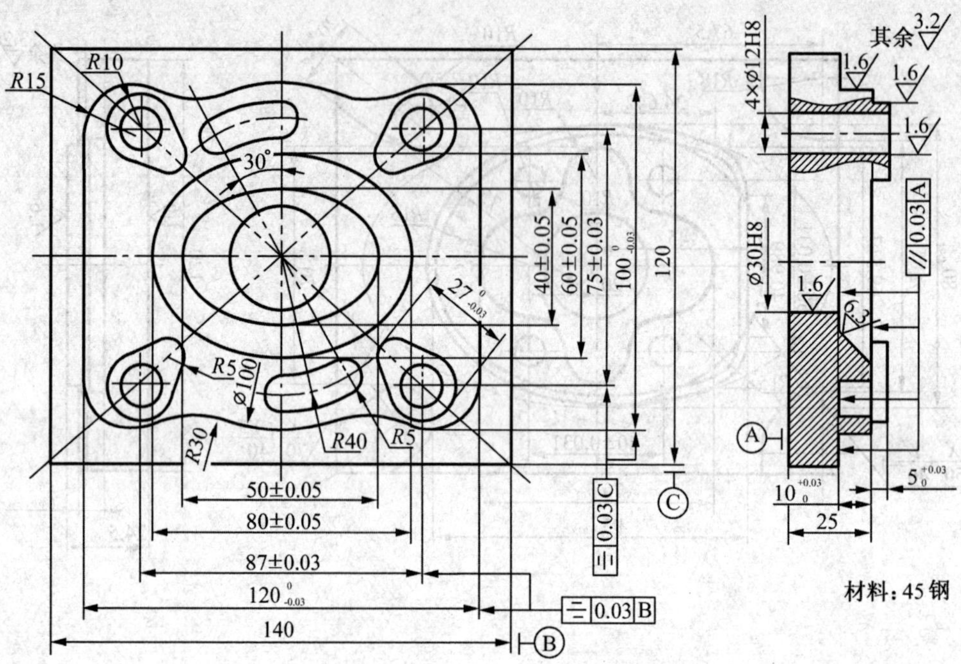

第12题图 综合练习零件

13. 试编写如下图所示工件(已知毛坯尺寸为 160mm×130mm×30mm)的加工程序,并在数控铣床上进行加工。

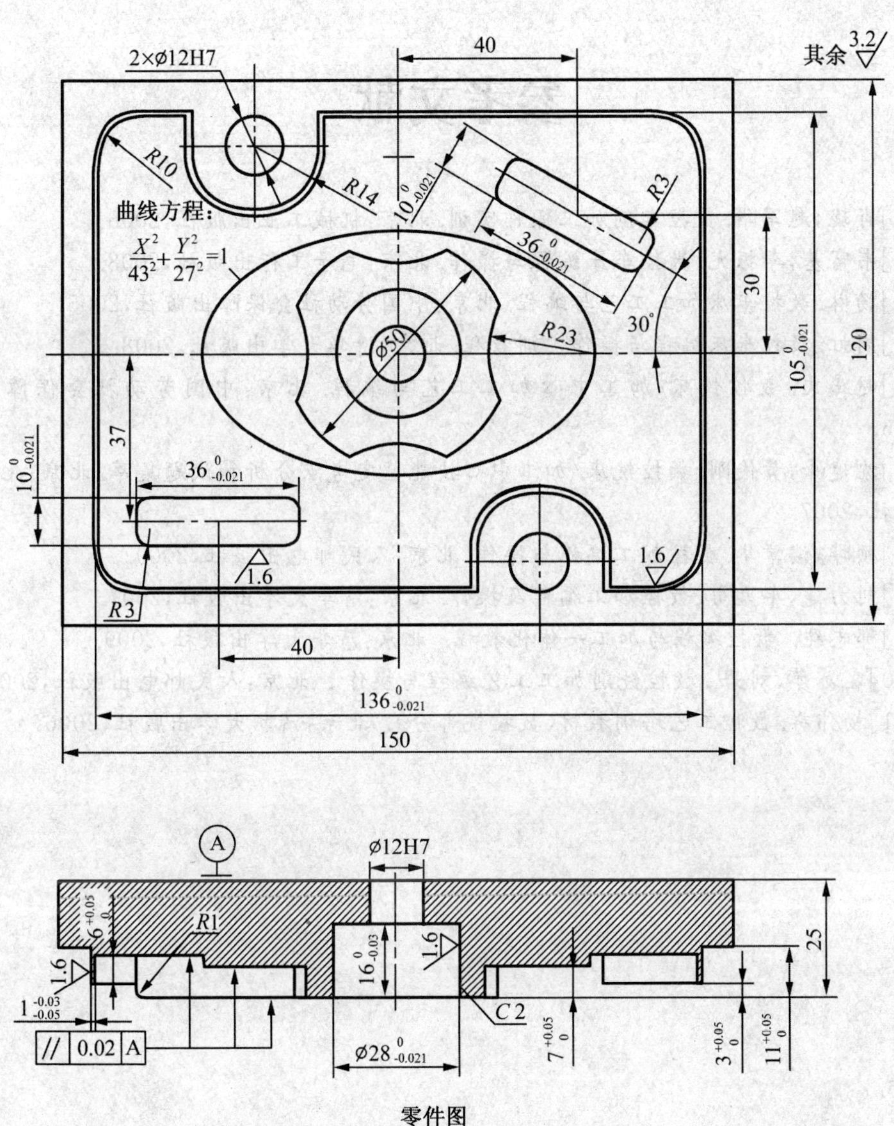

零件图

第 13 题图 综合练习零件

参考文献

[1]肖珑,赵军华.数控车削加工操作实训.北京:机械工业出版社,2008.

[2]韦富基,李振尤.数控车床编程与操作.北京:电子工行出版社,2008.

[3]杨琳.数控车床加工工艺与编程.北京:中国劳动社会保障出版社,2005.

[4]周虹.数控车床编程与操作实训教程.北京:清华大学出版社,2008.

[5]赵正文.数控铣床/加工中心加工工艺与编程.北京:中国劳动社会保障出版社,2006.

[6]沈建峰,黄俊刚.数控铣床/加工中心技能鉴定考点分析和试题集萃.北京:化学工业出版社,2007.

[7]顾晔,楼章华.数控加工编程与操作.北京:人民邮电出版社,2009.

[8]刘力建,牟盛勇.数控加工编程及操作.北京:清华大学出版社,2007.

[9]郁志纯.数控编程与加工一体化教程.北京:清华大学出版社,2009.

[10]霍苏萍,刘岩.数控铣削加工工艺编程与操作.北京:人民邮电出版社,2009.

[11]杨伟群.数控工艺培训教材(数控铣部分).北京:清华大学出版社,2006.